디자인 도면

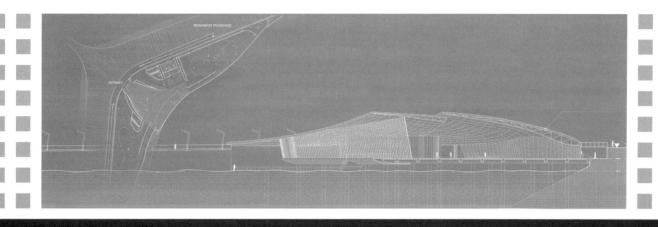

디자인 도면

DESIGN DRAWING

미국 건축대학 최다 채택
건축설계 교육 입문서

Francis D.K. Ching, Steven P. Juroszek 저
이 준 석 역

씨
아이
알

CONTENTS

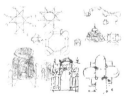

저자 서문

이 책은 건축학, 실내디자인 및 관련된 전공분야 학생들에게 도움이 될 수 있는 도법 및 도면 작성에 관한 해설서이다. 도법을 가르치는 해설서는 일반적으로 조경 요소들이나 사람의 모습 등 어떤 물체를 그리는 방법을 설명하거나 작품으로 발전될 수 있는 도법을 가르치는 경우가 많다. 어떤 해설서는 연필이나 잉크펜과 같이 특정한 필기구를 기준으로 그리는 법을 가르치거나 또는 투시도와 같이 도면의 종류를 기준으로 도법을 가르치기도 한다. 대부분의 경우 눈으로 관찰된 것을 그림으로 옮기는 방법을 끝으로 그 내용은 구성된다. 그러나 이 책은 무엇인가를 그리는 행위가 바로 디자인을 발전시키는 과정의 중심에 있다는 전제를 하고 있다. 즉, 무엇인가를 그리는 행위는 바로 디자인을 위한 아이디어를 시각화하고 전달하는 중요한 과정으로 여기고 있다는 것을 중요하게 강조하고 있는 것이다.

도면을 그리는 과정을 소개하는 것으로 이 책은 시작된다. 도면을 그린다는 것은 보는 행위, 상상하는 행위, 그리고 묘사하는 행위로 구성된다. 그리고 책의 나머지 부분은 세 부분으로 나뉘어 있는데, 그 첫 부분은 우선 선, 형태, 명암, 모습, 공간 등과 같은 그림을 구성하는 요소들을 소개하는 관찰에 의한 도면 표현이다. 이 영역은 대개 손으로 그린 도면이 주를 이루는데 그 이유는 우리가 그림을 구성하는 주요 요소들을 직접 경험하고 묘사하는 가운데 그것들을 이해할 수 있기 때문이다.

두 번째 부분은 정식으로 3차원 물체와 공간을 묘사하는 방법을 설명하는 도면 시스템이며, 바로 디자인 도면을 구성하는 주요 내용이다. 어떤 도구(연필, 잉크펜 등)나 표현기법을 쓰더라도 각각의 도면 시스템에 따라 우리가 보고 느끼는 세상을 다른 시각으로 특징 있게 나타내게 한다. 이때, 그림의 대상은 직접 보고 느끼는 사물 또는 우리의 상상과 디자인에 의한 머릿속의 것일 수도 있다.

세 번째 부분은 상상에 의한 도면으로, 디자인 과정에서 아이디어를 만들어내고 발전시키기 위해 그리는 그림의 방법들과 완성된 아이디어를 가지고 훌륭한 프레젠테이션으로 발전시키기 위한 기법들을 다루고 있다. 특히 최근 이 부분에 있어서 학계 및 실무분야에 디지털미디어(컴퓨터)를 활용한 기법들이 눈부신 발전을 이루었다.

책에 수록된 단원들이 끝날 때마다 여러 연습문제들이 수록되어 배운 기법들을 연습할 수 있게 하였고 좀 더 시간을 두고 생각해 볼 문제들도 제시함으로써 그리기 기법에 대한 개념들과 그것들의 충분한 이해를 스스로 익힐 수 있게 하였다. 어느 분야든지 마찬가지겠지만, 무엇인가를 그린다는 것에 아주 능숙해지고 그것을 자유자재로 구사하기 위해서는 꾸준한 훈련과 끈기가 필요하다는 것은 의심의 여지가 없다. 또한 이 책에 수록된 그리기에 관한 해설들은 수동적인 자세로 접해봤자 아무 소용없으며, 오로지 능동적인 자세로 스스로 그리는 과정에 적극 동참해야만 도움을 얻을 수 있을 것이다.

이 책에서 강조되고 있는 부분은 손으로 직접 그리는 수작업에 있다. 그 이유는 수작업을 통해서만 우리 머릿 속의 시각적 사고와 느낌들을 가장 직접적이고 직관적으로 나타낼 수 있기 때문이다. 시각적인 생각과 느낌을 손으로 느낄 수 있는 실제 그림으로 표현해 봄으로써 우리는 공간에 대한 생각과 3차원에 존재하는 것들을 시각화하고 그것을 이해할 수 있는 결정적으로 중요한 능력들을 키울 수 있다고 믿는다.

하지만 최근 눈부시게 발전한 컴퓨터를 활용한 기법들이 건축 디자인 과정에 미친 영향들을 무시할 수 없는 것이 또한 사실이다. 현재 쉽게 접할 수 있는 컴퓨터 그래픽 소프트웨어들은 2차원 도면작성에서 3차원 모델링 도구까지 다양하고, 이들을 활용하면 작은 집에서부터 크고 복잡한 건축설계물에 이르기까지 자유롭게 묘사할 수 있다. 따라서 컴퓨터 기법들을 활용하여 손쉽게 얻을 수 있는 독특한 건축 도면 기법들도 존재함을 우리는 인지하고 있어야 한다. 따라서 본 개정판에서는 직접 활용 가능한 디지털 표현 기법에 대한 적절한 수준의 소개를 첨부함으로써 책의 내용을 강화하였다.

작문을 할 때 문법의 구조, 띄어쓰기, 그리고 글의 내용에 있어서 그 글을 손으로 썼거나 타자기로 쳤거나 컴퓨터의 소프트웨어를 활용해 작성했다 하더라도 그 글짓기 능력의 본질에는 차이가 없음을 우리는 안다. 그것은 마치 건축에서 디자인 아이디어를 발전시키고 그 아이디어를 전달하기 위해 우리가 그리는 그림, 표현된 도면에 대한 그 내용의 본질과 효과를 판단할 때에는 그것들이 손으로 그려졌든 컴퓨터의 도움으로 작성되었든 간에 그 쓰인 도구가 결코 중요하지 않다는 사실과 마찬가지인 것이다.

역자 서문

디자인을 한다는 것은 우리 인간으로서의 가장 원초적인 본능인 사고에 의한 창작행위를 의미한다. 아주 어린 아이의 소꿉장난에서 또는 어떤 소설가의 능숙한 집필에서 우리는 동일한 원리에 의한 우리의 창작행위를 엿볼 수 있다. 우리의 삶이란 다양한 주변의 쉴 틈 없는 자극에 의해서 영향을 받게 마련이고, 그에 따른 감성과 사고의 내용은 항상 변화하며, 그 가운데에 알 수 없는 미래에 대해서 끊임없이 꿈꾸며 스스로의 가치를 창조해 나가는 과정인 것이다.

우리 삶 속의 이러한 창작행위는 여러 형태의 창작물을 끊임없이 만들어 내고 있으며, 일상생활의 모든 것과 관련지을 수도 있다. 그 중에서 이 책에서는 우리가 갖고 있는 여러 감각 중 가장 큰 부위를 차지하는 시각적 감각에 의한 디자인 과정에 대해서 다루고 있으며, 그것의 중요성을 일깨워주고 있다. 눈앞에 펼쳐진 공간에 존재하는 것들을 창작하고 디자인하는 과정에 필요한 다양한 문제들을 이 책에서 다루고 있고, 그 방법들을 알려주고 있다. 예를 들어 이 책은 우리의 시각적 감각과 그래픽을 도구로 삼아 어떤 생각이나 아이디어, 의지와 같은 추상적 개념을 발전시키기는 방법을 소개하기도 하고, 그 내용을 남에게 전달하는 방법을 보여주기도 한다. 또한 어떤 추상적 개념이 아닌 현실속의 3차원 공간 구성이나 형태에 대한 아이디어를 간편한 2차원 도면상에서 발전시키고, 그것을 표현함으로써 남들과 시각적 의사소통을 하는 방법을 보여주고 있다. 이러한 방법들은 우리가 일상생활이나 어떤 작업 중에 제대로 보여주지 못한 자신의 생각을 표현하게 하고 그것들은 곧 창의적인 아이디어를 남에게 정확히 전달할 수 있는 중요한 수단임을 깨닫게 해준다. 다시 말해 우리는 이 책의 내용을 통해 평소에 크게 느끼지 못했던 우리의 시각적 의사소통 수단을 새롭게 발견하는 중요한 계기를 접할 수 있는 것이다. 이와 같이 이 책은 도면상에 일어나는 디자인의 표현이라는 포괄적이고도 기본적인 내용을 다룸에 있어서 그 근본 원리를 튼튼히 다지는 가운데 다양한 기법들의 내용과 그 활용 방법들을 능숙하게 보여주고 있다.

디자인 도면이라는 책의 제목(원제: Design Drawing)을 정하면서 이 책이 갖고 있는 내용들이 제목을 통해 전달되기를 의도했다. 그것은 곧 2차원 도면상의 그래픽을 통해 이뤄지는 모든 시각적 표현들은 절대로 일률적이어서는 안 되며, 그 총체적인 시각적 효과에 따라 다양한 기법들이 선택되어야 한다. 또한 디자인 도면은 디자인의 내용을 담아 보여주는 도구인 동시에 디자인 내용을 발전시키는 과정으로써 분명한 역할이 있다는 사실이다. 즉, 자신의 디자인을 최상의 방법으로 표현해보는 시도 중에 새로운 가치들을 발견하게 되고, 그것들을 발전시켜 원래의 의도를 더욱 빛낼 수 있다는 것이다. 이것은 모든 디자인 도면 작업 중에 어떤 최종 결과물을 머릿속에서 가정하고, 정해진 기법의 틀 안에서 작도하는 것만으로는 결코 그 디자인 작업의 최종목표를 이룰 수 없고, 대신 창작물이 품고 있는 개념의 가능성을 창의적인 시각적 표현으로 나타내도록 노력하는 중에 그 내용을 남들이 쉽게 이해할 수 있도록 시도해보고 그 과정에서 새로운 가치를 발견할 때 디자인 도면 작업의 최종 목표를 이룰 수 있는 것이다.

이런 의미에서 우리는 이 책을 통해 2차원 도면상의 디자인 행위가 더욱 풍부해지도록 돕고, 또 작은 노력으로 큰 효과를 낼 수 있는 지름길을 안내받을 수 있다. 그리고 디자인 도면의 범위는 2차원 도면에 디자인을 나타내는 것을 필요로 하는 모든 영역의 디자이너 작업들이 포함될 수 있다. 이 책은 그 가운데에 특히 건축 설계과정에서 요구되는 복합적인 사고과정과 표현요소들을 중점적으로 다루고 있으며, 이 내용들은 디자인을 처음 접하는 초급자로부터 많은 재능과 이론적 원리를 필요로 하는 숙련자에 이르기까지 폭넓게 활용될 수 있다. 특히 요즈음과 같이 많은 창작행위를 컴퓨터에 의존하는 환경 속에서 우리의 시각적 사고력과 실습을 통한 창작행위의 본질을 되짚어보고, 더욱 효과적인 표현과 디자인의 발전을 가져올 수 있는 원리들을 이 책을 통해 익히는 것은 매우 중요한 것임에 틀림없다. 즉, 우리 머릿속에서 일어나는 가장 기초적인 사고와 상상을 컴퓨터에만 의존할 수 없듯이 우선 그것들을 직관적으로 나타낼 수 있는 손에 의한 표현이 창작과정 중에 차지하는 역할과 그 중요성을 우리는 충분히 이해해야 할 것이다.

마지막으로 이 책의 개정증보판 출판을 위해 많은 배려를 해주신 도서출판 씨아이알 관계자 여러분께 많은 감사를 드린다.

2012년 2월
명지대 디자인조형센터 연구실에서
이 준 석

서론

그림 또는 도면을 그린다는 것은 어떤 것 – 물체, 장면, 또는 생각 – 을 2차원 표면에 선으로써 표현하는 과정 또는 기술이다. 또한 어떤 것의 묘사라는 것이 단순한 회화나 채색 작업과는 다르다는 뜻을 내포하고 있다. 도면을 그린다는 것은 일반적으로 선을 이용한 작업이지만 때에 따라서는 다른 표현상의 요소, 즉 점들이나 붓 자국 등도 선의 역할로써 쓰일 수 있다. 도면을 구성하는 모든 요소들은 우리의 생각과 느낌을 정돈하여 표현하는 것에 목적이 있다. 그러므로 여기서 그림 또는 도면을 그린다는 것은 단순한 회화적 표현을 뜻하는 것이 아니며, 디자인을 할 때에 실질적으로 사용해야 하는 수단인 것이다.

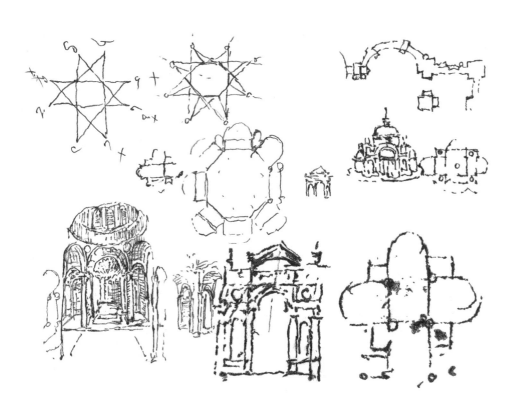

디자인 도면(DESIGN DRAWING)

디자인 도면이라고 하면 우선 어떤 디자인의 내용을 대중들에게 발표하여 그 내용을 설득시키는 프레젠테이션 도면을 연상케 한다. 또한 도면에는 시공 또는 제작의 방법을 도식화된 내용으로 설명하는 시공, 실시도면 또는 작업 도면들이 있다. 뿐만 아니라 디자이너들은 디자인을 남에게 전달하기 위해 완성된 도면과 그 그리는 과정을 활용하기도 한다. 디자인을 하는 데에 있어서 도면을 그리는 것은 어떠한 물체의 존재를 기록하거나 아이디어를 발전시킬 때, 또는 어떤 현상을 짐작하거나 미래에 대한 계획을 세울 때에도 쓰이게 된다. 디자인 과정의 전체 중에 개념의 발달에서부터 작업의 실현에 이르기까지 도면의 역할은 모든 부분을 포함하고 있다고 할 수 있다.

도면을 그리는 것을 디자인 과정에서 디자인의 한 방법으로 효과적으로 쓰기 위해서는 선을 표현한다던지 명암의 차이를 표현하는 것 등 기초적인 기술적 방법을 익혀야 한다. 시간을 두고 충분한 연습만 한다면 그 누구도 이런 기술을 익힐 수 있다. 그리고 단순한 기술적 방법만 익히는 것은 별 의미가 없고 이 방법들의 내면에 깔린 의도와 표현의 원리를 깨닫는 것이 중요하다. 특히 요즘 들어 컴퓨터의 발달로 전통적인 수작업을 많이 대신하고 있으나 우리의 아이디어를 컴퓨터로 옮기고 3차원 모델로 만들어 내기 위해서는 도면을 그리는 것이 시각적 사고를 인지하는 과정으로써 의미가 있는 것이다.

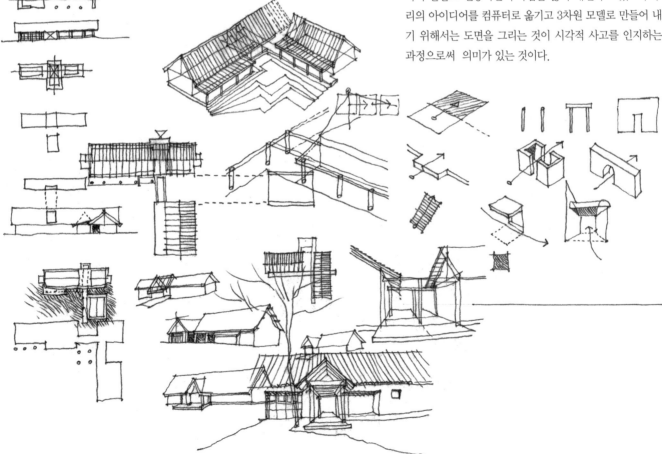

도면 그리기의 핵심은 보는 것, 상상하는 것, 그리고 형상을 표현하는 것 등의 세 가지 부분이 서로 상호작용을 하는 것이다. 보는 것은 우리의 두 눈으로 외부 형태들을 느끼게 하는 것으로 이 세상의 모습을 우리가 깨닫는 방법이다. 두 눈을 감으면, 인지의 눈이 형상들 – 과거의 시각적 기억 또는 상상의 미래를 보여준다. 그리고 종이에 우리가 나타내는 이미지들은 우리의 생각과 느낌을 남들에게 표현하고 전달해준다.

:: 보는 것

보는 것은 우리가 갖고 있는 기초적인 촉각으로 외부세계와 접촉하게 한다. 이것은 가장 잘 발달된 우리의 촉각으로서 가장 멀리 도달하고, 촉각들 중에 우리의 의존도가 가장 높다고 할 수 있다. 보는 것의 능력은 우리가 도면을 그릴 수 있게 하며, 도면, 즉 그림은 우리의 보는 능력을 또한 확장시킨다.

:: 상상하는 것

시각적 형상은 눈을 통해 들어와 뇌에서 처리되는 과정에서 바뀌게 되고 이미 뇌가 인지하고 있는 형태의 구조와 그것의 의미를 통해 다시 한 번 걸러지게 된다. 사고의 눈이 눈으로 보이는 형상을 지어내고, 지어낸 이미지들을 우리가 도면에 나타내게 되는 것이다. 따라서 도면을 그리는 것은 단순노동에 의한 기술이 아니다. 이것은 시각적 지각 능력에 의해 상상력을 자극하게 되고, 곧 이것에 의해 만들어진 형상들이 도면의 내용을 이룬다.

:: 표현하는 것

도면을 그리는 것은 우리가 보는 것 또는 사고의 눈이 상상하는 것을 도식적으로 표면에 나타내는 것이다. 이것은 자연스러운 감정표현이기도 하며 도면에 그려진 이미지들은 눈으로 의사소통되는 또 다른 언어이다.

도면을 그린다는 것은 어떤 것의 표현에 있어서 그것을 보는 것 또는 시각적인 사고행위와 별개의 것이 될 수 없다. 즉, 우리가 어떤 물건이나 장면을 그린다는 것은 그것의 실물 또는 모형을 보고 있는 중이거나 또는 충분히 그 내용을 기억하거나 알고 있어야 가능한 것이다. 따라서 도면 그리기의 충분한 능력을 갖는다는 것은 그리고자 하는 내용에 대한 지식과 이해가 함께 따라야 하는 것이다.

시각적 인지능력(VISUAL PERCEPTION)

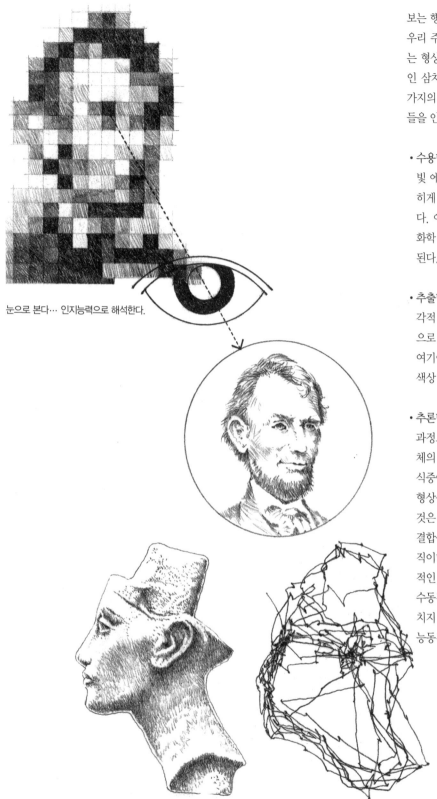

눈으로 본다… 인지능력으로 해석한다.

네페르티티의 흉부상 – 모스크바의 정보전달문제 연구소,
연구원 알프레드 야버스 씨의 눈의 움직임을 나타내는 선의 패턴

보는 행위는 역동적이고 창의적인 과정이라고 할 수 있다. 우리 주변의 시각적 세계는 연속해서 바뀌며 움직이고 있는 형상들로 채워져 있으며 보는 행위는 이것들을 안정적인 삼차원적 형상으로 이해시킨다. 보는 행위는 다음 세 가지의 신속하고 정교한 과정들을 통해 우리들에게 이미지들을 인지시킨다.

• 수용단계 : 우리의 눈은 광원 또는 어떤 표면에 반사된 빛 에너지를 전달받는다. 눈의 망막에 화상이 거꾸로 맺히게 되고 이곳에는 뇌로 연결된 시신경이 분포되어 있다. 이 빛을 감지하는 시신경들은 전자기 에너지를 전기화학 신호로 바꾸어 빛의 강도의 차이를 뇌에 전달하게 된다.

• 추출단계 : 뇌는 사고능력을 통해 음영의 빛 신호를 시각적 형태로 추출해낸다. 이 신호는 망막 주변의 시신경으로 계속 전달되고 대뇌의 시각기능 피질에 전달된다. 여기에서 시각적 신호가 사물의 모서리, 움직임, 크기, 색상 등의 특징적 부분으로 추출된다.

• 추론단계 : 추출된 부분들을 통해 보이는 세계를 추론의 과정으로 이해하게 된다. 망막의 작은 부분만이 어떤 형체의 세부를 구별할 수 있다. 따라서 우리의 눈은 무의식중에 연속적으로 움직여 어떤 물체를 감지하여 전체의 형상을 만들어 내는 것이다. 우리가 어떤 물체를 봤다는 것은 바로 망막에 맺힌 여러 개의 연속적인 이미지들의 결합을 만들어 냈다는 것이다. 우리의 눈이 쉬지 않고 움직이며 감지하는 가운데에도 우리는 정지된 물체를 안정적인 물체로 인식할 수 있는 것이다. 우리의 시각체계는 수동적이고 기계적으로만 형태의 특징을 기록하는 데 그치지 않고, 시각적 신호를 어떤 의미를 부여하는 형태로 능동적으로 바꾸어 인식하게 한다.

보는 행위는 매우 활동적인 기능으로 어떤 모양이나 패턴을 쉬지 않고 찾는 과정이다. 사고의 눈은 망막에 맺힌 이미지들로부터 추출된 정보를 이용해서 무엇을 보고 있는지에 대한 예측을 자신의 지식에 바탕에 두고 한다. 사고된 내용들은 쉽게 추론의 단계로 넘어가게 되고, 사고의 눈을 통해 새로 들어온 정보들을 우리가 이미 알고 있는 세상의 모습들을 바탕으로 부지런히 짜맞추어져서 결론에 도달하게 된다. 이러한 과정에 의해서 보고 있는 어떤 모양이나 무늬에 의미를 부여하고 이해하게 되는 것이다. 우리의 눈은 어떤 형태를 보여주는 약간의 정보만 접하더라도 결론에 도달하기 위해 실제 없는 정보를 채워 넣는 능력이 있다. 예를 들어, 여기 있는 명암의 무늬가 무엇을 뜻하는지 모를 경우 그것이 무엇을 표현하고 있는 것인지 스스로 알아내기 어려울지 모르나 무엇을 표현하는 것인지 이미 안 다음에 이 명암의 무늬를 볼 때에는 그 아는 내용을 머릿속에 떠올리지 않고 다르게 해석하기는 힘들어진다.

시각적으로 어떤 것을 인지하는 것은 사고의 눈이 만들어 낸 결과이다. 우리 두 눈은 사고의 눈이 알지 못하는 것을 볼 수 없는 것이다. 머릿속의 한 장면은 망막에 맺힌 형상을 추출한 결과이기도 하지만, 그 사람이 갖고 있는 경험과 지식, 그리고 흥미를 느끼는 사항들에 대한 해석으로 인해서 보는 행위가 완성된다. 따라서 우리의 문화적 환경 또한 우리의 시각적 인지의 내용에 영향을 주고 변화를 가져다준다.

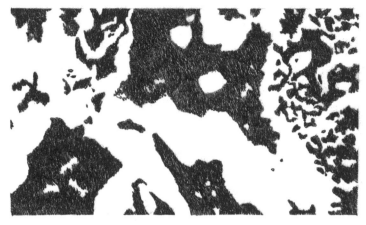

심리학자 E.G. 보링의 1930년도 창작물인 이 그림은 젊은 여자 또는 늙은 여자의 얼굴을 담고 있는 초상화로 해석될 수 있다.

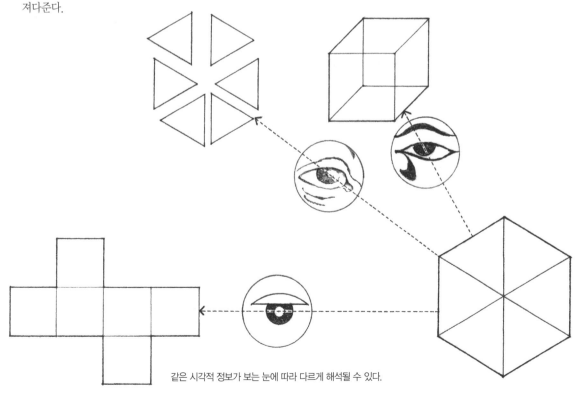

같은 시각적 정보가 보는 눈에 따라 다르게 해석될 수 있다.

보는 행위와 그리기 (SEEING AND DRAWING)

:: 보는 행위가 그리는 것을 돕는다.

우리가 보는 것을 그리는 행위, 예를 들어 유명한 대가의 회화를 그대로 표현하는 것은 전통적으로 미술가와 디자인 교육에 많이 쓰이는 방법이다. 관찰하는 것을 그리는 훈련은 눈-사고-손의 상호작용을 훈련시키는 데 쓰이는 전통적인 교육법이다. 그리는 행위를 통해 직접 시각적인 현상을 느끼고 검증하는 것은 우리의 시각적 능력에 대해 깨닫게 한다. 그것은 다른 한편으로 그리는 능력을 훈련시키기도 한다.

:: 도면, 즉 그림은 우리의 보는 능력을 확장시킨다.

우리는 일상생활에서 시각적으로 볼 수 있는 모든 것을 보면서 살지 않는다. 미리 알고 있는 사항들, 그리고 기대하고 있는 것들을 발견하는 것에 의해 우리가 보는 범위가 결정된다. 어떤 것을 볼 때에 친근감의 잣대로 내용이 결정되기 일쑤이고, 우리 주변의 것들을 제대로 들여다보지도 않고 일상생활에 임한다. 이러한 고정관념에 속에 보이는 것의 습득이 우리의 생활을 간단하고 안락하게 만든다. 이러한 이유에서 우리는 주변 일상의 것들을 처음 보는 신기한 것을 접하듯이 신경을 곤두세워 보지 않고 지낼 수 있는 것이다. 그 대신 우리는 필요에 따라 일시적으로 부분 부분을 선택하여 제대로 관찰한다. 따라서 이러한 선택에 의한 효율적인 관찰을 하는 것은 일상생활에서 고정관념에 의해 보는 것에 많은 부분을 의존하고 있는 것을 뜻한다.

이러한 고정관념들은 자칫 우리가 어떤 사물을 보는 데에 있어서 단순히 익숙한 것이라는 이유 하나만으로 그것으로부터 새로운 것을 발견하는 데 장애요소로 작용할 수 있다. 그리고 우리 주변의 시각적 세계는 우리가 순식간에 인지해 버리는 내용들보다 훨씬 많은 내용들을 담고 있는 것이다. 우리가 사물들을 볼 때 고정관념에 의존하지 않고 우리에게 잠재되어 있는 시각적 능력을 활용하기 위해서는 사물들을 볼 때에 우리가 마치 그것들을 그려낸다는 생각으로 보는 방법을 배워야 한다.

도면을 그리는 것은 평상적인 사물을 볼 때에도 그 속의 새롭고도 다양한 시각적인 요소들과 현상들을 발견하게 되는 것이다. 예리하고 비판적인 관점에서 우리 주변을 보는 능력을 기르는 동안, 그리는 행위는 우리의 시각적 기억력 또한 향상시켜 준다. 기억된 것을 그리는 것은 그 당시에 받은 시각적인 느낌을 기억 속에서 되찾아 표현하는 것이기 때문이다.

우리가 인지하는 것은 현재 눈앞에 벌어지는 사항들을 보는 것에만 국한되지 않는다. 이미지들은 언제든지 머릿속에 떠올릴 수 있으며, 우리가 갖고 있는 시각, 촉각, 또는 후각 등 모든 것에 관한 것일 수 있다. 이러한 촉각에 의해 직접 경험하지 않았더라도 우리의 사고능력에 의해 새로운 이미지를 만들어 낼 수도 있다. 우리는 아무 노력 없이, 제시된 어떤 것에 대해서 금방 머릿속에 떠올릴 수 있는 것이다.

• 어렸을 적 잠자던 방, 살던 동네길, 소설 속에 나오는 장면들 등의 장소들
• 삼각형, 사각형, 하늘에 날아오르는 풍선, 괘종시계 등의 사물들
• 가까운 친구, 친척, TV 앵커맨 등의 사람들
• 문 열기, 자전거 타기, 야구공 던지기 등의 행동들
• 육면체가 공중에서 도는 것, 언덕에서 공이 굴러 내려오는 것, 새가 하늘로 날아오르는 것 등의 작용들

위의 말들을 읽는 동안, 우리의 사고의 눈은 그것들을 이미지화하였다. 곧, 우리는 시각적으로 사고하는 것이다.

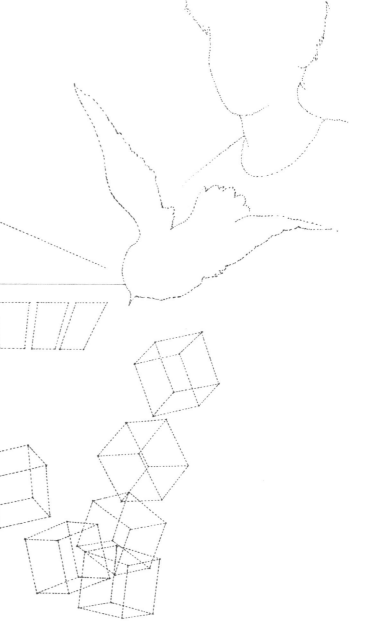

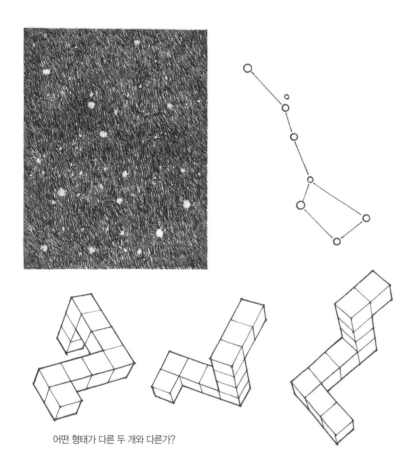

어떤 형태가 다른 두 개와 다른가?

시각적 사고(이미지들을 생각하는 것)는 모든 인간들의 행위를 설명할 수 있다. 가장 기본적인 일상생활인 것이다. 우리가 길을 가면서 주소를 찾는 것, 손님을 위한 저녁상을 꾸미는 것, 또는 장기를 둘 때 다음 수를 생각하는 것 등 모두가 시각적인 요소에 의해 생각할 수 있는 행위들이다. 우리의 생각 자체가 또한 시각적일 수 있는데, 밤하늘에서 은하수를 찾는다든지, 설명서를 보고 가구를 조립할 때, 또는 건축물을 설계할 때 그러하다. 이 모든 행위들은 우리가 실제 눈에 보이는 것들을 사고의 눈이 보는 이미지들과 능동적으로 결부시켜 결과를 얻어내는 경우이다.

머릿속의 이미지들은 우리가 현재 직접 눈으로 보고 있는 것에 국한되지 않는다. 사고를 통해 이미지를 만들고, 찾아내고, 합치는 과정을 시간과 공간을 초월하여 할 수 있다. 우리는 기억을 더듬어서 그때의 물건들, 장소들, 그리고 사건들을 소재로 이미지들을 시각화하기도 한다. 또한 우리는 실현 가능한 일들을 머릿속에 그려내어 미래를 상상하기도 한다. 따라서 우리는 결국 상상력을 통해 과거의 일들과 미래의 일들을 머릿속에 그려 볼 수 있고, 상상력은 과거, 현재, 미래를 시각적으로 연결지어줄 수 있다.

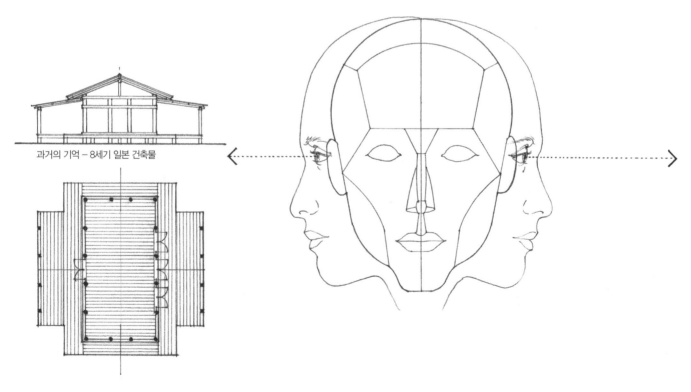

과거의 기억 – 8세기 일본 건축물

:: **상상력은 그림 그리는 행위에 영감을 준다.**

사고에 의해 만들어 내는 이미지들은 대게 흐릿하고 순간적이며 환상에 가깝다. 선명하고 깨끗한 이미지였다 하더라도 금방 머릿속에서 사라진다. 그것들을 그림으로 남기기 전에는 머릿속의 끊임없는 사고의 흐름 속에서 다른 것으로 변형되어간다. 따라서 그림 그리기, 즉 도면 작업은 자연스럽고도 필수적인 시각적 사고의 연장이라고 할 수 있다. 사고 속의 이미지가 눈놀림, 손놀림을 조종하고 실제 손으로 그려지는 그림은 끊임없이 사고 속의 이미지와 비교되는 것이다. 그 과정을 통해 상상하는 것과 그림은 점차 하나가 되어간다.

:: **그림 그리는 행위는 상상력을 자극한다.**

머릿속의 사고가 그림 그리는 것을 조종하듯이 그림 그리는 행위 또한 사고의 내용에 영향을 미친다. 종이에 스케치를 하는 것이 우리의 생각을 글로 풀어 생각을 정리하여 발전시키는 것과 같은 효과를 갖는다. 어떠한 생각을 시각화 하고 자세히 그려 보면 그 생각을 실현하는 데에도 도움이 될 수 있다. 생각을 분석하고, 다른 시각에서 그것을 보면 다른 아이디어가 떠오르기도 하고 새롭게 더욱 발전시킬 수도 있다. 같은 이치로써 디자인 과정에서의 도면 그리기는 상상력을 자극하고 그것을 더욱 발전시키게 된다.

이러한 방법의 그리기는 디자인의 기초적인 과정에서 절대 중요하다. 화가가 다양한 구도를 잡아본다든지, 무용가가 무용의 순서를 구성한다든지, 건축가가 복잡한 공간을 계획하는 등의 모든 행위들을 실험 단계에서 일단 그려봄으로써 그 가능성과 방향을 예측해 볼 수 있는 것이다.

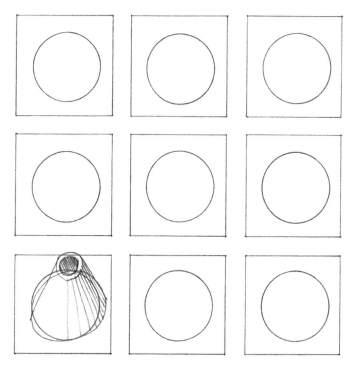

이 원들에 몇 개의 선들만 첨가함으로써 다른 사물로 만드는 것을 상상해 보시오.

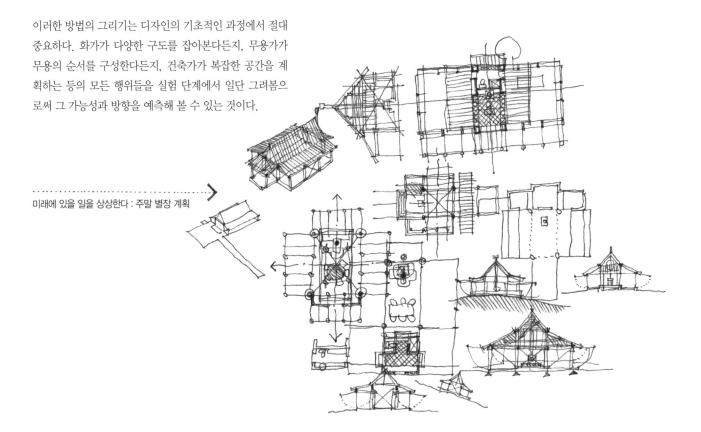

미래에 있을 일을 상상한다 : 주말 별장 계획

실제의 사물을 다양한 방법으로 표현할 수 있다.

그림으로써 실제의 것을 복제하지는 못한다. 어떤 사물의 외형을 사실적으로 인지하게 하고 사고의 눈이 그것의 내용을 볼 수 있게 할 뿐이다. 그 사물에 대한 우리의 경험을 표현하는 또 하나의 현실 속에 그림을 그리는 과정이다.

우리의 인지능력은 어떤 현상에 대해 우리가 갖고 있는 모든 정보를 포함시키는 포괄적인 것이다. 하나의 그림은 어떤 경험에 대한 한 부분에 불과하다. 사물을 관찰하고 그림으로 나타낼 때에는 그리는 이의 주관에 의해 의식적이든 무의식적이든 필요 없는 부분들은 무시하게 된다. 그리는 도구의 선택에 따라서도 그림에서 나타낼 수 있는 것들의 내용이 결정되기도 한다.

우리가 아는 물체를 그릴 때에는 눈에 보이는 것 이외의 모습으로도 나타낼 수 있다. 예를 들어 어떤 물체를 상상력에 의해 그릴 때에는 광학적인 현실 세계에서 벗어날 수도 있다. 우리의 사고에 의한 개념적인 이해를 그릴 수도 있는 것이다. 인지되는 내용의 표현과 개념상의 내용 표현들 모두 무엇을 정식으로 표현하는 데 사용될 수 있는 방법들이다. 이것들은 상호보완적으로 보는 것과 그리는 것에 대한 사항들에 대해 도움을 줄 수 있다. 둘 중 어떤 것을 선택하느냐의 문제는 그리는 것의 목적과 무엇을 전달하고자 하는지에 달려 있다.

:: **시각적 의사소통**

모든 그림 또는 도면들은 보는 이의 관심을 끌어 흥미를 불러일으켜야 한다. 도면의 내용을 전달하기에 앞서 시각적으로 관심을 불러일으켜야 하는 것이다. 보는 이의 관심을 끈 이후에는 보는 이의 상상력을 돕고 보는 사람의 반응을 유발해야 한다.

도면들의 내용은 정보로 가득차 있기 마련이다. 하나의 도면을 잠시 봤을 때 보는 이가 무엇을 느꼈을지 장담하기 어려운 것이 사실이다. 사실 우리 모두가 다른 눈으로 보고 있듯이 같은 도면을 보고 서로 다르게 해석할 수 있는 것이다. 가장 사실적으로 그려진 그림도 개인의 해석에 그 내용을 의존할 수밖에 없다. 따라서 어떤 시각적 정보를 제공하기 위한 도면은 많은 사람들에게 그 내용이 이해될 수 있어야 한다. 추상적으로 표현된 도면일수록 어떤 정보를 전달하기 위해 더 많은 기호와 설명의 글이 필요하다.

흔히 쓰이는 시각적 의사소통 수단은 도해 또는 다이어그램이라고 하며 그것은 단순화된 그림으로써 어떤 과정을 보여주거나 부분들의 관계를 보여준다든지 또는 점증적으로 바뀌거나 변화되는 것의 규칙을 보여 줄 때 쓰인다.

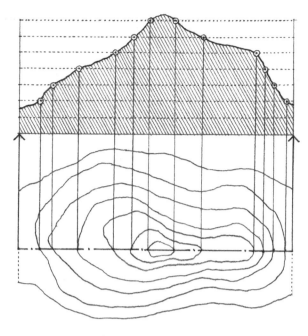

관계성과 과정, 패턴 등을 전달해 주는 도면들

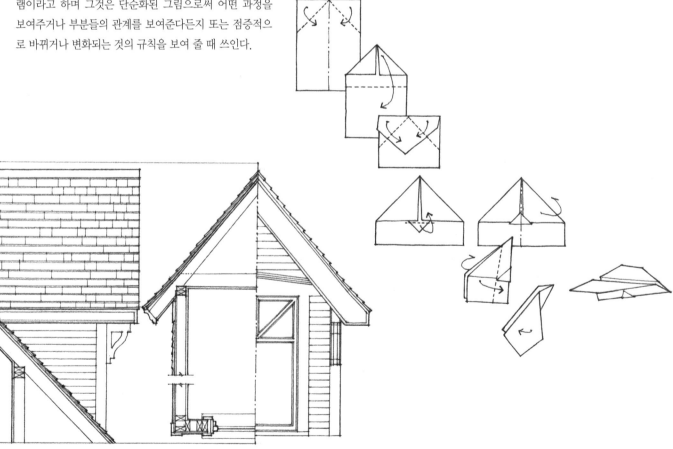

표현(REPRESENTING)

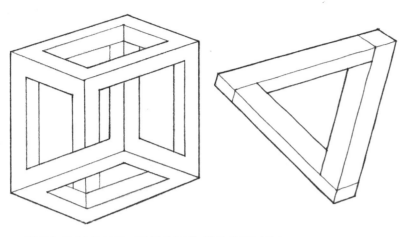

도면상에서는 문제가 안되 보여도 현실의 세계에서는 불가능한 경우가 있다.

:: 도면 읽기

우리는 현실에서 만들 수 없는 것을 도면상으로 읽을 수는 있어도 그 역은 불가능하다. 우리가 도면을 그려내고자 할 때 표시하는 내용들이 원래 의도대로 해석이 되고, 남들도 같은 뜻으로 충분히 해석한다고 믿을 때만 도면을 그려 낼 수 있다. 도면 그리는 법을 배우는 중요한 요소는 직접 작도한 도면뿐만 아닌 다른 사람에 의해 작도된 도면을 어떻게 읽을 것인지를 생각해 보는 것이다.

도면을 잘 읽을 수 있다는 것은 우리가 도면의 내용과 원래 내용이 도면에 어떻게 표현되었는지의 관계를 이해하는 것이다. 컴퓨터나 손으로 제작된 어떤 도면이 잘못 제작되어서 보는 이가 엉뚱한 3차원의 형태를 상상하게 될 수도 있는 것이다. 예를 들어 실현될 수 없는 형태를 그린 도면이 있을 경우, 도식적으로는 그럴 듯 할 수 있어도 그 도면을 보고 신속하게 그 내용을 실제로 파악할 수 있어야 한다.

그리는 능력을 향상시키기 위해서는 항상 다른 사람들이 나의 그림을 어떻게 해석할 것인지를 염두에 두는 버릇을 가져야 한다. 자기 스스로의 눈을 만족시키기는 너무 쉬운 법이다. 남들의 도면에서 실수한 것을 쉽게 찾는 이유는 본인에게 익숙하지 않은 새로운 내용을 접하여 이해하기 위한 노력에서 자세히 관찰하기 때문이다. 비슷한 예로, 도면을 거꾸로 본다든가, 멀리서, 혹은 거울을 통해 반사시켜볼 경우 보던 도면이 새롭게 느껴질 때가 있다. 이에 따라 평소에는 무시되었던 작은 실수들이 눈에 띌 때가 있다. 하찮아 보이는 작을 실수도 때에 따라서는 도면의 의도를 왜곡시키는 경우가 있음을 명심해야 한다.

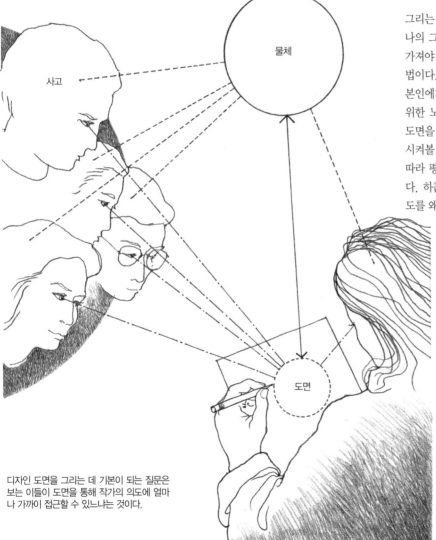

디자인 도면을 그리는 데 기본이 되는 질문은 보는 이들이 도면을 통해 작가의 의도에 얼마나 가까이 접근할 수 있느냐는 것이다.

관찰에 의한 도면 표현

"그리는 것을 익히는 것은 보는 법을 익히는 것이다 – 제대로 보기 위해서 – 그리고 그것은 단순히 두 눈으로 보는 것만을 뜻하는 것이 아니다. 여기에서 '보는 것'은 많게는 오감이 할 수 있는 일을 눈을 통해 하는 일을 말한다."

키몬 니클라이즈(Kimon Nicolaïdes)
자연스럽게 그리는 방법

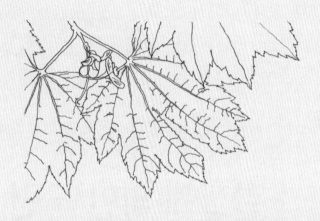

우리의 주관에 따라 인지하는 내용이 좌우되는데도 불구하고 눈으로 보는 행위는 우리 주변 세상에 대한 정보를 얻어 그것을 인지하는 가장 중요한 방법이다. 보는 행위를 통해 우리는 앞에 펼쳐진 공간을 가로질러 물체의 외형을 감지하고 표면을 탐지하며 공간을 탐험한다. 우리의 촉각에 의해 전달되는 어떤 현상을 직접 손으로 느끼며 발전시켜나가는 이른바 그리는 행위는 현실 세계에 대한 더 큰 눈을 뜨게 하고, 과거에 대한 기억을 되살리게 하며, 미래를 예측하여 디자인을 하는 데 도움을 준다.

01 선과 형태

점은 크기나 규모의 뜻을 갖지 않는다. 눈으로 보이는 점으로 표현되었을 때, 그 점은 공간에서의 위치만을 나타낼 뿐이다. 점이 하나의 표면상에서 어떠한 방향으로 움직일 때, 하나의 선 – 도면을 그리기 위한 가장 기본적인 요소 – 을 나타내게 된다. 우리는 공간 속에 보이는 어떤 물체의 형태와 윤곽을 표현할 때 선에 의지한다. 눈에 보이는 경계를 선으로 묘사할 때 우리는 자연스럽게 형태를 인지한다. 이 그림의 기본 요소인 선이 형태를 눈에 보이게 하고 그림을 구성하게 한다.

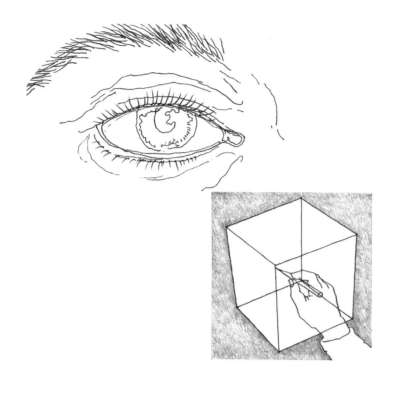

개념상으로 선은 그림 그릴 때의 기본 요소로써 1차원적인 두께나 폭을 갖지 않는 존재이다. 이것은 물리적 세계에서는 존재할 수 없는 요소인 것이다. 선은 표현상 일단 얇은 것으로서, 철사 같이 속이 꽉 찬 입체로 보일 때도 있고, 틈새와 같이 아주 얇게 파고들어간 것일 수도 있으며, 한 물체의 그림자를 표현할 때와 같이 색이나 명암이 갑자기 바뀌는 경계를 나타낼 수도 있다. 우리는 시각적으로 위의 모든 것을 선으로 인식할 수 있다. 그러므로 우리 주변의 현상을 인식하는 데 선의 역할이 중요하듯이 우리의 사고를 표현하는 그림에 있어서도 선은 마찬가지로 중요한 역할을 한다.

그림을 그릴 때에 우리는 어떤 도구의 뾰족한 끝을 그릴 수 있는 표면에 대고, 늘어뜨려 그어서 선을 표현한다. 선은 도면의 1차원적 요소로 2차원 표면에 나타난다. 그리고 선은 3차원의 사물의 경계를 이해할 수 있게 표현하는 데 가장 자연스럽고 효율적인 방법이다. 우리는 우리의 시각적 인지의 과정이 그러하듯 어떤 사물의 형태가 공간에 존재함을 선들을 작도함으로써 알아낸다. 그리고 그 그림을 보는 사람들은 당연히 그 선들을 사물의 가장자리로 인식하면서 그 형태를 파악한다.

이 책에서는 앞으로 선들을 이용하여 명암, 재질, 그리고 어떤 형태의 내부 구조를 선으로 표현하는 방법에 대해 알아보려고 한다. 그러나 지금은 선이 사물의 모서리들과 윤곽을 표현하는 역할 – 그림에 있어서 가장 보편적인 표현 기법 – 에 관심을 집중하고자 한다.

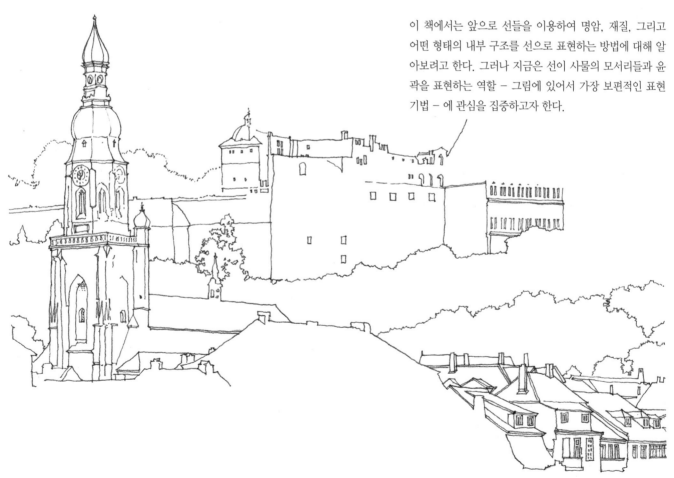

사물의 윤곽은 우리가 보는 세계의 모든 것에 해당한다. 우리는 눈으로 보이는 빛의 모습과 밝고 어두움의 차이를 이용하여 형태의 윤곽을 머릿속의 사고작용에 의해 가늠하게 된다. 우리는 시각적 사고의 과정을 통해 구분이 되는 명암의 단계나 색의 경계를 선으로써 인식한다. 어떤 부분은 선명한 선이 느껴지고 어떤 부분은 배경에 가까워지면서 희미한 상태가 되기도 한다. 그렇지만 사고의 눈은 물체를 인식하므로 희미한 부분도 확실한 선으로 인식하는 것이다. 이렇듯 눈으로 보는 과정은 사물의 희미한 외곽을 과장시켜서 그 사물의 확실한 윤곽으로써 인식하게 한다.

가장 눈에 띠는 윤곽은 사물과 사물의 경계일 것이다. 이때에 윤곽은 사물을 튀어나오게 하는 역할을 한다. 윤곽은 사물의 외형을 묘사하면서 그 사물과 배경이 되는 경계를 보여준다. 윤곽은 사물의 외형 묘사이며 그 사물의 형태를 알게 해 준다.
또한 윤곽은 단순히 평면적인 2차원의 외형만 보여주는 것은 아니다.
• 사물의 외형선이 표면의 접힘으로 연결되기도 하며 단절되기도 한다.
• 다른 윤곽선과 겹쳐지거나 튀어나올 수도 있다.
• 공간의 형태들을 보여주기도 하며 사물의 그림자 부위를 나타내기도 한다.

우리가 볼 때와 그릴 때 공간상에 존재하는 사물을 자세하게 설명하는 윤곽선들을 이해할 수 있다.

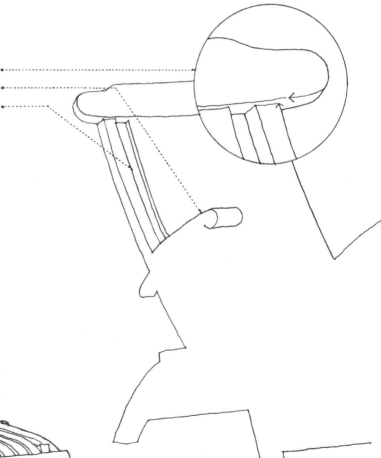

윤곽 표현(CONTOUR DRAWING)

윤곽 표현은 사물을 보면서 그리는 그림의 방법 중 하나이다. 이것의 목적은 표면의 성질과 형태를 관찰하는 예리한 감수성을 기르기 위함이다. 그리고 우리가 평소에 사물을 시각적으로 단순화시켜 인지하는 것을 막기 위한 것이다. 윤곽 표현은 사물을 보는 데 있어서 예리한 관찰력을 필요로 하고 시각뿐만 아닌 촉각까지 이용하게 한다.

윤곽 표현의 목표는 눈으로 어떤 사물의 외곽을 봄에 따라 최대한 정확하게 손으로 그것을 좇아 표현하는 것에 있다. 눈이 어떤 사물의 윤곽을 천천히 따라가며 관찰할 때에 손은 표현 도구를 쥐고 같은 속도로 그 사물의 세세한 외부 자국과 모습을 나타내는 것이다. 이것은 정교하고 규칙적인 과정으로써 사물 내부의 세부적인 요소들, 부위들, 그리고 사물 전체를 나타내는 데 대등하게 적용된다.

이 과정은 우리의 시각과 촉각 모두에 호소한다. 연필이나 펜을 그리고자 하는 실제 사물의 외곽에 직접 대고 그 윤곽을 따라 따라간다고 가정해 보자. 눈으로 외형을 더듬어가는 속도가 더 빠르더라도 서둘지 말고 펜이 뒤로 다시 가거나 한 번 그은 선을 지울 수 있다고 가정하지 말자. 동시에 눈으로 그 사물을 자세히 관찰하면서 그 윤곽을 손으로도 느낀다고 가정하는 것이다.

윤곽 표현은 부드러운 흑연의 뾰족한 끝이나 정확한 가는 선을 연속해서 그을 수 있는 잉크펜이 적당하다. 이러한 윤곽표현의 연습은 섬세하게 시각적으로 관찰하는 능력을 길러준다.

손이 그리는 것을 보지 않고 그리고자 하는 사물의 윤곽을 표현해 보자. 그려지는 것에는 시야를 멀리 하고 그리고자 하는 사물에 집중한다. 눈은 사물만 계속 쳐다보아야 하며 손은 그대로 사물을 그려내도록 노력해본다.

그리고자 하는 사물에서 잘 눈에 띠는 점을 찾아 시야를 집중한다. 종이 위의 연필이나 펜의 끝이 눈으로 보고 있는 그 점에 위치해 있다고 가정하면서 실제로 사물 위의 점을 연필이나 펜으로 건드리고 있다고 가정한다. 천천히 신중하게 눈으로 사물의 자세한 윤곽을 따라간다. 이때에 눈이 움직이는 같은 속도로 연필이나 펜의 움직임을 맞추며 눈으로 볼 수 있는 세밀한 부위까지 종이 위에 기록하면서 눈의 움직임을 따라간다.

보고 있는 사물에서 보이는 모든 모서리들을 일정한 느린 속도로 조금씩 그려 나간다. 중간에 잠시 손이 쉬고 눈은 사물을 더 관찰해야 할 것이다. 이때에 손이 멈추었던 흔적이 안 보이도록 노력한다. 눈에 순간순간 들어오는 사물의 모든 윤곽을 그대로 손으로 옮기도록 노력한다. 눈, 머릿속의 사고, 손놀림의 세 가지가 동시에 서로로부터 영향을 받아 정확하게 움직이도록 한다.

이런 방법의 그림그리기는 과장되거나 변형된 형태를 그려내기도 한다. 마지막 결과물이 실제 사물과 흡사하기를 바라기보다 그린 사람이 세심하고도 밀도 있게 사물의 선, 형태, 부피를 인지하였음을 보여주는 것이다.

수정된 윤곽 표현하기(MODIFIED CONTOUR DRAWING)

수정된 윤곽 표현하기는 사물만 보고 윤곽 표현하기로부터 시작되나 크기, 길이, 각도 등의 관계를 확인하기 위해서 주어진 시점에서 그려지는 그림을 눈으로 확인하는 것이다.

사물만 보고 윤곽 표현하기를 시작한다. 보이는 사물 위에 편리한 지점을 정한다. 연필이나 펜의 끝을 종이 위에 대고 이 지점이 사물 위에 정한 그 점이라고 가정한다. 상상 속의 수평선이나 수직선에 비추어 사물이 갖고 있는 윤곽의 관계를 생각해본다. 눈이 공간 속의 윤곽을 따라감에 따라 조심스럽게 대응이 되는 선을 천천히 그려나간다.

외곽선들과 모든 모서리들을 나타내고 표면의 윤곽도 나타낸다. 모든 세밀한 윤곽들을 손의 움직임으로도 느끼게 따라간다. 윤곽선이 꺾인 표면이나 다른 윤곽에 의해 연속되지 않는 경우는 눈으로 그림의 그 지점을 확인하고 적절한 곳에 다시 연필이나 펜을 위치하여 연속해서 그리되, 전체적인 비례와 선의 굵기에 신경 써서 진행한다. 그림을 오래 쳐다보지 않도록 하고 재빨리 사물의 보던 위치로 눈을 맞춘다.

사물을 관찰하면 할수록 사물의 더 많은 세부사항들 – 재료의 두께, 모서리가 어떻게 형성되었는지, 부재들이 서로 어떻게 결합되었는지 등 – 을 발견할 것이다. 끝없이 많은 세부사항들을 발견하더라도 그것들 중에 중요한 것들을 가려서 그 사물의 이해와 표현에 필수적인 주요 윤곽들을 신경 쓰도록 한다. 그리고 선을 간결하고 효율적으로 써야 한다.

전체적인 비례는 크게 우려하지 않아도 된다. 수차례의 연습과 경험을 통해 눈으로 사물의 모든 윤곽들을 파악하고 마음속에서 그림으로 떠올리게 되고 그것을 종이에 표현하는 데 익숙해진다.

윤곽표현은 원래 하나의 선 굵기를 쓰지만 여러 개의 선 굵기를 사용할 경우 그리는 사람의 의지를 더욱 강하게 표현하게 된다. 굵은 선은 강조하는 모습으로 보이게 되는데 깊이감과 그림자를 함축하고 있는 것으로 보이기도 한다. 선의 선택에 따라 사물의 성질 – 소재, 표면성질, 시각적인 무게 – 등을 보여주기도 한다.

[연습 1.1]

자신의 손이나 운동화 또는 낙엽과 같이 흥미로운 윤곽을
지닌 물건을 골라보자. 그 물건의 윤곽에 모든 관심을 쏟
으면서 사물만 보고 윤곽 표현하기를 해보자. 이 표현 연
습은 시각적 예민함, 윤곽에 대한 감각, 그리고 손 – 눈 –
사고들 간의 일치감을 키워준다.

[연습 1.2]

친구와 짝이 되어서 짝의 왼쪽 눈의 윤곽을 오른손을 써서
표현한다. 그리고 짝의 오른쪽 눈을 왼손으로 표현한다.
두 그림을 비교해보자. 익숙하지 않은 손으로 그릴 때에는
더 천천히 그리고 눈에 보이는 윤곽에 더 섬세하게 반응하
게 된다. 이 연습은 거울을 보고 자기의 눈을 그려도 된다.

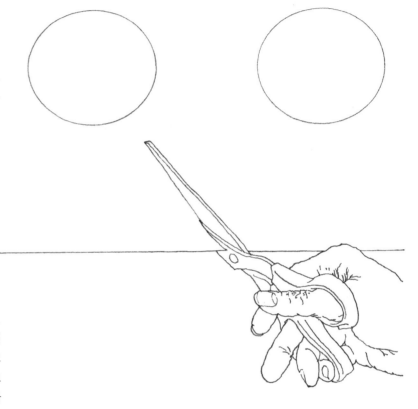

[연습 1.3]

다른 모습을 갖은 사물들로 정물을 구성하자 – 꽃, 도구,
과일들, 병, 낙엽, 또는 핸드백 등 구성된 정물을 이용하여
여러 개의 수정된 윤곽 표현하기를 한다. 머릿속으로는 그
리는 물건의 이름을 떠올리지 않도록 한다. 그 이유는 그
물건의 고정관념이 도출되기 때문이다. 다만, 본인의 감각
에 충실하도록 하고 눈에 보이는 각기 다른 외형과 윤곽들
을 충실히 표현하도록 한다.

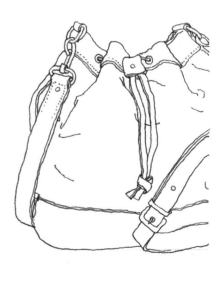

윤곽을 가로질러 표현하기(CORSS-CONTOUR DRAWING)

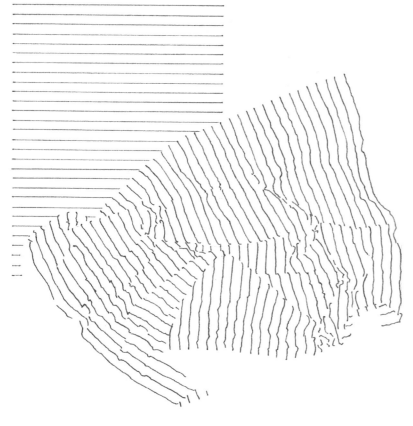

윤곽을 가로질러 표현하는 것은 선들을 우리가 보이기 때문에 긋는 것이 아니라 보고 있는 사물의 표면에 일정한 간격과 방향의 선들을 새긴 모습으로 사물을 나타내는 것이다. 그러므로 사물의 외형을 따라 선을 긋는 것이 아니고 이 표현에서는 사물 표면의 윤곽을 표현하게 된다.

윤곽을 가로질러 표현하기에 의해서 평평하지 않거나 유기적인 사물의 부피감을 느낄 수 있다. 사물을 가로지르는 선들은 사물에 있는 홈이나 패인 곳에도 그려진다. 패인 곳은 선이 패이게 되고 튀어나온 곳은 선도 튀어오르게 된다.

표면의 윤곽을 잘 인식하기 위해서 사물을 같은 간격으로 잘라 냈다고 가정해보자. 그리고 이 잘려진 형태를 그대로 선으로 전환하여 나타낸다고 보는 것이다. 잘려나간 것들이 연속적으로 합쳐지면 원래의 사물을 이루게 된다.

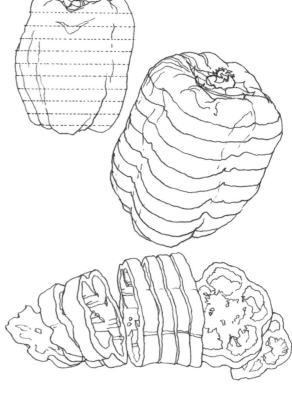

색과 명암 변화의 경계에 우리는 선을 인식한다. 윤곽 표현에서는 실제 보이는 선을 사용하여 사물의 모서리나 외형 모습을 표현하였다. 윤곽을 나타내는 선으로 사물의 부피를 보여주고 사물이 없어진 곳에서 선을 멈추었다. 사물이 공간 속에서 구별되어 있는 것을 우리는 눈으로 인지하여 머릿속으로 인식하고, 그 사물의 경계를 선으로 그려서 확실히 인식하는 것이다. 이 과정을 통해 사물의 형태를 인식한다.

형태는 어떤 것의 외형의 특징 또는 표면의 구성 모습이다. 시각적인 표현이나 디자인에 있어서 형태는 2차원 상에서 어떤 경계에 의해서 닫혀지는 부분으로서 배경으로부터 따로 떼어진 것으로 인식되는 것이다. 우리가 보는 모든 것들 ─ 윤곽선 또는 대조되는 색이나 명암으로 닫혀서 분리된 부분 ─ 은 형태라고 말할 수 있다. 그리고 우리가 머릿속으로 사물들을 정리하고 인식하는 단위가 형태인 것이다.

형태는 절대로 혼자서만 존재할 수 없다. 형태는 오로지 다른 형태와의 대비 속에서 또는 둘러싸고 있는 공간에 의해서만 인지될 수 있다. 형태를 나타내는 하나의 선은 공간으로부터 그 형태가 잘려나가는 윤곽선이 되는 것이다. 따라서 우리가 하나의 선을 그을 때에도 그 선이 어디에서 시작하여 어디로 끝나는지를 신경 써야 하지만, 그 연속되는 선으로 인해 만들어지는 모든 윤곽과 형태들을 인식하여야 한다.

형태를 보는 것(SEEING SHAPE)

우리가 사물을 인식하는 시점은 어떤 꽉 차 있는 잘 형성된 부분이 그렇지 않은 배경에 의해 눈에 띠기 시작할 때이다. 게슈탈트 심리학자들(Gestalt psychologists)은 이 현상을 형태-배경(figure-ground)으로 표현하였다. 형태-배경의 개념은 우리가 사물을 볼 때 그 시각적 이해의 순서를 정리해 주는 중요한 개념으로써 이것이 없었다면 우리는 세상을 항상 짙은 안개 속에서 보는 것과 흡사할 것이다. 형태가 배경으로부터 나타나 보인다는 것은 형태에는 나름대로의 속성이 있기 때문이다.

사물 외형의 경계를 나타내 주는 배경이 형태로 보이지 않고 사물이 형태로 나타나는 것으로 인식된다.

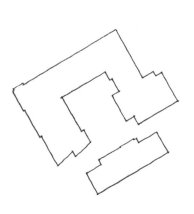

배경과는 대조적으로 형태가 자신을 담고 있는 사물로써 보인다.

후퇴되어 보이는 연속적인 무늬의 배경으로 인해 그 부분의 형태가 앞으로 튀어나와 보인다.

명암이나 색체로 채색된 형태가 그렇지 않은 배경보다 더 견고하고 비중 있어 보인다.

형태가 근접해 보이며 배경은 더욱 멀어져 보인다.

형태가 영역을 장악한 것 같이 느껴지며 시각적 이미지로써의 성격이 강하다.

우리의 시각적 세계는 형태—배경들 간의 연속적인 관계 속에 만들어진다. 눈으로 보이는 이 세계의 모든 것들은 형태로 활성화될 수 있다. 관심을 두고 관찰하면 무엇이든 배경으로부터 돋보이는 형태가 될 수 있는 것이다. 우리의 시점을 어지럽혀진 책상 위에 한 책에다 고정하면, 책상 위의 나머지 물건들이 혼합된 하나의 배경으로 느껴진다. 그리고 그 옆의 다른 책, 쌓아놓은 종이들, 스탠드 등으로 눈과 관심을 옮기면 그것들이 다시 배경 속의 형태로써 느껴지고, 책상 위의 나머지 물건들은 배경이 된다. 시야를 넓히게 되면 이 책상은 배경이 되는 벽에 놓인 하나의 형태로 볼 수 있고, 이 벽은 다시 사방으로 둘러싸인 실내 공간을 배경으로 한 하나의 형태로 다가온다.

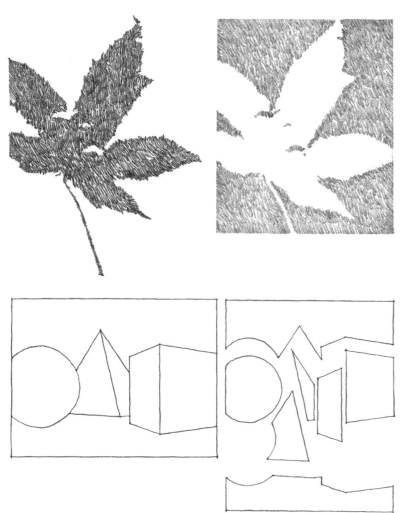

어떤 형태가 배경에 의해 구별되어 보일 때 그것을 양각모양이라고 한다. 그 반대로 모양을 갖추고 있지 않아 보이는 배경이 되는 것을 음각모양이라고 한다. 대개 양각모양은 앞으로 나와 보이며 상대적으로 완전하고 주도적인 형상을 갖고 있지만 음각모양은 뒤로 후퇴되어 보이며 완전하지 못한 알기 힘든 형상을 갖고 있다.

우리는 어떤 것을 볼 때 사물들 사이를 매우고 있는 공간들을 인지하기보다는 놓여 있는 사물들의 모양을 인지하는 데 익숙해져 있다. 보통 우리는 공백의 공간을 아무 내용이 없는 것으로 보지만 사실은 사물들의 모양에 의해 똑같이 공간의 범위가 정의 내려질 수 있고 사물들을 둘러싸고 있는 존재로써의 대등한 의미가 있는 것이다. 양각적 성격의 형태와 더불어 형태는 없으나 배경이 되어주는 공간은 형태와 더불어 서로 분리될 수 없는 하나를 이루게 된다.

그림에서 음각모양은 양각모양의 윤곽선들을 공유한다. 도면의 구도와 구성은 결국 양각모양과 음각모양들에 의해 이뤄지는데 그것들은 마치 서로 이가 맞는 퍼즐들을 짜맞춰 놓은 상태와 같다. 사물을 보거나 그릴 때에 음각적 성격을 갖은 공간들을 양성모양들과 똑같이 중요하게 생각해야 하며 서로 상호 보완적인 관계에 있음을 알아야 한다. 음각모양이 양각모양과 같이 쉽게 눈에 들어오지 않기 때문에 보는 사람의 노력이 항상 필요한 것이다.

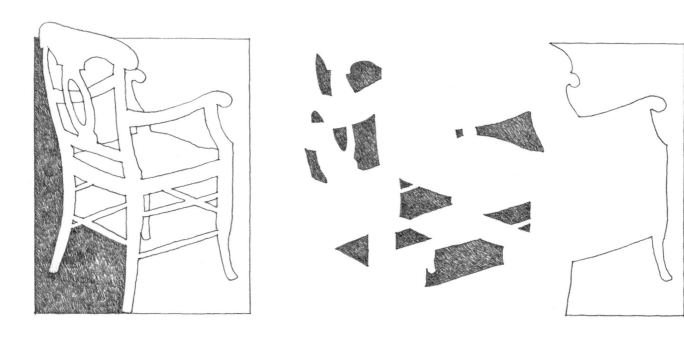

[연습 1.4]

이 글자들을 이루는 모든 선들을 주어진 보조선들에 맞춰 표현해보자. 어떤 것의 위아래가 바뀐 것을 그릴 때에는 보이는 그대로의 모양과 윤곽에 집중하게 되고 그리는 것의 내용에 덜 의존하게 된다.

[연습 1.5]

여러 개의 종이클립들 사이에 흥미로운 공간들이 만들어지도록 종이 위에 겹쳐 놓아보자. 연필이나 펜으로 클립들 사이에 만들어진 작은 공간들 – 음각모양 – 만 그려보자. 그리고 클립들 대신 홈이 파여져 있거나 모양이 복잡한 물건들 – 낙엽, 열쇠, 식기 등 – 을 소재로 그들의 음각모양들을 그려본다.

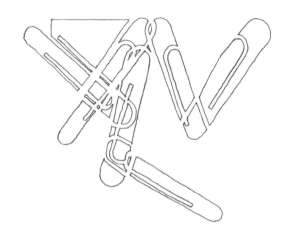

[연습 1.6]

여러 개의 구멍으로 장식된 의자들로 구성하되 흥미로운 공간들이 만들어지게 겹쳐 놓는다. 연필이나 펜으로 만들어진 모양들을 잘 관찰하여 음각모양만 그려낸다.

· 사물의 현실   · 광학의 현실

우리가 인지하는 사물의 형태는 보는 거리나 각도에 의해서 변형되어진다. 그것은 단순한 크기의 변화에서부터 복잡한 광학상의 절차와 그 연관성에 의한 변형에 이르기까지 다양하다. 그럼에도 불구하고 어떤 사물이 방향을 바꾸고 움직여도 우리는 그 사물을 구별한다. 형태 항상성으로 불리는 이 현상은 어떤 사물이 눈에 보이는 상태 이상으로 그 사물의 구조적인 특징을 인식하는 것을 뜻한다.

우리가 아는 사물을 표현할 때 눈에 보이는 모습 그대로와 일치하지 않을 때가 많다. 예를 들어 먼 쪽의 크기를 작게 그릴 때에는 그 물체를 보는 눈의 위치를 나타내고자 하는 의도가 있는 경우가 많다. 또한 둥근 원탁은 우리 눈에 타원으로 보이지만 그것을 단순히 표현할 때에는 원형으로 표현한다. 직육면체를 그릴 때에도 눈에는 항상 모두 직각이 아닌 형태로 보이나 그릴 때에는 적어도 한 면은 직사각형으로 나타내는 것이다.

우리는 이러한 선입견에 의한 그림의 결과를 피하기 위해서 양각 및 음각모양의 관계를 잘 이해해야 한다. 우리가 양각모양 한 사물의 모서리를 그릴 때, 그것에 의해 생성되는 음각모양을 인식해야 한다. 이렇게 음각모양에 관심을 둘 경우, 양각모양의 형태가 무엇인지에 대한 집착을 버리게 되고 순수하게 눈에 보이는 내용을 2차원의 세계에서 자유롭게 그릴 수 있게 되는 것이다. 모순처럼 보이지만 3차원의 세계를 잠시 2차원의 세계로 납작하게 만들어서 표현해야 더 정확한 3차원의 세계를 표현하게 되는 것이다.

우리는 보통 사물을 그릴 때 우리가 그것에 대해 아는 사항들과 눈에 보이는 것들을 절충해서 그리게 된다.

여기에서 의미하는 관찰은 눈으로 여러 도구들을 이용해서 무엇을 재는 것이다. 역사적으로 유명한 도구는 듀어(Albrecht Dürer)가 투명한 좌표의 화면을 통해 사물을 관찰한 사례이다. 이 도구를 통해 사물의 각 지점들을 화상면(picture plane)에 그대로 옮길 수 있었다.

비슷하지만 더 휴대가 용이한 도구는 A4 크기의 짙은 회색 또는 검은색의 공작지에 7.5cm X 10cm 크기의 구멍을 정확하게 뚫은 만든 파인더(viewfinder)이다. 테이프로 수직, 수평으로 가로지르는 선을 실로 고정한다. 파인더를 이용하면 구도를 잡는 데 도움이 되고 위치를 정확하게 젤 수 있으며 윤곽선의 방향을 찾는 데 도움이 된다. 더 중요한 것은 이 직사각형의 파인더를 통해 한 눈으로 들여다보면, 광학적 형상을 효과적으로 2차원으로 납작하게 만든 결과를 볼 수 있으며 양각모양의 사물과 그를 둘러싸고 있는 음각모양의 공간들에 대한 인식을 높게 된다.

또한 연필이나 펜의 몸체를 관찰의 도구로 쓸 수 있다. 펜을 팔의 길이만큼 눈에서부터 떨어뜨려 세우되 팔이 눈의 각도와 평행하고 시야의 선과 펜의 각도는 직각이 되도록 한다. 이때 보이는 사물의 상대적 길이와 선들의 각도를 젤 수 있다.

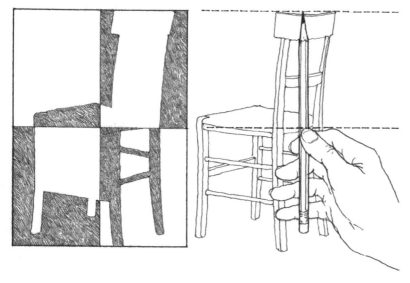

파인더나 연필을 이용하여 사물의 각 지점, 길이, 각도, 그리고 일치점 등을 재고, 그것들의 관계를 서로 비교하여 그릴 수 있다.

사물의 중간 지점을 찾는 것은 파인더 두 실의 교차점을 이용하면 된다. 사물을 중앙지점으로 나누는 것은 종이 위에 구도 잡는 데에도 도움이 되고 사물 전체의 모양을 인식하는 데 도움이 된다. 사물 또는 사물군의 중앙지점을 찾기 위해서는 펜을 이용하여 그 중앙을 예측하면 된다. 그리고 그 지점을 중심으로 한쪽과 그 반대쪽의 길이가 맞는지 보면 된다.

선상의 길이를 재기 위해서는 펜의 끝을 재고자 하는 길이의 끝에 대고 펜의 각도를 그 선과 일치시킨 후 엄지손가락으로 그 치수를 펜에 표시하여 잰다. 그리고 다른 선의 길이로 넘어갈 때에는 처음에 잰 길이를 기준삼아 새 치수를 알아낸다. 보통 짧아 보이는 길이를 기준으로 먼저 재고, 다른 치수들이 그 기준 길이의 반복이 되게 한다.

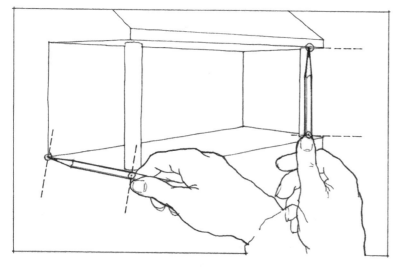

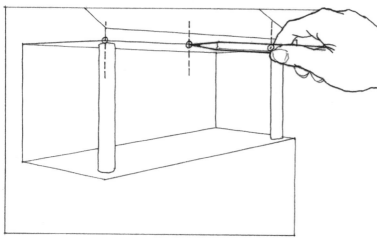

어떤 것의 각도나 경사를 재기 위해서는 수평선과 수직선을 이용한다. 이들 기준선들은 파인더의 수평, 수직선일 수도 있고 펜을 팔 길이로 눈에서 떨어뜨린 다음 펜을 곧게 세우거나 수평으로 누여 기준선으로 가정 하여도 된다. 경사선의 한쪽 끝에서부터 수평 또는 수직의 기준선을 그어 선들 간의 각도를 잴 수 있다. 이것을 도면에 옮길 때에는 도면의 가장자리의 수직과 수평선을 허공에 있는 기준선으로 가정하여 관찰된 내용을 도면에 옮긴다.

같은 기준선들을 이용하여 사물의 어떤 지점들이 서로 수직, 수평의 관계를 갖는지를 찾을 수도 있다. 이러한 방법을 통해 양각모양과 음각모양들이 갖고 있는 서로의 일치점들을 찾아 그것들의 비례와 관계들을 파악할 수 있다.

연습과 경험을 통해 위의 도구들이 없이도 관찰 기법을 쓸 수 있다. 사물의 치수와 비례를 눈만으로도 잴 수 있는 것이다. 이것을 하기 위해서는 사고의 눈을 통해 사물의 한 부분을 근거로 치수를 재는 가상의 막대를 눈으로 상상한다. 그 막대를 그려야 하는 사물의 다른 부분을 잴 때 이용하는 것이다. 우리가 어떤 사물에 대한 시각적 판단을 내릴 때 그 사물에 대하여 가정했던 사항들을 실제 보이는 사항들과 항상 비교하는 것은 매우 중요하다. 또한 상상이나 기억에 의한 그림을 표현할 때 전달하고 싶었던 사항들이 잘 표현되고 있는지를 항상 염두에 두어야 한다.

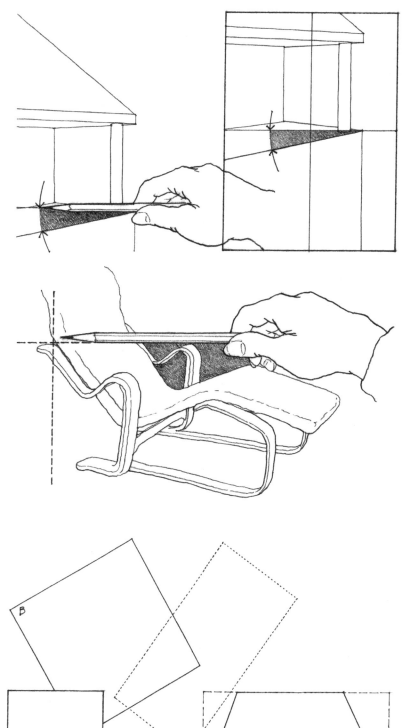

선 A의 길이가 한 단위 일 때 선 B, C, D들은 각각 몇 단위 길이일까?

A가 정사각형이면 직사각형 B는 어떤 비례를 갖고 있을까? 직사각형 C는? 사다리꼴 D를 포함하는 직사각형 D는?

도면의 구도를 잡는다든지 디자인을 한다는 것은 기본적으로 모양들을 정리하는 작업이다. 처음 빈 종이에 무엇을 그리기 시작할 때 우리는 이미지가 얼마나 커야 하는지, 어디에 위치해야 하는지, 어떤 방향으로 놓일 것인지 등의 사항을 종이의 상대적인 크기, 모양, 테두리와 견주어서 결정해야 한다. 또한 무엇이 그림 속에 포함되어야 하고 무엇이 생략되어야 하는지를 판단해야 한다. 이러한 결정에 의해 보는 사람이 어떤 양각과 음각모양을 인지하는지의 내용에 영향을 미치게 된다.

형태가 공중에 뜰 때, 즉 빈 공간으로 둘러 쌓여있을 때 그 형태의 모습은 눈에 더 띈다. 이러한 형태−배경의 관계는 쉽게 눈에 보인다. 이때 형태는 양각모양으로서, 내용 없이 희미하고 서로 섞여있는 듯한 음각모양인 배경 속에서부터 구별되어 눈에 강하게 들어오는 것이다.

여러 개의 형태들로 인해 배경이 줄어들거나 형태끼리 겹쳐진 상태에서는 형태를 둘러싸고 있는 공간들이 눈에 띠는 형태가 되기 시작한다. 또한 이 상황에서는 형태−배경 간에 더욱 긴밀하면서도 서로 연관된 상황이 벌어지게 되고 여기에서 느껴지는 긴장감이 시각적으로 흥미로움을 만들어 낸다.

형태와 배경이 모두 양각모양의 성격을 보인다든지 투명한 것들이 서로 겹쳐져 있을 경우 형태−배경의 관계가 모호해진다. 이때에 어떤 모양들은 일단 형태로 보일지도 모른다. 그러나 시야를 움직이거나 보이는 사물들의 내용을 이해하기 시작하면서 처음에 배경으로 보인 모양이 형태로 이해될 수도 있다. 그림의 목적에 따라 이렇게 모호한 양각과 음각 모양의 관계가 필요할 때도 있고 그런 관계가 그림을 이해하는 데 방해가 될 때도 있다. 의도적으로 모호한 형태−배경의 관계가 있을 수는 있으나 이유 없이 그렇다면 좋은 표현이라고 할 수 없다.

[연습 1.7]

사물들로 정물을 구성하고 파인더로 다양한 구도를 만들어 보자. 정물과의 거리에 변화를 줘서 형태가 배경으로부터 확연히 드러나도록 조절해 보고, 구도의 변화에 따라 변화되는 형태-배경의 관계를 살펴보자. 그리고 형태-배경의 관계가 모호해질 때는 언제인지 관찰하자.

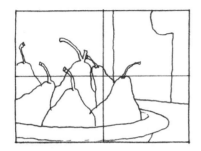

[연습 1.8]

비슷한 연습을 하되 야외에서 구도를 잡아보자. 그리고 구도의 변화에 따라 형성되는 형태-배경의 상호작용을 경험해 보고 형태-배경의 관계가 모호해질 때는 언제인지 관찰하자.

그룹화(GROUPING)

:: 패턴 찾기

우리가 보고 그리는 것에는 복잡한 선과 모양들로 흔히 구성되어 있다. 어떤 경우에는 서로 복잡하게 연관된 수많은 형태-배경의 패턴(양식)들이 나열되어 있을 수도 있다. 이럴 때에 우리는 이런 시각적 세계를 어떻게 이해할 수 있을까? 여기에서 우리는 개별적인 모양들은 발견하기 힘들고 어떠한 서로간의 관계들이 하나의 패턴(양식)으로 나타나는 것을 발견하게 된다. 게슈탈트 이론(Gestalt theory)에 의하면 우리의 눈은 보이는 것들을 단순화하는 경향이 있는데 그것은 복잡한 시각적 신호들을 더 간단하고 전체적인 하나의 패턴(양식)으로 정리한다는 것이다.

• 유사성
지각 이론의 하나로서 비슷한 모양, 크기, 색깔, 세부사항, 정돈된 상태, 방향 등 시각적으로 비슷한 특징을 갖은 것들끼리 그룹화하는 성향

• 근접성
지각 이론의 하나로서 멀리 있는 것들은 제외시키고 서로 가까이 있는 요소들끼리 그룹화하는 성향

• 연속성
지각 이론의 하나로서 같은 선상이나 같은 방향으로 계속되는 요소들끼리 그룹화하는 성향

이러한 우리의 지각 성향들에 의해서 우리는 복잡한 시각적 신호들을 정리하여 그들 서로 간의 연관성을 보게 한다. 이런 연관성이 비교적 규칙적인 형식의 패턴(양식)을 형성할 경우 그 패턴으로 인하여 복잡했던 구성이 인지하기 쉽고 전체적으로 이해가 가능한 구성으로 정리가 된다. 그룹화의 원리는 우리가 그림을 이해하고 그리는 데 있어서 그림 내용의 통일성, 다양성 그리고 풍부한 시각적 정보를 공존하게 하는 데 도움이 된다.

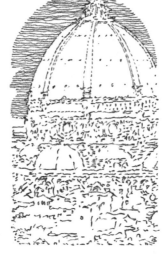

:: 안정감 찾기

열려있거나 연속되지 않는 형태가 시각적으로 울타리를 형성하거나 독립되어 완성을 이루어 안정적인 상태를 찾으려는 성향을 클로우저(closure)라고 일컫는다. 여기 주어진 점들을 보면, 머리속의 선이 점들을 연결하여 기본적이고 안정적인 형태를 만들어 낸다. 이런 선들은 실제에는 부분 부분이 빠져 있어도 기본적인 형태를 머릿속에 상상하게 하는 현상과 비슷하다. 미완성의 형태들은 그것들 사이에 갖고 있는 간단함과 질서를 찾아 스스로 완성되려고 하는 성향이 있다.

실제로 선이 존재하지 않아도 형태의 질서를 찾고 그것이 눈에 보이게 하기 위해 사고 속의 눈이 선들을 만들어 내는 경우가 있다. 이러한 선들은 눈에는 보이지만 환상일 뿐이고 실존하지는 않는다. 또한 이러한 선은 완전히 같은 동질의 표면상에 신기루처럼 보이기도 하며 직선일 수도 있고 곡선일 수도 있다. 이 선들이 속이 꽉 채워진 형태로 나타나기도 하고 동시에 투명해 보이기도 한다. 그리고 어떤 경우에 있어서도 이 선들은 가장 간단하고 기본적인 형태를 눈에 보이도록 해준다.

크로우저의 효과에 의해서 그림을 보는 사람들이 끊긴 선이나 완성되지 않은 형태들을 사고의 힘에 의해 완성시켜 효율적으로 이해하게 된다. 따라서 이러한 사람들의 인지의 성향에 의해 우리는 실제로 그림의 모든 부위를 완성하지 않고도 원하는 부분을 표현할 수 있다. 이것은 선의 역할을 극대화하며 작은 노력으로도 능률을 가져다준다.

명암의 패턴들이 무엇을 의미하는 것으로 보일까?

:: 그림의 의미 찾기

유사성, 근접성, 유사성 그리고 연속성 등 그룹화의 현상들은 그 이미지의 의미에는 관계없이 작용한다. 가장 추상적인 시각적 단위요소에도 작용한다. 그러나 우리의 눈은 그것에 그치지 않고 익숙한 이미지들로 구분해 가면서 보이는 것들이 무엇을 의미하는지를 끊임없이 알아내려는 노력을 한다.

아무 의미 없어 보이는 무정형의 형태를 보는 사람에 따라 뭔가를 준비하면서 흥미에 빠져 있든지, 뭔가를 찾는 생각을 하는 눈에는 어떤 내용이 있는 형태로 보이게 된다. 알 수 없는 그림의 의미를 찾기 위해 사고의 눈은 보는 이미지 위에 어떤 의미를 발견할 때까지 익숙한 이미지들을 상상하면서 비추어 보게 된다. 사고의 눈은 완성되지 않은 패턴이나 모양을 계속 완성시키려는 노력을 하고 의미 있는 패턴이 전체적으로 내재되어 있는 것을 찾아내기도 한다. 일단 그림 속에서 어떤 이미지를 부여하게 되면 그것을 머릿속에서 다시 지우기 어려워진다. 사고의 눈이 눈에 보이는 어떤 것에 의미를 부여하는 과정은 예측하기가 어렵다. 따라서 하나의 그림을 본인이 이해하는 방향이 아닌 다른 내용으로도 남들이 읽을 수 있다는 사실을 항상 염두에 두어야 한다.

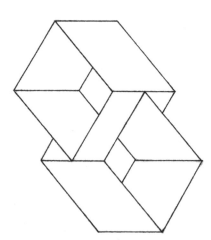

도면은 스스로를 설명하지 못한다. 이 도면은 보는 이들에게 무엇을 전달하려는 것일까?

[연습 1.9]

알 수 없고 모호한 이미지를 보고 사고의 눈이 무엇을 비추어 내는지 연습해보자. 이 잉크의 번짐에서 몇 개의 사물들이 보이는가?

[연습 1.10]

삼각형 다섯 개, 정사각형 한 개, 평행사변형 한 개로 이뤄져 있는 중국의 퍼즐놀이인 지혜의 판은 다양한 형태로 다시 조립할 수 있다. 지혜의 판을 복사하여 굵게 표시된 선을 따라 자르자. 조각들을 모아서 아래 예에서 보인 형태로 만들 수 있는가? 얼마나 더 다양하게 인식할 수 있는 형태를 만들 수 있을까?

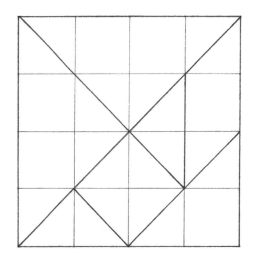

"벽에 때가 묻어있는 것을 보아도 여러 가지의 자연경관들, 산과 바위와 나무들로 아름다워 보이는 경치를 발견 할 수 있을 것이다… 또는 거기에서 전쟁의 모습이나 움직이는 형상들, 또는 알 수 없는 얼굴들과 의복들 그리고 무수히 많은 형태의 사물들이 보이는데 그것들을 잘 알 수 있는 완전한 형태로도 인식할 수 있다. 이렇듯 많은 것들이 지금의 벽에 보이는데 이것은 마치 우리에게 어러 종소리가 한꺼번에 들릴 때 그 중 그 누구의 어떤 종소리인지, 상상하고 싶은 아무 이름이나 단어로 맞히는 것과 같다."

– 레오나르도 다빈치(Leonardo da Vinci)

02 명암과 질감

선이 윤곽과 모양을 나타내는 데 필수적이라면 질감이나 양감 등의 다른 시각적 효과는 선으로 충분히 표현할 수 없다. 선의 굵기를 다르게 하여 표면이 꺾이거나 서로 겹쳐진 상태를 표현하더라도 그 효과는 약하다. 따라서 우리가 어떤 형태를 강조하거나 어떤 것의 표면 상태를 모방하고 싶을 때에는 명암을 이용해서 묘사한다. 명암의 상호작용을 이용하여 빛의 모습이나 양감, 공간 등을 나타낼 수 있다. 그리고 선과 명암을 함께 이용하여 손으로 느끼는 듯한 질감을 표현할 수 있다.

명암의 정도 (TONAL VALUE)

사람의 시각은 망막에 맺힌 빛의 강약과 색상의 신호가 시신경으로 전달되어 이뤄진다. 이러한 시각적 신호로부터 우리 주변의 세부적인 특징들 - 모서리들, 윤곽들, 크기, 움직임, 색상 등 - 을 추출해낸다. 그리고 이러한 판단에 따라 공간에 놓인 사물을 구별하여 인지할 수 있게 된다.

눈에 보이는 명암의 정도는 사물들과 우리주변을 둘러싸고 있는 표면들에 의한 상호작용에 의한 것이다. 빛 에너지를 반사하는 성질의 표면은 주변을 밝게 만들고 어두운 곳에는 빛이 존재하지 않거나 빛이 있어도 주변 표면이 한 쪽을 향하여 빛을 반사해내지 못하거나 불투명체가 빛을 가로막기 때문일 것이다.

우리가 사물을 인지하는 데 명암의 정도가 중요하듯이 그림에서 명암의 정도로 표현하는 것은 물체의 밝고 어두움을 나타내는 것 이외에 빛이 그 사물들에게 어떤 영향을 미치고 있는지를 나타내어 그 사물들의 배치를 알게 해준다. 모델을 이용한 명암 정도의 표현을 통해 빛의 존재를 표현하는 연습을 하기 이전에 색과 명암의 관계부터 알아보자.

색은 빛과 그 느낌에 대한 현상으로서 사물에 관해서는 색상, 채도, 밝기로, 그리고 빛 원에 관해서는 색상, 강한 정도, 밝은 정도로 나타내는 것을 일컫는다. 우리는 빛의 밝기나 그 정도를 명도라고 한다. 색의 성질에서 명도는 사물을 보는 데 중요한 역할을 한다.

• 어떤 색상은 다른 색상보다 더 많은 빛을 반사하며 그것은 색상에 따라 더 밝고 덜 밝은 차이를 준다.
• 같은 색상이라 해도 명도의 차이에 따라 색조가 다를 수 있다. 예를 들어 하늘색과 남색은 같은 색상이지만 하늘색은 명도가 남색보다 더 높다.
• 빛이 어떤 상태에 따라 명도가 달라 보일 수 있다. 밝게 비춘 표면이 같은 색상을 갖은 그림자 속의 표면보다 밝게 보인다.
• 주변의 색상과 명도는 눈에 보이는 물체의 색과 명암을 바꿀 수 있다.

모든 색에는 명암의 단계가 있으나 그것을 식별하기는 어렵다. 그러나 어떤 사물이나 장면을 눈을 가늘게 뜨고 어렴풋이 볼 경우 색상의 느낌은 줄어들고 명암의 단계가 더 눈에 들어온다. 색상 속의 명도를 이런 방법으로 보고 순전히 명암의 단계로만 표현하는 것은 연필이나 펜을 사용하여 묘사하는 기법의 기초가 된다.

명암의 표현(CREATING VALUES)

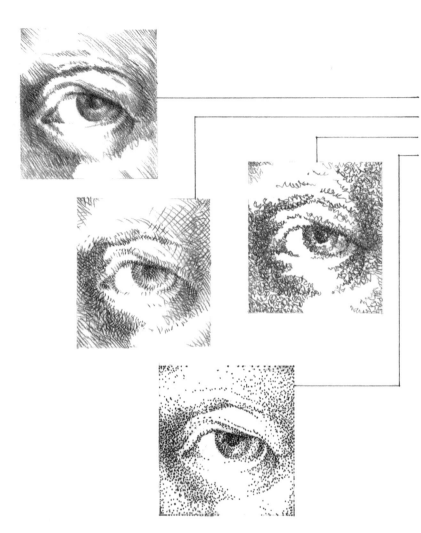

전통적인 표현도구인 연필이나 잉크펜을 이용하여 밝은 표면에 표현한다. 이때에는 여러 가지 기본적인 기법이 있다.

• 해칭으로 표현하기
• 십자해칭으로 표현하기
• 흘려서 표현하기
• 점묘로 표현하기

이 모든 기법들은 긋는 횟수나 점의 밀도에 의하므로 그것들의 수를 증가시키거나 점증적으로 층을 주어 밀도를 높이기도 한다. 그리는 도구와 그리는 표면의 질감, 그리고 표현 기법에 따라 시각적 효과가 각각 달라진다. 어떤 기법을 쓰더라도 얻어지는 명암의 단계를 정확히 이해하고 있어야 한다.

명암의 표현은 기본적으로 밝고 어두운 부분의 비례에 달려 있으므로 긋는 횟수와 간격에 의한 선들 또는 점들의 밀도 조절이 가장 중요하다. 그 다음 눈으로 느껴지는 질감이나 결 그리고 선들의 방향 등이 명암표현의 특징을 좌우한다. 가장 어두운 단계를 묘사할 때는 흰 종이를 완전히 가리지 않도록 주의한다. 그럴 경우 그림의 깊이를 잃게 되고 표현의 생명력을 못 느끼게 된다.

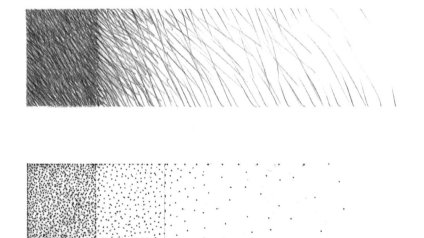

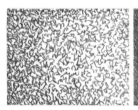

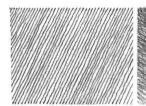

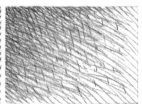

:: 해칭

해칭은 엇비슷하게 평행한 선들의 무리로 이루어진다. 선들은 길거나 짧을 수 있고 기계적으로 제도되거나 손으로 표현되어도 되며 연필이나 펜으로 부드럽거나 거친 종이 위에 표현될 수 있다. 선들의 간격이 가까우면 개별적인 선으로 읽히던 것이 점차 명암의 단계로 읽혀지게 된다. 따라서 선들의 간격과 밀도에 따라 밝고 어두움을 조절한다. 선을 굵게 할 경우 어두워지지만 너무 두꺼울 경우 의도하지 않은 거친 느낌이나 표현의 질감이 지나치게 무거워 질 수 있다.

연필로 여러 가지의 명암단계를 표현하는 데 있어서 연필심의 굵기와 연필을 종이에 누르는 힘의 정도에 따라서도 조절이 가능하다. 그러나 너무 굵은 흑연을 선택함으로써 종이에 자국이 깊게 날 정도로 세게 누르지 않도록 한다.

잉크펜을 이용할 경우 연필보다 일정한 선들을 구사할 수 있다. 따라서 선들의 간격과 밀도만으로 명암을 조절할 수 있다. 그러나 펜촉이 부드러운 펜을 쓸 경우 종이에 누르는 힘에 의해서 선 굵기를 조절할 수 있다.

가장 융통성 있는 프리핸드 해칭의 기법은 비교적 짧고 빠르게 긋는 사선이다. 정확한 선의 끝을 구사하려면 각각의 선들을 긋기 시작할 때 약간의 힘을 주도록 한다. 약간 휜 표면의 모습이나 표면 질감의 부드러운 변화, 또는 미미한 명암의 차이를 주기 위해 선의 끝을 날아갈 듯 가볍게 할 수도 있다. 넓은 표면에 명암을 줘야 할 경우 선들이 일정한 길이로 끝나 다음 열의 해칭과 구분되어 눈에 띄는 선이 생기기 마련인데, 이것을 줄이기 위해 선의 끝을 옅게 끝낸다든지 다음 열을 불규칙적으로 먼저 그린 열에 겹치게 하여 자연스럽게 연결되어 보이게 할 수 있다.

먼저 그린 해칭위에 약간의 각도를 다르게 해서 한 층을 더 해칭할 경우 해칭의 밀도를 높이는 한 방법이 될 수 있다. 그러나 그 새로운 층에 그려지는 선들끼리의 각도를 비교적 정확하게 유지하여 다른 층의 해칭과 구별되게 하면 통일감 있게 명암을 조절할 수 있다.

해칭의 방향으로 사물의 윤곽을 제시한다든지 사물의 방향을 강조할 수 있다. 해칭의 방향만으로는 명암의 변화를 줄 수 없음을 기억하도록 한다. 해칭으로 표면성질과 윤곽의 표현을 하다보면 사물의 재료에 대한 특징 – 나무와 석재의 결, 천의 짜임새 등 – 어느 정도 표현이 가능하다.

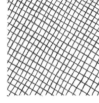

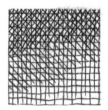

:: **십자해칭**

십자해칭은 두가지 이상의 평행선들을 첫 해칭 위에 해칭함으로써 명암을 표현하는 것이다. 보통 해칭과 같이 선들은 길거나 짧을 수 있고 기계적으로 제도되거나 손으로 표현되어도 되며 연필이나 펜으로 부드럽거나 거친 종이 위에 표현될 수 있다.

가장 간단한 십자해칭은 두 번의 해칭으로 선들이 서로 직각으로 만나게 하는 것이다. 이 방법으로 표현하기 적당한 표면성질이나 소재가 있을 수 있으나 대게 이 방법에 의한 표현은 경직되고 메말라 보이며 기계적인 느낌을 준다. 특히 자를 대고 그은 선들의 간격이 넓을 경우 더욱 그러하다.

세 개 이상의 층으로 해칭 했을 경우 더욱 그 결과는 유연해보이며 범위가 넓은 명암의 단계와 표면성질들을 표현할 수 있다. 여러 방향으로 구성된 해칭은 사물의 방향과 곡면의 성질을 비교적 쉽게 표현 가능하다.

실제로는 대게 보통해칭과 십자해칭을 혼합하여 사용한다. 보통 해칭이 엷은 단계의 명암을 표현할 때 십자해칭은 어두운 곳의 명암표현에 적합하다.

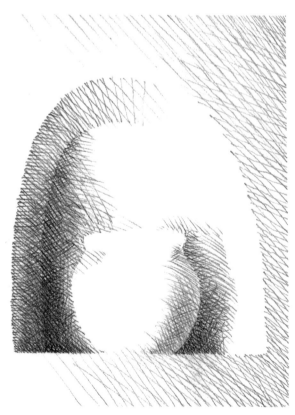

:: 흘려서 표현하기

여러 방향의 임의의 선들로 명암을 표현하는 것을 흘려서
표현하기라고 한다. 이 방법은 자유로운 손놀림으로 융통
성 있게 명암과 표면성질 등을 표현하게 한다. 우리는 이
방법으로 선의 방향, 밀도, 모양 등을 다양하게 바꿔가며 넓
은 범위의 명암과 질감 그리고 시각적 표현을 할 수 있다.

선들이 잘려 있거나 연속적일 수 있고 둥글거나 모난 형태
도 가능하며 곧거나 곡선일 수도 있다. 선들이 서로 엮여
있는 형태를 구사함으로써 더욱 짜임새 있는 명암표현이
가능하다. 한 도면에서 이 표현을 이용하여 두드러진 선들
의 한 방향을 유지함으로써 다양한 부분의 여러 단계의 명
암표현을 통일감 있게 표현하도록 한다.

해칭에서와 마찬가지로 선들이 만들어 내는 무늬의 스케일
(상대적 크기)과 패턴, 밀도, 질감, 등이 실제 그리고자 하는
사물의 재료 표현에 적절한지를 항상 염두에 두어야 한다.

명암의 표현(CREATING VALUES)

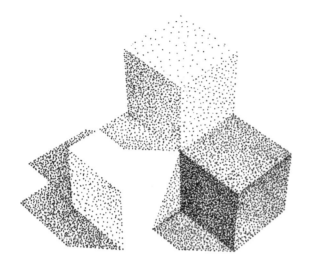

섬세한 점들로 명암을 표현하는 것을 점묘 표현이라 한다. 부드러운 종이에 가는 잉크펜으로 사용할 때 적당하다.

점묘는 비교적 느리고 시간이 많이 걸리는 방법으로서 점들의 크기와 간격들을 조절하기 위해서는 상당히 많은 인내와 정성이 필요하며, 점들의 밀도에 의해서 명암이 표현된다. 이때 점의 크기를 키워서 빠른 결과를 내서는 안 된다. 점들의 스케일이 점묘 표현 부분에 비해 너무 클 경우 거친 표면이 표현된다.

점묘 표현은 명암의 묘사만으로 사물의 형태와 모든 것을 완성시키는 그림을 그릴 수 있다. 점묘를 하기 위해서는 표현하고자 하는 내용의 윤곽을 약하게 표시하고 그 위에 점묘 표현을 한다. 먼저 약한 배색의 명암부위를 일정한 점들의 간격으로 전체적으로 표현하고, 그 다음으로 진한 배색의 명암으로 넘어간다. 이런 방법으로 원하는 만큼 진한 부위의 명암에 도달하도록 진행한다.

실제의 선을 사용하지 않는 순수 점묘 표현에서는 사물의 윤곽과 공간 속에서의 모서리들을 연속되는 점들로써 표현한다. 이때 일련의 간격이 좁은 점들로 날카롭고 선명한 모서리들을 표현하고 간격이 넓은 점들로 부드럽고 둥근 모서리들을 표현한다.

음영의 단계에서 흰색은 가장 밝은 단계이고 검정은 가장 어두운 단계이다. 그 중간에 여러 단계의 회색들이 존재한다. 흔히 보는 중간 단계들은 흰색에서 검정까지 음영의 10단계로 나타낼 수 있다.

음영의 단계를 자세히 파악해 가면서 다양한 표현 소재와 방법으로 음영을 표현할 수 있어야 한다. 이런 의미에서 열 개로 나뉜 음영의 단계와 점증적으로 바뀌는 음영의 단계를 표현해 보는 것은 좋은 연습이 된다. 지금 까지 살펴본 모든 명암표현의 기법으로 실습해 보자. 또한 흰 종이 대신 좀 어두운 색의 종이나 색지 위에 검정색 색연필로 종이보다 어두운 단계들을, 흰색 연필로 종이보다 밝은 단계들의 음영표현을 연습해 보자.

각기 다른 시도가 끝나면, 각 음영의 단계를 좀 먼 거리에서 조심스럽게 비교해 본다. 점증적으로 표현된 것에 음영의 연결이 단절되어 보이는 부분이 있는지 살펴보고, 단계별 표현에서는 각 단계별 음영의 차이가 한쪽 끝에서 다른 끝까지 일정하게 진행되었는지 살핀다. 노력과 연습을 통해 누구든지 사물을 표현하는 데 필요한 음영의 다양한 단계들을 자유자재로 구사할 수 있을 것이다.

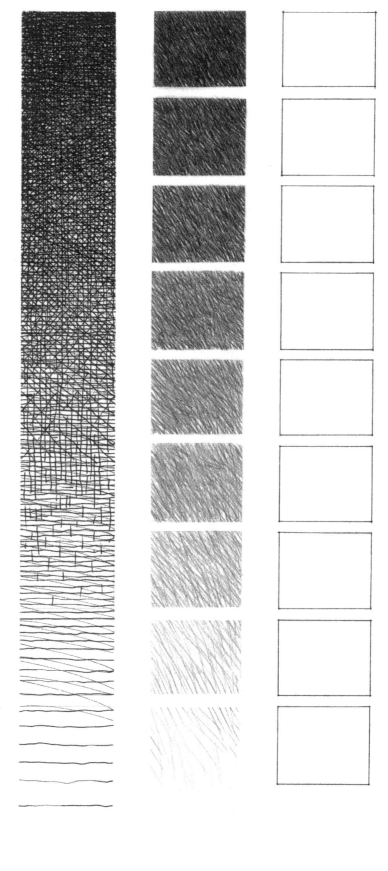

형태의 모델링 (MODELING FORM)

여기서 모델링이 의미는 어떤 사물의 볼륨, 짜임새, 깊이 등을 상상할 수 있도록 도면에 음영 표현을 통해서 묘사하는 것이다. 이렇듯 음영의 정도를 파악하여 명암 표현을 하게 되면 단순한 윤곽 표현물을 3차원 속에 존재하는 사물로 나타낼 수 있다.

모델링을 통한 명암의 단계 묘사는 표면의 상태 – 평평하거나 굽은 정도, 또는 거칠거나 부드러운 상태 – 를 보여준다. 밝은 빛이 어두운 산을 배경으로 솟아오름을 표현할 수도 있고, 어두운 부분이 표현의 깊이에 따라 멀리 있는 느낌을 나타낼 수도 있는 것이다. 빛의 성질은 원기둥이나 원뿔 등의 유기적인 형태에서는 밝은 부분과 어두운 부분의 명암이 점증적으로 바뀌지만 정육면체나 정삼각형 등의 각진 형태에서는 명암의 갑작스런 변화가 그 형태들의 특징을 말해준다.

모서리들의 묘사를 통해 우리는 그 형태를 짐작하게 되고 우리의 눈은 사물의 형태를 알기 위해 사물의 모서리들을 관심 있게 보게 된다. 따라서 각기 다른 명암을 갖는 입체들이 서로 만나는 모서리 부분과 경계선 부분의 표현에 각별히 신경써야 한다.

날카로운 모서리들은 형태가 잘려나간 모습을 의미하거나 보이는 윤곽과 뒤의 배경사이에 어떤 공간이 있음을 나타낸다. 그리고 그러한 모서리들은 갑작스럽고 날카로운 선에 의한 명암변화에 의해서 표현된다. 부드럽게 표현되는 모서리는 희미하거나 눈에 띠지 않는 뒤 배경 속의 형태나 부드럽게 굽어 있거나 둥근 모양들, 그리고 빛의 대비가 약한 상황을 나타낸다. 명암의 변화를 부드럽게 준다든지 명암의 대비를 낮추어서 부드러운 모서리를 표현한다.

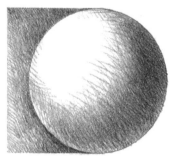

날카로운 모서리들

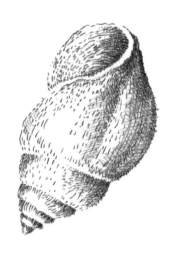

부드러운 모서리들

날카롭고 부드러운 모서리들

[연습 2.1]
부드러운 연필을 사용하여 명암의 표현을 통해 다음의 원, 삼각형, 육각형 등의 2차원 형태들을 3차원 형태인 구, 삼각뿔, 정육면체로 표현해보자.

[연습 2.2]
위의 연습을 반복하되 연필 대신 선이 가는 잉크펜을 사용하여 해칭, 십자해칭, 점묘 표현 등의 기법으로 명암 표현을 해보자.

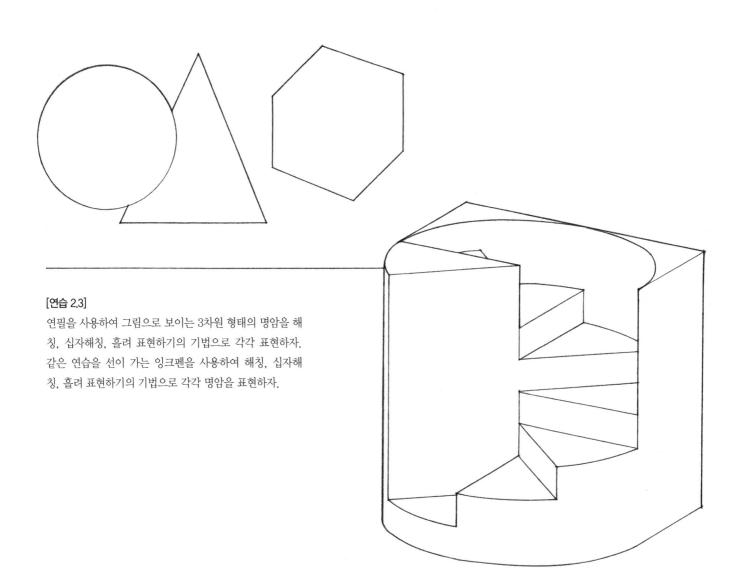

[연습 2.3]
연필을 사용하여 그림으로 보이는 3차원 형태의 명암을 해칭, 십자해칭, 흘려 표현하기의 기법으로 각각 표현하자. 같은 연습을 선이 가는 잉크펜을 사용하여 해칭, 십자해칭, 흘려 표현하기의 기법으로 각각 명암을 표현하자.

명암의 표현으로 2차원 도면상에서 깊이를 부여할 수 있지만, 빛을 통해 3차원물이 공간 속에서 선명하게 존재하는 것을 표현할 수 있다. 빛은 사방으로 퍼지는 에너지로서 우리의 세계를 밝혀주고 3차원물의 형태를 공간 속에서 인지할 수 있게 한다. 실제로 빛을 보는 것이 아니라 빛의 효과를 보는 것이다. 빛이 물체에 비쳐지고 어떻게 반사되는지에 따라 밝은 곳, 그늘, 그림자 등과 같은 3차원물의 특징을 보여줌으로써 실제 3차원물임을 확인시켜준다. 명암의 정도를 표현하는 것은 그늘과 그림자를 도면상으로 보여주는 것이며 빛이 약하거나 없는 부분의 묘사로써 이루어진다. 물체의 밝고 어두운 부분에 대한 표현 연구는 양감과 부피를 갖은 형태를 이용하여 공간상의 깊이를 묘사함으로써 이뤄진다.

우리 주변의 모든 사물은 몇 개 안 되는 순수기하학적 형태 – 정육면체, 정사면체, 구, 삼가뿔, 원기둥 등 – 들로 이루어져있다. 이러한 기본형태들에 있어서 빛이 어떻게 비추어지고 반사되는지를 알게 되면 더 복잡한 형태에 비춰지는 빛을 더 쉽게 표현할 수 있다. 빛이 물체에 부딪히면 밝은 부위, 그늘진 부위, 그림자를 만든다. 이러한 명암의 패턴에서 다음과 같은 요소를 발견한다.

• 밝은 부위는 빛의 방향을 향한 면에 있다.

• 명암의 단계는 물체의 표면이 빛으로부터 방향을 틀면서부터 생기게 된다. 빛이 오는 방향과 표면이 나란하게 되면서 중간단계의 명암들이 생긴다.

• 가장 밝은 부위는 부드러운 표면상에 빛을 정면으로 향했거나 그대로 반사시킬 때 생긴다.

• 그늘져 어두운 부위는 빛이 오는 방향에서 다른 쪽을 향했을 때이다.

• 반사광 부위는 빛이 주변 표면으로부터 반사되어 돌아온 부위로 그늘지거나 그림자 속의 어두운 부위에 약간 밝게 나타난다.

• 그림자 부위는 물체 전부 또는 일부에 의한 그림자이며 물체가 없었다면 빛에 의해 밝게 비춰지는 표면이 된다.

모델링을 할 때에는 사물 자체의 음영을 먼저 생각한다. 사물 자체의 음영은 사물의 표면이 어느 정도 어두운지를 나타낸다. 그것은 변하지 않는 사물이 갖는 어두운 정도이고 빛과는 무관하다. 하지만 빛의 상태에 따라 자체적인 음영이 달라 보일 수는 있다. 원래 밝은 색의 물체가 그늘 아래에서는 빛 아래의 원래 어두운 물체보다 어둡게 보일 수 있기 때문이다. 명암을 표현할 때 이러한 자체적인 음영과 빛, 그늘 등을 같이 고려하도록 한다.

우리는 주변상황에 따라 명암을 다르게 인식하는 것을 주의하여야 한다. 동시대비의 법칙에 따라 어떤 색상이나 명도가 망막을 자극하면, 그것들을 보완하는 색이나 명도가 바로 옆에 동시에 대비시킨 화상에 비쳐지는 현상이다. 예를 들어 반대되는 명도를 갖은 두 가지 색이 나란히 있을 때 밝은 색은 그 옆의 어두운 색을 더 어둡게 보이게 하고 어두운 색은 그 옆의 밝은 색을 더 밝게 보이게 한다. 같은 이치로 어떤 명도의 한 단계가 더 어두운 배경 속에 놓여 있는 경우 더 밝은 배경에 놓여 있을 때보다 환하게 보인다.

자체적인 음영   +   빛과 그림자 표현

=   명암 표현

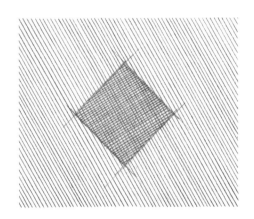

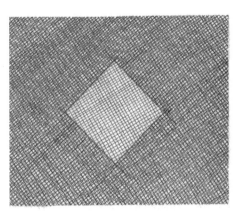

빛, 그늘, 그림자(LIGHT, SHADE, AND SHADOW)

강한 빛

흩어진 빛

빛을 제대로 묘사하기 위해서는 광원과 공간 속에서 사물과의 관계, 그리고 사물의 3차원적 특성을 동시에 이해해야 한다.

선명도와 명암의 표현, 그리고 그림자의 상태 등은 빛의 상태를 설명해준다.

• 강한 빛은 사물의 밝은 부분과 어두운 부위가 강하게 대조되고 선명한 그림자를 준다.
• 분산된 조명 아래의 사물은 밝은 부위와 그림자 부분의 대조가 강하지 않다.

그림자에 의해서 사물의 공간상의 위치를 알 수 있다.

• 그림자에 의해 사물이 표면에 정착해 있는 것을 알 수 있다.

• 그림자에 의해 사물과 놓여있는 표면과의 거리를 짐작할 수 있다.
• 그림자에 의해 표면의 모습과 윤곽을 짐작하게 한다.

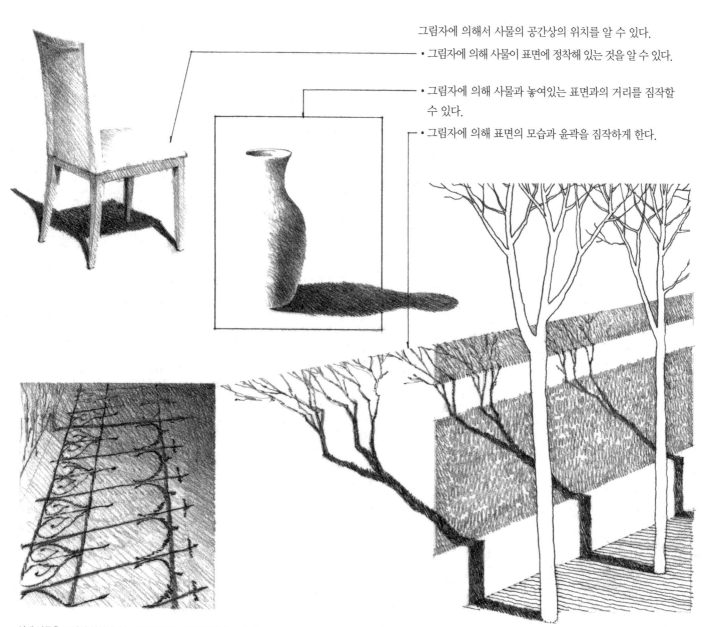

실제 사물은 보이지 않더라도 그림자에 의해 사물의 형태를 알 수 있다.

그림자의 모양과 방향에 의해서 광원의 위치와 빛의 방향을 알 수 있다.

- 그림자는 광원과 반대 방향으로 생긴다.
- 전면에서 비추는 조명은 긴 그림자를 만들고 보는 사람의 위치에서 먼 쪽에 그림자를 만든다.
- 위에서 비추는 조명은 짧거나 사물의 바로 밑에 그림자를 만든다.
- 옆에서 비추는 조명은 사물의 한쪽을 그늘지게 하고 조명의 반대쪽에 그림자를 만든다.
- 보는 이의 어깨 위에서 비추는 3/4 조명은 강한 양감을 느끼게 하고 사물 표면의 질감을 느끼게 한다.
- 후면으로부터의 조명은 깊은 그림자를 관찰자 쪽 방향으로 오게 하고 사물의 실루엣을 강조한다.

전면 조명

상부 조명

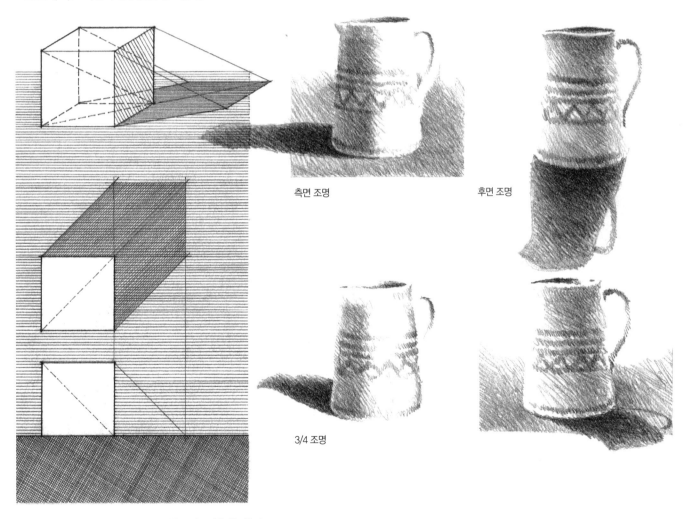

측면 조명

후면 조명

3/4 조명

건축 도면의 그림자, 그늘의 정식 작도 방법은 투영 도면을 참조할 것.

그림자와 그늘의 묘사(RENDERING SHADE SHADOW)

그림자와 그늘진 부분은 모두 불투명하거나 일률적인 명도를 갖고 있지 않다. 따라서 넓은 부분을 똑같이 짙게 칠하여 사물의 형태와 세부적인 사항들을 파괴해서는 안 된다. 그대신 그림자와 그늘 부위를 표현할 때 투명한 수채화로 사물을 묘사하듯이 하되 사물의 질감과 색상을 고려하도록 한다.

그늘 부위 중에서 사물의 면이 잘리거나 꺾이는 모서리에서는 그림자로 바뀐다. 3차원의 느낌을 표현하기 위해서는 그늘 부위의 명도와 그림자 부위의 명도를 다르게 나타내야 한다. 보통 그늘 부위가 그림자 부위보다 명도가 높으나 사물의 자세한 관찰에 의해서 그 관계를 확인하여야 한다.

그림자의 명도는 그늘진 표면과 만나는 곳이 가장 어두우며 그림자의 바깥 가장자리로 갈수록 환해진다. 그림자의 경계는 밝고 확실한 빛 아래에서는 선명하나 분산된 빛 아래에서는 부드럽다. 어떤 경우에 있어서도 그림자의 경계는 실제 선으로 표현하지 말고 명암의 대조로써 표현한다.

그림자와 그늘 부위의 명도는 절대로 일률적이지 않다. 사물 주변의 표면으로부터 반사되어온 빛이 또한 그늘과 그림자를 환하게 하기도 한다. 반사광의 효과를 표현하기 위해서는 그림자나 그늘 부위의 명암에 변화를 준다. 그러나 반사광의 표현은 본래 사물이 갖고 있는 조명에 의한 명암 관계가 혼돈되지 않는 범위 내에서 희미하게 표현되어야 한다.

[연습 2.4]

창문 옆이나 스탠드 아래에 정물을 구성하여 확실한 빛이 정물을 비추게 구성하자. 어렴풋이 정물을 보고 정물의 윤곽에 나타난 그림자와 그늘 부위의 명암 관계를 표현하자. 부드러운 연필을 사용하여 맘에 드는 모델링 기법으로 관찰되는 명암을 표현해보자.

[연습 2.5]

위의 연습을 되풀이하되 가는 선의 잉크펜을 사용하여 관찰되는 명암을 표현해보자.

[연습 2.6]

또 하나의 정물을 창문 옆이나 스탠드 아래에 구성하고 검은색 색지 위에 흰색 색연필로 관찰되는 명암을 표현해보자.

어둡고 밝은 부위를 배치하는 것은 모델링을 시작하는 좋은 방법이다. 명암 배치는 눈에 보이는 모든 것을 밝은 부위, 그늘진 부위, 그림자 부위로 나누어 확실한 부위 별로 나누는 것이다. 이 과정에서 신속한 결단력은 필수이다. 그늘과 그림자가 불명확할 때, 일단 경계선으로 나타낸다. 이 과정은 조각들을 맞추어 사물을 나타내는 것으로 시작되고 나중에 섬세하게 표현하는 기초가 된다.

명암 배치를 위해서는 여러 단계로 보이는 명암의 단계들을 단순한 몇 개만으로 줄여야 한다. 우선 크게 명암의 단계를 두어 그룹으로 나눈다. – 밝고 어두운 부분 또는 중간 부위까지 – 그러나 큰 범위의 명암 배치가 뚜렷한 범위 내에서 각 부위 내에서 어느 정도의 명암의 세분화는 가능하다. 눈을 반쯤 감고 흐릿하게 사물을 보면 도움이 된다. 또 다른 방법은 색유리나 아세테이트를 통해 사물을 보면 색이나 명암이 생략되어 보이게 된다.

어떤 사물이 통일감과 분별력을 갖기 위해서는 그 사물의 전체적인 구조를 나타내는 명암 패턴의 역할이 크다. 명암 패턴이 분절되어 전체적 구조가 약해지면 아무리 훌륭한 기법으로 세부적인 부분에 많은 묘사를 했다 하더라도 전체적인 표현이 유기적이지 못하게 된다. 일련의 간략한 스케치들을 통하여 명암 패턴에 대한 계획과 명암의 범위, 위치, 명암 단계의 비례 등을 시도해보는 것이 좋다.

전체적인 명암 패턴이 결정되면 밝은 부위서부터 어두운 부위로 발전시켜 나간다. 우리는 언제든지 밝은 명암 표현을 어둡게 할 수 있으나 어둡게 표현된 것을 밝게 고치기는 힘들기 때문이다. 아래는 모델링을 할 때에 주의할 점들이다.

• 명암을 층으로 준다. 즉, 명암을 표현할 때 부분별로 나누어 완성시키지 말고 전체를 단위로 한층 한층 쌓도록 한다. 부분별로 나누어 할 경우 그림을 분절시키게 되고 형태를 파악하는데 장애요소가 된다. 큰 부위 별 명암의 단계를 먼저 처리하고 그 이후에 세부적인 부분들을 진행시킨다. 명암을 층으로 쌓을 때 가장 어두운 명암이 표현될 때까지 계속한다.
• 표현의 결을 표현한다. 비슷한 각도의 선들을 구사하여 다양한 단계별 명암에 있어서 통일감을 주도록 하고 전체 묘사가 유기적으로 느껴지도록 유도한다.
• 날카로운 명암의 대비를 이용한 강한 모서리들이 약한 명암의 대비로 표현되는 부드러운 모서리들과의 대조가 잘 유지되도록 한다.
• 최고로 밝은 부위를 잘 유지하도록 한다. 빛을 받아 밝은 부위를 표현에서 잃지 않는 것은 매우 중요하다. 이러한 부분들은 연필을 사용한 표현일 경우 지우개로 다시 얻어질 수 있지만, 잉크펜인 경우 나중에 지우개를 이용할 수 있는 기회는 없다.

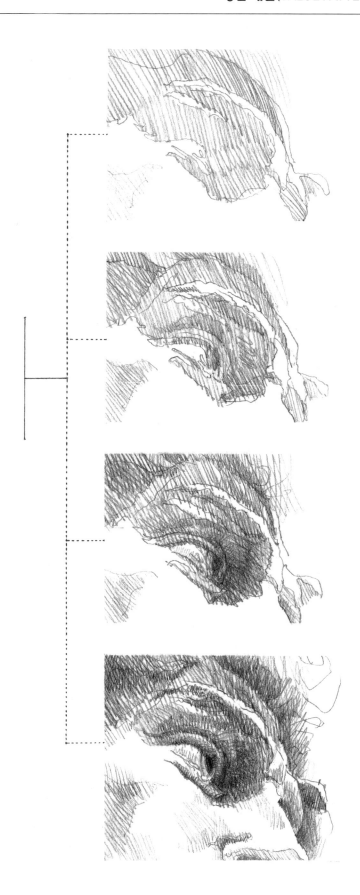

비슷한 명암의 범위

넓은 명암의 범위

강한 대조

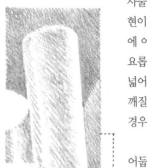

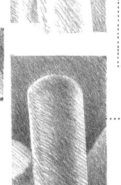

도면의 표현에 쓰이는 명암의 범위에 따라 내용의 비중, 조화, 분위기 등이 좌우된다. 선명한 명암의 대조를 통해 사물의 형태에 대한 관심을 불러일으킬 수 있고 선명한 표현이 가능하다. 아주 밝은 단계에서부터 아주 어두운 단계에 이르기까지 넓은 범위의 명암의 단계를 구사할 경우 풍요롭고 활력 있는 느낌을 줄 수 있다. 그러나 너무 범위가 넓어질 경우에는 표현이 분절되고 전체적인 구성의 조화가 깨질 수 있다. 서로 비슷한 명암의 단계들로 주로 표현할 경우 안정적이고 섬세하며 절제된 효과를 거둘 수 있다.

어둡거나 밝은 명암범위의 상대적인 크기에 따라 표현을 대표하는 명암이 결정되고 명암표현의 핵심이 된다.

• 밝은 단계의 범위가 주도적인 경우 섬세하고 우아한 느낌 속에 많은 빛을 느끼게 한다.

• 중간 단계의 범위가 주도적인 경우 조화와 균형감을 준다. 그러나 명암의 대조가 너무 약한 경우 너무 평이하고 생기가 없어 보인다.

• 어두운 범위가 주도적인 경우 어둠침침한 분위기를 자아내고 진정시키는 분위기를 주지만 내실 있는 안정감을 주기도 한다.

중간 단계의 범위를 주도적으로 쓸 경우 회색이나 색이 칠해져 있는 표면에 표현하기 적합하다. 표면의 색이 이미 중간 범위 톤의 역할을 하기 때문이다. 이 경우 더 어두운 부분은 검은색 색연필로, 더 밝은 부위는 흰색 색연필로 표현한다.

[연습 2.7]

창문 옆이나 스탠드 밑에 정물을 구성하여 선명한 패턴의 빛, 그늘, 그림자 등을 생기게 하자. 흰 종이의 흰색과 밝은 회색 및 짙은 회색의 세 가지 명암 단계만으로 명암의 배치 구성을 해 보자.

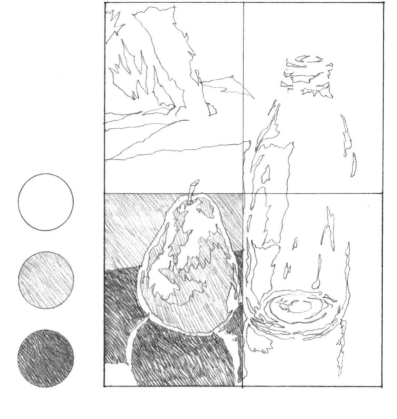

[연습 2.8]

가까운 사물과 먼 경치가 포함된 야외 경치를 구도로 잡자. 파인더를 써서 보는 범위를 제한하고 눈에 보이는 구도의 형태와 명암들이 만들어 내는 명암 패턴을 구성해보자.

[연습 2.9]

위의 연습을 되풀이하되 다음 단계의 명암을 한 층씩 주어 구체화시켜보자.

해칭이나 점묘 등의 기법으로 명암의 톤을 표현할 때 질감도 동시에 표현된다. 마찬가지로 사물의 재료를 질감으로서 표현하자면 동시에 명암의 톤이 입혀진다. 이런 이유에서 부드러움과 거침, 단단하거나 유연함, 광이 나거나 무딘 사물의 질감 표현을 할 때에 명암과의 관계 또한 염두에 두도록 한다. 대부분의 경우 밝고 어두운 부위들의 명암 표현으로 사물 형태가 모델링되는 효과가 사물의 질감을 나타내는 것보다 훨씬 중요하다.

질감이라는 뜻은 대개 표면의 부드러움이나 거친 정도를 일컫는다. 또한 석재, 목재의 결이나 천의 짜임새 같이 익숙한 소재의 특징을 일컫기도 한다. 이런 질감은 손으로 만질 때의 느낌이기도 하다.

실질적 질감

시각적 질감

시각적 질감은 색상이나 형태 이외에 나타나는 표면상의 구조이다. 이것은 직접 느끼거나 그림으로써 표현될 수 있다. 직접 손으로 느껴지는 모든 질감은 시각적 질감 또한 갖고 있다. 그러나 시각적 질감은 환상일 수도 있고 실제 상황일 수도 있다.

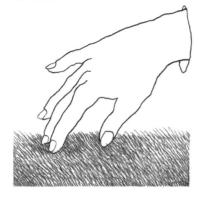

우리의 시각과 촉각은 서로 깊게 관여되어 있다. 우리의 눈이 시각적인 질감을 느끼면 직접 만지지 않고도 손으로 느끼는 듯한 느낌을 받는다. 시각적 질감은 또한 과거의 경험을 되살리게 한다. 어떤 사물이 손에 느껴지는 느낌이 어떠했는지 기억에서 되살려 마치 손을 갖다 댄 듯한 느낌을 주기도 한다. 이렇듯 실제 경험상의 질감에 대한 느낌이 시각적 질감을 접했을 때 서로 연결된다.

도면에 표현할 때 쓰이는 선, 점들의 굵기와 그것들로 표현되는 명암 부위의 상대적인 크기는 전체 도면의 구성과 더불어 시각적인 질감을 나타내는 데 영향을 미친다.

시각적인 질감은 또한 그리는 재료와 표현되는 표면에 따라 좌우된다. 거친 표면에 그릴 때에는 연필의 흑연과 잉크펜의 잉크가 거친 부위에 더 남게 될 것이다. 그리고 가볍게 선을 그으면 선은 표면에서 튀어나온 부위에만 묻을 것이고 힘을 줄수록 표면 깊숙이 묻어날 것이다. 실제 표면의 질감이 표현된 그림의 질감을 크게 좌우한다.

프로타주(frottage)는 명암 톤을 표현할 때에 질감을 부여하는 또 하나의 방법이다. 프로타주는 결이 있는 종이나 얽은 자국 또는 다른 거친 표면 위에 종이를 대고 연필이나 흑연을 조심스럽게 문질러 질감을 얻는 기법이다. 이 방법은 어두운 명암단계 표현을 위해 지나치게 많은 손을 대어 결과적으로 보는 이로 하여금 식상함을 느끼는 것을 막고, 표현의 신선함과 신속한 제안을 표출하는 데 효과적이다.

작은 스케일의 선들과 점묘 표현

큰 스케일의 선들과 점묘 표현

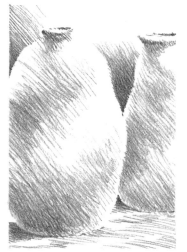

부드러운 선에 의한 표현

불규칙한 선에 의한 표현

프로타주

부드러운 표면 위의 표현

거친 표면 위의 표현

질감의 표현(DESCRIBING TEXTURE)

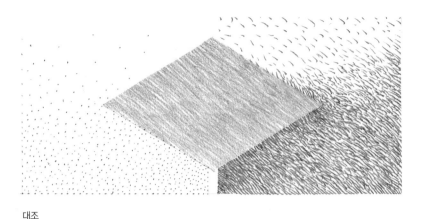

대조

스케일과 거리감각

빛

:: **표현 요소의 수정**

대조, 스케일, 거리, 빛 등의 상태는 사물의 표면 모습과 질감 표현을 결정하는 중요한 요소들이다. 특히 질감을 도면에 표현할 때에는 다음 요소들을 숙지하고 있어야 한다.

대조는 질감 표현이 얼마나 강하게 또는 약하게 전달되는지에 많은 영향을 미친다. 부드러운 재질로 통일된 배경에 놓여 있는 사물의 질감은 그 사물의 질감과 비슷한 재질로 이뤄진 배경에 놓여 있을 때보다 더 눈에 잘 띄게 된다. 또한 배경의 질감이 굵고 거칠수록 사물의 질감은 상대적으로 섬세하고 작은 느낌을 준다.

도면 표현의 상대적인 스케일에 따라 잔잔한 잔디 잎들, 들판의 곡식들, 또는 멀리보이는 결이 다른 들판의 짜맞춤 등으로 다르게 보인다. 또한 질감의 상대적인 스케일에 따라 수평 대지의 모양과 위치 등이 표현되기도 한다. 방향이 있는 결은 수평 평면의 폭이나 길이를 강조하여 보이기도 한다. 굵고 거친 질감의 표현에 의해 수평 평면이 보다 가깝게 느껴지며, 또한 보이는 내용이 많아진다. 그리고 질감의 표현은 화폭의 공간이 비어있지 않음을 보여준다.

모든 물체에는 질감이 있기 마련이고 질감의 크기가 작은 표현일수록 부드러워 보인다. 거친 질감의 표현도 멀리서 보면 부드러워 보이기 마련인 것과 같은 이치이다. 따라서 어느 정도 가깝게 볼 때만 표현의 의도를 느끼게 되기도 한다.

빛은 질감의 느낌을 크게 좌우하고 빛의 성질 또한 표면의 질감에 따라 영향을 받는다. 부드럽고 광택 있는 표면은 빛을 잘 반사하면서 선명하게 보이고 우리의 시선을 끈다. 그러나 광택 없는 표면은 빛을 흡수하고 분산시키며 같은 색상의 광택 있는 표면이 더 밝게 보인다. 거친 표면은 직접조명을 받았을 때 특유의 그늘과 그림자 형태를 나타내고 표면의 질감도 잘 나타난다. 분산된 조명 아래에서는 표면의 질감이 잘 나타나지 않으며 3차원 공간감각도 떨어진다.

[연습 2.10]

질감이 다른 두 개 이상의 사물을 고르자. 예를 들어 종이 쇼핑백과 유리병, 천 위의 계란과 수저, 또는 사기그릇 위에 여러 가지 과일 등을 들 수 있다. 선택된 사물들을 창가나 스탠드 아래에 두어 확연하게 질감이 빛에 의해 드러나게 배치해보자. 대조가 되는 사물의 질감들을 모델링 기법 중 하나를 선택하여 표현하자.

[연습 2.11]

위와 같은 상황에서 두 사물이 서로 겹쳐지는 부위에 가깝게 접근해보자. 겹쳐지는 부위의 모서리들에 집중하면서 서로 만나는 부위의 질감을 확대하여 표현해보자.

[연습 2.12]

위의 연습을 여러번 반복하되 연필과 잉크펜 모두를 번갈아가며 사용하자. 이때에, 부드러운 표면과 거친 표면 위에 바꿔가며 표현해보자.

질감의 표현(DESCRIBING TEXTURE)

03 형태와 구조

"모든 화상에 맺힌 형태는 그 형태를 동선 상에 있게 하는 점으로부터 시작된다. 그 점은 움직인다…
그리고 선 – 첫 번째 1차원 – 이 존재하게 된다. 면에서 공간으로 움직이는 동안 면들의 충돌로 몸
체(3차원)가 형성된다… 운동에너지의 결과가 점을 선으로 바뀌게 하고 면을 공간 속의 차원으로 바
뀌게 한다."

폴 클리(Paul Klee)
생각하는 눈

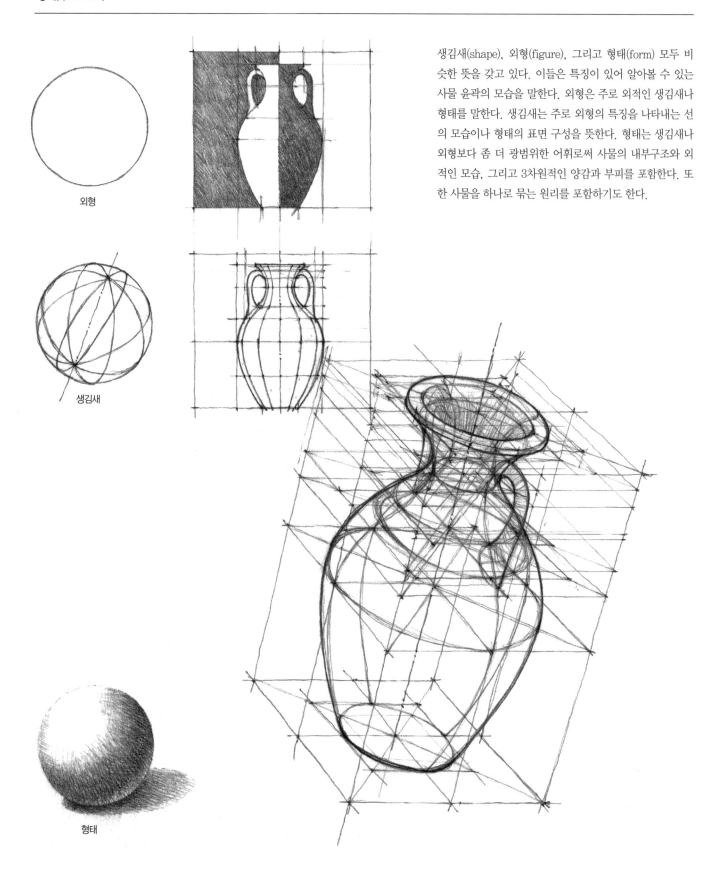

외형

생김새

형태

생김새(shape), 외형(figure), 그리고 형태(form) 모두 비슷한 뜻을 갖고 있다. 이들은 특징이 있어 알아볼 수 있는 사물 윤곽의 모습을 말한다. 외형은 주로 외적인 생김새나 형태를 말한다. 생김새는 주로 외형의 특징을 나타내는 선의 모습이나 형태의 표면 구성을 뜻한다. 형태는 생김새나 외형보다 좀 더 광범위한 어휘로써 사물의 내부구조와 외적인 모습, 그리고 3차원적인 양감과 부피를 포함한다. 또한 사물을 하나로 묶는 원리를 포함하기도 한다.

부피(VOLUME)

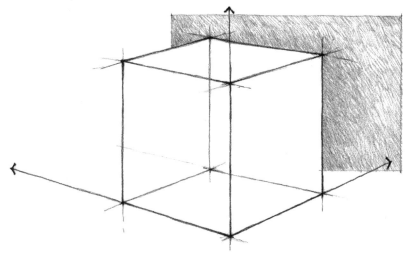

부피는 어떤 사물의 3차원 상에서 차지하는 크기 및 체적을 말한다. 개념상으로 부피는 면에 의해 정의되고 깊이, 높이, 그리고 너비 등의 3차원 상의 치수를 갖는다. 도면상에서 우리는 3차원의 덩어리를 2차원 상에 상상이 되도록 표현하는 것이다.

모든 사물은 공간상에서 부피를 차지한다. 얇고 길이로 표현되는 사물도 공간을 차지한다. 우리는 작은 사물은 손으로 들어올려 이리저리 돌려 관찰할 수 있다. 사물을 돌려볼 때마다 사물은 다른 생김새를 우리에게 주는데 이것은 우리의 눈과 사물과의 공간상의 관계가 바뀌기 때문이다. 같은 사물을 다른 각도와 거리에서 관찰할 때마다 우리의 눈은 보이는 생김새를 이용해 3차원의 형태로 조립한다.

보이는 각도와 거리가 정해져 있는 위치의 사물을 표현한다는 것은 실제로 한순간에 보이는 사물을 표현하는 것에 불과하다. 그것이 너비와 높이만을 보여주는 정면의 모습이라면 사물은 도면상에 납작하게 보인다. 그러나 보는 각도를 움직여 사물의 다른 3면을 보기 시작하면 사물의 깊이를 알게 되고 실제 사물의 형태를 알 수 있다. 평면상에서 형태의 모습을 자세히 보면 3차원적인 사물의 형태를 알게 된다.

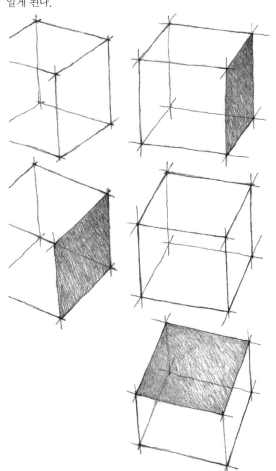

03 형태와 구조(FORM AND STRUCTURE) | 67

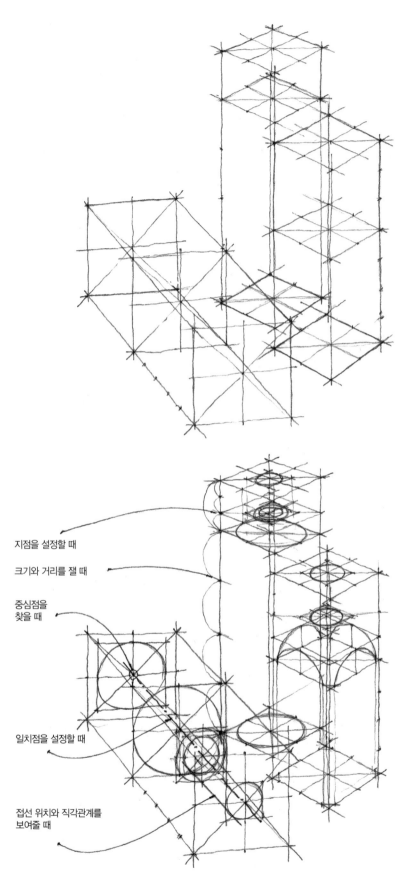

지점을 설정할 때

크기와 거리를 잴 때

중심점을
찾을 때

일치점을 설정할 때

접선 위치와 직각관계를
보여줄 때

도면은 사물의 외부 표면들에 의한 바깥 모습과 내부 구조 상의 형태를 나타내어 어떤 조각들로 공간상에 조합되어 있는지를 표현할 수 있다. 분석 도면은 이렇듯 두 가지 내 용을 담고 있다.

사물의 부분 부분을 눈에 보이는 순서대로 접근했던 윤곽 표현과는 달리, 분석 도면은 사물의 전체 구조로부터 접근 하여 전체의 구성을 파악하면서 전체 중의 부분이 되는 것 들을 파악하며 발전시키고 마지막으로 각 부위의 세부를 완성한다. 사물의 부분들과 세부들을 전체의 일부분으로 이해함으로써 처음부터 부분들에 집중할 때보다 전체적인 비례와 통일감을 배려할 수 있다.

분석 도면은 잘 다듬어진 부드러운 흑연을 사용하여 자유 롭게 긋는 연한 선들로 시작한다. 이러한 선들은 시험적인 분석과정의 선들로서 사물이 3차원 상에 차지하는 부피와 형태의 경계들을 표시하는 테두리의 의미이고, 이때 사물 이 투명하다고 가정한다. 이때 그려지는 상상속의 틀은 사 물의 3차원 상의 치수들의 관계를 보여준다. 사물의 부피 를 구상화하는 과정을 통해 3차원 형태를 그리는 데 도움 이 된다.

도해적인 성격의 이 단순한 선들은 사물 외피의 모습을 설 명해 주는 동시에 내부적 구조와 기하학적 성분을 이해시 켜 주기도 한다. 우리는 특히 이러한 첫 단계의 선들을 정 리선(regulating lines)이라고 하며 이 선들은 각 부위들의 관계 설정과 위치, 크기, 그리고 주요 부분들 간의 비례를 표시하여 정리하는 기능을 한다. 사물의 생김새를 찾고 부 피의 테두리를 표시할 때 정리선들을 이용하여 각 지점들 을 찾아내고, 각 부위들의 크기와 서로 간의 거리, 일치점, 중심점들, 그리고 직각관계, 접선의 위치, 빗나간 정도 등 의 모든 사항들을 찾아내는 데 쓰이게 된다.

대강의 선들 속에서 우리의 눈은 올바른 선을 발견하게 되 며 이 과정은 판단과 확인의 절차를 암시한다. 우리는 절 대로 먼저 표시된 이 선들을 지우지 않는다. 필요하면 다 시 표시할 수는 있으나 이것은 사물의 기본 형태와 각 부 위의 비례를 조정하여 도면을 점차 발전시키는 과정으로써 이해되어야 한다.

정리선들은 작도의 과정이므로 사물의 경계에 의해 제한받을 필요가 없다. 이 선들은 사물의 부위들을 도면상에 연결, 정리하고 치수관계를 설정하며, 도면의 전체 구성에도 도움을 주는 역할을 하므로 그려지는 사물을 관통할 수도 있고 허공으로 뻗어나갈 수도 있다. 공간상의 형태적인 관계를 정리해 주는 과정에서 입체를 분석하는 면들이나 공간의 틀을 구성할 수 있는데, 이것들은 마치 조각가들이 소조를 할 때 철사로 뼈대를 먼저 구성하는 것과 같은 이치이다.

사물을 분석하는 데 있어서 눈에 보이거나 안 보이는 부분들을 정리함으로써 각도를 잴 수 있고 비례를 조절할 수 있으며 시각적으로 보이는 내용을 분석할 수 있다. 이러한 선들은 사물을 도면상에 투명하게 표현시키는데 이것은 사물이 공간상에 차지하고 있는 부피에 대한 정확한 이해를 돕는다. 이러한 접근을 통해 사물을 표현함으로써 사물의 윤곽에만 치우친 나머지 사물을 납작한 물체로 도면에 표현하는 오류를 근본적으로 피할 수 있다.

필요한 부분을 더 표현하고 불필요한 선들을 무시함으로써 계속 진행시켜 사물 묘사의 밀도를 높이고 결과적으로 얻는 윤곽선의 비중을 높여서 완성하게 되는데, 이때에 중요한 선들의 교차로 얻어지는 지점들, 연결부위 등의 정확한 내용을 윤곽선에 담게 된다. 분석 과정에서 얻어진 모든 선들을 그대로 최종 결과물에 남김으로써 표현된 이미지의 깊이를 더하고 작도된 과정을 노출하여 사물에 대한 분석과 어떤 표현상의 발전단계가 있었는지를 보여주는 것은 매우 중요하다.

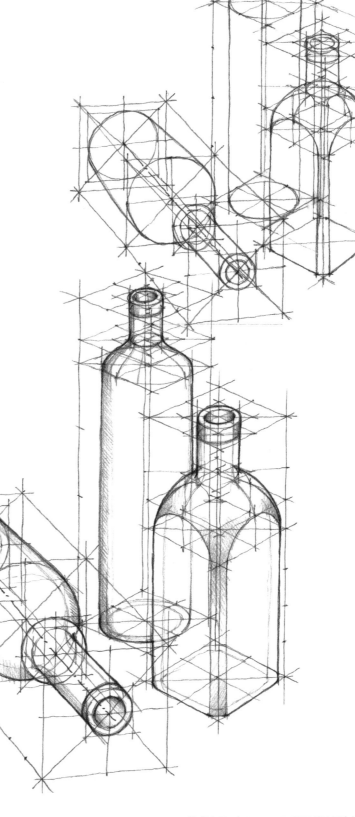

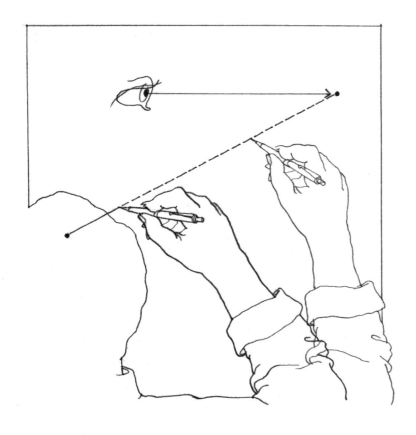

선들을 그을 때에 연필이나 펜을 가볍게 쥐도록 한다. 너무 세게 쥘 경우 손의 긴장에 의해서 프리핸드 기법의 유연함이 없어지기 쉽다. 될 수 있으면 그려지는 표면을 연필이나 펜의 끝으로 느끼듯 선을 긋는다.

선을 긋기 전에 눈-사고-손놀림의 삼위일체를 연습하기 위해 그리고자 하는 선의 시작점과 끝나는 점을 먼저 표시한다. 선을 그을 때 필기구를 밀지 말고 당기듯 한다. 오른손잡이의 경우 왼쪽에서 오른쪽으로, 위에서 아래로 선을 긋는 것을 의미한다. 왼손잡이의 경우 오른쪽에서 왼쪽으로, 위에서 아래로 긋는다. 눈은 집중하여 항상 선이 그려졌던 자리보다 선이 향하는 곳을 본다. 짧은 선들로 조금씩 이어가며 긋지 않는다. 연속적으로 유연한 선을 긋도록 한다.

짧은 선들을 그어야 하거나 선에 힘을 주어야 할 경우는 손목을 휘두르도록 하고 그것이 힘들 경우 손가락들을 이용해 그런 효과가 나도록 따라한다. 긴 선들을 그을 때는 팔꿈치의 움직임으로 손을 휘두르듯 하도록 하고 손목이나 손가락의 움직임은 없도록 한다. 선이 끝날 때쯤 손목이나 손가락의 힘으로 선의 정확한 끝맺음을 조절하도록 한다.

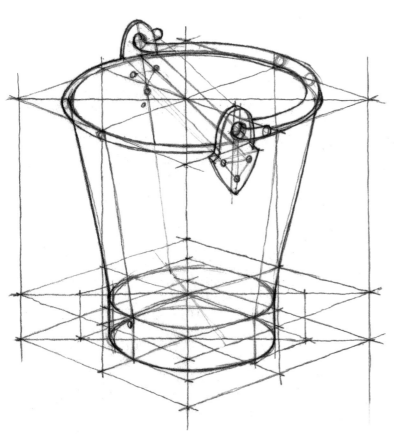

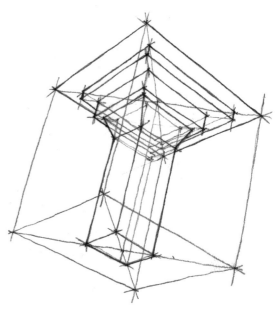

[연습 3.1]

분석 도면의 기법으로 정육면체를 다양한 눈의 각도에서
작도해보자.

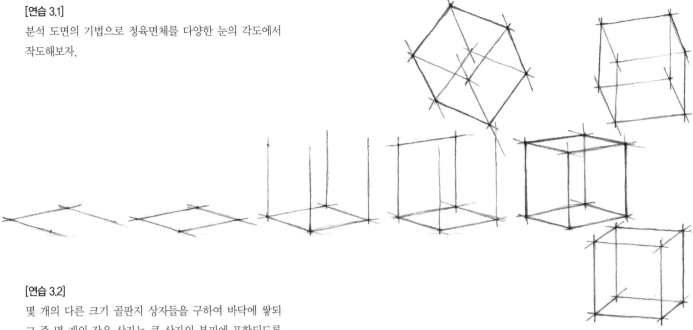

[연습 3.2]

몇 개의 다른 크기 골판지 상자들을 구하여 바닥에 쌓되
그 중 몇 개의 작은 상자는 큰 상자의 부피에 포함되도록
배치한다. 상자들을 기하학인 직사각형 평면들의 결합들
이라고 가정하고 분석 도면의 기법으로 이 형태들을 설명
해보자.

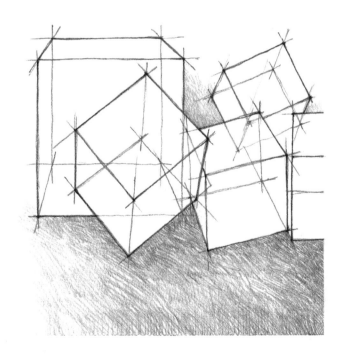

[연습 3.3]

키가 크고 둥근 몸체를 갖은 병과 다른 하나는 몸체의 단
면이 사각형으로 이뤄진 병 두 개를 구하자. 하나는 눕히
고 다른 하나는 한쪽 끝으로 서 있게 구성한다. 이 모습을
분석 도면의 기법으로 설명해보자. 분석할 때에 사물들의
축과 비례상의 관계에 많은 주의를 기울이도록 하자.

비례(PROPORTION)

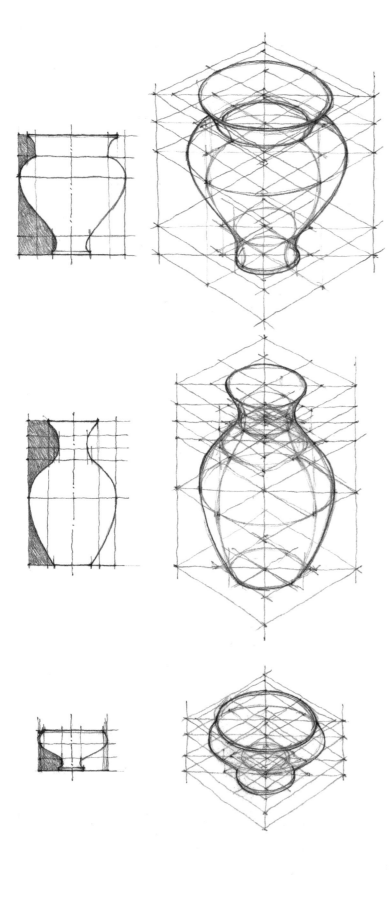

우리 눈에 보이는 것들의 특징들을 이해하고 표현상의 여러 기법들을 실습할 때 이미지 전체의 모습을 잊지 말아야 한다. 그림 전체에서 그 어떤 한 부분의 한 요소도 혼자 존재할 수 없다. 모든 요소들은 서로 관계를 맺고 있으며 그것에 의해 시각적 전달력, 표현 기능, 내용의 의미 등이 좌우된다. 특히 각 부위들이 제 위치에서 의도된 서로 간의 관계를 맺기 위하여 - 나무와 숲을 동시에 인식시키고 작은 흙무덤을 산으로 착각하지 않게 하기 위하여 - 표현상의 비례를 각별히 주의해야 한다.

비례를 통해 어떤 부분이 다른 부분이나 전체에 대해서 갖는 크기의 정도나 양의 비교가 적당한지, 조화로운지를 알 수 있다. 비례적 관계는 비율로 나타나며 비율은 곧 전체를 이루는 여러 부분들 간의 관계인 것이다. 우리는 사물을 볼 때 사물의 크기와 형태를 결정짓는 비례에 중점을 두어 관찰해야 한다.

수학에서 흔히 정의 내려지는 방법으로서의 비례는 각 요소들이 일정하게 갖고 있는 시각적 관계들을 일컫는다. 이러한 성격은 곧 통일감과 조화를 이루는 디자인에 도움이 될 수도 있다. 그러나 주의할 것은 우리가 느끼는 사물들의 물리적인 크기는 보통 부정확하다는 것이다. 투시효과에 의한 축소효과나 사물을 보는 관점의 거리의 차이, 심지어는 문화적 영향 등 의해 우리는 보이는 사물들을 왜곡시켜 인지한다.

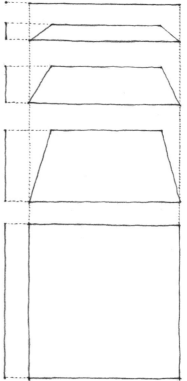

비례를 느낀다는 것은 사물의 옳고 그름을 판단하는 중요한 시각적 능력이다. 이런 점에서 눈에 띠는 부분들의 상대적인 치수의 차이를 찾는 것은 중요하다. 결국 우리의 눈은 눈에 띠는 특별한 비례가 없는 어떤 사물을 볼 때 비례가 적당하다고 느끼기도 한다.

비례를 재거나 이용할 때 주의할 점들은 다음과 같다.

- 어떤 사물의 크기에 대한 느낌은 주변에 있는 다른 사물의 상대적 크기에 따라 결정된다.
- 부피가 있는 사물을 볼 때 3차원상의 비례를 보아야 한다.

- 그래서 표현할 때 비례를 도식으로 나타내면서 확인한다.

- 표현하는 도면의 크기나 제약에 의해서 내용이 영향받지 않도록 주의한다.

- 복잡한 형태를 표현할 때에는 사각형과 같이 쉽게 이해되는 형태를 먼저 찾는다.
- 세밀한 비례의 변화에도 이미지의 내용이나 미적 감각에 많은 영향을 준다. 만화가들은 이러한 의도적인 비례의 변화를 이용해 인물의 특징을 보여주는 캐리커쳐를 그리기도 한다.
- 두 직사각형의 대각선들끼리 평행하거나 직각 상태를 이룬다면 그 두 직사각형끼리 비슷한 비례를 갖고 있음을 알 수 있다.

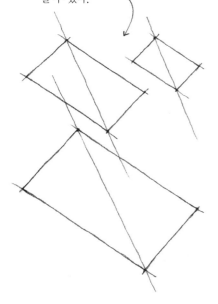

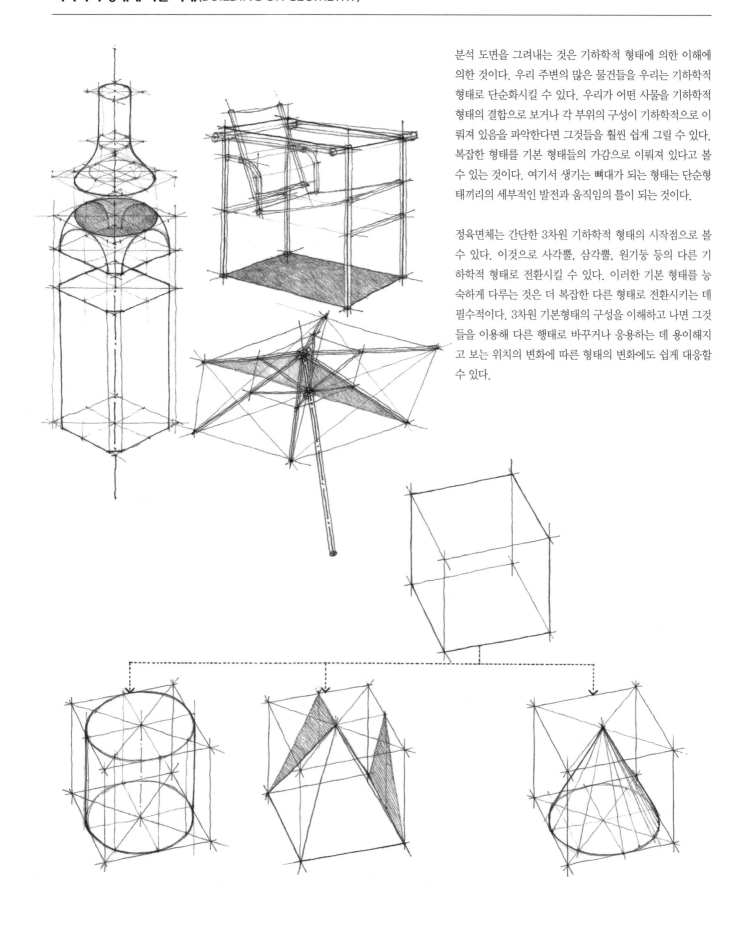

분석 도면을 그려내는 것은 기하학적 형태에 의한 이해에 의한 것이다. 우리 주변의 많은 물건들을 우리는 기하학적 형태로 단순화시킬 수 있다. 우리가 어떤 사물을 기하학적 형태의 결합으로 보거나 각 부위의 구성이 기하학적으로 이뤄져 있음을 파악한다면 그것들을 훨씬 쉽게 그릴 수 있다. 복잡한 형태를 기본 형태들의 가감으로 이뤄져 있다고 볼 수 있는 것이다. 여기서 생기는 뼈대가 되는 형태는 단순형태끼리의 세부적인 발전과 움직임의 틀이 되는 것이다.

정육면체는 간단한 3차원 기하학적 형태의 시작점으로 볼 수 있다. 이것으로 사각뿔, 삼각뿔, 원기둥 등의 다른 기하학적 형태로 전환시킬 수 있다. 이러한 기본 형태를 능숙하게 다루는 것은 더 복잡한 다른 형태로 전환시키는 데 필수적이다. 3차원 기본형태의 구성을 이해하고 나면 그것들을 이용해 다른 형태로 바꾸거나 응용하는 데 용이해지고 보는 위치의 변화에 따른 형태의 변화에도 쉽게 대응할 수 있다.

[연습 3.4]
분석 도면의 기법으로 다음의 정사각형을 사각뿔과 같이
정육면체로 분석될 수 있는 기하학적 형태로 바꿔보자.

[연습 3.5]
분석 도면의 기법으로 정육면체를 이용해 원뿔, 원기둥,
등 원을 포함하는 기하학적 형태로 전환시켜보자.

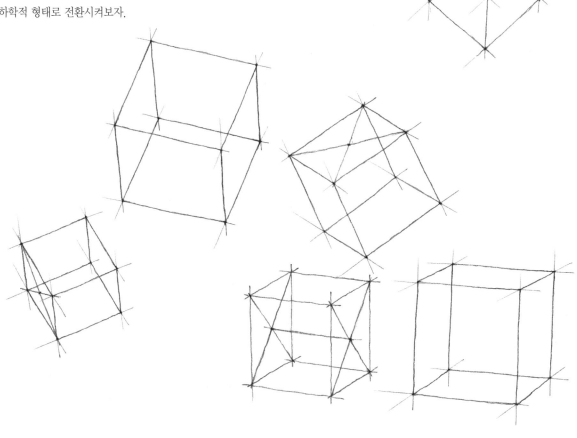

[연습 3.6]
기하학적 형태의 이해에 의한 위의 연습들을 하고 다음의
정육면체들을 주변에 다른 흔한 사물로 전환시켜 보자.

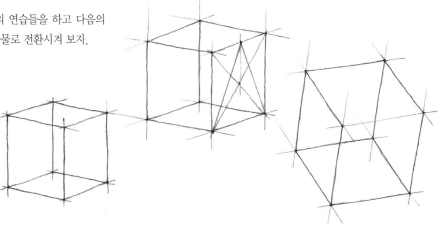

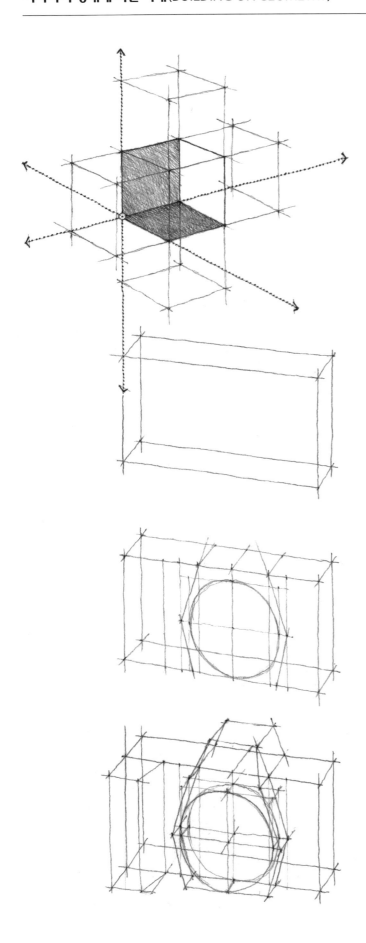

기본 형태인 정사각형을 수평, 수직 또는 보는 방향의 축으로 늘릴 수 있다. 여러 개의 정육면체 또는 변형된 형태들이 필요에 따라 어느 한 점을 중심으로 또는 한 방향으로, 대칭적으로, 묶음으로 연결되거나 확장되어 변형될 수도 있다.

정육면체의 각 면을 2차원상의 좌표로 생각하여 필요에 따라 확장하여 새로운 형태를 만들어 낼 수 있다. 좌표는 점, 선 및 형태로 표현될 수 있고 점으로 표현될 경우 눈에 크게 띄지 않게 주요 지점들을 표시할 수 있다. 선들은 수평, 수직을 나타내며 거리를 측정하는 데 도움을 준다. 형태는 3차원의 부피를 표시하며 사물의 위치보다는 사물이 차지하는 공간을 표시한다.

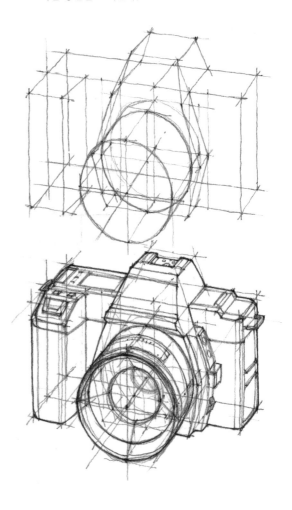

:: 감소되어 이뤄진 형태

간단한 기본 형태로부터 필요한 부분을 잘라 내거나 없애
는 과정으로 형태를 만들어 낼 수도 있다. 이러한 방법으
로 기본 형태에서 차 있거나 비어 있는 형태의 관계를 표
시하여 공간 속에서 결과물을 얻어내는 과정이다. 이 과정
은 조각가가 조각할 재료를 보고 잘라내어야 할 부분들을
미리 머릿속에서 그려내어 계획된 순서에 의해 필요 없는
부위들을 잘라내는 과정과 같다.

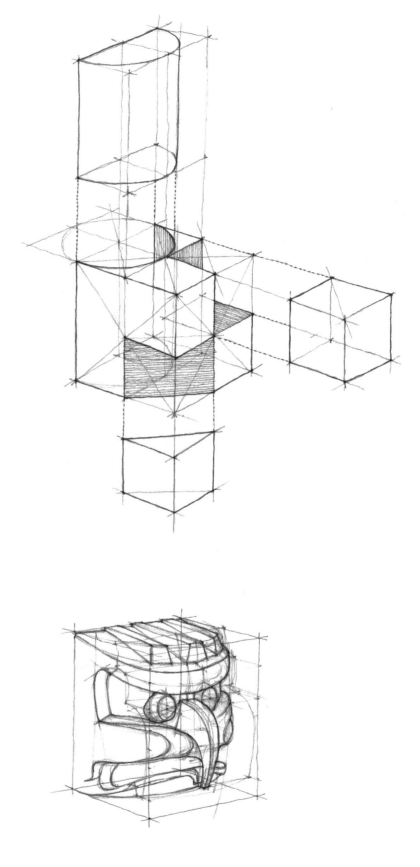

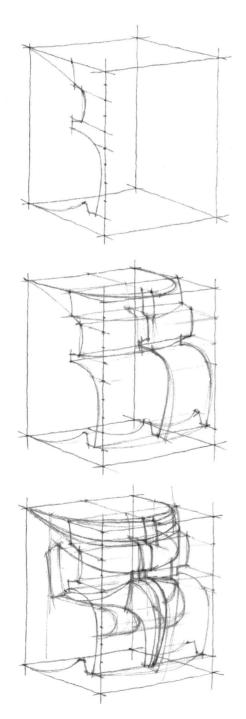

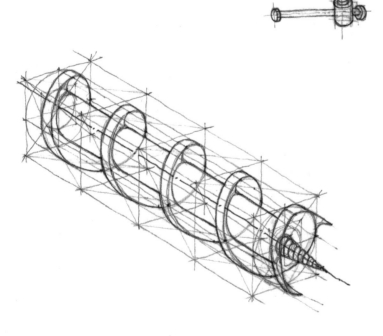

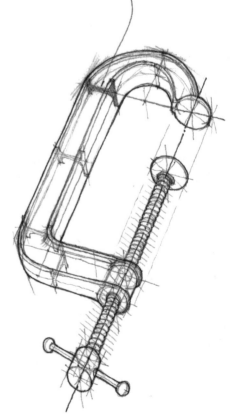

:: **복잡한 형태**

복잡하게 구성된 형태를 표현 할 때에는 첨가나 감소의 두 방법을 한꺼번에 쓸 수 있다. 나타나는 형태와 공간의 구성은 표현하고자 했던 사물의 실질적, 개념적인 구조를 보여준다. 이렇게 사물의 구조적인 내용을 찾기 위해서는 각 부위를 결합시키는 전체의 틀을 먼저 만들고, 부위별로 세부적인 발전을 시킨다.

복잡한 형태를 표현 할 때에는 다음 사항들을 염두에 둔다.

• 겹쳐지는 부위들과 네거티브 공간에 주의를 기울인다.
• 겹쳐진 부위들을 선의 강조로 구별되게 표현한다.
• 세부사항들은 전체의 균형 속에서 표현되어야 한다.
• 평평한 면이 곡면으로 바뀌는 지점은 선들을 흩어지게 하여 표현한다.
• 복잡한 형태의 겉모습을 표현할 때에는 그것의 단면을 분석하여 그려가면서 나타낸다. 이렇게 상상에 의한 부분 단면을 직접 표시함에 따라 3차원의 효과를 강조하고 사물의 용적을 보여준다.

[연습 3.7]
주어진 정육면체를 수평, 수직 또는 보는 방향의 축으로
확장시켜 보자. 몇 개의 정육면체를 의자로 바꿔보자.

[연습 3.8]
몇 개의 정육면체의 일부분을 잘라내어 본래의 잘리지 않
은 정육면체에 첨가시켜 새로운 형태를 만들어보자.

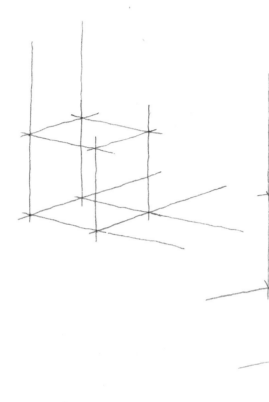

[연습 3.9]
기하학적 요소로 분석이 가능한 작업도구나 부엌용품을 골
라 그 물건을 구성하고 있는 각 부위들의 비례와 서로 간
의 관계들을 분석하자. 분석 도면의 기법으로 그 물건을
두 가지 다른 위치에서 본 모습을 그려보자.

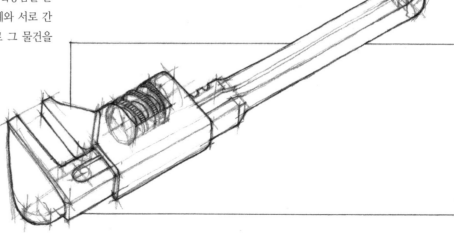

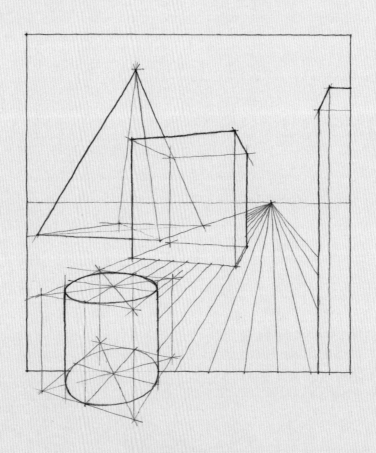

04 공간과 깊이

우리는 사물과 공간으로 이뤄진 3차원의 세계에 살고 있다. 질량을 갖는 사물은 공간 속에 존재하면서 공간의 경계를 정의하고, 공간에게 형태를 부여한다. 공간은 다시 우리가 보는 사물에게 색깔을 입히고 그것들을 둘러싸고 있다. 그림으로 표현하는 데 있어서 가장 중요한 것은 우리가 어떻게 3차원 공간에 존재하는 사물들을 선, 형태. 그리고 명암 표현에 의해서 평평한 2차원 도면에 나타낼 것인지에 관한 것이다.

사물들은 공간을 차지하고 있을 뿐 아니라 다른 사물들과 관계를 맺으며 공간에 속하게 된다. 2차원 표현에서 형태와 배경이 서로 상반되는 특징을 갖으며 공존하듯이 3차원에서는 질량을 갖는 입체와 공간이 서로 짝을 이루어 우리를 싸고 있는 3차원적 환경을 만들어낸다. 질량을 갖는 사물과 입체적인 공간은 서로 뗄 수 없는 관계를 갖으며 다양한 스케일 속에서 서로 간의 의미를 찾게 해준다.

• 사물 하나의 스케일로 볼 때 한 물체와 그것을 둘러싸고 있는 입체적 공간 간의 관계가 단순히 차 있는 것과 비어 있는 것(solid & void)의 관계로 보여질 수 있다.

• 방 내부의 스케일로 볼 때 벽, 천정, 바닥 등에 의해 만들어진 하나의 공간과 그 속에 존재하는 사물들의 관계가 단순히 차 있는 것과 비어 있는 것의 관계로 보여질 수 있다.

• 건물의 스케일로 볼 때 벽, 천정, 바닥의 생김새와 그것들이 만들어내는 공간의 형태 간의 관계가 단순히 차 있는 것과 비어 있는 것의 관계로 보여질 수 있다.

• 도시의 스케일로 보면 한 건물의 형태와 그 건물이 존재하게끔 조성된 주변 상황들과의 관계가 단순히 차 있는 것과 비어 있는 것의 관계로 보여질 수 있는데, 이때 건물은 그 지역 대대로 내려오는 도시 형태의 일부일 수 있고 다른 건물들의 배경으로 읽히거나 도시의 야외 공간을 구성할 수도 있으며, 또한 빈 공간에 혼자 있는 사물일 수도 있다.

2차원상의 화폭에 실제의 공간감과 깊이를 표현한 상태를 화면상의 공간이라고 한다. 느껴지는 공간이 깊거나 얕거나 어떠하든지 간에 모든 화면상의 공간은 상상에 불과하다. 그러나 흥미롭게도 선, 형태, 명암, 질감 등의 어떠한 의도적인 구성에 의해 우리 눈은 3차원의 깊이를 느끼게 된다. 우리의 눈이 어떤 조건에 의해서 그러한 공간의 깊이를 느끼게 되는지를 파악하면 우리가 그것을 이용하여 도면상에 표현할 때 입체감을 주거나 또는 입체감이 없게 나타낼 수 있다. 우리는 또한 원하는 부분을 보는 사람의 눈에 가깝게 끌어당길 수도 있고 표현상 가장 깊은 곳으로 밀어넣을 수도 있다. 2차원상의 도면에 우리는 사물들끼리의 3차원의 관계들을 설정할 수 있는 것이다.

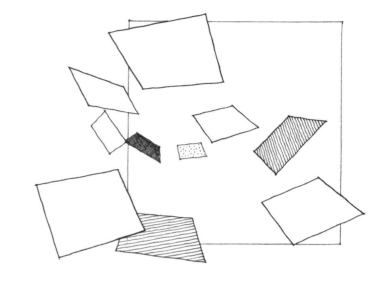

심리학자 제임스 깁슨(James J. Gibson)은 우리 시각의 세계에는 13가지의 투시 방식이 있음을 발견하였다. 깁슨에 따르면 원근이라는 말은 여러 가지의 "감각의 바뀜(Sensory Shift)"을 설명하는 말로서 이것은 연속되는 표면에서 깊이를 이해하게 되는 시각적 느낌이다. 그가 말한 13가지 중에 다음 9가지가 공간의 깊이를 도면에서 느끼게 하는 요소로서 중요하다.

• 외형선의 연속성 (겹침효과)
• 원근에 의한 크기의 변화
• 시야의 범위와 수직위치
• 선에 의한 원근효과
• 대기에 의한 원근효과
• 희미해짐에 의한 원근효과
• 질감에 의한 원근효과
• 질감의 변화와 선의 간격
• 명암의 변화

깊이의 요소(DEPTH CUES)

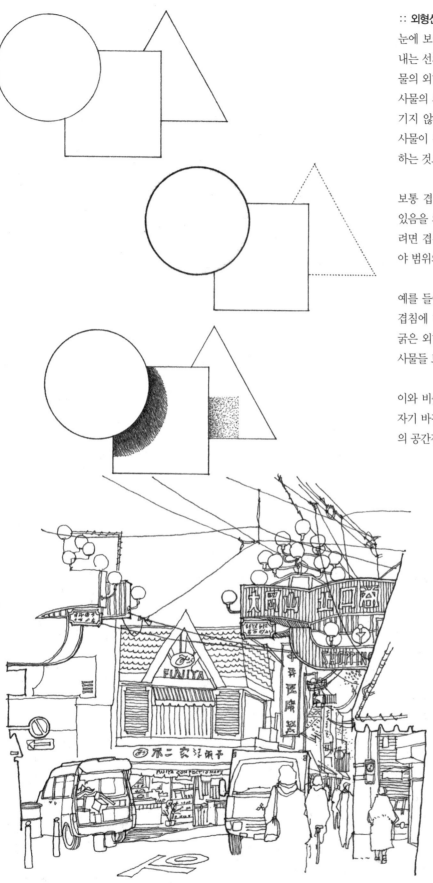

눈에 보이는 사물들 서로간의 원근감은 사물 외형을 나타내는 선의 연속 여부에 따라 알 수 있다. 앞에 놓여있는 사물의 외형선은 방해받지 않고 연속되며 그 뒤에 놓여 있는 사물의 외형선은 그렇지 않다. 따라서 우리는 외형선이 끊기지 않은 사물일수록 가깝다고 느낀다. 결국 앞에 있는 사물이 뒤에 놓인 사물 위에 겹쳐 놓여 있는 상태를 인식하는 것으로 다른 표현으로 겹침이라고 부르기도 한다.

보통 겹침은 두 사물들 사이에 비교적 작은 공간이 놓여 있음을 의미한다. 그러나 더 많은 공간과 거리감을 나타내려면 겹침과 더불어 대기나 질감에 의한 투시현상이나 시야 범위의 수직위치 등과 같은 요소들을 함께 이용한다.

예를 들어 선에 의한 표현에서 외형선의 굵기를 강조하여 겹침에 따른 공간감의 표현을 심화시킬 수 있다. 진하고 굵은 외형선 또는 윤곽선으로 표현된 사물은 그렇지 않은 사물들 보다 앞으로 더 튀어나와 보인다.

이와 비슷하게 겹쳐 있음을 나타내는 외형선을 경계로 갑자기 바뀌는 질감이나 명암의 표현 또한 겹쳐진 두 사물간의 공간감을 심화시킨다.

:: 원근에 의한 크기의 변화

사물이 멀리 있을수록 작게 표현되는 것 또한 공간의 깊이를 알 수 있는 요소이다. 우리가 사물의 크기 변화를 인지하는 것은 '치수 또는 사물의 항구성'이라고 불리는 이론에 의한 것으로, 이것은 우리가 기본적으로 같은 부류로 인식하는 사물들을 같은 크기와 일정한 외모를 갖고 있다고 믿는 성향을 일컫는다. 즉, 우리가 어떤 두 물체가 같은 크기라고 믿는 상태에서 그 두 물체가 다른 크기로 보일 때, 크게 보이는 물체가 작게 보이는 물체보다 가깝다고 판단한다.

사물의 크기에 의한 공간의 깊이와 거리를 표현하려면 사람들의 몸집과 같이 일상적으로 우리가 그 크기를 알고 있거나 비슷한 창문들이나 책상들, 가로등들과 같이 서로 비슷한 크기의 사물일 경우에 해당된다.

이를테면 서 있는 두 사람을 발견하게 되면 우선 그 두 사람의 키와 비례가 서로 비슷하다는 전제하에 인식하게 된다. 그리고 사진이나 그림에 나타난 두 사람 중 하나가 눈에 띄게 더 작을 경우, 작은 사람이 더 멀리 떨어져 있다고 이해한다. 만약 그렇지 않으면 한 사람은 난장이이거나 다른 한 사람이 거인이어야 하기 때문이다.

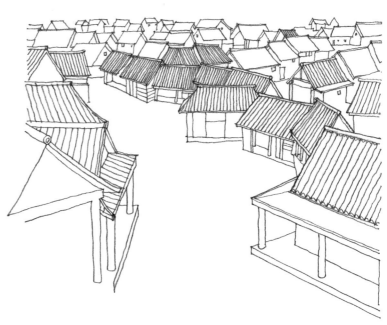

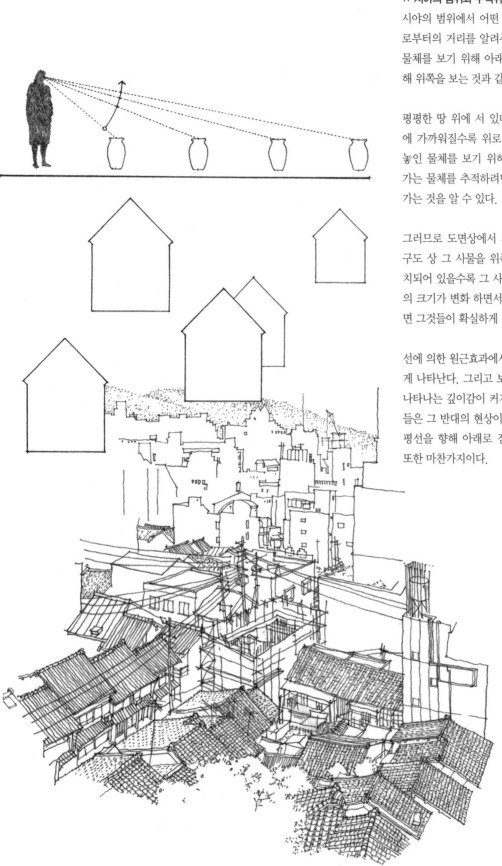

:: 시야의 범위와 수직위치

시야의 범위에서 어떤 사물의 수직적 위치는 보는 사람으로부터의 거리를 알려주는 요소이다. 보통 눈에서 가까운 물체를 보기 위해 아래쪽을 보고, 먼 곳의 물체를 보기위해 위쪽을 보는 것과 같은 이치이다.

평평한 땅 위에 서 있다고 가정하자. 땅의 표면이 수평선에 가까워질수록 위로 상승되어 보인다. 그리고 발 앞에 놓인 물체를 보기 위해서는 아래를 보아야 한다. 멀어져 가는 물체를 추적하려면 우리의 눈이 점차 위쪽으로 옮겨가는 것을 알 수 있다.

그러므로 도면상에서 사물이 먼 곳에 있음을 표현하려면 구도 상 그 사물을 위쪽에 배치한다. 화상면의 위쪽에 배치되어 있을수록 그 사물이 멀게 느껴지는 것이다. 사물들의 크기가 변화 하면서 서로 겹쳐져 위로 상승되게 표현되면 그것들이 확실하게 멀리 있다고 느끼게 된다.

선에 의한 원근효과에서 이러한 깊이의 요소들이 자연스럽게 나타난다. 그리고 보는 눈의 위치가 높을수록 화면상에 나타나는 깊이감이 커지게 된다. 수평선 위에 위치한 사물들은 그 반대의 현상이 일어난다. 멀어져가는 비행기는 수평선을 향해 아래로 점점 내려가게 되고, 구름들의 위치 또한 마찬가지이다.

[연습 4.1]
아래 사진에 나타난 사물들의 화폭으로부터의 거리를 겹침의 현상에 의해 분석해보자. 얇은 트레이싱지를 위에 덮고 분석 내용을 표시해보자.

[연습 4.2]
위의 연습을 반복하되 투시에 의한 크기의 변화를 적용하여 먼 물체와 가까운 물체들를 표시해보자.

[연습 4.3]
위의 연습 4.1을 반복하되 수직위치에 의한 사물들의 거리 분석을 하여 먼 물체와 가까운 물체들을 표시해보자.

깊이의 요소(DEPTH CUES)

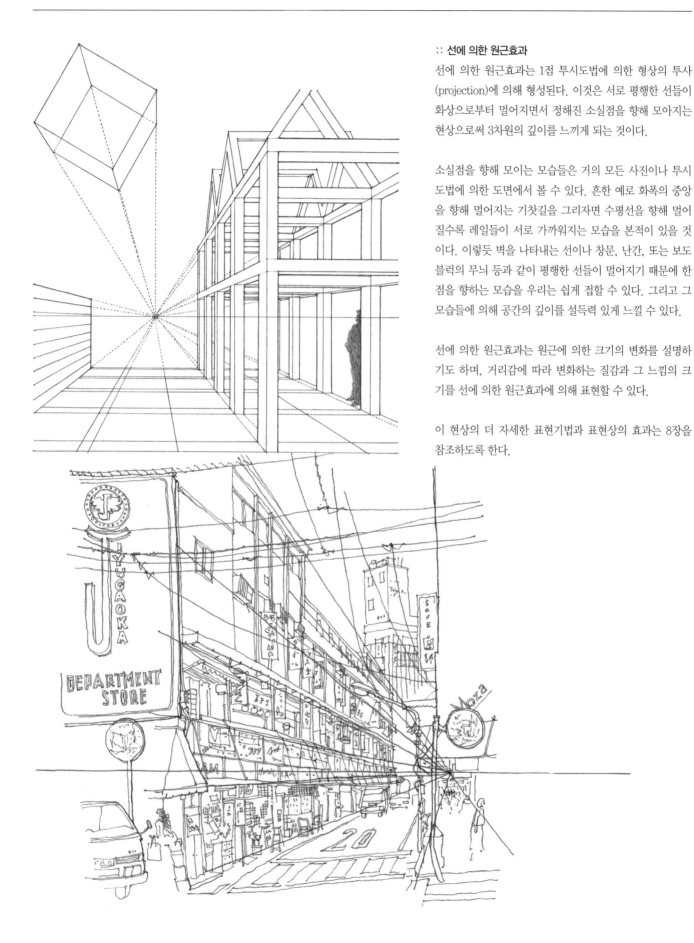

:: 선에 의한 원근효과

선에 의한 원근효과는 1점 투시도법에 의한 형상의 투사 (projection)에 의해 형성된다. 이것은 서로 평행한 선들이 화상으로부터 멀어지면서 정해진 소실점을 향해 모아지는 현상으로써 3차원의 깊이를 느끼게 되는 것이다.

소실점을 향해 모이는 모습들은 거의 모든 사진이나 투시 도법에 의한 도면에서 볼 수 있다. 흔한 예로 화폭의 중앙을 향해 멀어지는 기찻길을 그리자면 수평선을 향해 멀어질수록 레일들이 서로 가까워지는 모습을 본적이 있을 것이다. 이렇듯 벽을 나타내는 선이나 창문, 난간, 또는 보도블럭의 무늬 등과 같이 평행한 선들이 멀어지기 때문에 한 점을 향하는 모습을 우리는 쉽게 접할 수 있다. 그리고 그 모습들에 의해 공간의 깊이를 설득력 있게 느낄 수 있다.

선에 의한 원근효과는 원근에 의한 크기의 변화를 설명하기도 하며, 거리감에 따라 변화하는 질감과 그 느낌의 크기를 선에 의한 원근효과에 의해 표현할 수 있다.

이 현상의 더 자세한 표현기법과 표현상의 효과는 8장을 참조하도록 한다.

[연습 4.4]

아래 사진의 평행선들의 소실점관계에 대하여 분석해보
자. 사진을 복사하여 큰 트레이싱지로 덮은 다음 평행하므
로 소실점을 향해가는 선들을 찾아 다시 그리자. 그 선들
이 서로 만날 때까지 연장하여 그들의 소실점들을 찾아보
자. 참고할 것은 이 사진에는 크게 두 방향의 평행선들이
있으며 그 중 하나는 왼쪽을, 또 하나는 오른쪽을 향해 모
아지고 있다. 소실점을 향해가는 모든 선들은 서로 평행하
다는 것을 알 수 있을 것이며, 두 소실점을 잇는 선은 보는
사람의 눈의 위치에 의한 지평선이 된다.

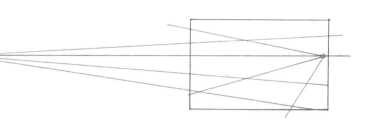

이 사진에서 겹침, 원근에 의한 크기의 변화, 시야의 범위
와 수직위치 등에 의한 공간의 깊이를 느끼게 하는 요소들
이 어느 것들인지 모두 찾아보자.

[연습 4.5]

평행한 선들을 경치에 담고 있는 창문을 선택하자. 소실점
을 향한 평행선의 그룹들을 얼마나 많이 찾을 수 있는가?

아세테이트를 창에 붙이자. 보이는 경치 중 한 점에 눈을
맞추어 움직이지 말고 시야가 수평이 되게 유지하자. 한쪽
눈을 감고 잉크펜으로 아세테이트 위에 보이는 평행선들의
그룹들을 그려보자. 그 선들을 연장하여 각각의 소실점을
향하는지 확인해보자.

:: 대기에 의한 원근효과

이것은 관찰자의 위치로부터 사물이 멀어짐에 따라 색상, 명암, 대비 등의 요소들이 점차 약해지는 것을 뜻한다. 우리 눈에 가까운 사물은 진하고 선명한 색상과 명암의 대비를 갖고 있다. 그러나 점차 멀어짐에 따라 그것들이 약해지고 명암의 대조 또한 분산되어 보이게 된다. 따라서 배경이 되는 이미지들은 대게 중간단계의 명암과 약해진 색체로 이루어져 있다.

이러한 색과 대비의 변화는 대기에 존재하는 먼지입자와 대기의 오염 등의 장애요소 때문인데 관찰자와 사물 사이의 거리가 멀면 멀수록 더 많은 장애요소가 존재하게 된다. 이런 이유로 멀어질수록 색의 전달이 방해받고 사물 윤곽이 흐릿해진다.

이러한 대기에 의한 원근현상을 나타내기 위해서는 색과 명암의 톤을 묘사할 때 농도에 변화를 주어 표현한다.

사물을 뒤로 후퇴시키려면:
• 색상을 약화시킨다.
• 명암을 약하게 표현한다.
• 대비를 낮춘다.

사물을 전면으로 근접시키려면:
• 색상의 채도를 높인다.
• 명암을 진하게 표현한다.
• 대비를 높여 선명하게 한다.

:: 희미해짐에 의한 원근효과

관심을 두고 보고 있는 일정한 거리의 화상 이외에 다른 거리에 놓인 사물들이 희미하게 표현되는 것을 원근효과에 의해 희미해지는 현상이라고 할 수 있다. 이것은 우리의 시각이 보통 보는 눈에 가까운 사물들을 선명하게 인식하고 그 밖의 먼 사물들을 희미하게 인식한다는 사실을 반영한 것이다.

우리의 시야 범위에서 어떤 사물에 초점을 맞춘다면 일정한 범위 안에 놓인 것들을 선명하게 인식하게 된다. 이 일정한 범위 안에 놓인 사물의 모든 모서리들, 윤곽, 그리고 세부사항들을 보게 되는 것이다. 그러나 이 범위를 벗어난 위치의 사물들의 형태는 덜 선명해지고 흩어져 보인다. 이러한 시각적 효과는 그림에서 표현되어야 하는 원근효과의 하나로 자주 이용된다.

희미해짐에 의한 원근효과에 있어서 중요한 것은 쉽게 눈에 띄는 명암과 윤곽을 갖은 전경(foreground)의 사물과 상대적으로 대조되는 불분명하고 흐릿한 형상의 배경을 구축하는 것이다. 표현상 흐릿한 효과를 위해서는 사물들의 윤곽과 모서리들을 분산시키거나 약하게 표현한다. 따라서 초점 밖의 사물들로 표현하기 위해 선들을 약하게 긋거나 끊긴 선들을 이용할 수 있고, 점선으로도 표현할 수 있다.

:: 질감에 의한 원근효과

거리가 멀어짐에 따라 표면의 질감이나 무늬의 밀도를 점점 높임으로써 원근의 효과를 거둘 수 있다. 이러한 효과는 시야에서 멀어짐에 따라 일정한 선의 간격이 점점 작아지게 느껴지는 것에 기인한다.

예를 들면, 가까운 지점의 조적벽을 보면 벽돌들 하나하나를 구별할 수 있고 모르타르 조인트의 간격까지도 인지할 수 있다. 그러나 벽이 투시현상에 의해 멀어짐에 따라 벽돌들의 크기가 줄어들며, 조인트들은 단순한 선으로 보이게 된다. 그리고 더 멀어지게 되면, 벽돌은 안 보이고 깊은 질감만을 갖은 벽으로 보이게 된다.

도면에서 표면의 질감 표현에 의한 원근효과를 나타내기 위해서는 표현 요소들의 크기, 비례, 간격 등을 점증적으로 확대 또는 축소시키는 과정으로, 이를 위해 점들이나 선 또는 명암 표현을 이용하게 된다. 전경에서의 세부적인 표면 무늬에 신경을 쓰면서 중간지점에서는 질감의 패턴을 나타내고, 원거리의 표현에서는 점차 명암을 이용해 전체적인 표현을 연결시키게 된다. 이때에 자연스럽게 연결되는 것이 중요하며 나중의 지나친 명암 표현에 의해 이미 살펴본 대기에 의한 원근효과와 모순이 안되도록 유의한다.

[연습 4.6]

사진에 보이는 광경을 도면에 표현해보자. 대기에 의한 원근효과를 이용하여 전면에 보이는 입구를 통하여 중간의 통로를 지나 후면으로 열리는 공간에 이르기까지의 과정을 표현해보자.

[연습 4.7]

사진을 도면에 다시 표현하되 희미해짐에 의한 원근효과를 이용하여 표현해보자. 특히, 중간지점의 통로 부위에 초점을 맞추어 다른 부분과 원근의 차이를 나타내보자.

[연습 4.8]

사진에서 질감에 의한 원근효과를 찾을 수 있는지 살펴보자. 그리고 사진에서 크기의 변화와 겹침에 의한 원근효과를 찾을 수 있을까? 이 사진을 같은 깊이의 요소들을 이용하여 마지막으로 한 번 더 도면에 표현해 보자.

:: 질감의 변화와 선의 간격

표면의 질감표현이 바뀌거나 선들 간격의 변화에 의해서 전경과 원경 사이의 공간 깊이와 거리를 느낄 수 있다. 이 요소들이 변화되는 정도는 실제 공간의 깊이와 거리에 정비례하기 마련이다.

예를 들면, 시야에서 가까운 위치의 나뭇잎들은 하나하나의 모습들을 볼 수 있지만, 좀더 멀리 있는 나무의 잎들은 그것을 나타내 줄 수 있는 어떠한 무늬로써 표현하게 된다. 그리고 더 멀리 있는 나무의 나뭇잎들은 질감표현이 더 단순화 되어 양감을 갖는 명암표현에 의해 나타나게 된다. 이와 같이 나뭇잎 표현의 갑작스런 변화와 표면 질감표현에서 스케일의 변화는 공간상의 많은 깊이의 변화가 있음을 나타낼 수 있다.

표면 질감표현의 변화는 앞에서 이미 살펴본 질감에 의한 원근효과를 떠올리게 된다. 한 예로, 펼쳐놓은 줄무늬 천을 쳐다볼 때 천이 시야에서 멀어짐에 따라 점증적으로 무늬의 밀도가 높아지는데, 천의 일부를 접어 가까이 시야에 가져오면, 앞에 보이는 천의 무늬가 배경에 보이는 천 무늬와 비교해 갑자기 변한 것을 느낄 수 있다.

마찬가지로 선 간격의 갑작스런 변화도 원근에 의한 크기의 변화현상과 관련된다. 같은 간격으로 나열된 물체들이 시야에서 멀어짐이 따라 그 간격들은 줄어들어 보인다. 이 때에 갑작스런 간격의 변화는 갑작스런 거리상의 변화가 있음을 암시하는 것이다.

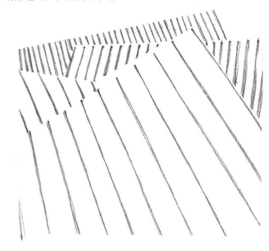

:: 명암의 변화

명암 표현물에서 눈에 띠는 밝은 부위의 돌출은 어떤 공간의 모서리나 어떤 사물의 윤곽이 배경으로부터 공간을 사이에 두고 떠 있음을 암시한다. 여기서 깊이감을 주는 요소는 대조되는 명암의 사용이다.

명암의 대조에 의한 깊이감의 표현은 효과적으로 공간 속에서 사물들의 겹친 상태를 나타낼 수 있고, 특히 대기에 의한 원근효과와 같이 쓰일 수 있다. 사물들이 겹쳐 있을 경우 그 간격이 클수록 명암의 대조 또한 클 것이다. 명암의 선명한 대조는 사물의 강한 윤곽과 공간의 모서리를 보여주며 점증적으로 변하는 명암의 표현은 모서리가 둥근 사물의 외모 등을 나타낸다.

사물의 3차원 모델링에 있어서 우리는 눈에 띠는 명암 단계들을 이용하여, 빛을 받아 환한 부위, 그늘 부위, 그림자 부위 등을 구별되게 표현한다. 그에 따른 명암의 변화에 따라서 투시도면뿐만 아닌 투상, 투영 도면에서의 공간감의 깊이를 느끼게 된다. 이러한 도면들에서의 그림자와 그늘의 건축적인 표현기법에 대해서는 6, 7, 8장의 내용을 참조하도록 한다.

깊이의 요소(DEPTH CUES)

[연습 4.9]
다음 사진에서 질감의 변화가 일어나는 곳을 찾아보자. 이것을 깊이의 요소로 보았을 때 뒷받침이 되는 주변 상황을 포함하여 직접 도면에 표현해보자. 시야에서 멀어져 가는 벽면의 느낌에 집중하도록 한다.

[연습 4.10]
다시 한번 사진을 그리되, 색과 질감을 무시하고 사물의 윤곽과 명암 표현만으로 나타내보자. 형태의 겹침과 공간감을 효과적으로 나타내기 위해 명암의 대조를 보여주는 선들에 주위를 기울여 보자.

깊이의 요소(DEPTH CUES)

도면을 그린다, 작도한다는 것은 시간을 두고 조금씩 지어지는 것이다. 그러나 어디서부터 시작하고 어떻게 지어나갈 것이며, 어느 시점에서 끝맺을 것이지를 안다는 것은 도면을 완성하는 데 결정적인 사항이다. 우리가 상상이나 관찰에 의한 도면을 그릴 때 어떤 과정을 거쳐 도면을 지어나갈 것인지를 먼저 계획해야 한다.

도면을 체계적인 방법으로 지어나가는 것은 중요한 개념이다. 도면은 처음부터 점진적인 과정을 통해 발전시켜나가야 한다. 도면을 발전시키기 위한 과정들의 반복과 순환을 통해서 우선 구도 전체의 큰 부위들 간의 관계를 풀어나가고, 다음으로 각 부위 내에서의 관계들을 발전시켜 나아가야 한다. 그리고 마지막으로, 다시 큰 부위들 간의 관계를 조절한다.

도면을 그려나갈 때 한 부분을 완성시키고 다른 곳으로 가는 형식을 취하면, 각 부분들 간의 관계에 소홀하게 되고 전체적인 짜임새에 좋지 않은 결과를 초래한다. 도면 내의 모든 부위들이 비슷한 정도의 완성도를 유지해 가면서 도면을 지어나가는 것이 조화롭고 균형적인 표현이 될 것이고, 전체적인 표현의도에 집중할 수 있게 된다.

다음 과정은 경치를 이해해가며 도면을 지어가는 절차이다.

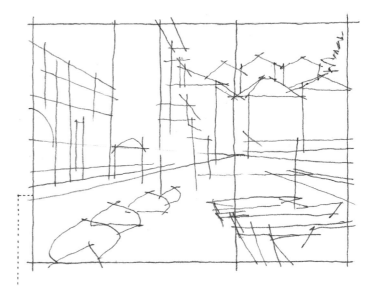

• 전체적인 구성과 도면의 구조를 세운다. ┈┈┈┈┈┈
• 명암과 질감의 표현을 층을 쌓듯 표현해 나간다. ┈┈
• 필요한 세부사항들을 발전시킨다. ┈┈┈┈┈┈┈┈

우리는 보통 흥미 있는 부분을 선택하여 보게 된다. 또한 우리는 사물을 볼 때 차등을 주어 인식하므로(서론 참조) 무엇을 그릴 것인지를 잘 선택하여야 한다. 정해지는 어떤 시야의 범위와 구도 속에 무엇을 어느 기법으로 강조하고 있는지에 의해서 도면을 보는 사람들이 작가의 의도와 시각적 관심사를 이해하게 될 것이다. 따라서 우리는 도면이라는 경제적인 수단을 통해 우리의 시각적 사고의 내용을 남들에게 전달할 수 있게 되는 것이다.

구도를 잡는다는 것은 공간상에 우리의 눈을 특정한 위치에 자리 잡고 시야의 범위를 정해 무엇을 보게 되는지를 결정짓는 일이다. 구도를 잡을 때에 경치를 보는 위치가 실제 경치속의 공간과 분리되어 있지 않고 경치 속에 있다는 것을 나타내기 위한 방법으로 근경, 중경, 원경 등의 구역들로 구도를 구성한다. 다만 이 세 구분이 똑같은 비중을 갖고 표현되어서는 곤란하고, 이 중 하나가 돋보여서 화면 내 공간의 중심이 되어야 한다.

특정한 사물이나 경치의 한 부분을 표현하고자 할 때는 나타내야 할 명암, 질감, 조명 등을 위하여 보는 시야를 근접시킴으로써 주 관심사가 화폭에 적당한 크기를 차지하도록 구도를 잡아야 한다.

[연습 4.11]

아래 사진을 이용해 가능하다고 생각되는 여러 개의 구도를 잡아보자. 프레임의 모양과 방향, 그리고 경치 속에 보이는 요소들이 프레임 상에 어떻게 배치되는지에 따라 그림 속 공간의 인식과 전체 구도에 큰 영향을 미친다. 가로 방향의 프레임과 세로방향의 프레임에서 느껴지는 공간상의 차이는 무엇인지 살펴보자. 그리고 여기서 정사각형의 프레임은 또한 어떤 효과를 느끼게 하는가?

[연습 4.12]

아래의 사진을 여러 가지의 구도로 잘라보자. 먼 곳의 경치 위주의 구도들과 어떤 사물에 가까이 다가가서 자세히 들여다보는 구도들을 비교해보자.

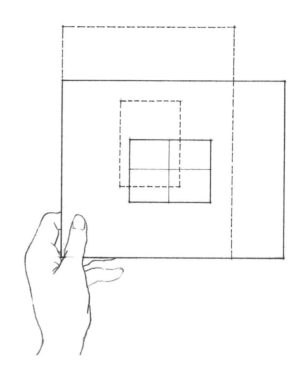

도면 내에 유기적인 구조체계가 없으면 도면의 구성은 무너지기 나름이다. 일단 구도가 잡히면, 분석을 통해 도면의 뼈대가 되는 구조를 잡아야 한다. 우선 정리선들을 이용하여 주요 요소들의 위치, 형태, 비례 등을 확인하도록 한다. 이런 선들은 아이디어를 화폭에 자리 잡도록 돕고 더욱 체계적으로 관찰을 할 수 있는 틀이 되어준다. 이 틀을 인식하여 그려내고자 하는 사항들을 표현하고, 다시 그것을 화폭에서 발견하며 발전시켜 나간다. 선들로 표현된 도면의 구조를 눈에 보이도록 유지하도록 하고 그것을 통해 화폭 속 내용들의 관계들을 정립하면서, 계속 그려질 내용의 뼈대 역할로써 활용하도록 한다.

실외 또는 실내의 경치를 그릴 때에는 움직이지 않는 정해진 위치에서 본 경치를 그리게 된다. 따라서 도면의 전체적인 구조는 선에 의한 원근효과 원리의 지배를 받는다. 그리고 여기에서 우리는 화상에 나타나는 시각적 효과들 즉, 평행한 선들이 한 점으로 모여드는 것이나 원거리 사물의 크기가 작게 보이는 것 등을 유념하여야 한다. 우리의 사고를 통하여 보이는 사물의 내용을 알고, 다시 이것을 표현할 때에는 그 사물의 객관적 사실들을 표현하게 된다(모양 표현 p.28, 참조). 그러나 원근법에 의한 도면을 그릴 때에는 사실상 눈에 보이는 시각적 현상에 주의를 기울여야 하는 것이다. 그러므로 이 두 가지는 서로 모순적인 관계에 있으며 대개의 경우 사고의 힘이 우월하기 때문에 눈에 보이는 그대로를 표현하기 어려운 이유가 여기에 있다.

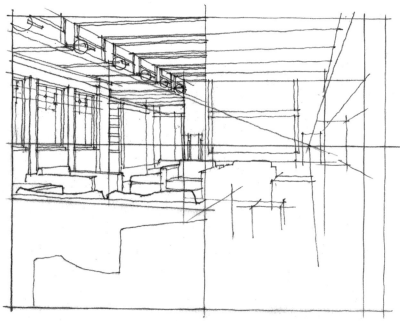

바로 앞에 수직으로 놓여 있는 벽의 모습을 생각하는 대로 그려보자. 실내라면 방 벽일 수 있고 실외라면 앞에 놓인 건물의 외벽이거나, 앞에 마주보는 두 건물들의 수직으로 뻗은 모서리들이 그려내는 상상 속에서 벽일 수도 있다. 앞에서 설명한 관찰 기법(p.30,31)을 이용하여 벽의 모양이 실제의 비례와 갖게 그린다.

그리고 이 벽면을 가상의 화면이라고 가정하자. 이 화면에 자신의 눈높이를 정하자. 눈높이의 한 점을 응시하고 그 점을 통과하는 수평선, 즉 지평선을 그린다. 이제, 화면을 향에 앞에 놓인 서로 평행을 이루는 요소들 중 눈높이보다 높이 있는 것들은 아래쪽으로 지평선을 향할 것이고, 눈높이보다 아래에 있는 것들은 위쪽으로 지평선을 향할 것이다. 다음으로 사람들을 원경, 중경, 근경에 각각 그려서 화면에 수직 스케일을 설정한다.

관찰기법들을 써서 공간에 수평으로 뻗어 멀어져가는 수평 모서리들이 화면상에서 보여주는 경사를 재보자. 이 경사선들을 연장하면 한점을 향하는 것을 알 수 있는데, 바로 소실점을 찾은 것이 된다. 만약 소실점이 화폭을 벗어나서 찾기 힘들 경우, 공간 속으로 멀어져가는 수직면상의 앞과 뒤에 수직 모서리들을 설정하고 지평선이 한 수직 모서리를 어떤 비례로 나누는지 판단한 다음, 이 비례를 다음 것에 반복하여 다른 거리상에 있는 수직 모서리로 그 치수를 옮길 수 있다. 이렇게 구해진 점들을 이어 경사선을 찾을 수 있고, 이 경사선들과 지평선은 공간 속에서 같은 소실점을 향한 다른 평행선들을 화면에 그리는 기준이 된다.

원근 효과에 의해 동일한 형태가 멀리 위치하여 작게 보이는 경우, 그 작아진 형태의 높이와 너비의 치수를 그리기 위해서는 원래의 형태와 동일한 비례를 유지한다는 사실에 착안하여 정리선, 치수선, 등을 활용한 분석 도면의 방식으로 작도해 낼 수 있다.

특히 정리선들은 그림의 내용물들을 위치하기 위한 구조의 틀이 되므로, 끊기지 않고 성실하게 작도된 선들이어야 할 것이다. 그려나가면서, 도면에 그려지는 모든 사물들 서로의 관계들을 원근 효과에 의해 관찰하면서 진행시킨다. 다음 사항들을 항상 염두에 두어 정확한 입체감을 구현하도록 한다.
• 겹침 효과
• 원근에 의한 크기의 변화
• 공간상의 위치에 따른 시야의 범위
이와 관련된 더 자세한 표현기법들과 시각적 효과는 8장을 참조하도록 한다.

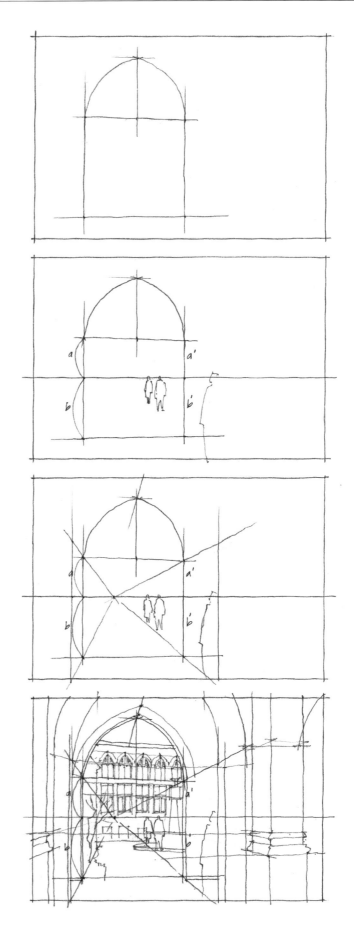

[연습 4.13]

분석 도면의 기법으로 사진 속 광경의 구조를 찾아보자. 명암이나 세부사항들은 표현하지 않도록 한다. 5분 정도 걸리는 간략한 스케치를 여러 번 해보고, 마지막으로 시간을 길게 할애하여 결과물을 그려보자.

[연습 4.14]

평행한 선들이 소실점으로 확실하게 모아지며 확연한 입체감과 공간의 구조를 읽을 수 있는 실내 또는 실외의 장소를 골라보자. 그 공간의 모습을 분석 도면의 기법을 사용하여 공간의 구조를 도면 속에서 찾아보자. 5분 정도 걸리는 간략한 스케치를 여러 번 해 보고, 마지막으로 시간을 길게 할애하여 결과물을 그려보자.

스케일은 크기를 일컫는다. 이 크기를 판단할 때 다른 사물과의 관계 속에서의 상대적 크기를 의미한다. 따라서 어떤 것의 스케일을 재기 위해서는 일단 우리가 크기를 이미 알고 있는 다른 사물이 비교대상으로 있어야 한다.

:: 시각적 스케일

시각적 스케일은 주변에 보이는 다른 사물의 크기에 견주어서 알 수 있는 스케일이다. 이렇듯 어떤 사물의 스케일은 옆에 놓인 사물의 크기에 따라 많은 경우 결정된다. 예를 들어, 처음 보는 식탁의 스케일이 적당한지 아닌지는 그 식탁이 놓인 방의 크기와 비례에 의해 판단할 수 있다. 그러므로 도면에서 어떤 요소의 비중을 높이거나 낮추는 방법으로 그것의 스케일을 조절하고 싶을 때에, 간단히 주변 다른 것들의 크기에 의존할 수 있다.

도면의 스케일에 따라서 요구되는 치수들의 정확도의 정도가 결정되는데, 이 정확도는 그리는 사람이 내용상 강조하고자 하는 사항들에 또한 영향을 받는다. 전체적인 사물들의 옳은 비례와 스케일은 중요하며, 사물들의 주변 것들 또한 사물들의 스케일과 비례에 영향을 미친다. 그러나 결국에는 위 모든 것의 정확도는 과연 우리의 눈으로 알 수 있는 정도인지 아닌지에 달려 있다. 즉, 어떤 사물의 치수 또는 비례를 어느 정도까지 눈에 띄지 않는 범위 내에서 실제로 변형시킬 수 있을까? 물론, 변형해야 하는 특별한 이유가 있을 때 위 사항을 고려해볼 만하다.

스케일에서 말하는 치수는 센티미터나 밀리미터와 같은 절대값이 아니고 상대적인 값의 개념이다. 그러므로 어떤 것이 438mm의 두께라고 하여도 그 물건이 '조금 얇다'라는 것 이외에 별다른 의미를 부여하지 못한다. 또한 '조금 얇다'라고 했을 때 어떤 것에 비해서 그렇다는 것인지에 의미가 있는 것이다. 다른 말로, 어떤 것이 '얇다'라는 것은, 어딘가에 '두꺼운' 것이 있다는 것을 의미한다. 마찬가지로 어떤 것이 '짧다'라면, 그것은 어떤 긴 것과 비유했을 때 그렇다는 것이다.

이 벽은 얼마나 클까?

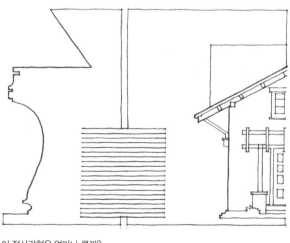

이 정사각형은 얼마나 클까?

휴먼 스케일(HUMAN SCALE)

주변의 어떤 것에 의하여 우리의 입장에서 크거나 작다고 느끼는 것을 휴먼 스케일이라고 한다. 실내공간이나 그 안의 어떤 요소에 의해 좁은 느낌을 주면 우리는 '휴먼 스케일이 부족하다'라고 말할 수 있다. 하지만 우리를 비좁게 만들지 않으면서 필요한 곳에 쉽게 도달할 수 있고, 움직이는데 불편하지 않을 정도의 적당한 크기의 공간이나 그 상황을 부여하는 요소들을 '휴먼 스케일에 맞다'라고 할 수 있다.

우리가 무엇을 보거나 그릴 때 사람을 같이 놓고 보게 되면 그것의 크기에 대한 느낌을 쉽게 얻는 경우가 있다. 이것은 우리가 잘 아는 우리 몸의 크기에 비교하는 것에서 비롯되며, 어떤 사물의 크고 작음을 판단하거나 어떤 것의 치수가 어떠한지를 쉽게 판단할 수 있다. 이 밖에도 다른 사물들의 활용으로 스케일감을 얻는 경우가 있는데, 책상이나 의자 등이 그런 것이다.

사람의 모습은 어떤 것의 크기나 스케일감을 주며 가구의 배치는 공간의 활용을 보여준다. 따라서 어떤 공간의 모습을 도면에 기록하거나 공간 디자인을 할 때에 적절한 스케일 표현으로써 사람의 생활 및 가구의 활용이 가능하도록 나타내는 것은 중요하다. 사람을 표현하는 것에 대해서는 11장을 참조한다.

평지에 일어서서 서 있는 사람들을 표현하면, 선에 의한 원근효과에 의해 모든 사람들의 눈높이가 거의 일정한 선상에 있게 된다.

[연습 4.15]

여러 개의 정육면체를 그려보자. 그리고 다른 크기의 사람들을 정육면체에 대비시켜 정육면체들의 스케일을 바꿔보자. 그리고 정육면체들을 휴먼 스케일을 갖는 다른 사물들 - 의자, 방, 건물 등 - 으로 발전시켜보자.

[연습 4.16]

두 곳의 공공 공간을 선택하되 한 곳은 작은 스케일이고 다른 한 곳은 거창하게 큰 스케일의 공간이어야 한다. 그리고 사람들을 두 곳 모두에 표현하되 사람들 서로 간의 키와 상대적인 위치를 살펴보자. 사람들을 스케일을 재는 수단으로 사용하여 두 공간들의 스케일과 공간의 구조를 분석해보자. 공간들의 단순한 크기와 비례 이외에, 공간의 스케일을 어떤 요소들에 의해 판단할 수 있는가?

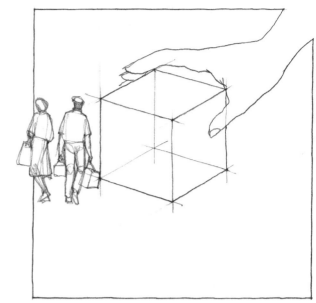

도면의 구도와 구조의 틀을 잡을 때에는 선으로 나타낸다. 이 뼈대 위에 명암을 사용하여 밝고 어두운 부분을 나타내고 면을 공간 속에서 구별시켜 모델링을 할 수 있으며 표면의 색깔과 질감, 공간의 깊이를 표현할 수 있다.

명암을 넣을 때 밝은 곳에서 어두운 곳으로 발전시켜나가는데, 명암의 위치를 계획하고 여러 층으로 이뤄진 층의 단위로 진행한다. 명암 표현이 너무 밝게 생각되면 언제든지 더 어둡게 할 수 있다. 그러나 도면상에 명암이 너무 어둡게 되거나 혼탁해지면 다시 되돌리기가 어렵고, 산뜻한 느낌과 생동감이 없어진다.

명암 표현을 할 때에도 다음 깊이의 요소들을 염두에 두도록 한다.

• 대기에 의한 원근효과
• 질감에 의한 원근효과
• 희미해짐에 의한 원근효과

[연습 4.17]

다음의 사진을 연습 4.13과 4.14의 방법으로 내부 구조를 찾아보자. 그려진 뼈대위에 명암 표현으로서 면을 공간 속에서 구별되게 하여 모델링을 하며, 공간의 깊이를 표현해보자. 사물의 형태와 패턴, 명암의 범위에 유의하도록 하자. 넓고 약한 쪽의 명암서부터 층 단위로 명암을 주기 시작하여 어두운 곳으로 옮겨간다. 5분 동안 그림의 구조를 세우도록 하고 다음 5분 동안은 명암 표현을 하도록 한다.

[연습 4.18]

두 곳의 실내 또는 실외의 공공 공간을 선택하자. 각자의 파인더로 구도를 잡아보고 위의 연습을 해보자. 5분 동안의 구조 세우기와 5분 동안의 명암 표현 연습을 여러 번 해보고, 마지막으로 시간을 오래 할애한 최종 결과를 표현해보자.

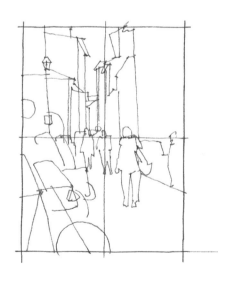

세부사항 넣기(ADDING DETAILS)

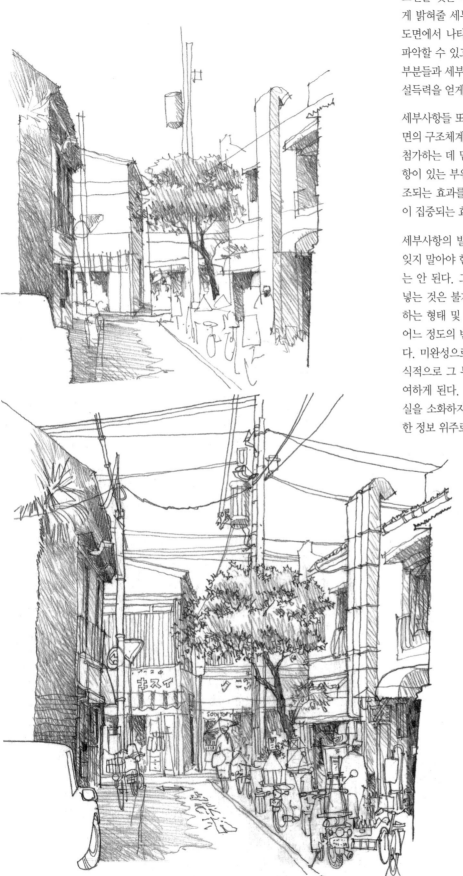

도면을 짓는 과정의 마지막 과정은 그리는 내용을 정확하게 밝혀줄 세부사항을 넣는 것이다. 세부사항들을 통해서 도면에서 나타내고자 하는 장소나 내용의 고유한 특징을 파악할 수 있고 그 가치를 인정하게 된다. 도면 내의 작은 부분들과 세부사항들은 다른 큰 부분들과 관계를 맺으면서 설득력을 얻게 된다.

세부사항들 또한 도면의 구조 내에서 존재하여야 한다. 도면의 구조체계는 세부사항을 더 발전시키고 자세한 내용을 첨가하는 데 밑바탕이 되어준다. 또한 도면 내에는 세부사항이 있는 부위와 없는 부위의 대조가 있어야 한다. 이 대조되는 효과를 통해서 세부사항이 표현된 부위는 더 시선이 집중되는 효과가 있다.

세부사항의 발전에 있어서 항상 선택적이어야 하는 것을 잊지 말아야 한다. 사진을 보는듯한 묘사를 목적으로 해서는 안 된다. 그리고 눈에 보이는 모든 세부사항을 도면에 넣는 것은 불가능하다는 것을 잊지 않도록 한다. 또한 원하는 형태 및 공간적인 특징이나 특색을 주장하기 위하여 어느 정도의 변형과 완벽하지 않은 끝맺음이 있을 수도 있다. 미완성으로 보이는 부분들을 볼 때, 보는 이들은 무의식적으로 그 부분을 완성시키려는 의지를 보이게 되고 참여하게 된다. 우리의 지각능력 또한 항상 모든 시각적 현실을 소화하지 못하고, 이미 알고 있는 지식에 의해 필요한 정보 위주로 편집하여 인식한다.

[연습 4.19]

다음의 사진을 연습 4.13과 4.17의 방법으로 내부 구조와 명암의 패턴을 표현해보자. 그리고 근경에 위치한 사물들을 이해시키기 위한 세부사항을 표현해보자. 진한 명암을 활용하여 공간의 경계와 입체감을 나타내자. 10분 정도를 도면의 구조와 명암 표현에 할애하고, 그 다음 5분 동안 세부사항들을 발전시켜보자.

[연습 4.20]

실내 또는 실외의 공공 공간을 한 곳 선택하자. 각자의 파인더로 구도를 잡아보고 도면의 구조를 분석한다. 그리고 층 단위의 명암 표현을 하고 세부사항들을 나타내보자. 15분 단위의 스케치를 여러 개 해 보고 마지막 결과물은 시간을 더 할애하여 완성시켜보자.

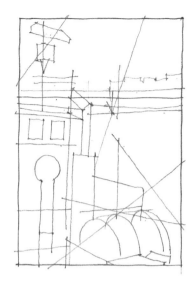

여기에서 다루고 있는 일부 그림들을 연습하기 위해서는 사진을 이용해야 하는 경우도 있지만, 현장에서 직접 보고 느끼는 것을 그림으로 표현한다는 것은 분명 사진을 보고 작도되는 그림과 다른 경험임이 분명하다. 사진기는 3차원으로 펼쳐져 있는 정보를 인화지나 이미지 센서의 2차원 표면에 압축시킨다. 그리고 맞춰진 초점과 사용된 렌즈에 의해 시각 정보를 2차원으로 해석하게 하므로 종이표면이나 컴퓨터 스크린 등 2차원 표면에 이미지를 나타내면 원근에 의한 크기의 변화나 소실점을 향한 선의 방향, 그리고 기타 시각적 현상에 의한 상호관계들을 자세히 이해할 수 있게 된다. 따라서 사진을 사용하여 그리는 방법이 유용할 수 있고 현장에서 보이는 것을 그리는 것은 상당히 까다로울 수도 있다.

현장에서 직접 보고 그릴 때 우리는 눈을 통해 들어오는 3차원 광경의 시각화 과정에 의해서 분석된 결과를 2차원 표면에 표현하게 된다. 그러나 우리 눈은 우리가 사고할 수 없는 정보에 대해서는 해석해내지 못한다. 현장에서 우리는 우리가 볼 것이라고 기대하는 정보들을 우선적으로 쉽게 보게 되고 그 과정에서 중요도가 떨어지거나 그 밖의 정보들을 누락시키곤 한다. 우리는 보이는 것들 중에서 개개인이 갖고 있는 관심사들에 대해 우선순위를 두고 발견하게 되며 나머지 것들은 무시하기도 한다. 또한 흔히 개별적인 요소들에 대해 눈에 띄어 이해하게 되지만 그것들 상호간의 관계들은 잘 이해하지 못한다.

가장 중요한 것은 우리가 투시도를 그릴 때에 어떤 물체의 크기나 형태, 그리고 성질 등 우리가 아는 것에 대해 그리게 된다는 것이며, 이때 시각적 현상에 의해 보이는 모습들과 그 정보가 자연스럽게 비교되며 일치되어 보이지 않는 것들에 의해 머릿속은 복잡해지기도 한다. 결과적으로 흔히 우리는 사고의 눈의 인지하는 사물을 그리게 되어 원근에 의해 변화되어 보이는 크기나 투시효과에 의해 줄어든 모습 등 눈에 보이는 그대로를 옮겨 그리지 못하게 된다. 투시도 효과에 충실한 그림을 그리기 위해서 우리는 알고 있는 물체나 사물들을 잠시 잊고 실제로 눈에 비춰진 시각적 현상에 의해 나타난 모습을 그리려는 노력을 해야 하는 것이다. 이 부분에 대한 추가 내용은 p.230-235에 실려 있다.

이와 같은 어려움이 있더라도 현장에서 보이는 광경을 직접 스케치해 보는 연습은 좋은 훈련이다. 자연현상에 대해 관찰하는 자세로 눈에 보이는 광경에 집중해 가면서 즉흥적으로 해석된 시각 정보들을 담는 연습은 눈과 사고를 거치는 사고를 통해 오래도록 인상에 남는 기억으로 발전하게 된다.

구도의 구조적인 체계를 만들어 갈 때 명암의 층 단위로 구분하여 빛의 성질, 표면과 재료의 느낌 등과 상세부위로 발전시켜 나아가는 p.100-109에서 거론된 내용들이 그림을 단계적으로 발전시키는 중요한 방법이 된다. 그리고 실제 현장을 보고 그리는 과정에서 한 가지 방법에만 의존하게 되지는 않는다.

광경을 보고 마음을 굳히고 그리기 시작할 때 과연 어디서부터 시작해야 할까? 누구든지 한 번쯤 물어볼 만한 질문이다. 이 질문에 대한 간단한 대답은 그리는 사람이 지닌 보이는 것에 대한 관심사에 달려 있다는 것이다. 실제로 그림을 시작하기 위한 방법은 정해져 있지 않다. 보이는 것들 중 눈에 띄는 강한 수직벽의 성질에서 시작할 수도 있고 공간을 가로지르는 모습이 될 수도 있다. 또한 보도를 따라 나타나는 특징적인 곡선부위가 눈에 띄어 그림을 주도할 수도 있고 인상깊은 지붕선이나 특별한 형태, 하늘의 모습으로부터 시작될 수도 있다. 보이는 것들 중 내부로부터 밖으로 그림을 발전시킬 수도 있고, 특징적인 외부 형태로 시작하여 안으로 발전시켜도 된다. 두 번째 단계로 넘어가게 되면 대체로 그림 속에서 수평선을 찾아 기준으로 삼게 되고 광경에서 사람의 스케일이 차지하는 부분을 정하게 된다. 이 중에서 가장 중요한 것은 어떤 보이는 형태의 구조에서부터 명암의 차이와 상세부위로 발전시켜 나아갈 때 시각적 현상에 의해 2차원으로 옮겨져야 하는 점, 선, 면들의 모습과 상호관계들에 대해 지속적으로 관찰해야 한다는 것이다.

• 주된 수직 요소

• 도면상의 상관관계들

• 하늘 무늬와 형태

• 주된 수직면

• 수평선

현장에서 보이는 광경을 그리는 작업은 상당히 인간적인 작업이고 프리핸드 드로잉의 성질을 잘 나타낸다. 디지털 매체를 사용한 도구들도 아직까지는 프리핸드 드로잉만큼 간편하고 손쉽게 적용될 수 있는 방법을 갖고 있지는 못하다. 또한 잉크펜이나 연필이 스케치북이나 작은 노트에 그리며 느낄 수 있는 손맛도 모방될 수 없다. 손으로 그려지는 그림은 또한 자연스럽게 그린 사람의 시각과 개인 성향이 나타나게 된다. 손으로 쓴 글에 개인의 성향이 모습으로 구별되듯이 개인이 그린 프리핸드 스케치 또한 그러하다. 이 스케치 속에 그려진 선들의 성질, 명암의 느낌, 형태의 모습 등에 개인 성향이 특징적으로 나타나게 되며 개개인이 사물을 어떻게 보고 이해했는지, 그리고 강조하여 해석한 부분 등도 나타난다.

두 명이 같은 시각적 현상으로 나타나 보이는 광경을 보며 그릴 때에도 두 사람은 서로 다른 것을 보게 된다. 우리가 무엇을 본다는 것은 각자에게 다가온 시각적 정보를 개개인이 어떻게 해석하여 반응하느냐에 따라 달라지게 되어 있다. 우리가 무엇을 보고 느낀다는 것은 각자의 사고의 눈을 통해 해석된 바이기 때문이다. 마치 대화를 나눌 때 지금 당장 결론을 알 수 없듯이 그리는 과정에서 어떤 결과가 나타날지는 미리 알기 어렵다. 우리가 무엇을 그릴 때 어떤 목표를 갖고 시작하더라도 그림 스스로가 스케치 과정을 거치면서 성장하게 마련이고, 이때 우리는 결국 어떤 결과를 얻게 될 것인지에 대해 열린 마음으로 수용해야 한다.

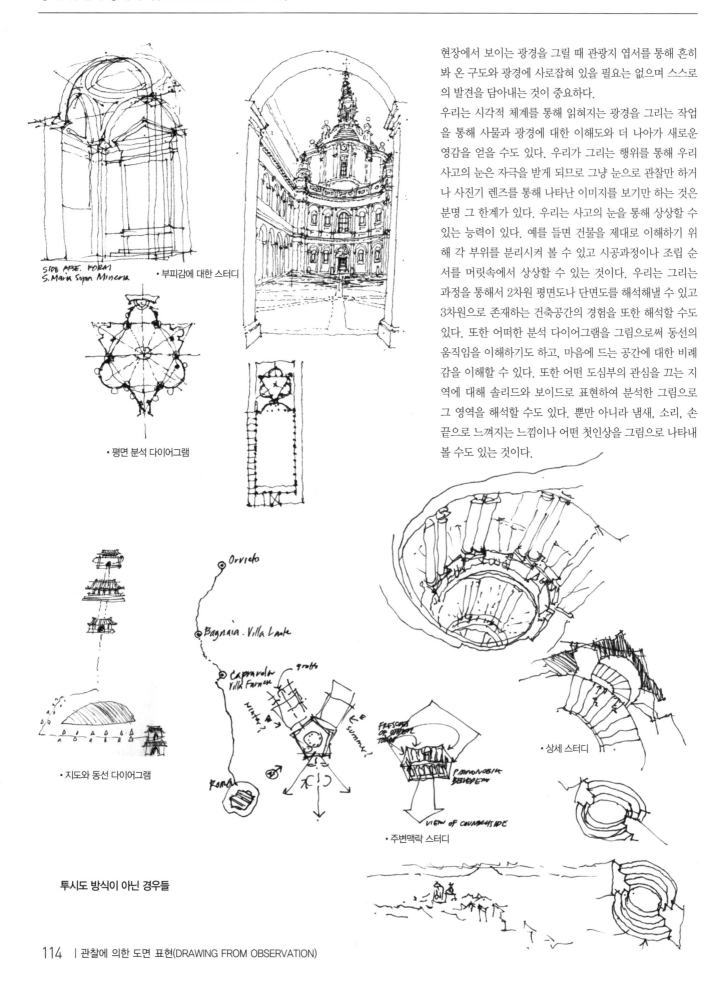

현장에서 보이는 광경을 그릴 때 관광지 엽서를 통해 흔히 봐 온 구도와 광경에 사로잡혀 있을 필요는 없으며 스스로의 발견을 담아내는 것이 중요하다.

우리는 시각적 체계를 통해 읽혀지는 광경을 그리는 작업을 통해 사물과 광경에 대한 이해도와 더 나아가 새로운 영감을 얻을 수도 있다. 우리가 그리는 행위를 통해 우리 사고의 눈은 자극을 받게 되므로 그냥 눈으로 관찰만 하거나 사진기 렌즈를 통해 나타난 이미지를 보기만 하는 것은 분명 그 한계가 있다. 우리는 사고의 눈을 통해 상상할 수 있는 능력이 있다. 예를 들면 건물을 제대로 이해하기 위해 각 부위를 분리시켜 볼 수 있고 시공과정이나 조립 순서를 머릿속에서 상상할 수 있는 것이다. 우리는 그리는 과정을 통해서 2차원 평면도나 단면도를 해석해낼 수 있고 3차원으로 존재하는 건축공간의 경험을 또한 해석할 수도 있다. 또한 어떠한 분석 다이어그램을 그림으로써 동선의 움직임을 이해하기도 하고, 마음에 드는 공간에 대한 비례감을 이해할 수 있다. 또한 어떤 도심부의 관심을 끄는 지역에 대해 솔리드와 보이드로 표현하여 분석한 그림으로 그 영역을 해석할 수도 있다. 뿐만 아니라 냄새, 소리, 손끝으로 느껴지는 느낌이나 어떤 첫인상을 그림으로 나타내 볼 수도 있는 것이다.

SIDE APSE. FORM
S. Maria Sopra Minerva

• 부피감에 대한 스터디

• 평면 분석 다이어그램

• 지도와 동선 다이어그램

• 주변맥락 스터디

• 상세 스터디

투시도 방식이 아닌 경우들

이러한 방법을 통해 우리는 어떤 것을 종이 위에 그려 알아낼 수 있다. 단순히 연필이나 펜을 쓰는 것이 아닌 머리를 사용하게 되는 것이다. 결국 관찰한 것을 그리는 작업과 시각적 사고를 통해 자라난 내용들이 나중에 설계할 내용들에 대한 든든한 기초가 될 수 있는 것이다. 건축 설계의 과정에 들어서면, 상상에 의한 도면(본 책의 세 번째 단원)이 활용될 수 있고 도면 시스템(본 책의 두 번째 단원)의 내용을 기본 어휘로 활용하게 될 것이다.

• 하카 주택의 구성

• 로마시대 저택의 현관 지붕 부위

미래 계획물을 위해 과거로부터 배우다

silk worms.

Living.
(Niter in basement)

• 일본 토속 주택의 구조

storehouse types.

도면 시스템

도면 그리기의 가장 중심이 되는 문제는 어떻게 3차원의 현실을 2차원의 표면상에 담느냐의 문제이다. 인간의 역사에서 볼 때 공간의 깊이와 그 속의 사물들을 나타내는 여러 가지 실험적인 방법들이 있었다. 이집트의 무덤과 그리스의 도자기에 이미 현재 우리가 정투영도라고 일컫는 것이 그려져 있다. 그리고 무수히 많은 빗투영도들을 동양의 회화에서도 찾을 수 있다. 로마시대의 벽화에서는 선투시도도 등장한다.

그러나 지금은 보편화된 이론과 원리, 그리고 규칙에 의한 디자인 도면의 기법들이 시각적 표현의 시스템으로서 통용되고 있다. 그리고 모든 방법들은 특징별로 분류되어 다양한 도면 시스템들로 정리된다. 이때에 단순히 펜이나 컴퓨터로 도면에 표기하는 방법들을 일컫는 도면 기법의 개념과는 달리, 도면 시스템이라고 부르는 것이다.

우리는 디자인을 할 때 도면 시스템에 의해서 의도하는 형태를 다양한 각도에서 생각할 수 있게 하며, 그것을 어떻게 표현할 것인지를 예측하게 해준다. 또한 도면 시스템들은 각각의 고유한 사고 작용을 통해 어떤 형태를 발전시켜 나가는 데 있어서 다양한 분석과 이해의 방법들을 제공해 준다. 어떤 도면 시스템을 선택할 것인지의 문제는 주장하고자 하는 형태의 개념과 구성에 달려 있다. 또한 무엇을 보여주어야 하고 무엇을 보여줄 필요가 없는지의 판단에 달려 있기도 하다.

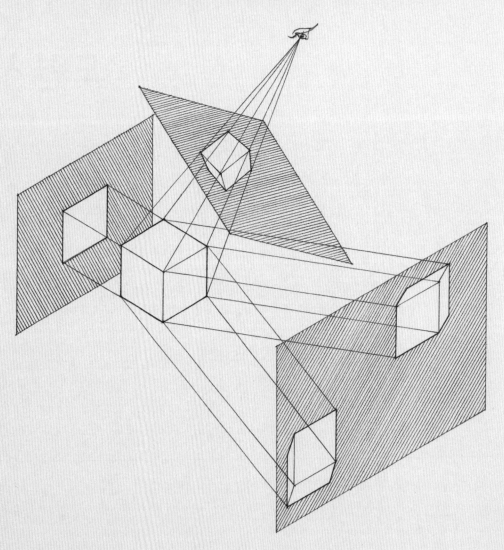

O5 도면 표현 시스템

도면 시스템을 작도상의 투영 방법과 표현 효과에 따라 세분화할 수 있다. 투영(Projection)은 사물을 도면에 3차원의 모습으로 나타내기 위하여 사물의 각 점들을 선들로 화상면(Picture Plane)까지 연장하여 상이 맺히게 하는 것이다. 이때 상이 맺힌 면을 도면으로 가정하게 되고 화상면(Picture Plane) 또는 투영면(Plane of Projection)이라고도 한다.

투영 시스템에는 크게 세 가지가 로 나뉘는데, 정투영법, 빗투영법, 투시도법 등이 그것이다. 이들은 투영선들 간의 관계, 화상면과 투영선들이 만나는 각도 등의 차이 의해 각각의 방식이 서로 다르다. 우리는 각각의 투영 시스템의 특색과 원리들을 이해하고 각 방식에 따른 도면을 작도할 수 있고 활용할 수 있어야 한다. 이 시스템들의 원리들은 누구든지 이해할 수 있는 시각적인 표현 언어이므로 누구든지 서로간의 도면들을 이해할 수 있게 된다.

이것들이 의사소통 수단임과 더불어 3차원 공간상의 형태를 생각하는 방법과 여건을 제공하기도 한다. 투영의 과정을 작도하는 가운데 우리는 3차원 공간 속에서 사고를 하게 되고, 필요한 지점을 도면 속에서 찾으며, 선을 정의하거나 길이를 이해하고, 형태와 면의 모습을 공간 속에서 정의 내릴 수 있게 된다. 투영 도면들은 또한 데카르트 좌표와 화법기하학(Descriptive Geometry)의 기본개념이기도 하다.

각각의 투영 시스템에 의해 같은 사물을 표현해 보면 각각의 결과물은 서로 다른 모습을 갖게 되는 것을 알 수 있다. 여기에서, 그림 상에 나타나는 비슷한 점들과 다른 점들을 이해하기 위해서는 각각의 결과물이 똑같은 물체를 어떻게 그려내는지를 알 필요가 있다.

서로 비슷해 보이는 도면들에 따라서 크게 세 가지의 도면 표현 시스템으로 나뉘는데, 투영도, 투상도, 투시도 등의 세 가지이다. 투영도는 3차원 사물을 독립되었지만 서로 연관지을 수 있는 여러 개의 2차원 상의 모습들로 나타내는 것이다. 그러나 투상도와 투시도는 한 도면에 두 군데 이상의 3차원 구조적 측면들을 동시에 보여준다. 이들 두 도면의 큰 차이점은 투상도에서는 평행선들이 그대로 평행하게 나타나는 대신 투시도에서는 평행선들이 소실점을 향해 모아진다.

투영도, 투상도, 투시도 등의 표현법들은 디자이너가 사물을 표현하는 데 다양한 방법들을 제공한다. 단순한 이들 표현기법만 익히는 것은 별 의미가 없고 각 방법들의 표현상의 효과를 이해하는 것이 중요하다. 이들 중 다른 것에 비해 특별히 더 낳은 방법은 있을 수 없지만, 각 방법들이 갖고 있는 특색에 따라 형태를 생각하는 방향에 영향을 주는 것이 사실이고, 표현단계에서는 도면을 보는 사람들이 어떤 방법에 의해 형태가 갖은 개념을 효과적으로 전달받게 될 것인지를 고려하여 선택해야 한다. 이 모든 방법들은 도면을 보는 사람들이 서로 다른 방식으로 형태를 접근하게 하며, 형태의 각기 다른 면모를 보여준다. 그리고 한 방법에 의해서 보여 지는 형태의 면모를 다른 방법에서는 볼 수 없기도 하다. 그러므로 어떤 방식으로 표현 할 것인지는 그 형태의 특색과 내용, 그리고 도면을 통해 전달되어져야 하는 내용에 따라 선택되어야 한다.

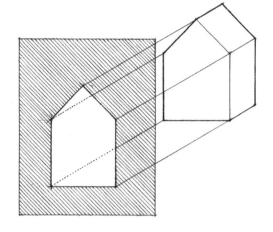

투영 시스템

정투영법
투영선들이 서로 평행하고 화상면과 직각으로 만난다. 6장 참조

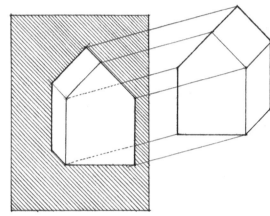

빗투영법
투영선들이 서로 평행하고 화상면과 빗각으로 만난다. 7장 참조

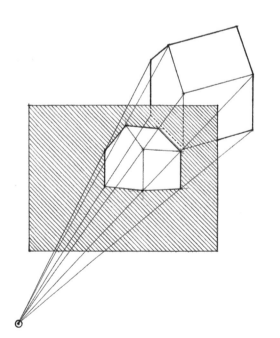

투시도법
투영선들이 사물을 보는 눈을 의미하는 소실점으로 모인다. 8장 참조

투영 시스템

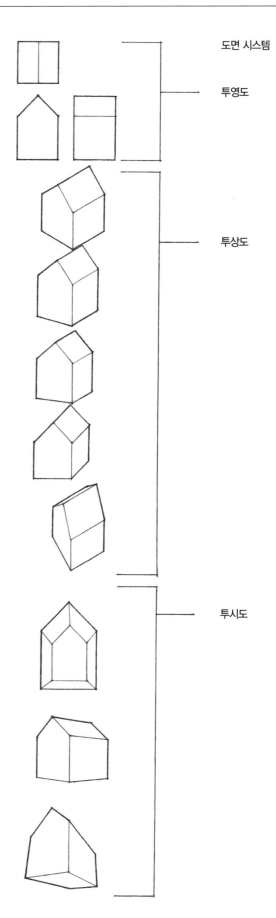

도면 시스템

투영도

정투영법

평면, 단면, 입면
형태를 보는 각 면들이 화상면과 평행하다.

엑소노메트릭 투영법
7장 참조

아이소메트릭(Isometric)
입체를 이루는 세 개의 기본 축들이 화상면과
이루는 각도가 같다.

다이메트릭(Dimetric)
세 개의 기본 축들 중 두개가 화상면과 이루는
각도가 같다.

트라이메트릭(Trimetric)
세 개의 기본 축들 모두가 화상면과 이루는
각도가 다르다.

투상도

빗투영법

입면 빗각
직각 형태의 기본 수직 입면이 화상면과 평행하다.

평면 빗각
직각 형태의 기본 수평 평면이 화상면과 평행하다.

투시도법

1점 투시도
형태의 한 축이 화상면과 직각을 이루고 다른 수평축과
수직축은 화상면과 평행하다.

투시도

2점 투시도
형태의 두 수평축들이 화상면과 빗각으로 만나고
수직축은 화상면과 평행하다.

3점 투시도
형태의 세 축들이 모두 화상면과 빗각으로 만난다.

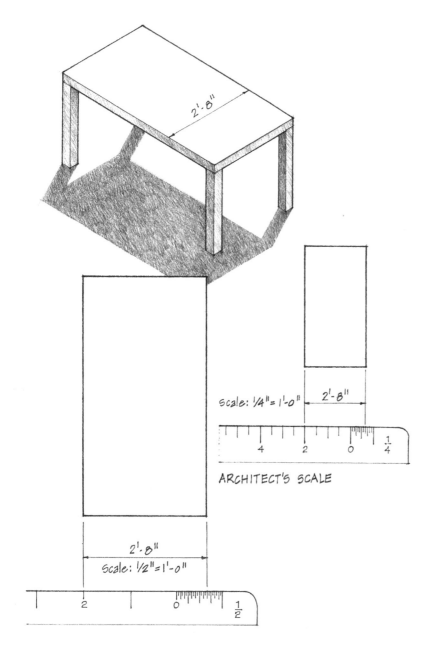

Scale: 1/4" = 1'-0"   2'-8"

ARCHITECT'S SCALE

2'-8"
Scale: 1/2" = 1'-0"

기계적인 스케일은 표준 치수 수치로 재어 계산하여 얻는 사물의 크기이다. 예를 들어 어떤 책상은 한국에서 쓰는 미터단위 치수 방식으로 길이 1525mm, 너비 810mm, 높이 735mm이다. 만약 우리가 이 표현 방식과 비슷한 크기의 사물에 익숙하다면, 이 책상이 얼만한 것인지 상상할 수 있다. 그러나 미국식 피트와 인치의 표시방법으로는 길이 5', 너비 32", 높이 29"이다.

이 테이블을 나타내거나 다른 사물을 나타낼 때 이용하는 도면의 크기 내에서 표현되어야 한다. 보통 건축에서 다루는 디자인들은 실제의 크기가 도면보다 훨씬 크므로 도면 상에 맞게 그림의 크기를 줄여서 나타내야 한다. 이렇게 특정한 비례에 맞춰 도면의 크기를 조절하는 것을 도면의 축척이라고 한다.

디자인의 정확한 표현을 위해서 축척에 의한 치수에 따라 도면을 그린다. 도면이 축척에 의해 제작되었다는 것은 실물의 크기나 시공현장의 치수들이 일정한 비례에 의해 조절 되었다는 뜻이다. 예를 들어 1/50 축척일 때 도면상에 1m 길이는 실물로 50m 길이를 의미한다.

축척 또는 스케일은 길이를 정확하게 재는 도구를 일컫기도 한다. 건축 스케일은 건축 도면에 자주 쓰이는 축척들이 표시되어 있다.

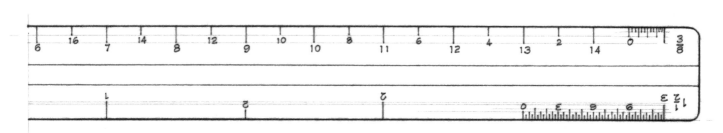

:: 공학 스케일

공학에서 쓰이는 스케일은 1인치를 10, 20, 30, 40, 50, 60등분한 표시가 있다.

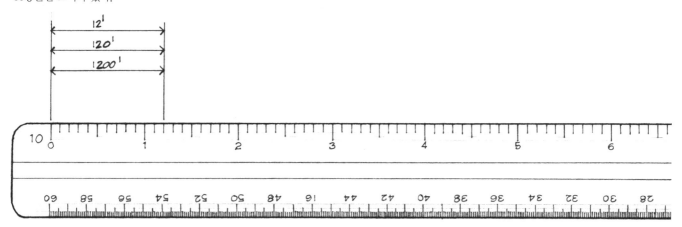

:: 미터법 스케일

각 축척에 맞도록 밀리미터 단위로 표시되어 있다.

• 일반적으로 쓰이는 축척은 1:5, 1:50, 1:500, 1:10, 1:100, 1:1000, 1:20, 1:200이다.

:: 디지털 도면의 스케일

전통적인 도면작도에서는 실제 크기의 치수들을 축척으로 환산하여 작업하기 좋은 크기로 축소시켜 작업한다. 디지털 도면에서는 실제 치수들을 입력하여 작업하며, 화면에 표시되거나 출력을 할 때에 필요에 따라 언제든지 다른 축척으로 변환될 수 있으므로 주의하도록 한다.

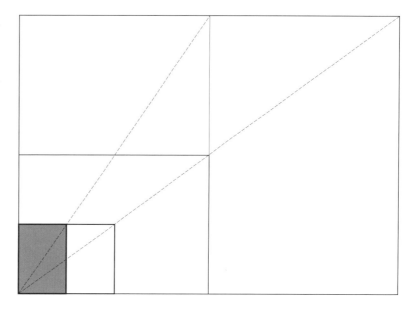

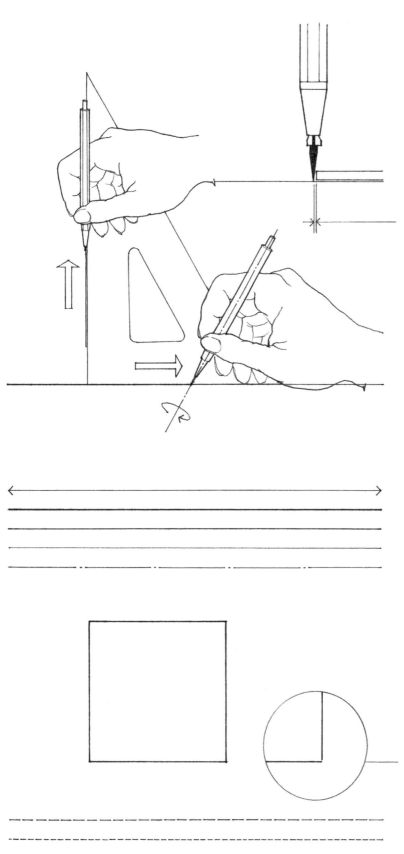

선을 그을 때에는 T-자나 평행자, 또는 삼각자와 같이 곧은 자를 이용하여 긋고자 하는 방향을 향해 연필이나 잉크펜을 끌어당겨서 긋는다. 이러한 제도선긋기와 같은 작도법은 도면상에서 정밀함과 명확함, 그리고 정확도가 디자인 내용을 제대로 전달하는 데 크게 작용하기 때문이다.

제도선은 그러므로 굵기나 밀도가 일정해야 하고 끝나는 지점이 확실하게 보여야 하며 다른 선과 만나는 부위가 확실하게 표현되어야 한다.

제도선을 그을 때는 다음을 유의한다.

• 항상 곧은 자를 이용하여 선을 긋되, 연필이나 펜의 끝과 자 사이에 작은 틈을 언제나 유지한다.
• 펜이나 연필의 몸통을 도면과 직각이 되도록 세우고, 선을 긋는 방향으로 약간 기울이되, 펜일 경우 80° 정도를 유지하고 연필인 경우 45°에서 60°를 유지한다.
• 항상 연필이나 펜을 선을 긋고자 하는 방향을 향해 끌어당겨서 긋는다. 또한 절대 연필이나 펜의 끝을 누르지 않는다. 만약 눌러 밀어서 그을 경우 선의 상태를 올바로 유지하기 힘들고, 연필이나 펜촉 그리고 도면의 표면을 상하게 할 수 있다.
• 연필을 사용할 경우 그 끝이 날카롭게 너무 짧거나 둥글지 않게 잘 깎여 있어야 한다. 연필이 항상 뾰족하고 선의 굵기를 일정하게 유지하기 위해서 연필을 엄지와 집게손가락으로 돌려가며 선을 긋는다.

• 일정하면서도 산뜻하고 깨끗한 선을 긋도록 한다. 특히 사물 선들은 시작하는 곳과 끝나는 곳이 명확하도록 표현한다. 끝 부분에서는 약간 다시 돌아가는 기분으로 힘을 다시주어 끝을 내고, 시작 부위에서도 마찬가지로 강조하는 기분으로 힘을 약간 주어 시작하도록 한다. 이렇게 그은 선들은 언제나 끝과 시작부분이 힘 있고 명료하게 보인다.
• 선을 그을 때 일정한 속도와 힘을 유지하고, 선 굵기와 밀도를 일정하게 유지한다.
• 모서리 부분은 만나는 선들이 약간 교차하도록 한다.
• 모서리에서 선들이 교차할 때 과장되지 않도록 유의하고, 교차되는 길이는 도면의 축척에 따라 조절한다.
• 선들이 교차되지 않을 경우 모서리들은 둥글게 보이게 된다.

2차원 벡터이론으로 작도되는 디지털 도면은 전통적인 방식의 작도원리와 같이 도면을 이루는 최소 요소들로 구성된다. 점, 직선, 곡선, 형태 등이 그것이며, 모두 수학적 원리에 의한 그래픽 요소들이다.

• 직선은 두 번의 끝 점들을 클릭함으로써 작도된다.
• 선의 굵기는 소프트웨어상의 메뉴나 입력치수에 의한다.
• 디지털 도면을 작도할 때 화면에 보이는 그림이 출력될 내용과 같지 않을 수 있다는 것을 명심해야 한다. 선에 대한 굵기와 성질 등은 실제로 최종적으로 출력된 결과로 확인해 볼 때까지 알 수 없는 것이다.

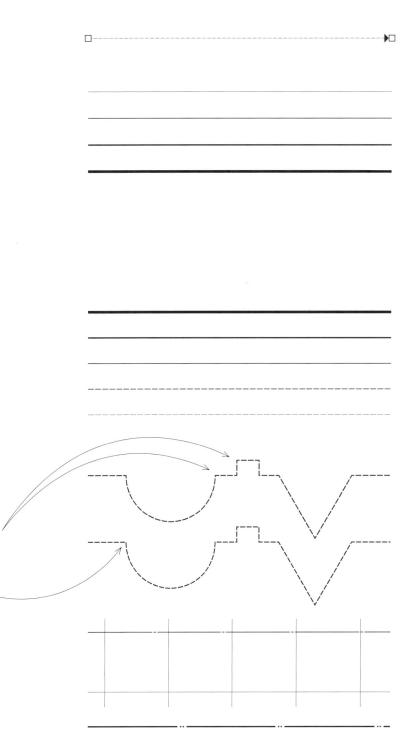

:: **선의 종류**

모든 선들은 도면에서 어떤 역할을 하게 된다. 도면작업을 할 때 그리는 모든 선들이 도면에서 어떤 역할을 맡게 되지 항상 잘 파악해야 한다. 어떤 면의 모서리를 나타내거나 재료의 분리, 또는 작도에 쓰이는 정리선의 역할일 수도 있는 것이다. 다음과 같은 선의 종류들을 통해서 손으로 또는 컴퓨터로 작도된 도면에서 건축도면을 형성하고 도면의 내용을 쉽게 읽고 이해하도록 돕는다.

• 실선은 어떤 물체의 형태를 나타낸다. 또한 어떤 면의 모서리나 두 면이 서로 만난 경계를 나타내기도 한다. 선의 굵기는 나타내고 있는 부위에 따라 공간상의 깊이 또는 중요도에 따라 상대적으로 다르게 조절되어야 한다.
• 끊긴 선은 눈에 보이지 않는 어떤 부위를 나타낼 때 사용된다. 끊긴 선을 표현할 때 간격을 비교적 촘촘하고 균등하게 하여 통일감 있게 잘 읽힌다.

• 끊긴 선이 모서리를 이룰 때 꺾인 부위를 연속해서 연결해주는 것이 좋다. 컴퓨터로 작도할 때는 끊긴 선 간격을 잘 조절해야 이런 표현이 가능하다.

• 모서리가 끊겨 비어 있을 경우 각도가 느슨해 보인다.

• 중심선은 대게 긴 선과 점 또는 짧은 선을 중간에 넣은 일점쇄선의 형식을 취한다. 이 선은 대칭인 형태나 어떤 구성부위의 중심 축을 나타낸다.
• 그리드 선은 정방형이나 방사형으로 나열된 평면 구성부위의 반복되는 주요 요소들을 가리키는데 실선 또는 중심선의 형태를 취한다.
• 대지경계선은 비교적 긴 선들 사이에 점이나 짧은 선 두 개를 넣어 표현한 이점쇄선의 형식을 취한다. 대지의 소유관계를 나타내는 경계를 나타내는 선이다.

선 굵기 (LINE WEIGHT)

모든 선들은 같은 밀도와 균질성을 유지함으로써 가독성을 높이고 복사 및 인쇄에 유리하게 된다. 선의 성질은 그 두께나 밀도로 서로 다르게 나타날 수 있는데, 잉크 선일 경우 색은 동일하나 선의 두께에 변화가 있을 수 있고, 흑연으로 그은 선은 어떤 속도로 그었는지, 또한 흑연의 상태가 어떤지에 따라 다양한 밀도와 두께로 달라질 수 있다. 선 굵기의 체계를 유지하기 위해서는 선의 밀도가 균질하게 나타나야 한다.

:: 굵은 선
- 굵은 실선은 평면이나 단면의 전반적인 프로파일(외형)을 나타내거나 단면에서 잘린 부위를 강조할 때 쓰인다 (p.148, p.174 참조). 또한 공간 범위의 경계를 나타낼 때 쓰인다(p.127 참조).
- H, F, HB, B 흑연을 사용하면 많은 압력을 가하지 않더라도 강한 선을 표현할 수 있다.
- 홀더나 0.3mm 나 0.5mm 샤프펜슬을 사용하여 서로 가까이 배치된 굵은 선들을 표현하는 연습을 할 수 있다. 더 두꺼운 심의 샤프펜슬의 사용은 곤란하다.

:: 중간굵기 선
- 중간굵기 실선은 사물의 모서리나 면들이 교차하는 부위를 나타낼 때 사용된다.
- H, F, HB 흑연이 적당하다.

:: 가는 선
- 가는 실선은 사물의 형태에는 변화가 없지만 재료나 색상, 표면성질의 변화나 경계를 나타낼 때 사용된다.
- 2H, H, F 흑연이 적당하다.

:: 아주 가는 선
- 아주가는 실선은 도면의 구도를 잡을 때, 정리선들이나 그리드 선들, 또는 물체의 표면에 보이는 무늬 등을 나타낼 때 사용된다.
- 4H, 2H, H, F 흑연이 적당하다.
- 눈으로 읽히는 선 굵기 차이의 정도는 도면의 크기, 축척 등에 따라 상대적으로 다를 수 있다.

:: 디지털 도면의 선 굵기
- 손으로 작도한 도면의 큰 장점은 그 효과를 바로 눈으로 확인할 수 있다는 점이다. 그러나 컴퓨터를 사용하여 작도할 경우 캐드(CAD)소프트웨어 상에서 메뉴를 통해 선 굵기를 지정해야 하거나 절대 치수로 선 굵기의 정도를 지정해야 한다. 또한 컴퓨터 화면으로 보이는 결과는 실제 인쇄된 결과와 다르게 나타나기 마련이다. 따라서 너무 많은 진전을 이루기 이전에 작도하고 있는 도면을 자주 테스트 부분 인쇄를 함으로써 선 굵기의 효과가 의도된 바로 나타나고 있는지 점검하는 것은 매우 중요하다. 반면에 컴퓨터 작도의 큰 장점은 선 굵기의 수정이 매우 용이하다는 점이다.

모든 도면 시스템에서 사물의 선은 실제 존재하는 사물이나 그것의 디자인의 형태를 표시하는 선이다. 사물의 선은 눈에 보이는 것을 나타낼 때에는 실선으로 표시된다. 그리고 사물의 선은 공간의 경계나 두 평면이 만나는 부분, 또는 색깔이나 재료가 바뀌는 경계를 표시할 때도 있다. 이러한 여러 기능을 전달하기 위하여 선의 굵기에 의한 위계 질서가 필요하다.

:: 공간의 경계

가장 중요한 사물의 선들은 어떤 물체와 허공과의 경계를 나타낼 때이다. 이러한 윤곽들은 사물의 형태와 생김새를 나타내고 다른 사물과 공간상에 겹쳐져 있을 때 서로 구별하여 준다. 보통 가장 진한 선으로 이런 경우의 사물의 선을 나타낸다.

:: 면의 모서리

두 번째로 중요한 사물의 선들은 3차원 형태의 윤곽을 나타내는 외곽선 안에 있는 선들이다. 이 내부에 있는 선들은 면으로 이루어진 3차원 형태의 바깥 구조를 설명한다. 이 내부 윤곽을 나타내는 선들과 외곽을 나타내는 선들을 구별하기 위하여 중간단계의 선 굵기를 사용한다.

:: 표면상의 선

세 번째로 중요한 사물의 선들은 사물의 표면에서 읽을 수 있는 색 또는 명암, 질감 등의 경계를 보여주는 선이다. 이렇게 명암이나 질감의 변화를 보여주는 선들은 가장 가는 선들로 표현하게 된다. 아무리 얇은 선이라도 실선일 경우 그 효과가 너무 강할 수 있는데, 이때에는 점선이나 끊긴 선을 이용해서 선의 위계를 조절한다.

:: 숨은 선

어떤 것이 가로놓여 보이지 않는 경우 표시하고자 하는 사물의 모서리를 숨은선으로 나타낸다. 숨은 선은 보통 간격이 작은 끊긴 선이나 점선으로 나타낸다.

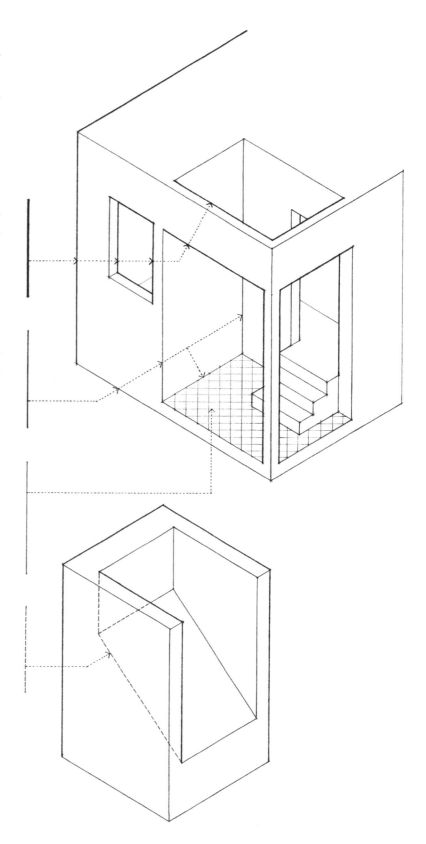

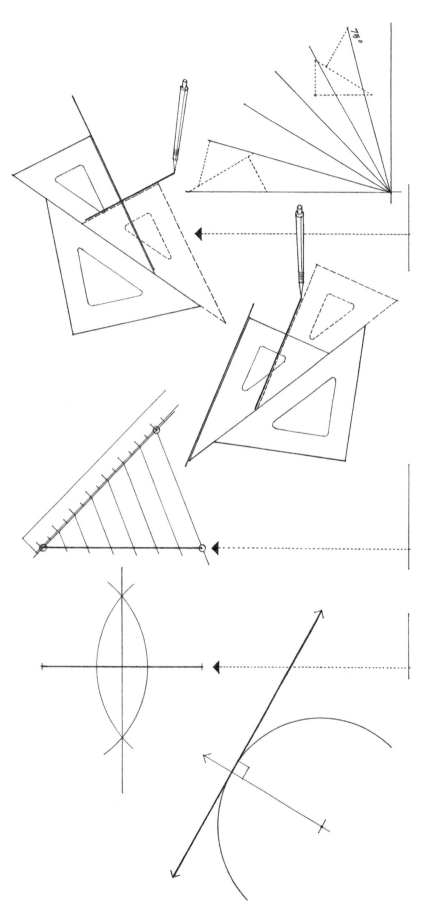

기본적인 기하학 형태들을 그리는 방법을 알아보고, 그 중 몇 개의 기하학 형태를 직접 작도해보자.

:: 각도 선

기본적인 30°-60°, 45°-45° 삼각자들을 하나씩 또는 복합적으로 사용하여 15° 간격으로 15°에서 90°까지의 각도 선들을 그릴 수 있다.

:: 직각 관계

한 쌍의 삼각자를 사용하면 어떤 각도의 선이라도 그에 대한 직각의 선을 그릴 수 있다. 삼각자의 빗변끼리 맞대고, 위편의 삼각자를 주어진 선에 맞춘 후 아래의 삼각자를 고정한 뒤 위편의 삼각자를 미끄러뜨려 원하는 위치에서 직각이 되는 선을 그을 수 있다.

:: 여러 평행선 긋기

한 쌍의 삼각자로 벌써 그려져 있는 알 수 없는 각도의 선에 대한 평행선들을 그릴 수 있다. 삼각자의 빗변끼리 맞대고, 위편의 삼각자를 주어진 선에 맞춘 후 아래의 삼각자를 고정한 뒤 위편의 삼각자를 미끄러뜨려 원하는 위치에서 평행이 되는 선들을 그을 수 있다.

:: 선 나누기

선 AB를 원하는 수만큼의 같은 간격으로 나누려면, 0°에서 90° 사이의 아무 각도의 선을 점 A로부터 긋는다. 스케일을 사용하여 원하는 수만큼의 일정한 간격을 두 번째 선에 점 A에서부터 점 C까지 표시한 다음, 선 BC를 긋는다. 그리고 한 쌍의 삼각자들을 사용하여 선 AC상에 표시된 곳마다 선 BC의 평행선을 그려 선 AB를 원하는 수만큼의 같은 간격으로 나눌 수 있다.

:: 반으로 선 나누기

콤파스를 사용하여 선의 양 끝점을 중앙으로 하여 호를 긋는다. 그리고 두 호가 만나는 두 점을 이으면, 원래의 선을 이등분하게 된다. 이 선은 또한 원래 선의 수직 이등분선이기도 하다.

:: 호의 접선 찾기

원이나 원주의 일부인 호의 접선을 찾으려면, 호의 중앙에서부터 원하는 접선의 위치를 선으로 이은 후, 그 선의 직각이 되는 선을 호와 접하는 위치에 그리면 된다.

컴퓨터 작도 프로그램을 사용하면 그래픽상에서 아이디어를 쉽게 표현하게 하고 쉽게 되돌릴 수도 있다. 작업을 화면에서 발전시킬 수 있고 결과를 인쇄하거나 나중을 위해 저장할 수도 있다. 축척이나 배치 등 최종 인쇄 단계에서 염려해야 할 부분은 미리 신경 쓰지 않아도 된다. 손으로 작도할 경우 그 결과를 즉시 확인할 수 있는 큰 장점이 있으나 축척의 변화나 도면 내에서의 배치 등 수정이 어려운 단점이 있다.

:: **디지털 가이드선**
도면 작성을 위한 소프트웨어들은 대게 점이나 선을 정확히 수평, 수직, 또는 일정한 각도로 움직이게 할 수 있다. 이때 그리드 선이나 정리선 등을 미리 배열하여 스냅 기능을 활용하여 정확히 일정한 만큼 움직여 작도할 수 있다.

• 평행선들은 일정한 방향으로 정해진 만큼 복사하여 배열할 수 있다.

• 기존의 선을 90도 회전시켜 수직선을 작도할 수 있다.

• 사선은 일정한 각도만큼 회전시켜 얻을 수 있다.
• 30, 45, 60도 등 명령으로 각도선들을 작도할 수도 있다.

• 우측 하단을 기준으로 정렬

• 중심을 기준으로 정렬

• 우측을 기준으로 정렬

• 이외에도 가이드선들로 중심 축을 나타내거나 일정한 선을 기준으로 길이를 맞추거나 정렬시킬 수 있다.

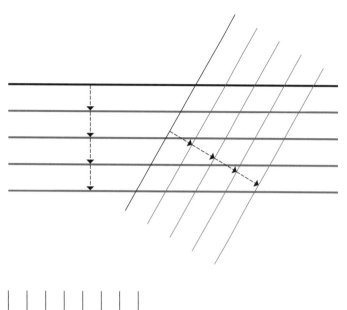

:: **디지털 복사**

컴퓨터를 사용한 작도에서는 선이나 형태를 만들고 움직이거나 복사하기가 매우 쉽다.

• 선이나 형태를 정해진 양만큼 일정 방향으로 자유로이 복사할 수 있다.

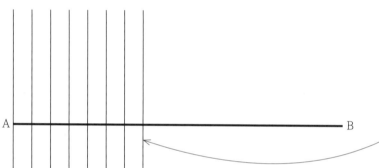

:: **디지털 분할**

선 분할 또한 자유롭게 이뤄진다. 선이나 형태를 선을 분할하여 일정 간격으로 배치할 수도 있다. 손으로 작도하거나 디지털 작도에서 우선 전반적인 부위에서 구체적인 작은 부분으로 발전시켜가는 원리는 같다고 할 수 있다.

• 선 AB에 대해서 임의의 각도를 이루는 선을 점 A에 그린 후, 정해진 수로 분할된 간격으로 원하는 만큼 복사할 수 있다.

• 마지막 선을 점 B로 옮긴다.

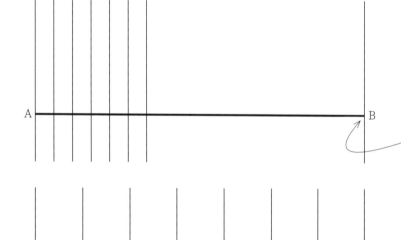

• 나머지 선들을 모두 선택한 후 서로 같은 간격이 되도록 배열시킬 수 있다.

:: 디지털 형태

2차원 벡터 원리를 사용하는 소프트웨어들은 기본적인 형태들, 가구나 집기류, 또는 사용자가 지정한 형태들을 템플릿으로 갖고 있을 수 있다. 템플릿이 디지털상에서 존재하거나 실제 작도에 쓰이는 이유는 바로 같은 형태를 여러번 반복해서 나타낼 때 용이하기 때문이다.

디지털 형태는 선 명령과 채우기로 크게 나뉜다.
• 선 명령은 형태의 경계를 결정짓는 선 긋기를 의미한다.
• 채우기는 형태 외형의 경계를 따라 색이나 무늬 또는 명암으로 채우거나 비우도록 규정하는 것이다.

:: 디지털 형태변환

형태를 생성한 후 크기변환, 회전, 미러, 비틀기 등이 가능하다. 벡터 원리로 생성된 형태의 변형은 지정된 좌표의 수학적 변형에 의해 이뤄지며 상당히 자유롭다.

• 벡터 원리에 의한 이미지는 수평, 수직이나 양 방향으로 확대되어도 해상도에 있어서 손해를 보지 않는다. 벡터 원리에 의한 형태들은 어느 축척으로 인쇄되든지 최상의 해상도를 보여준다.

• 벡터 원리에 의한 형태는 어떤 지점을 기준으로 자유롭게 회전할 수 있다.

• 벡터 원리에 의한 형태는 어떤 정해진 축을 중심으로 자유롭게 미러될 수 있다.

• 벡터 원리에 의한 형태는 정해진 각도 또는 수직, 수평선을 기준으로 비틀릴 수도 있다.

위 모든 변형은 원하는 결과를 얻을 때까지 반복해서 실행될 수 있다.

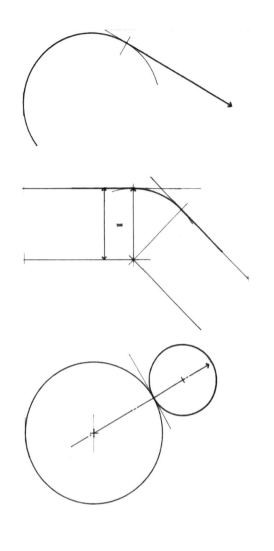

:: **곡면선**

- 곡선과 접선(tangent)으로 잘 맞춰지지 않은 상태를 피하기 위해서 우선 원하는 곡선을 먼저 그린다.
- 먼저 그린 원이나 아크 곡선으로부터 접선을 긋는다.
- 선 두께가 일정하도록 조심하도록 한다.

- 서로 만나는 두 직선 사이에 일정한 반지름을 갖는 접선을 이루는 아크 곡선을 그리려면, 우선 한 선에서 원하는 반지름의 거리만큼 간격을 둔 평행선들을 긋는다.
- 두 평행선의 교차점은 바로 아크 곡선의 중심이 된다.

- 두 원들이 서로 접선을 이루도록 하기 위해서는 우선 원하는 접선부위의 점을 지나는 한 원의 중심선을 긋고 그 선 위에 두 번째 원의 중심이 놓이게 원을 작도한다.

:: **베지에(Bezier) 곡선**

베지에 곡선은 프랑스 CAD/CAM operations의 엔지니어 피에르 베지에(Pierre Bezier)가 고안한 수학적 연산으로 작도되는 곡선이다.

- 기본적으로 베지에 곡선은 곡선의 시작과 끝을 의미하는 두 개의 앵커 지점을 갖는다. 그리고 곡선의 곡률을 지정하는 두 개의 기준점을 갖는다.
- 여러 개의 단순한 베지에 곡선들이 서로 맞물려 복잡한 곡선을 형성할 수도 있다.

- 동일선형 상에 두 곡선이 서로 연결되고 그 지점이 앵커 지점일 수 있고 두 핸들 사이에 놓이게 된다.

기준점(control point)

앵커 지점

핸들

앵커 지점

핸들(handle)

기준점

앵커 지점(anchor point)

[연습 5.1]

샤프펜슬과 삼각자, 평행자를 이용하여 세 개의 정사각형을 작도해보자. 각각의 한 변의 길이가 20mm, 50mm, 95mm이다. 그어진 선들이 모두 균질한 굵기를 갖고 있는가? 모든 선들이 사각형의 모서리에 정확히 맞는가? 위 연습을 잉크펜으로 작도해보고 2차원 디지털 도면으로 작도해보자.

[연습 5.2]

연습 5.1을 하되 도형의 크기를 두 배로 키워본다. 건축 스케일을 사용하여 가장 큰 정사각형 변의 길이를 재보자. 1:100, 1:50, 1:30, 1:20, 1:10 축척일 때 각각 변의 길이는?

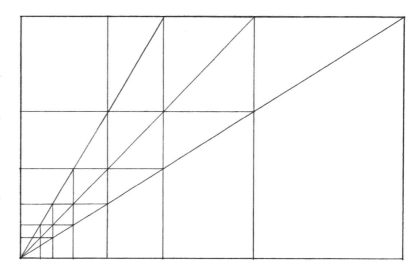

[연습 5.3]

컴파스를 사용하여 150mm 지름의 원을 그리고 오각형을 그림과 같은 방법으로 그려보자. 이 오각형 안에, 점차 작아지는 오각형들을 그려보자.

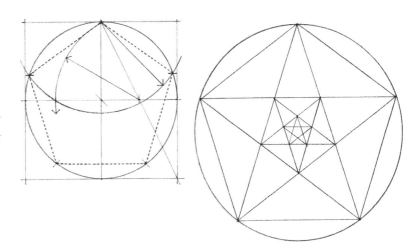

[연습 5.4]

긴 변의 길이와 짧은 변의 길이가 서로 황금비례를 이루는 직사각형을 그려보자. 먼저 75mm 변 길이의 정사각형을 그리고 그 중앙점을 사선 두 개를 그림으로써 찾아낸다. 이 점에서부터 수직선을 그어 변 DC의 중앙 E를 찾는다. 점 E를 중앙으로 하고 변 EB를 반지름으로 하는 호를 점 B에서부터 변 DC의 연장선과 만나도록 그린다. 그리고 직사각형 AFGD를 그려보자. 변 AD와 면 DG는 황금비례로서, 그 비율은 대략 0.618 대 1.000이다.

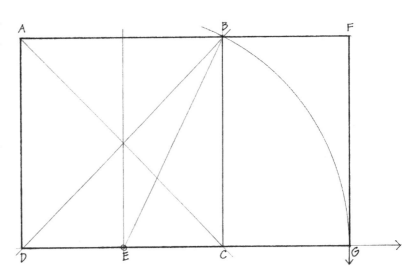

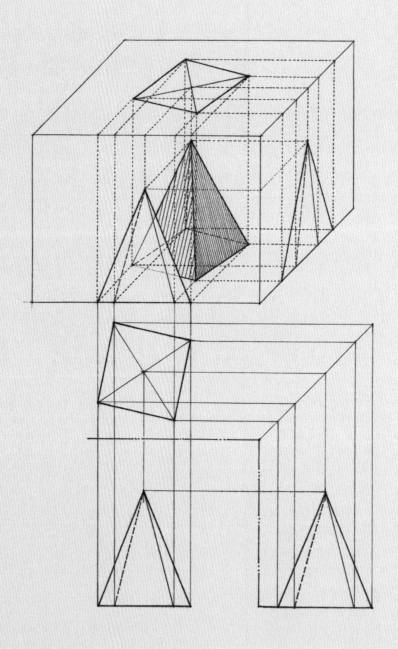

06 투영 도면

투영도는 우리가 흔히 말하는 평면, 입면, 단면 등을 일컫는다. 화상면에 직각으로 투영되어 보이는 사물이나 구성의 한 부분이다. 이렇게 투영된 모습은 하나의 개념도이며 실제 우리의 시각이 인지하는 내용과는 차이가 있다. 이것들은 개념적으로 우리가 이해하고 있는 사물이나 구성의 형태이지, 실제로 공간상의 어느 위치에서 보는 내용이 아닌 것이다. 따라서 관찰자가 보는 공간상의 위치에 대한 사항은 도면 표현에 밝히지 않으며, 단지 무한대로 먼 위치에서 관찰된 모습이라는 이론적 개념만 있을 뿐이다.

정투영법에서는 투영선들이 화상면과 직각으로 만나는 것을 전제로 한다. 따라서 그리고자 하는 대상에서 화상면과 평행한 부위는 그것의 크기, 형태, 구성 등이 실제의 것과 동일하다. 이것은 곧 투영도의 근본적인 장점이 된다. 정확한 위치의 점과 길이와 치수, 선의 각도, 형태의 모습과 범위 등을 있는 그대로 도면에 옮길 수 있는 것이다.

디자인을 하는 과정에서 투영도들은 2차원상의 도면 위에 사물을 2차원 단위로 전개해주어, 구성을 이루는 모든 부위의 조화와 정확한 비례관계를 분석할 수 있게 해준다. 그리고 정확한 구성물의 치수와 배치, 그리고 모든 구성을 계획할 수 있는 여건을 제공함으로써, 투영도들을 통해 디자인 결과를 설명하고 이해시키며, 사물을 제작할 수 있게 돕는 중요한 시각적 의사소통 수단이 된다.

그러나 하나의 투영도는 어떤 사물이나 구성물의 일부분의 정보만을 담고 있다. 또한 3차원의 현실을 2차원으로 나눠 납작한 상태로 보여줌으로써 근본적으로 투영도들로부터는 입체감을 얻기 부족하다. 평면, 단면, 입면 등의 입체감과 공간의 깊이는 도면 표현상에서 선의 위계체계와 명암 표현에 의존할 수밖에 없는 것이다. 하지만 한 투영도에서 입체성이 감지되면, 다른 각도의 모습을 봄으로써 확실하게 알 수 있다. 그러므로 사물의 정확한 이해를 위해서는 독립된 일련의 투영도들로써 공간에 존재하는 3차원물의 형태와 구성을 전달하여야 한다. 즉, 하나의 투영도는 여러 투영도들의 일부일 뿐이다.

정투영법 (ORTHOGRAPHIC PROJECTION)

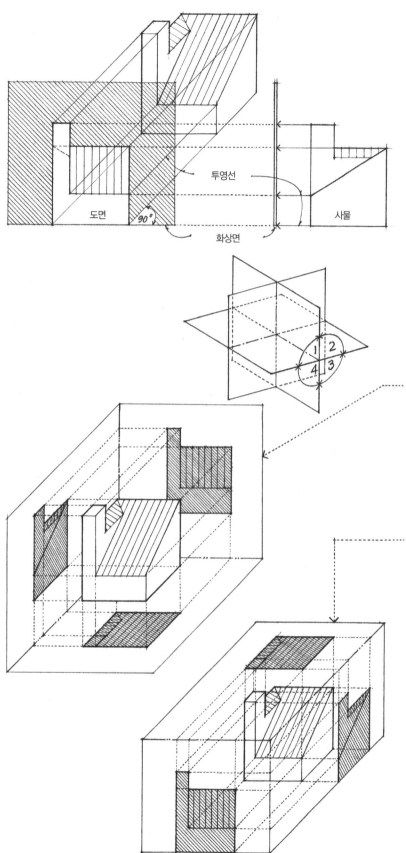

투영선

도면

90°

화상면

사물

표현하고자 하는 사물 각 지점들로부터의 투영선들이 화상면과 직각으로 만나도록 투영하는 방법이 정투영법이다. 투영선들에 의해 화상면에 옮겨진 점들을 연결하여 사물을 한 방향으로 본 모습을 얻게 된다. 이렇게 화상면에 얻은 모습을 투영도라고도 한다.

하나의 투영도로는 3차원 사물의 모습을 제대로 전달하지 못한다. 따라서 여러 개의 연관된 투영도들을 필요로 한다. 관례적으로 제 1각 투영과 제 3각 투영의 두 가지 방법으로 투영도들의 관계를 정리한다. 이것을 이해하기 위해서, 하나는 수평이고 다른 두개는 직각인 세 개의 직각으로 만나는 면들을 상상하자. 이 면들을 화상면이라고 가정하면, 각각 두개의 화상면들이 서로 만나 네 개의 이면각이 생기는데, 이 중 위의 앞쪽에 있는 것부터 시계방향으로 번호를 붙인 것이다.

:: 제1각 투영

프랑스의 수학자 게스파드 몽주(Gaspard Monge)는 요새를 축성하여 명성을 떨쳤는데, 제1각 투영법을 18세기에 고안하였다. 제1각 투영은 위에서 설명한 것에서 1번 공간의 면들을 화상면이라 가정하여 3면으로 사물을 투영하여 이미지들을 얻는 것을 일컫는다.

:: 제3각 투영

만약 3번 공간에 사물을 놓아 투영도를 얻을 경우 제3각 투영이라고 한다. 이 경우 보는 위치에서 화상면의 뒷면을 보게 되는 경우가 생기는데, 화상면이 투명하다고 가정하여 투영도를 얻는다.

사물이 화상면으로 만들어진 상자 안에 있다고 가정했을 때 이 상자를 이루는 각 면들은 사물을 관찰하는 기본적인 방향을 제공한다. 이 화상면들에 맺히는 각각의 투영도들에 의해 사물을 기본적으로 다른 방향에서 보는 모습들을 얻을 수 있고, 그 사물의 디자인을 발전시키고 시각적으로 전달하는 기본 틀이 된다.

:: 기본 화상면

서로 직각으로 만나는 관계를 형성하고 사물의 모습들이 직각으로 투영되는 화상면들을 기본 화상면이라고 한다.

수평화상면

사물을 수평으로 자르거나 위에서 본 평면이 직각으로 투영되는 화상면을 수평화상면이라고 한다.

정화상면

사물의 주요 입면이나 정면이 직각으로 투영되는 화상면을 정화상면이라고 한다.

측화상면

사물의 측면이나 다른 면이 직각으로 투영되는 화상면을 측화상면이라고 한다.

접선

두 개의 화상면이 직각으로 만나 생긴 선을 접선이라고 한다.

자취선

두 면이 만나서 이루는 선을 자취선이라고 한다.

:: 기본 도면

기본 투영도들은 평면, 입면, 그리고 단면이다.

평면

기본 화상면 중 수평화상면에 사물이 직각으로 투영되어 얻어진 도면을 평면이라고 한다. 건축 평면들 중에는 건물이나 대지를 이해하기 위해 여러 가지 종류의 평면들이 있다.

입면

기본 화상면 중 정화상면이나 측화상면과 같은 수직으로 위치한 화상면에 사물이 직각으로 투영되어 얻어진 도면을 입면이라고 한다. 입면을 정면, 측면, 배면 등일 수 있고, 사물을 어떻게 배치하여 관심 있는 면을 화상면 쪽으로 향하게 하느냐에 달려 있다. 건축 도면에서는 입면들을 나침반의 방향에 따라 명칭하거나 대지의 특성을 반영하여 명명한다.

단면

투영도면 중 화상면에 의해 사물의 어느 한 부분이 잘려나간 모습을 그 화상면에 직각으로 투영하여 얻어진 도면을 단면이라고 한다.

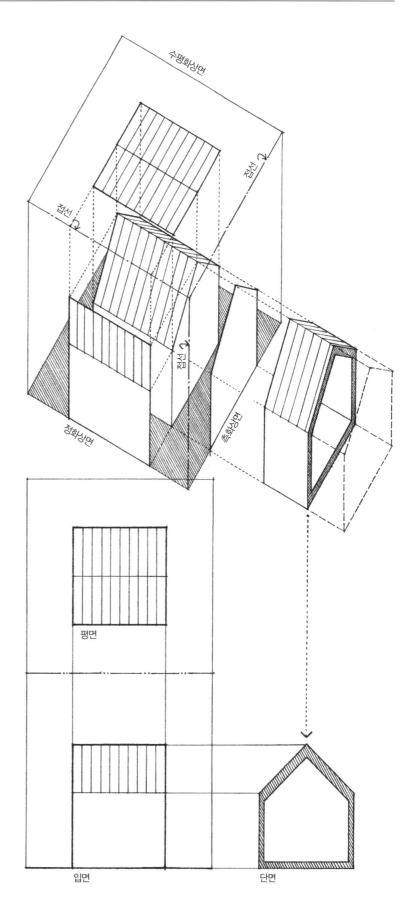

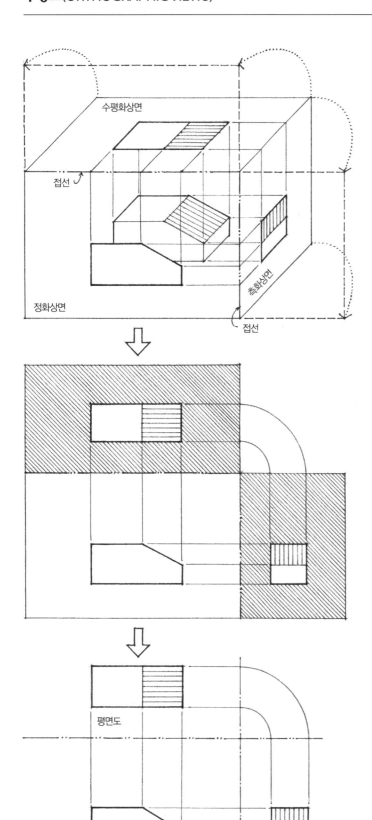

:: **투영도의 배치**

3차원 사물의 쉽고 논리적인 이해를 위해 투영도들을 질서 있고 논리적으로 배치해야 한다. 이것을 위한 가장 보편적인 방법은 제3각 투영법에 의한 화상면들로 투영된 것을 전개하는 것이다.

각 면에 투영시킨 후 모든 접선들을 따라 한 면을 이루도록 펼쳐놓는다. 윗면에 투영된 평면도는 정면도 위로 펼쳐지게 되고, 측면도는 수평으로 펼쳐지게 된다. 결과적으로, 서로 위치상 연관된 투영도들이 접선을 경계로 배치된다.

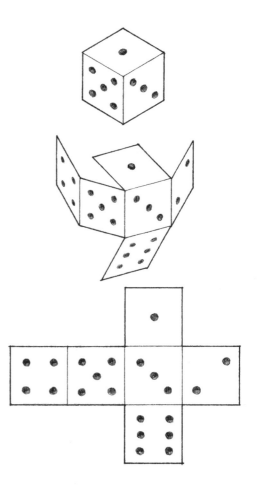

:: 투영도의 수

몇 개의 투영도를 사용하여 3차원 사물의 형태를 표현할지는 그 사물의 기하학적 특성과 복잡한 정도에 따라 다르다.

사물의 형태가 대칭성을 갖은 경우 한 두 개의 투영도를 생략할 수 있다. 예를 들어 사물의 형태나 어떤 구성이 축을 중심으로 구성되어 있거나 좌우동형일 경우 한쪽은 다른 한쪽을 거울로 비춘 모습임을 뜻한다. 따라서 둘 중 하나는 그 형태나 구성의 설명에서 생략될 수 있다. 또한 방사상으로 대칭적인 입면을 갖은 형태의 경우, 여러 입면들이 같으므로, 대부분 생략될 수 있을 것이다. 그러나 이러한 도면의 생략은 그 형태나 구성이 완벽하게 반복되는 사항들로 이뤄져 있지 않을 경우, 자칫 혼돈을 불러일으킬 수 있다.

대부분의 사물들은 세 개의 측면도를 필요로 한다. 복잡한 형태나 구성은 네 개 또는 그 이상의 측면도가 필요하며 특히 경사면이 있는 경우 그러하다.

:: 보조 도면

사물의 경사면들은 보조 도면들로써 실제 치수와 형태를 나타내주어야 한다. 이 경우 경사면과 평행한 선으로써 접선을 표시하고 그 선과 평행하게 보조 도면을 작도함으로써 그 경사면의 정투영된 실제 모습을 기록한다.

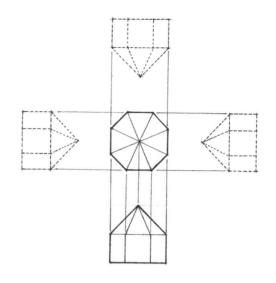

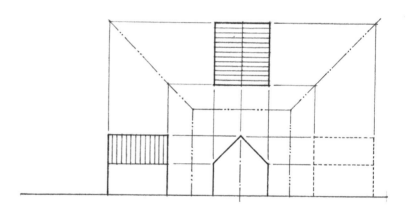

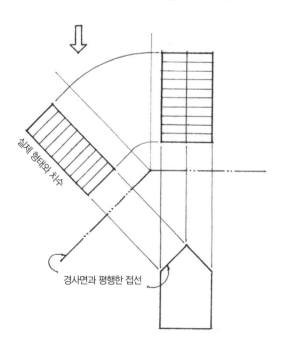

실제 형태와 치수

경사면과 평행한 접선

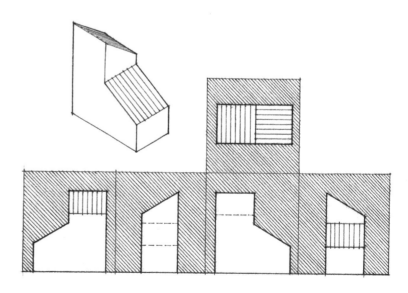

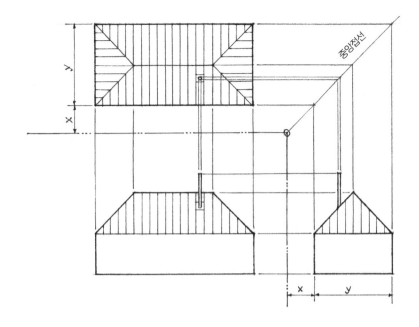

:: 도면 작도

투영도들끼리 평행한 부분은 항상 정렬시켜 치수나 연관되는 지점들을 쉽게 눈으로 볼 수 있게 배치한다. 이러한 연관성을 유지하는 것은 도면을 작도하는 데 필요할 뿐 아니라 관계 있는 도면끼리 조화를 이루도록 정리하여 논리적이고 쉬운 이해를 돕는다. 예를 들어 평면 하나가 완성되면, 그 치수를 효율적으로 수직으로 옮겨 입면을 바로 아래에 작도할 수 있다. 또한 입면의 높이를 수평으로 옮겨 또 다른 방향의 입면을 효율적으로 작도할 수 있다.

각 지점을 연장하는 투영선은 항상 접선과 직각을 이루어야 한다. 또한 대각선을 이용하면 치수를 손쉽게 서로 연관된 다른 투영도로 옮길 수 있다. 이 대각선은 접선이 서로 교차하는 지점에서 시작된다. 그리고 대각선 대신 접선의 교차점을 중심으로 1/4 원을 그려 치수의 방향을 옮길 수도 있다.

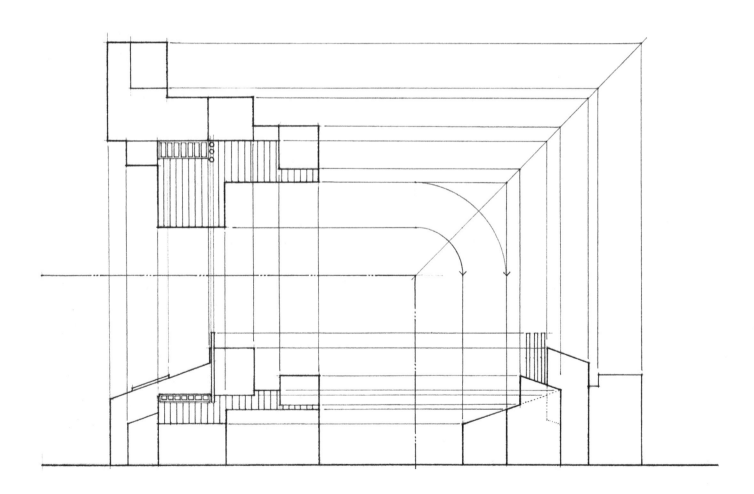

:: **원리와 기법**

선이나 면이 화상면과 평행하여 실제의 치수가 그대로 나타나는 도면이 정투영법이다.

- 선의 실제 길이를 알기위해서는 접선을 그 선과 평행하게 자리 잡고 선의 양 끝점들을 접선에 대하여 투영한다.
- 정투영법에 의해 화상면과 직각을 이루는 선들은 모두 점으로 나타난다. 선을 점으로 보기 위해서는 일단 그 선의 실제 길이를 나타내는 방향에서 직각을 이루는 접선을 구하고 투영선을 접선에 투영한다.

- 정투영법에 의해 화상면과 직각을 이루는 면들은 모두 직선으로 나타난다. 한 직선이 면 위에 놓여 있을 때 그 직선이 화상면에 의해서 점으로 보일 경우 그 면은 그 화상면에 선으로 나타난다.
- 한 면의 실제 크기와 형태를 구하기 위해서는 그 면이 선으로 보이는 화상면과 직각인 접선을 구하고 찾고자 하는 면을 지정하는 각 점들을 접선에 대하여 투영한다.

- 서로 평행한 두개 이상의 선들이 투영법에 의해 투영된 경우 그 선들은 모두 평행하게 나타난다.
- 화상면과의 거리에 관계없이 크기 또한 일정하게 나타난다.

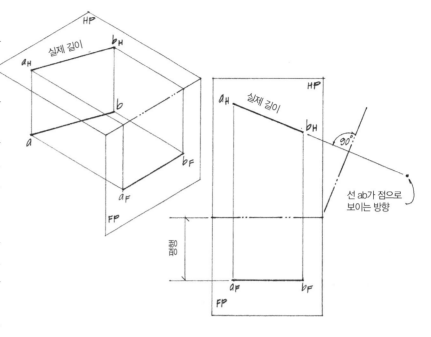

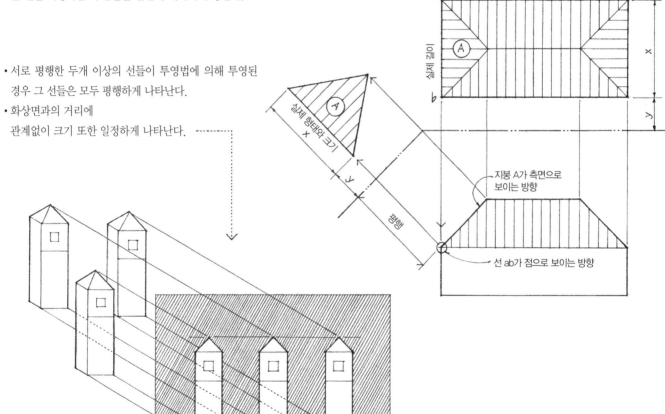

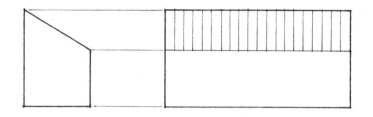

:: 원리와 기법

• 정투영된 선이나 면이 화상면과 기울어져있는 경우 항상 실제의 길이보다 짧게 나타난다. 짧아진 정도를 정확히 표현하기 위해서는 기운 선의 실제 길이를 찾거나 면의 측면을 나타내는 도면을 그려야 한다.

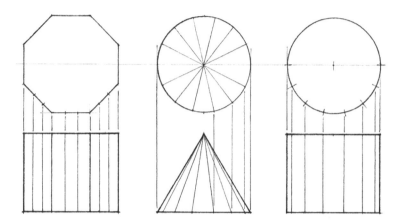

• 곡선을 정투영도로 나타내기 위해서는 우선 곡선을 왜곡되지 않게 볼 수 있는 방향의 도면을 그려야 한다. 이때에 일정한 거리의 점들을 곡선 상에 표시한 후, 그 점들을 투영되는 도면에 옮겨 곡선의 다른 모습을 정확히 그려낼 수 있다. 이 점들의 간격이 좁을수록 부드럽고 더 세밀한 곡선을 나타낼 수 있다.

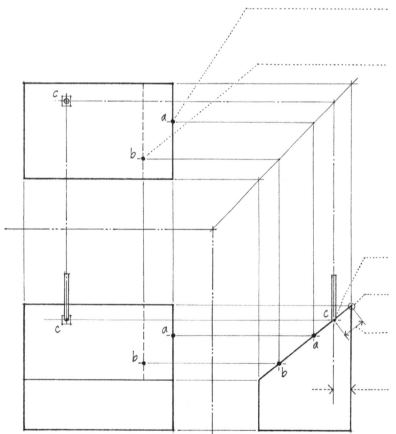

• 선상에 있는 한 점을 옆에 있는 다른 도면에 옮기려면 투영선으로 점을 연장하여 대각선을 통해 다른 도면으로 옮긴다.

• 면상에 있는 한 점을 다른 도면에 옮기려면 우선 면에 있는 점을 정리선을 이용해 위치를 표시하고, 이 정리선들을 투영하여 다른 도면으로 옮겨 원하는 점의 위치를 얻을 수 있다.

• 면과 선이 만나는 지점을 면의 측면도에서 찾을 수 있다.

• 서로 평행하지 않은 두 면이 만나는 것은 각도로 표시되는 것을 볼 수 있다.

• 점과 선 사이의 최단거리가 보이는 측면도에서, 선이 점으로 표시되는 것을 볼 수 있다. 두 점 사이의 최단거리가 실제치수의 직선으로 나타난다.

• 면과 선 사이의 최단거리는 그 면의 측면도에서 찾을 수 있다.

- 두 선이 만나는 각도는 두 선의 실제 길이가 동시에 보이
는 면에서 잴 수 있다. 두 선이 직각으로 만나는 경우에
는 두 선 중 하나가 실제 길이로 나타나는 도면에서는 언
제든지 두 선의 각도가 직각으로 나타난다.

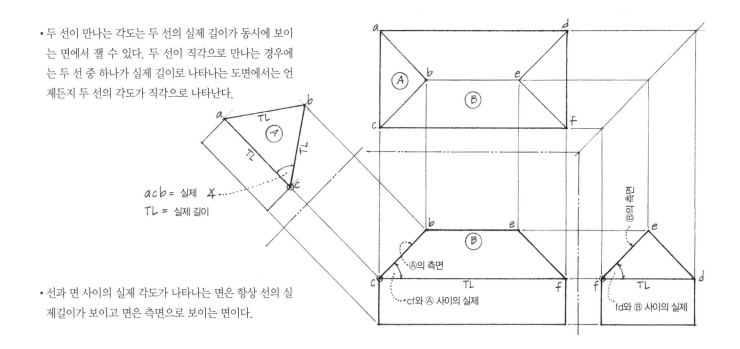

acb = 실제 ∠

TL = 실제 길이

- 선과 면 사이의 실제 각도가 나타나는 면은 항상 선의 실
제길이가 보이고 면은 측면으로 보이는 면이다.

- 두 면들이 이루는 각도는 두 면들이 만나는 부위가 점으
로 보일 때이다.

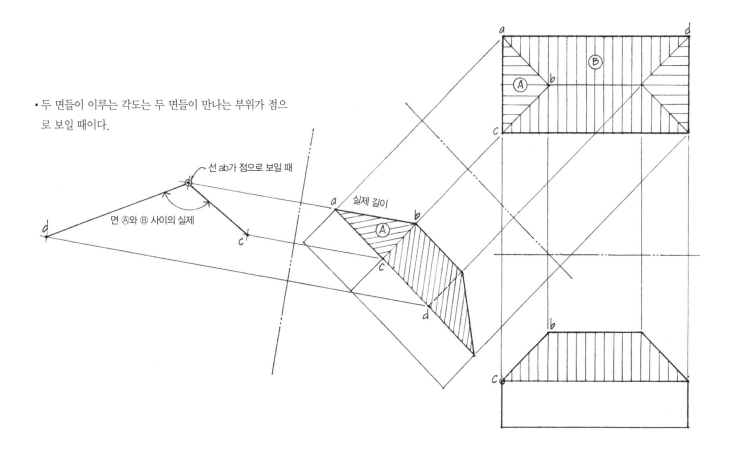

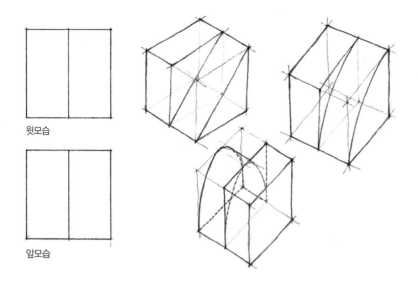

윗모습

앞모습

위의 윗모습과 앞모습은 여러 가지 사물을 뜻할 수 있다. 3차원 모습으로 세 가지 경우를 보여주고 있다. 이 밖에 다른 모습들도 가능할까?

투영도는 3차원 사물의 일부분만을 나타내며, 여러 투영도들이 서로 연관지어져 존재한다. 그러나 평면도, 단면도, 입면도 등은 보통 우리의 시야에 들어오는 사물의 모습을 보여주는 도면들이 아니다. 이 도면들에 공간감을 가미했다 하여도 나타내고자 하는 사물이나 구성의 추상적인 개념도이지 실제 눈에 들어오는 장면은 아닌 것이다. 이러한 평면도, 단면도, 입면도 등을 그리는 기법을 배우기 위해서는 일정한 약속에 의해 작도된 투영도들을 읽을 줄 알아야 한다. 이렇듯 투영도들을 이용해서 디자인을 생각하고, 고안하고, 남에게 전달하려고 한다면, 투영도끼리 어떤 서로와의 관계에 의해 그 디자인이 설명되는지를 알아야 한다. 그러므로 생각하고 있는 어떤 것의 다른 측면에서의 독립된 모습과 개념이 서로 연관지어져 결합하면서, 머릿속으로 그 총체적인 형태를 그려낼 수 있어야 하겠다.

[연습 6.1]
투영도에 의해 나타나 있는 3차원 형태를 머릿속에 떠올리기 위해서는 여러 가지 시도가 필요하기도 하다. 종이에 상상되는 형태를 그려보는 것은 큰 도움이 된다. 아래 투영도들을 보고 상상되는 3차원 사물의 형태들을 실제 공간에 존재하는 모습대로 그려보자.

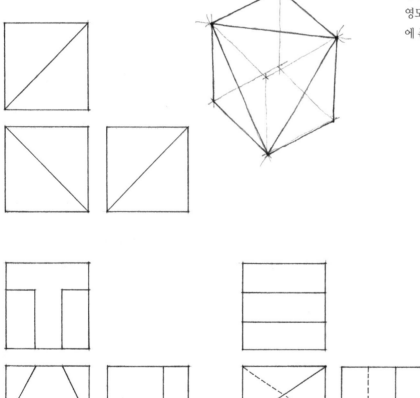

[연습 6.2]
각 쌍의 투영도들에서 빠진 투영도를 그려 넣고 3차원 형
태를 실제 공간 속에서 눈에 보이는 대로 그려보자.

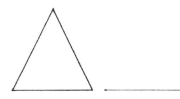

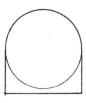

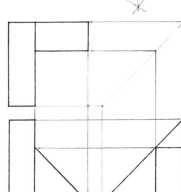

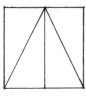

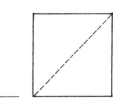

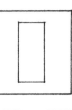

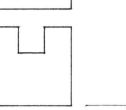

[연습 6.3]
각 투영도의 그룹들을 보고 상상되는 3차원 형태를 생각해
보자. 제3각 법에 의한 투영도들이라고 하였을 때, 형태로
서 논리적이지 않은 것은 어느 것일까?

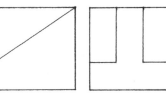

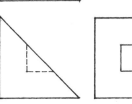

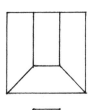

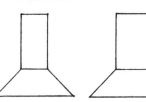

평면도(PLAN DRAWING)

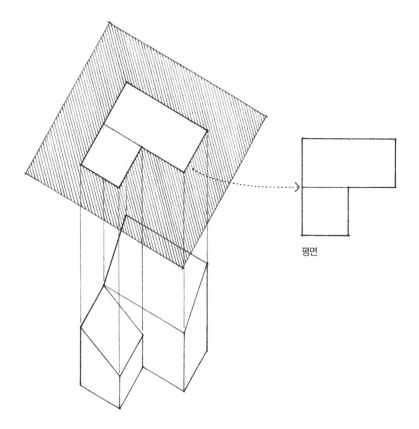

평면

수평 화상면에 정투영된 이미지를 작도한 것이 평면도이며, 대게 실제 축척에 의해 제작된다. 평면도는 대게 어떤 사물이나 건물, 경치 등을 위에서 내려다본 개념이다. 화상면과 평행한 것의 치수, 형태, 비례는 실제 그대로 도면에 나타난다.

평면도는 3차원 형태의 복잡함을 2차원상의 간단한 내용으로 나타낸다. 즉, 너비와 길이는 표현되어도 높이는 나타나지 않는다. 이러한 평면의 수평적 요소는 평면도의 장점이자 단점이다. 흥미롭게도 평면도가 소실점에 의한 투시도보다 훨씬 제작하기 쉽지만, 추상적이고 개념적인 평면도를 쉽게 이해하기 어려울 때가 많다. 그것은 평면도가 우리가 실제로 경험하는 시점에서의 모습이 아닌, 공중에서 내려다보는 개념을 사고의 눈으로 보기 때문이다.

평면도에서는 이렇게 몇 가지 3차원 사물에 대한 사항들이 생략되어 있으므로, 수평적인 측면의 구성과 눈으로 보이거나 상상할 수 있는 패턴 등을 집중하여 나타낼 수 있다. 그것은 곧 구성물 간의 관계, 사물의 형태, 실내외의 공간, 또는 큰 개체의 일부분일 수도 있다. 이때에 평면도는 우리 머릿속에 존재하는 세상을 보는 지도가 되며, 생각과 아이디어의 전개도가 되는 것이다.

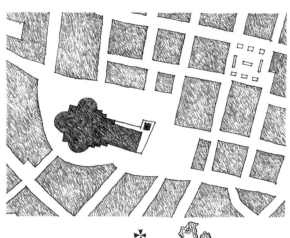

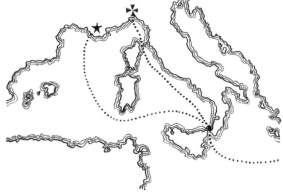

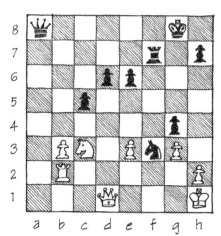

찰스 브레들리(Charles Bradely)의 꼬임수 :
검은 것을 움직여 3번 만에 체크메이트를….
(장기판의 상황도 평면도이다.)

층 평면도는 건물의 수평 단면도로서, 화상면이 수평으로 건물을 절단하여 들여다본 것이라고 할 수 있다. 즉, 수평면으로 절단하여 잘린 건물의 상부를 제거하고 남은 부분을 내려다보는 것이다.

층 평면도는 건물의 실내를 자세히 볼 수 있는 특유의 장점을 갖고 있다. 한 건물의 수평적 구성요소들의 관계와 그것들이 이루는 패턴들 등 건물 안을 걸어 다니면서 얻는 경험으로는 파악하기 힘든 내용들을 층 평면도에서 얻을 수 있다. 그리고 건물은 이 수평 화상면에 건물 내부의 벽들과 기둥들, 공간의 형태와 치수, 창문과 문의 배치형태, 그리고 공간과 공간의 연결 부위들, 그리고 내부와 외부의 연결과정 등 건물의 대부분이 노출된다.

이렇듯 수평 화상면은 건물의 벽, 기둥 등의 모든 수직 요소들과 모든 문, 창문 등을 나타낼 수 있다. 대개 이 수평면은 바닥으로부터 약 120cm 정도 높이를 자르지만, 건물의 특징에 따라 달라질 수도 있다. 이 밖에 바닥, 책상, 카운터 등의 건물 내 수평면들도 층 평면도에 나타난다.

층 평면도를 읽을 때 중요한 것은 허공과 물체를 구별하는 것이며, 따라서 사물에 의한 공간의 경계를 쉽게 이해할 수 있어야 한다. 그러므로 평면도에서 수평면에 의해 잘려나간 부위를 시각적으로 확실하게 구별시켜주는 것이 중요하다. 또한 공간의 깊이와 사물의 높이를 나타내기 위하여 선의 위계질서는 필수적으로 필요하며, 때로는 명암 표현을 통해 표현할 수도 있다. 이러한 기법들의 선택은 사용되는 축척과 그리는 도구에 따라 다르며, 도면상에서 빈 공간과 사물의 대조를 나타내고자 하는 정도에도 달려 있다.

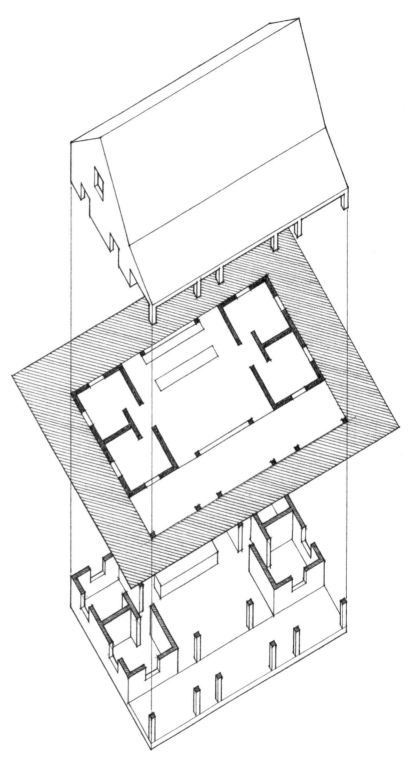

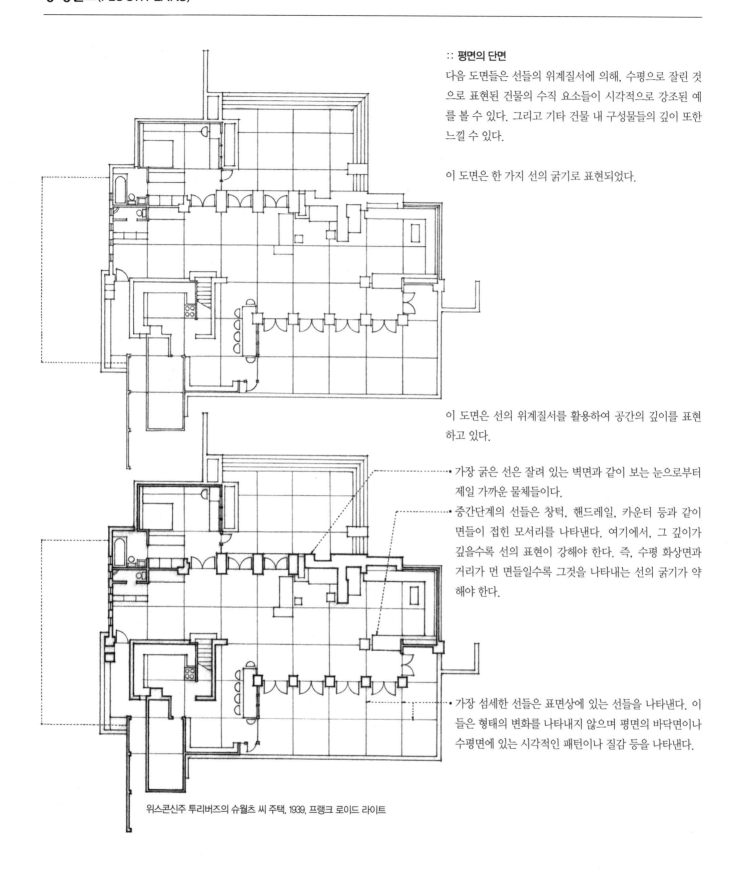

:: 평면의 단면

다음 도면들은 선들의 위계질서에 의해, 수평으로 잘린 것으로 표현된 건물의 수직 요소들이 시각적으로 강조된 예를 볼 수 있다. 그리고 기타 건물 내 구성물들의 깊이 또한 느낄 수 있다.

이 도면은 한 가지 선의 굵기로 표현되었다.

이 도면은 선의 위계질서를 활용하여 공간의 깊이를 표현하고 있다.

• 가장 굵은 선은 잘려 있는 벽면과 같이 보는 눈으로부터 제일 가까운 물체들이다.

• 중간단계의 선들은 창턱, 핸드레일, 카운터 등과 같이 면들이 접힌 모서리를 나타낸다. 여기에서, 그 깊이가 깊을수록 선의 표현이 강해야 한다. 즉, 수평 화상면과 거리가 먼 면들일수록 그것을 나타내는 선의 굵기가 약해야 한다.

• 가장 섬세한 선들은 표면상에 있는 선들을 나타낸다. 이들은 형태의 변화를 나타내지 않으며 평면의 바닥면이나 수평면에 있는 시각적인 패턴이나 질감 등을 나타낸다.

위스콘신주 투리버즈의 슈월츠 씨 주택, 1939, 프랭크 로이드 라이트

[연습 6.4]

다음의 사실적으로 표현된 도면은 건물을 바닥에서 약 120cm 떨어진 곳을 수평으로 자른 모습이다. 이 층의 평면도를 1/50의 축척으로 작도해보자. 일단 얇은 한 가지의 선으로 모든 것을 그려보고, 선의 위계질서를 활용하여 깊이감을 표현해보자. 가장 굵은 선은 잘린 부분의 경계를, 중간단계의 선으로는 면들이 접힌 모서리들을 나타낸다. 그리고 가장 얇은 선으로 표면에 보이는 선들을 나타내보자.

[연습 6.5]

오른쪽은 로버트 벤튜리가 1962년도에 설계한 베나 벤튜리 주택이다. 이 건물의 평면도를 이것의 두 배 크기로 그려보자. 연습 6.4에서 요구되는 사항들을 모두 적용해보자. 도면상에서 어떤 요소들이 수평면에 의해 잘려 있는지 판단이 잘 안 될 경우, 반투명한 트레이싱지를 이 도면 위에 덮고, 잘려나간 부위로 생각되는 부분을 그려보고, 그 결과를 통해 어떤 부위가 과연 3차원 상에서 높았던 부위인지 판단해보자.

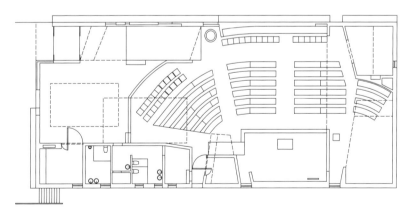

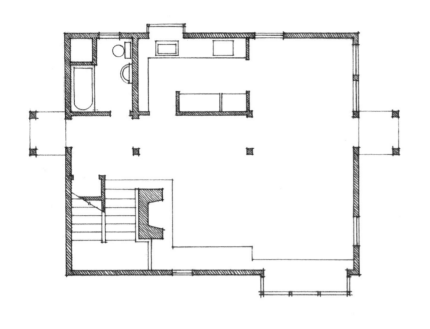

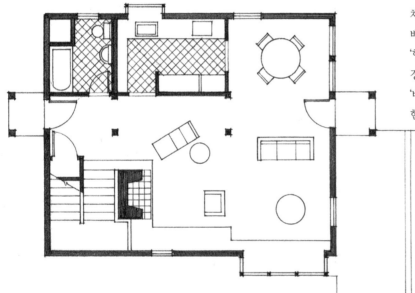

:: 채우기(poché)

선과 톤(tone)을 써서 작된 도면에서는 잘려나간 부위의 강한 대조를 위해 칠을 하는 것이 보통이다. 이렇듯 도면에서 벽체, 기둥 등 잘려나간 물체를 나타낼 때 칠을 하여 구별하는 것을 채우기(poché)라고 한다.

대게 작은 축척의 평면에서 잘린 물체를 눈에 띠도록 칠하여 채우는 것이 보통이다. 그다지 강한 대조가 필요하지 않을 경우, 중간 톤으로 채워 잘린 물체의 형태 나타내기도 한다. 특히, 큰 축척의 도면에서 모든 잘린 벽체들이 검게 채워져 있을 경우, 시각적으로 너무 무겁고 대조가 지나쳐서 다른 상세한 정보들이 상대적으로 가려져 눈에 안 띨 수도 있으므로 주의해야 한다. 그러나 바닥의 무늬나 실내 가구 등의 표현으로 인해 전체적인 도면의 밀도가 높아질 경우, 필요에 따라 벽체가 눈에 더 띄도록 잘린 면을 상대적으로 더 진하게 채울 수도 있다.

채우기 기법은 채워진 것과 빈 것 간의 표현을 통해 형태-배경의 관계를 성립시킨다. 수평으로 잘려나간 물체들이 '형태'로 보이게 되고, 그것을 에워싸고 있는 공간들은 '배경'이 되는 것이다. 이와 반대로 주어진 공간들을 강조하여 '배경'이 아닌 '형태'로 보이게 하려면, 공간들을 채워서 표현할 수 있다.

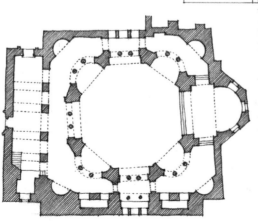

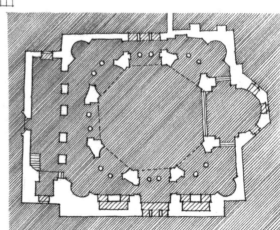

콘스탄티노플(이스탄불)의 성 세르지우스와 바카스, 서기 525-30

[연습 6.6]

옆의 도면은 루이스 칸이 1960년도에 설계한 미국 펜실베
니아 해트보로의 피셔 하우스이다. 축척 1/50의 평면으로
도면을 제작하되, 잘린 물체들을 굵은 선으로 표현해보자.
그리고 두 번째로, 잘린 물체들을 완전히 채우거나 진한
톤으로 채워 도면을 같은 축척으로 제작해보자. 잘린 물체
들과 공간들이 각각 어느 도면에서 더 돋보이고 강조되어
보이는지 관찰해보자.

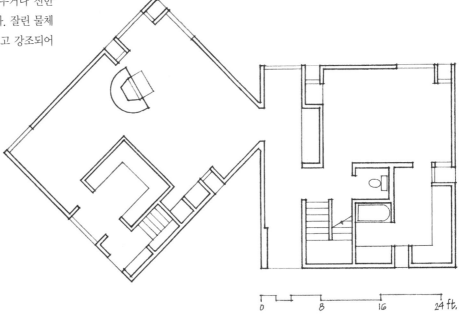

[연습 6.7]

다음 한 쌍의 도면들을 두 번 작도하되, 첫 번째 쌍은 잘린
벽체를 채워서 나타내고, 두 번째 쌍은 잘린 벽체를 놔두
고 공간들을 채워 묘사해보자. 그리고 두 쌍의 도면을 비
교해보자. 어느 쌍의 평면도에서 벽으로 둘러싸여 있는 공
간들이 주도적인 느낌으로 표현되었을까?

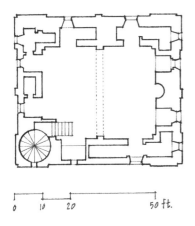

영국 에섹스의 헤딩헴 로마네스크 양식의 성

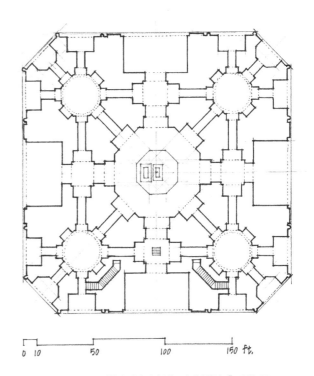

인도 아그라의 뭄타즈 마할이 매장되어 있는 타지마할의 1층. 1632–54

층 평면도(FLOOR PLANS)

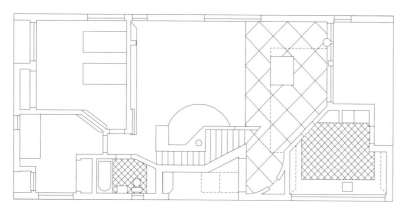

일층 평면도, 베나 벤튜리주택(Vanna Venturi House), 필라델피아, 펜실베니아, 1962, 로버트 벤튜리

:: 디지털 층 평면도

캐드(CAD)를 사용하여 평면도를 작도할 때 평면상의 솔리드하게 채워져 있는 부위와 빈 공간들이 서로 구별되어 나타나도록 신경쓰는 것은 매우 중요한 일이다. 손으로 작도하는 도면과 마찬가지로 여러 종류의 선 굵기를 이용하여 평면에 의해 잘린 부위를 프로파일(외형) 선으로 처리하여 돋보이게 하고 그 밖의 잘린 면 하부에 놓인 요소들이 읽히도록 나타내야 한다.

• 이 평면도는 같은 굵기의 선들로만 처리되었다. 잘린 평면 부위가 어딘지 잘 알 수 없다.

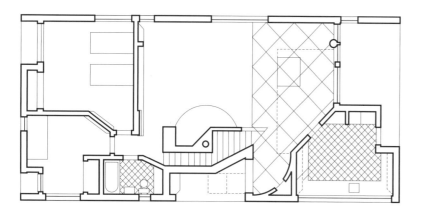

• 이 평면도는 잘린 부위를 프로파일(외형) 선으로 처리하여 강조되었고, 중간굵기선으로 절단면 하부에 수평으로 놓인 면들의 모서리를 나타냈다. 가장 가는 선은 표면에 새겨진 무늬나 섬세한 부위를 나타내고 있다.

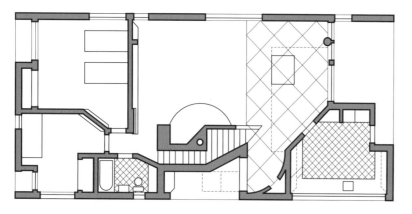

• 이 평면도는 평면도에서 잘린 부위를 색 채우기나 명암의 차이를 줌으로써 공간의 범위를 쉽게 읽히도록 하였다.

캐드로 평면도를 작도할 때 불필요한 색상이나 재질감, 패턴 등을 써서 현실감을 주려고 하면 그 효과는 오히려 좋지 않다. 도면에서 중점을 두어야 할 부분은 가장 기본 정보인 잘린 부위를 명쾌하게 구별시켜 나타내는 것과 그 밖의 요소들이 공간감 있게 표현되는 것이다.

• 작은 작은 스케일의 평면도에서는 특히 솔리드한 부위를 검은색이나 회색 등으로 채움으로써 보이드로 나타나야 하는 공간부위와 강하게 대조시키는 것이 필요할 수 있다.

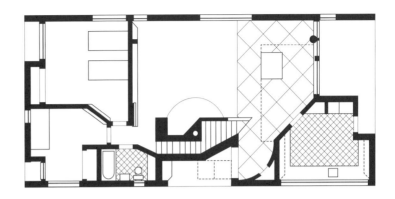

• 디지털 도면의 또 다른 이점은 도면상에서 넓은 영역을 손쉽게 색으로 채울 수 있는 점이다. 특히 주변 맥락으로 부터 평면도가 돋보여야 할 때 유용한 기법이다.

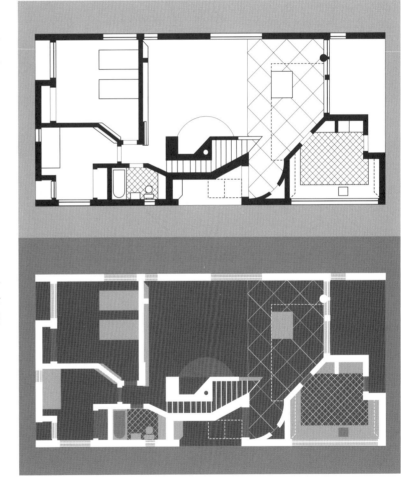

• 이 도면은 도면을 명암으로 채울 때 반전시킨 모습을 보여준다. 가장 솔리드 한 부위가 흰색으로, 그리고 공간 속의 여러 요소들이 여러 단계의 어두운 부위로 표현되었다.

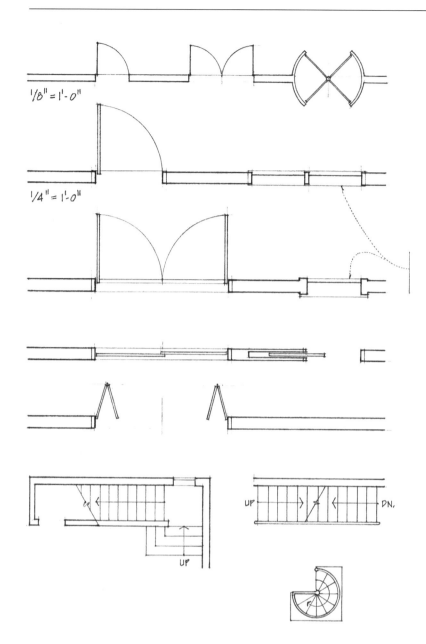

1/8" = 1'-0"

1/4" = 1'-0"

UP

UP

UP ▶ ◀ DN.

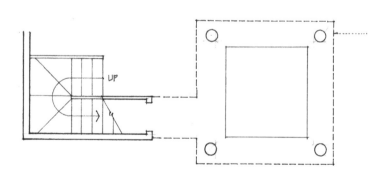

UP

:: 문과 창문

문의 형태는 평면에 나타낼 수 없다. 따라서 경우에 따라 입면도에 의지할 수밖에 없다. 그러나 평면에서는 문의 개구부 치수와 어느 정도의 문틀, 여닫거나 미닫이문의 열리는 범위, 문을 여닫게 하는 장치 등을 나타낼 수는 있다. 예를 들어, 보통 벽으로부터 직각으로 열려 있는 문을 도면에 나타내고 옅은 선을 이용해 문의 궤도를 1/4원으로 표시한다.

창문의 형태 또한 평면에 나타낼 수 없다. 그러나 평면에 창문의 위치와 창문의 폭, 어느 정도의 창틀과 창살 정도는 나타낼 수 있다. 그리고 평면을 자르는 수평면 밑에 위치한 창턱의 모습과 유리의 단면 등은 표현되어야 한다.

:: 계단

평면을 통해 계단의 디딤판들, 계단참 등의 배치를 알 수 있다. 그러나 각 계단 디딤판의 층뒤판들은 볼 수 없다. 그리고 계단이 평면을 자르는 수평면 위로 진행하는 지점까지만 도면에 나타낼 수 있다. 이때 각 디딤판들과 혼돈되지 않도록 사선으로 계단이 잘린 상태를 표시한다. 여기에 화살표로써 보고 있는 평면에서 올라가거나 내려가는 방향을 표시해준다. 평면을 자르는 수평면 위의 요소 중에 끊긴 선을 사용하여 계단이 진행되도록 열린 천정부위 등을 표시한다.

:: 평면을 자르는 수평면 위 또는 아래의 요소들

끊긴 선은 도면에 나타나야 할 주요 건축적 요소들 중에 평면을 자르는 수평면 위에 위치한 요소들을 표시할 때 사용한다. 예를 들어 높은 공간의 낮은 천정부위, 천정의 뚫린 부위, 노출된 보, 천창, 지붕 돌출부위 등이 있다. 끊긴 선은 또한 불투명한 물체로 가려져 안 보이지만 도면에 표시되어야 하는 부분들을 나타낼 때 쓴다. 관례적으로 길게 끊긴 선은 위에 있어 보이지 않거나 의도적으로 어떤 물체를 옮겨 없앤 경우를 표시할 때 쓰고, 짧게 끊긴 선 또는 점선은 어떤 물체가 눈에 보이는 위치에 있으나 다른 것에 의해 가려져 있는 경우를 표시할 때 쓴다.

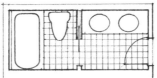

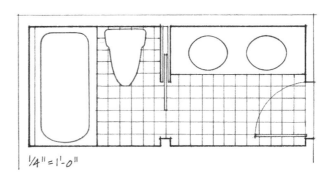

:: **도면의 축척**

우리는 보통 층 평면도를 1/100 이나 1/50의 축척으로 제작한다. 큰 건물 등의 평면은 작은 축척을 사용하고, 건물의 한 방 같이 작은 공간의 경우는 큰 축척을 쓴다. 방 평면은 부엌, 화장실, 계단실과 같은 실내공간의 세부적인 사항들을 디자인하고 프레젠테이션 하는 데 적합하다. 또한 큰 축척의 도면은 바닥면의 소재, 조립, 마무리 등의 세부사항도 기록이 가능하다.

축척이 큰 평면도일수록 더 많은 세부사항들이 표현되어야 한다. 이러한 큰 축척의 평면도는 특히 벽체의 단면 표현에서 벽을 이루는 재료의 두께와 조립 방법 등이 나타나므로 세부사항의 표현은 큰 부분을 차지하게 된다. 특히 벽과 문의 두께, 벽의 끝과 모서리 부분, 계단 등의 부위에 주의하여야 한다. 그러므로 일반적인 건축 시공에 대한 지식은 큰 축척의 평면도를 제작할 때 많은 도움을 준다.

우리는 건축 도면들을 필요한 부분만 잘라 표현할 때도 있다. 예를 들어, 도면이 표현하는 종이의 크기보다 크거나 도면 전체를 나타낼 이유가 없을 때에 필요 없는 부분들을 잘라서 표현한다. 이때에 자르는 부위의 표시를 절단선으로 하며, 긴 선들이 톱니모양의 표시로 연결된 형태를 취한다.

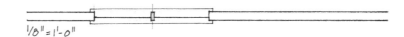

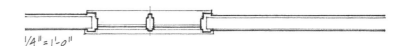

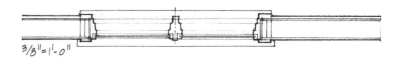

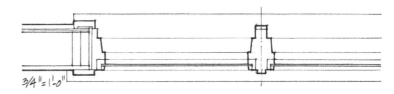

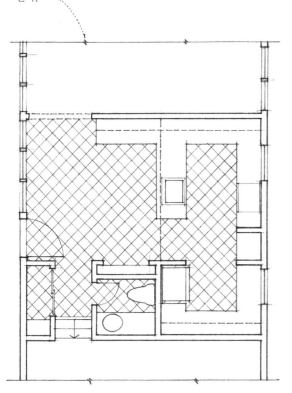

층 평면도(FLOOR PLANS)

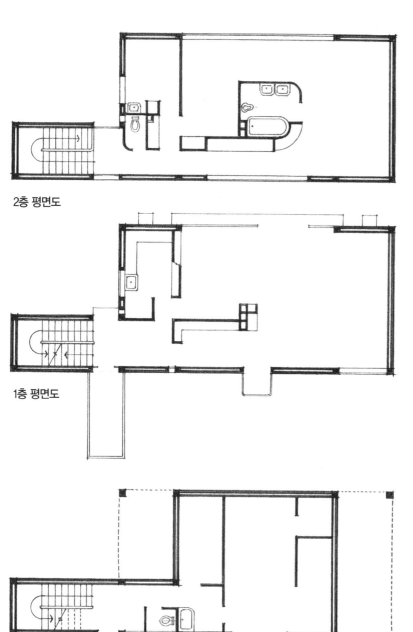

2층 평면도

1층 평면도

진입층 평면도

바우크레송 빌라, 프랑스, 1922, 르꼬르뷔제

가정에 의한 북쪽

:: 도면의 방향

도면을 보는 사람들이 도면 속 건물의 방위를 알게 하기 위하여 도면에 방위표를 표시한다. 그리고 보통 평면의 상부가 북쪽을 향하게 지면에 배치한다.

도면의 수직 축이 북쪽으로부터 45° 이내로 서쪽이나 동쪽으로 기운 경우, 북쪽과 가까운 수직 축의 상단을 북으로 가정하고, 입면도의 명칭을 예를 들어 장황하게 '북북서측 입면도'와 같이 호칭하지 않고, '북측 입면도'로 호칭한다.

또한 가능하면 실내로 진입하는 입구의 방향이 지면의 위쪽을 향하게 도면의 방향을 정하는 것이 좋다. 상세 평면도가 전체 평면의 일부일 때, 두 평면도들이 지면에서 향하는 방향이 일치하도록 하고, 이후 모든 평면들은 이 방향을 가능한 한 따르도록 한다.

:: 도면의 배치

여러 층을 갖은 건물의 평면도들을 배치할 때에는 서로 수직이나 수평으로 나열하여 배치한다. 수직으로 배치할 경우 가장 낮은 층이 하단에 오게 순서대로 배치하고, 수평일 경우 낮은 층을 왼편에 두어 좌에서 우로 읽을 수 있도록 배치한다.

위의 두 방법으로 배치할 경우 이들을 쉽게 읽을 수 있고, 순차적으로 건물을 접근하도록 도와준다.

1층 또는 진입 층은 건물 입구 주변의 관계되는 외부 공간들, 예를 들어 안 뜰이나 건물 주변의 조경, 건물 진입부의 인도 등을 표현하여 그 공간들이 건물의 일부와 다름없음을 나타내도록 한다.

건물 천정의 모습을 평면도의 개념으로 도면에 나타내려면, 수평면에 의해 건물을 자른 후 건물 위 부분을 180° 뒤집어서 일반 평면도와 같은 방법으로 쳐다보아야 할 것이다. 그러나 이 경우 얻어지는 결과는 건물의 형태를 거울로 비추어 본 것과 같게 된다. 즉, 건물 외곽의 형태와 방향이 일반 평면도의 정 반대가 되므로 실제 사용자의 경험과는 거리가 멀고, 제작하기 어려울 뿐만 아니라 일반 평면도들과 큰 혼돈을 일으킬 소지가 있다. 따라서 이론상으로는 이것이 천정 평면도이지만 실제 건축에서는 다음의 기법을 천정 평면도라고 일컫는다.

:: 천정 평면도

일반 평면도와 같은 방향성과 형태를 유지하기 위해서 실내 바닥 면에 큰 거울이 놓여 있다고 가정한 상태에서 일반 평면도를 제작하는 방법을 건물의 천정 평면도로 작도한다고 한다. 천정 평면도는 편의상 천정도라고 하기도 한다.

실내외 천정의 형태나 소재, 전등의 위치, 노출된 구조와 설비의 모습, 그리고 천창이나 천정의 열린 부위나 높낮이의 차이 등을 나타낼 때 천정 평면도가 쓰이게 된다.

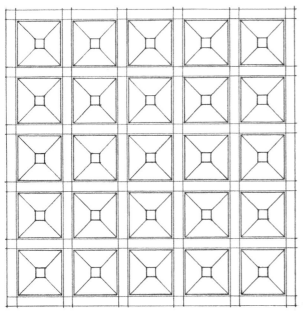

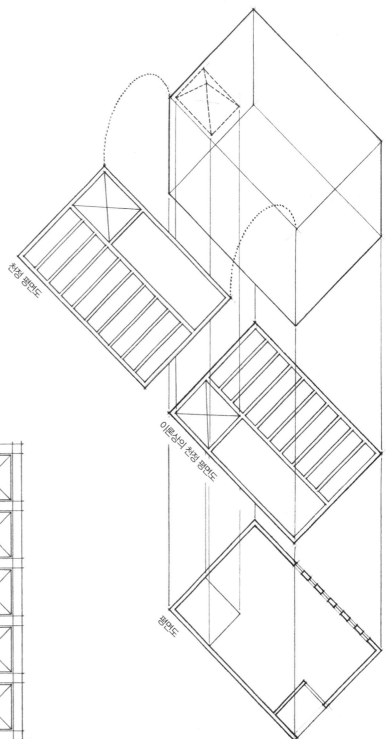

천정 평면도

이론상의 천정 평면도

평면도

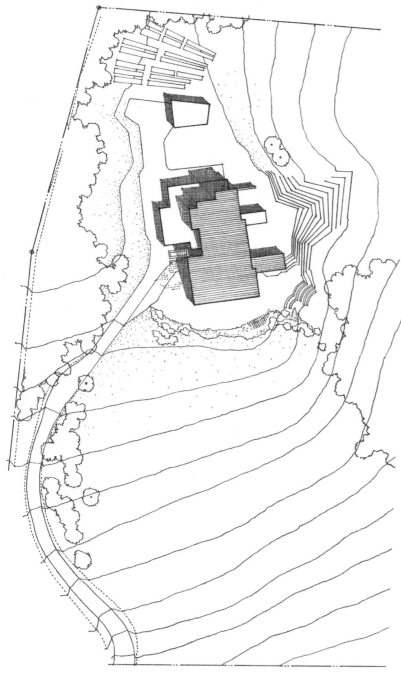

배치도, 까레 주택, 프랑스, 1952~56, 알바 알토

배치도는 건물 또는 건물군의 대지상의 위치와 방향, 그리고 건물 주변의 상황 등을 나타내는 평면도이다. 이때 대지의 위치가 도심지 또는 변두리라 하더라도 다음 사항들을 배치도에 나타내야 한다.

• 긴 선들 사이에 두 점으로 연결된 형식의 대지 경계선 표시
• 대지의 높낮이 나타내는 등고선
• 대지 내의 자연경관을 이루는 나무, 조경 등과 호수, 개천과 같은 물의 위치
• 대지 내에 있거나 앞으로 계획될 인도, 길, 마당과 같은 인공 건조물
• 계획될 건물에 영향을 끼칠 만한 구조물

그리고 다음 사항들을 포함시킬 수도 있다.

• 각종 규제사항들을 나타내는 표시선
• 현재 있거나 계획될 도시 설비 및 시설들
• 차량이나 보행자 진입구 또는 통로
• 영향력 있는 환경적 요소들

:: 축척
대지 전체를 나타내는 배치도의 규모와 건물들만 주로 다루는 다른 도면들과의 차별성을 고려할 때, 대부분의 배치도는 평면도, 입면도, 단면도들과 같은 건물 도면들보다 훨씬 작은 축척을 사용한다. 그러나 배치도의 축척은 건물의 규모와 사용되는 지면의 크기에 따라 결정되어져야 하며 큰 축척의 배치도인 경우, 1층이나 진입 층의 평면을 배치도에 나타내는 경우도 있다. 이 경우, 건물의 내부와 외부와의 밀접한 관계를 설명하기에 적합하다.

:: 도면의 방향
배치도와 평면도들은 보통 같은 방향성을 유지하여 일관되게 한 건물을 이해시킬 수 있도록 한다.

:: 지붕 평면도

배치도는 보통 건물 또는 건물군의 지붕 모습을 보여준다. 지붕 평면도는 특히 건물의 형태와 지붕의 모습, 그리고 지붕에 있는 건축적 요소들인 지붕 재료, 천창, 굴뚝, 옥탑 시설 등을 보여준다.

축척에 따라 다르지만 대게 지붕의 재료를 표현하면서 명암을 주어 건물 지붕의 질감, 형태 등을 나타낼 수 있다. 따라서 배치도나 지붕 평면도를 계획할 때 표현상의 기법을 통해 명암 표현의 정도 등을 세심하게 고려해야 한다. 어떻게 표현하는지에 따라 건물의 형태 및 건물의 일부분, 또는 건물을 둘러싸고 있는 주변 환경들을 강조시켜 표현할 수도 있다.

:: 깊이의 묘사

명암의 대조를 통해 건물이 건물주변 공간으로부터 돋보이게 하는 방법에는 크게 두 가지가 있다. 건물을 진하게 묘사하여 밝은 주변으로부터 돋보이게 하는 것이다. 이 방법은 지붕의 재료나 모습을 나타내는데 자연스럽게 명암과 질감 표현을 얻게 되어 주변과 대조되는 경우에 적합하다.

두 번째 방법은 건물이 밝아 주변의 어두움과 대조되도록 묘사하는 것이다. 이 방법은 건물 그림자의 묘사를 통해 건물 형태를 돋보이게 하는 경우와 건물주변 공간의 자세한 묘사를 통해 명암을 얻어 건물과 대조를 이룰 수 있는 경우에 적합하다.

지표면의 등고를 입체감 있게 표현하려면 지표면의 점증적인 상승 또는 하강에 어울리도록 등고선에 따라 명암의 농도를 조절할 수 있다. 쉽게 등고선에 명암을 넣기 위한 방법 중 하나로 등고선과 직각이 되는 해칭을 하는 방법이 있다.

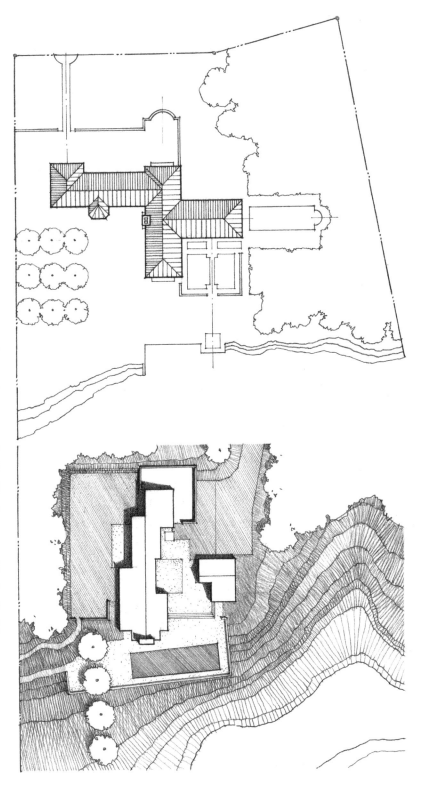

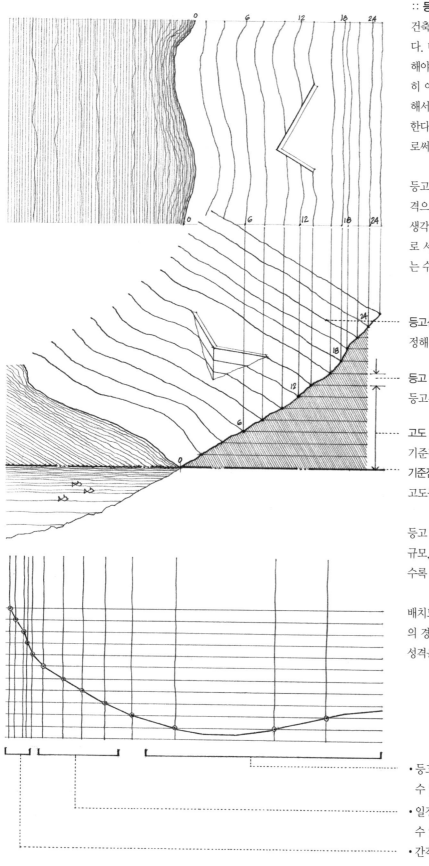

:: **등고선**

건축 설계는 주변 대지의 환경적 여건에 많은 영향을 받는다. 따라서 대지의 높낮이, 대지의 형태, 지세 등을 도면화해야 한다. 일련의 대지 단면도들을 제작하면 대지를 자세히 이해할 수 있을 것이다. 그러나 이 방법이 배치도를 통해서 대지의 높낮이 정보를 동시에 이해하도록 하지는 못한다. 그러므로 우리는 등고선을 배치도에 함께 표시함으로써 대지의 특성을 쉽게 이해할 수 있다.

등고선을 쉽게 이해하기 위해서 지표면을 일정한 수직 간격으로 잘랐을 때 잘린 부위들이 나타내는 외곽선들이라고 생각하면 된다. 따라서 등고선들은 항상 연속적이고 절대로 서로 교차하지 않는다. 평면도에서 그들이 겹치는 경우는 수직면을 나타낼 때이다.

등고선
정해진 고도를 표시하는 가상의 선

등고 거리
등고선간의 수직 치수

고도
기준점으로부터의 수직 치수

기준점
고도를 재기위한 시작점

등고 거리는 도면의 축척에 의해 정해지고 도면 내 대지의 규모, 그리고 대지의 형태에 따라 달라진다. 이 치수가 클수록 경사도가 급하고 등고 간의 수직 격차가 크다.

배치도나 지도에 표시되어 있는 등고선 간의 간격은 대지의 경사와 윤곽을 나타낸다. 이 간격들을 봄으로써 대지의 성격을 알 수 있다.

• 등고선의 간격이 넓을수록 경사가 완만하고 평평함을 알 수 있다.

• 일정한 간격의 등고선들은 경사가 일정하게 유지됨을 알 수 있다.

• 간격이 좁을수록 경사가 급해진다.

[연습 6.8]

다음 도면을 두장 복사하여 배치도의 명암 표현을 통해 도면을 잘 읽히도록 해보되, 두 가지 접근 방식으로 표현하여 실내공간들과 실외공간을 각각 강조해보자. 첫 번째는 건물을 진하게 묘사하고 외부 주변을 밝게 나타내자. 두 번째는 대지의 명암표현이 밝게 표현된 건물과 시각적 대조를 이루게 표현해보자.

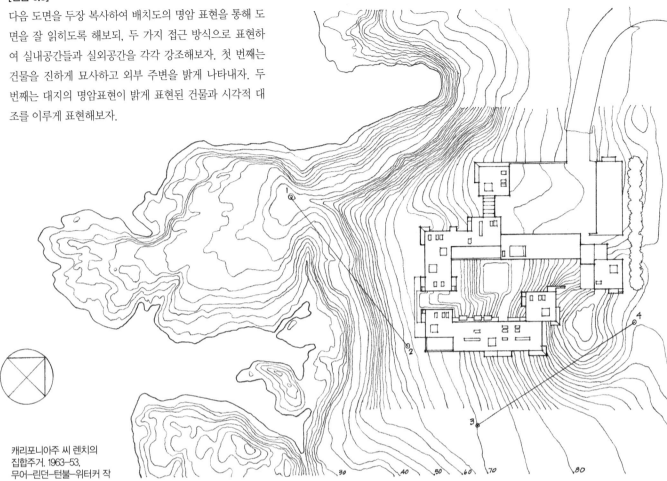

캐리포니아주 씨 렌치의
집합주거, 1963–53,
무어–린던–턴불–위터커 작

[연습 6.9]

위 도면의 점 1에서 점 2상의 선은 다음 4개 중 어느 대지의 단면과 일치할까? (A), (B), (C), (D)

[연습 6.10]

위 도면의 점 3에서 점 4상의 선은 다음 4개 중 어느 대지의 단면과 일치할까? (A), (B), (C), (D)

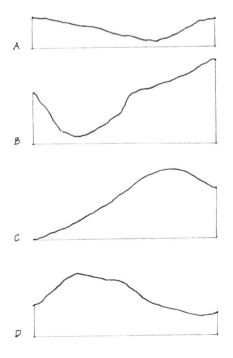

입면도(ELEVATION DRAWINGS)

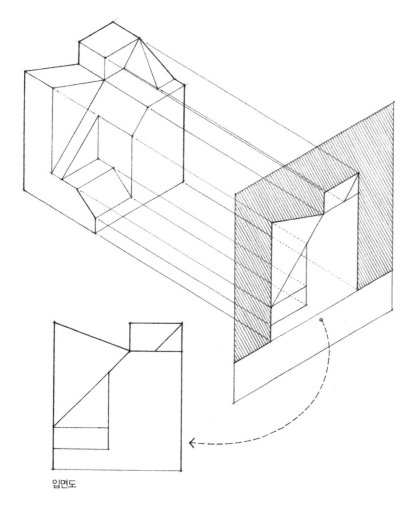

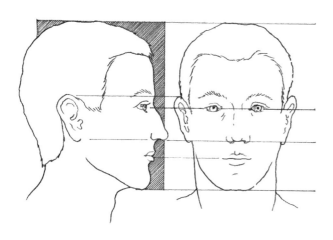

입면도

입면도는 사물이나 구성물의 한 수직면을 수직 화상면과 평행한 위치에서 정투영하여 나타낸 도면이다. 다른 정투영도들과 마찬가지로 화상면과 평행을 이루는 면의 치수, 형태, 비례 등은 실제와 같게 도면에 나타난다. 반대로, 화상면과 평행하지 않고 기울었거나 구부러진 면은 실제 치수보다 짧게 나타난다.

입면도는 사물의 3차원 형태를 2차원 상으로 단순화시킨다. 평면도와는 달리, 입면도는 우리가 서서 보는 시야의 위치와 비슷한 결과물을 준다. 그리고 단면도와는 달리, 사물의 한 부분을 자른 상태로 보는 것은 아니다. 하지만 입면도는 사물의 외곽을 도면화한 것으로, 사물의 외모를 자연스럽게 표현한다. 이렇게 입면도는 현실적으로 우리 눈에 보이는 것과 비슷한 점을 갖고 있지만, 사물이 시야로부터 멀어짐에 따른 치수의 변화 등은 나타나지 않는다. 따라서 도면의 기법에 의하여 필요한 입체감을 나타내야 한다.

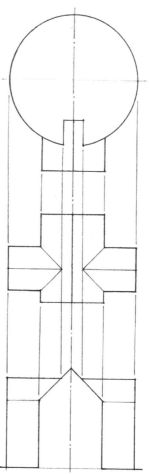

건물의 입면도는 건물의 한 수직면을 수직 화상면과 평행한 위치에서 정투영하여 나타낸 도면이다. 보통 건물의 중요한 한 면을 화상면과 평행하게 배치한 것을 가정하여 도면을 제작한다.

건물 한 면의 외곽 형태를 하나의 정투영도로 보여주는 건물의 입면도는 건물의 수직면을 강조하게 된다. 이것을 통해 건물의 형태, 양감, 비례, 재료나 질감, 표면의 무늬나 모양, 그리고 창문과 문의 치수, 형태뿐만 아니라 그 위치도 표현된다.

건물의 입면도는 건물이 서있는 대지와의 관계를 확실하게 보이기 위해 언제나 건물이 서 있는 부위와 그 주변 대지 단면의 모습을 포함한다. 이 단면을 자르는 수직 화상면은 건물보다 약간 전면부에 있다고 가정한다. 이 거리는 건물 전면에 어떤 구성물을 입면에 포함시킬 것인지, 대지 단면의 위치에 따른 건물 입면 표현의 제약 등을 고려하여 결정한다.

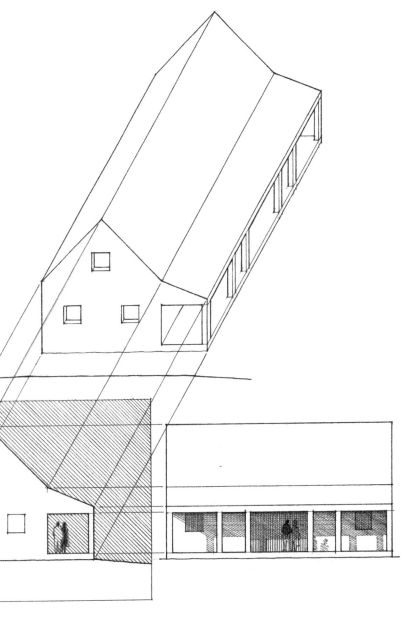

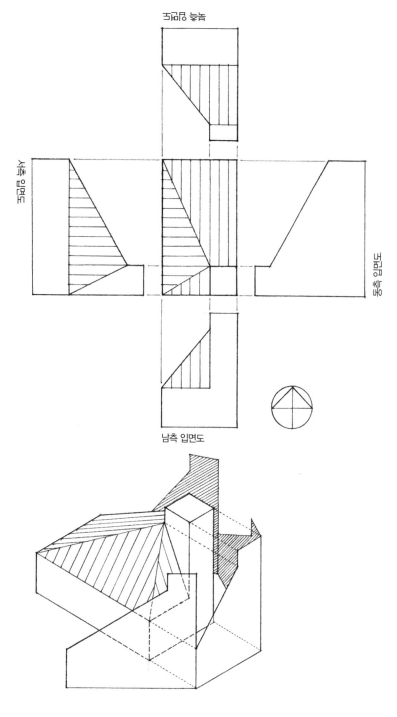

북측 입면도

서측 입면도

동측 입면도

남측 입면도

:: **배치**

건물을 관찰해보면 여러 개의 입면들이 서로 연관성을 갖으며 건물을 이루는 것을 발견한다. 이것을 이론적으로 보기 위해 각각의 입면들을 나타내는 수직 화상면들을 각각 땅 표면 위에 90° 회전하여 대지에 펼쳐놓았다고 가정할 수 있다. 이때, 각 도면들을 평면을 중심으로 배치하면 입면도들의 연계성을 볼 수 있고, 건물 전면부의 성격에 따라 입면도들의 순서와 배치를 정하게 된다.

입면도는 건물의 외형뿐만 아니라 외관을 이루는 작은 부분들과 전체와의 관계, 건물과 관계된 외부사항들 등을 보여주지만 건물 내부의 것은 잘 나타나지 않는다. 하지만 한 축을 중심으로 대칭형인 건물은 단면과 입면을 한 도면에 함께 표현할 수 있다.

:: **도면의 방향**

입면도에서 보고 있는 건물의 부위를 알리기 위해 건물 정면인지의 여부나 방위에 따라 입면도에 명칭을 주게 된다. 이때 대지의 주변 상황을 명칭에 이용하기도 한다.

건축 도면에서 건물의 입면도를 방위에 따라 명명할 때, 건축 설계에 많은 영향을 미치는 태양의 위치나 기후의 방향성 등 건축 계획적 요소들까지 내포하게 되므로 신중을 기하여 명명하도록 한다. 대부분의 경우, 건물 입면이 향하고 있는 방위를 이용하여 그 입면의 명칭을 부여하는데, 예를 들어 한 건물의 입면이 북쪽을 향하고 있을 경우 그 입면을 '북측 입면도'라고 할 수 있다. 만약 건물 입면의 방향이 방위 축과 45° 이내로 기운 경우에는 건물 입면이 방위 축에 있다고 가정하여 복잡한 명칭을 붙이지 않도록 한다.

건물의 입면이 대지에서 주목할 만한 상황과 연관될 때에는 그것을 이용하여 입면 명칭을 붙일 수도 있는데, 예를 들어 건물의 파사드(facade)로서 중요한 길을 향한 경우 '태평로 입면' 등으로 명칭할 수 있다.

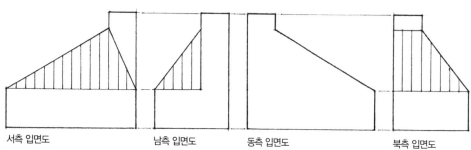

서측 입면도   남측 입면도   동측 입면도   북측 입면도

:: **도면의 축척**

건물의 입면도는 보통 건물의 평면도의 축척과 같으며 대게 1/100, 1/50 등을 사용한다. 규모가 큰 거물이거나 건물군일 경우 작은 축척을 쓰고 실내 입면도이거나 작은 부위일 경우 큰 축척을 쓴다. 실내 입면도는 특히 공간의 세부 상세나 부엌, 화장실, 계단실과 같은 부분을 보여주는 데 필요하다.

도면의 축척이나 스케일이 클 경우 더욱 많은 세부사항을 보여줘야 한다. 특히 벽면의 재료나 표면 상태, 문이나 창문의 형태, 지붕재료 등은 많은 세부적인 형태를 가지므로 주의해야 한다. 재료의 질감이나 무늬, 부재의 두께와 연결부위, 재료가 노출된 경우의 끝마무리, 모서리의 조립형태 등 세부적인 요소들을 나타내는 것은 건물을 형성하는 중요한 방법들이므로, 각별한 주의가 필요하다. 그러므로 일반적인 건축 시공에 대한 지식은 큰 축척의 입면도를 제작할 때 상당히 많은 도움을 준다.

또한 사람의 모습을 입면에 포함시키면 건물의 스케일을 이해하는 데 빠른 도움을 주며 건물 사용에 대한 느낌을 전달해 준다.

건물의 입면도 (BUILDING ELEVATIONS)

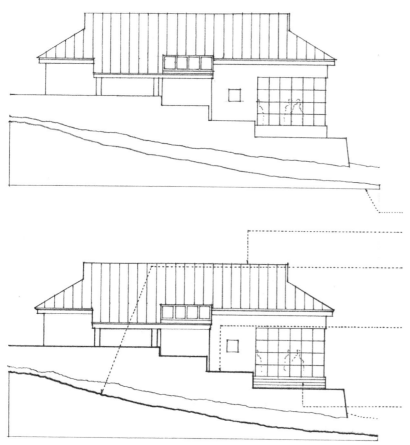

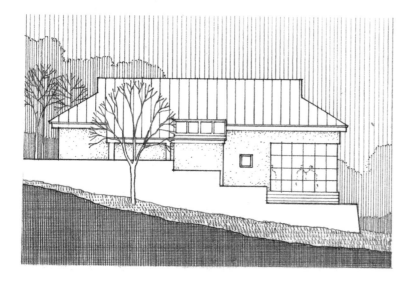

:: 깊이의 묘사

화상면에 정투영 되어 그려지는 도면은 주로 선을 찾는 과정으로써 공간의 깊이를 내포하고 있지는 못하다. 거리에 상관없이 화상면과 평행한 사물의 면과 선들은 모두 실제 치수를 나타내기 때문이다. 따라서 공간의 깊이와 원근을 보여주기 위하여 선의 위계질서와 명암의 표현 등을 사용한다. 이 중 어떤 기법을 선택할 것인지는 입면도의 축척, 표현의 도구, 그리고 입면의 질감과 재료 표현 내용 등에 달려 있다.

옆의 도면들은 입면도에서 표현할 수 있는 공간 깊이의 묘사 방법들을 예시하고 있다.
• 하나의 선 굵기로만 표현되어 깊이 묘사가 부족하다.
• 선의 위계질서를 사용하여 깊이의 묘사를 하고 있다.

• 가장 눈에 띄는 굵은 선은 건물 전면에 잘려 있는 대지의 단면을 보여주는 선이다. 이 선을 건물 주변 밖으로 연장하여 건물이 서 있는 주변 공간과 표면을 설명한다.
• 다음으로 눈에 띄는 굵은 선은 보는 이의 시야에서 가장 가까운 물체 면의 경계를 보여준다.
• 사물을 표현할 때 공간 속의 위치를 감안하여 선의 굵기를 점차 조절하면서 공간의 깊이를 표현한다.
• 가장 섬세한 선들은 표면상에 있는 선들이다. 이 선들은 사물의 형태나 외곽에 영향을 주지 않는다. 다만, 시각적인 효과를 통해 표면의 질감을 나타낸다.

명암의 표현을 통해 그림자와 그늘을 표현할 수 있고 도면에서의 세 가지 공간의 구분을 나타낸다. 이 세 가지는 대지 단면선과 건물입면 사이 공간의 근경, 건물이 놓여 있는 공간인 중경, 그리고 건물의 배경인 하늘, 조경, 건물 뒤편의 구조물 등이 있는 원경이다.

• 우선 사용될 명암의 구분을 설정한다. 그리고 근경과 원경을 구분 지을 명암 대조의 정도를 정한다.
• 가까운 부위를 어둡게 시작하여 멀어짐에 따라 환해질 수 있고, 그 반대를 선택할 수도 있다.
• 명암의 대조를 통한 깊이감의 표현을 활용하도록 하고 예리한 명암의 대조로써 사물을 앞으로 돌출시키고 대조를 낮추어 원경으로 후퇴시킨다.
• 대기에 의한 원근효과에 따라 근경에 위치한 사물의 질감과 재료를 돋보이게 표현하고 원경에 있는 사물들의 윤곽과 질감은 약하게 표현한다.
• 화상면과 가깝게 위치한 물체일수록 세부사항을 예리하고 확실하게 표현하여 시선을 끌도록 한다.

∷ 깊이감을 주는 시각적 신호

지금까지는 선의 굵기와 명암의 단계를 둠으로써 입면도에서 공간 깊이의 묘사가 이뤄지는 것을 보았다. 다음으로는 보다 추상적이면서도 독립된 형태로 깊이감을 살려주는 시각적 신호들을 다룰 필요가 있다.

- 외형선의 연속: 어떤 사물의 외형선이 다른 사물의 외형을 가리면서 그려져 있는 경우 그 물체가 다른 물체보다 앞에 놓여 있는 것으로 이해된다. 시각적 현상에 의해서 사물들 간의 전후 관계를 이해하게 되는데, 우리는 이러한 시각적 신호를 간단히 겹침이라고 파악한다.

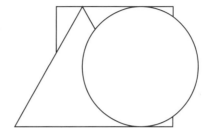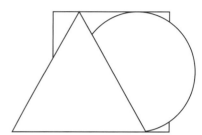

- 겹침 효과 한 가지만으로는 상당히 얄팍한 공간상의 전후관계를 나타낸다. 따라서 겹침과 더불어 선굵기의 변화를 더불어 사용하면 그 깊이감은 증가한다. 두껍거나 강한 외형선을 갖은 사물은 그렇지 않은 다른 사물들보다 더 앞에 놓여 있는 것으로 보인다.

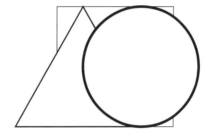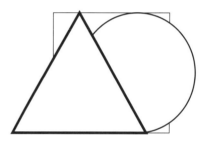

- 대기에 의한 원근효과: 점증적으로 줄어드는 색상, 명암의 정도, 그리고 대조감은 보는 사람의 눈으로부터 멀어지고 있다는 증거가 된다. 보는 사람의 눈 전면에 놓인 사물은 선명한 색상과 명암을 갖는다. 그것보다 멀어짐에 따라 색상이 옅어지게 되고 명암의 대조는 부드러워진다. 따라서 배경으로 나타나는 요소들은 대체로 회색톤으로 무디고 희미하게 표현되기 마련이다.

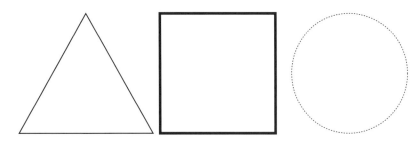

• 희미해짐에 의한 원근효과: 이 깊이감을 주는 시각적 신호는 일반적으로 선명해 보이는 것이 그렇지 않은 것보다 가깝게 놓여 있는 것으로 느껴지는 현상이다. 도면상에서 이 효과를 주기 위해서는 모서리들을 선명하지 않게 또는 약하게 처리하는 것이다. 얇은 선으로 처리한다든지 아니면 점선 또는 끊긴선으로 사물의 모서리를 나타내는 것이 일반적이다.

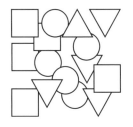 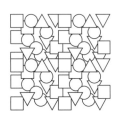 

• 질감에 의한 원근효과: 표면에 보이는 질감은 거리가 멀어질수록 그 밀도가 커져 선명해 보이지 않게 된다. 표면 질감을 나타내는 요소들의 크기나 간격들을 점증적으로 조절함으로써 원근감과 깊이감에 차이를 줄 수 있다. 예를 들어 가까이에서는 선명히 보이는 무늬의 요소들이 줄어들어 점차 패턴으로 읽히게 되고, 더 멀어지면 회색톤으로 단순화될 수 있다.

• 빛과 그림자: 급격한 차이를 두고 밝기의 변화가 사물에 나타나면 사물의 모서리와 그 배경 사이에 완충공간이 있음을 암시한다. 이것을 이용하여 사물들의 겹침과 원근감을 돋보이게 할 수 있다. 본 책의 p.176–182에 추가 내용이 수록되어 있다.

• 이밖에 깊이감을 주는 시각적 신호에 대해서 본 책의 p.84–95에 추가내용이 수록되어 있다.

[연습 6.11]

다음 입체적으로 표현된 건물 도면을 보고 1/100의 축척으로 남측과 동측 입면도를 제작해보자. 선의 위계질서로써 공간의 깊이를 표현하고 앞으로 돌출한 부위를 적절하게 표현해보자.

[연습 6.12]

위의 연습에서 얻은 도면에 부위별로 적절한 명암의 대조를 주어 건물의 형태를 강조하면서 동시에 세 가지 공간의 구분인 근경, 중경, 원경을 표현해보자.

[연습 6.13]

트레이싱지를 사용하여 입면도를 같은 축척으로 다시 제작하고, 명암의 무늬나 부위별 명암 대조의 차이를 다양하게 시도하여 건물 내 돌출 부위를 표현하는 연습을 해보고, 어떤 방법이 가장 적절했는지 살펴보자.

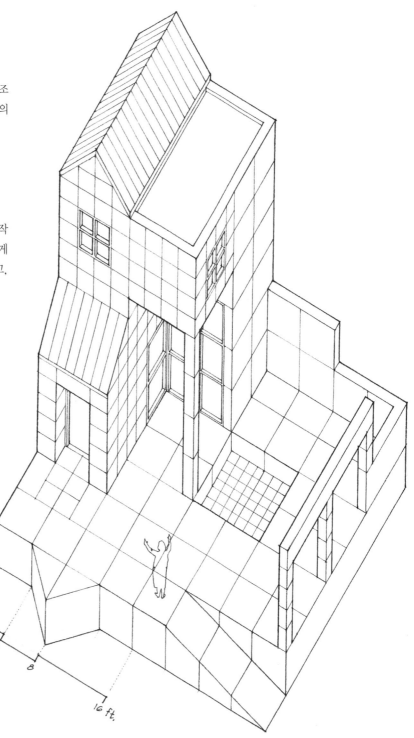

단면도 (SECTION DRAWINGS)

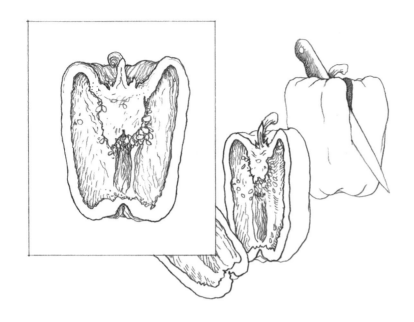

단면도는 어떤 사물이 한 면에 의해 잘린 모습을 화상면에 정투영한 도면이다. 이때 사물을 자르는 면을 화상면이라고 이해해도 결과는 같게 된다. 단면도를 통해 사물 내부의 재료, 구성, 또는 조립 등을 볼 수 있다. 이론적으로는 자르는 면의 방향과 위치는 정해져 있지 않으나 사물을 또한 잘라서 보는 평면도와 구분하기 위하여 단면도에서 자르는 면은 보통 수직이고 그것을 보는 방향은 수평선상이라고 가정한다. 다른 정투영도들과 마찬가지로 화상면과 평행한 면의 치수와 형태, 비례 등은 실제와 같게 나타난다.

단면도는 입면도와 마찬가지로 3차원 공간상의 형태의 복합성을 2차원으로 단순화시킨다. 단면도는 건물의 시공에서의 세부사항들과 가구의 조립이나 구성을 설명할 때 많이 쓴다. 또한 이것을 통해 건물에 있어서 채워진 곳과 빈 곳의 관계를 볼 수 있게 하고 발전시키는데, 여기서 채워진 곳은 공간을 만들어내는 건물의 벽, 바닥, 지붕 구조 등의 물체들이고, 빈 곳은 그 물체들이 만들어내는 내부 공간들이 된다. 또한 만들어지는 공간의 크기와 비례, 재료의 치수 등은 건물을 이해하고 설명하는 데 매우 중요한 의사소통 수단이기도 하다.

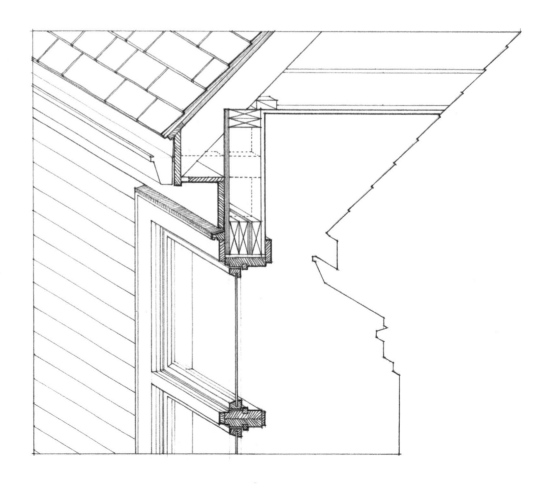

건물의 단면도는 건물을 수직으로 자른 후 잘린 부분을 제거하고 나머지 부분을 수직 화상면에 평행하게 배치한 후 정투영하여 나타낸 것이다.

건물의 단면도는 건물 입면도를 제작할 때의 이론으로 건물 평면도를 표현하듯이 제작한다. 건물의 벽과 바닥, 지붕구조, 창호, 문 들을 자를 때 잘린 부재들의 단면과 내부 공간을 그대로 보여주고 건물구조, 건물의 외피, 건축 부재 사이의 공간들 등을 표현한다. 단면을 통해 공간의 치수와 형태, 실내공간들의 비례, 문과 창문들에 의한 실내외 공간들의 연결성과 과정들, 바닥 열림 등에 의한 공간의 수직 통로 등 모두가 표현될 수 있다. 그리고 건물을 자르는 면 뒤에 펼쳐진 실내공간의 배경이 되는 벽 표면의 모습과 공간에 놓인 사물들 등의 표현은 공간을 묘사하는 중요한 부분이기도 하다.

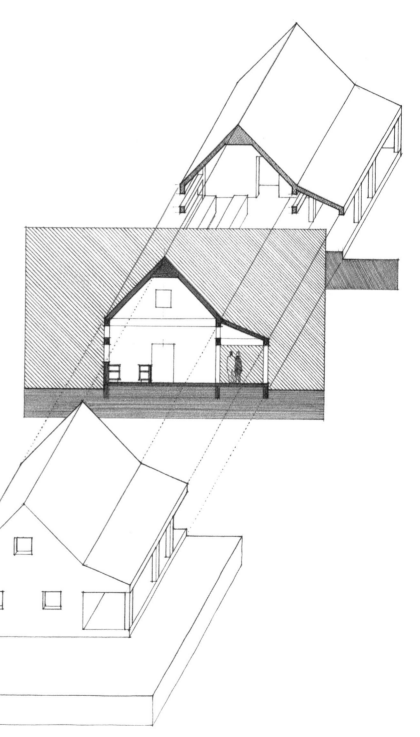

건물의 단면도 (BUILDING SECTIONS)

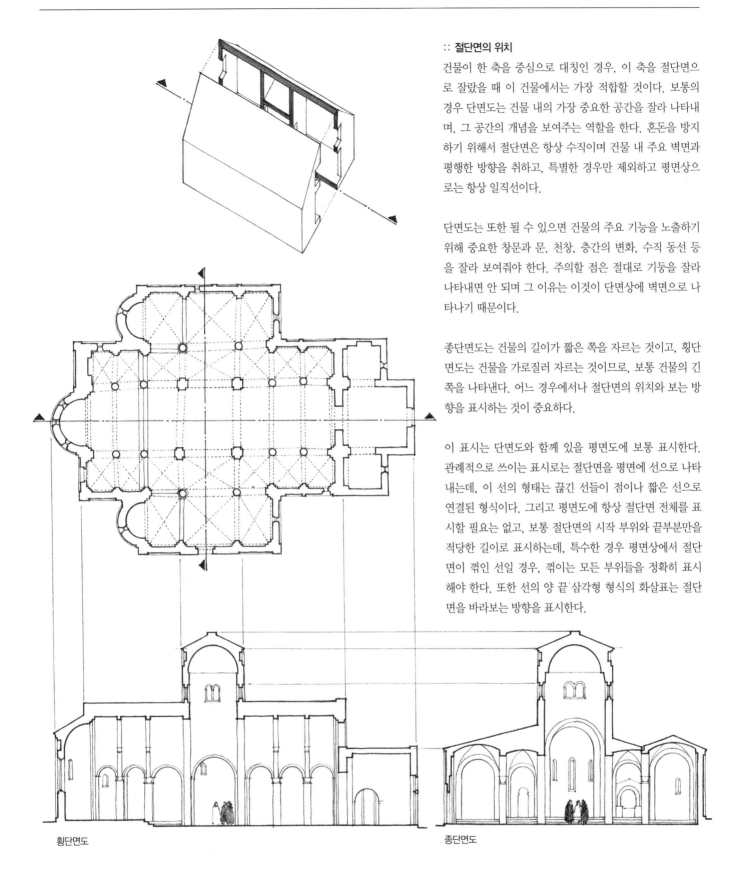

횡단면도

종단면도

이탈리아 폴토노보의 산 마리아 교회, 12세기

∷ 절단면의 위치

건물이 한 축을 중심으로 대칭인 경우, 이 축을 절단면으로 잘랐을 때 이 건물에서는 가장 적합할 것이다. 보통의 경우 단면도는 건물 내의 가장 중요한 공간을 잘라 나타내며, 그 공간의 개념을 보여주는 역할을 한다. 혼돈을 방지하기 위해서 절단면은 항상 수직이며 건물 내 주요 벽면과 평행한 방향을 취하고, 특별한 경우만 제외하고 평면상으로는 항상 일직선이다.

단면도는 또한 될 수 있으면 건물의 주요 기능을 노출하기 위해 중요한 창문과 문, 천창, 층간의 변화, 수직 동선 등을 잘라 보여줘야 한다. 주의할 점은 절대로 기둥을 잘라 나타내면 안 되며 그 이유는 이것이 단면상에 벽면으로 나타나기 때문이다.

종단면도는 건물의 길이가 짧은 쪽을 자르는 것이고, 횡단면도는 건물을 가로질러 자르는 것이므로, 보통 건물의 긴 쪽을 나타낸다. 어느 경우에서나 절단면의 위치와 보는 방향을 표시하는 것이 중요하다.

이 표시는 단면도와 함께 있을 평면도에 보통 표시한다. 관례적으로 쓰이는 표시로는 절단면을 평면에 선으로 나타내는데, 이 선의 형태는 끊긴 선들이 점이나 짧은 선으로 연결된 형식이다. 그리고 평면도에 항상 절단면 전체를 표시할 필요는 없고, 보통 절단면의 시작 부위와 끝부분만을 적당한 길이로 표시하는데, 특수한 경우 평면상에서 절단면이 꺾인 선일 경우, 꺾이는 모든 부위들을 정확히 표시해야 한다. 또한 선의 양 끝 삼각형 형식의 화살표는 절단면을 바라보는 방향을 표시한다.

:: **실내 입면도**

실내 공간의 중요한 실내 벽면을 수직 화상면에 정투영한 것이 실내 입면도이다. 대계의 경우 건물 단면도에 포함시키는 내용이지만 독립적으로 내부 시설, 장식물, 창호 등 실내 입면을 중심으로 표현할 수도 있다. 이 경우, 건물이 잘린 단면을 강조하지 않고, 자른 면에 의해 나타나는 실내 벽의 경계선만 강조한다.

:: **축척**

실내 입면도의 축척은 같이 공존하는 평면도와 일치시키는 것이 상례이고, 세부사항을 나타내기 위하여 더 큰 축척을 쓸 수도 있다.

:: **도면의 방향**

실내 입면도의 명칭은 보통 실내에서 사용자가 쳐다보는 방향에 따라 명칭한다. 즉, 실내 벽면을 보기 위해 북쪽을 향해 본다면 그 벽면은 '북측 입면도'가 된다. 다른 방법으로는 각각의 실내 입면도들을 평면도에 표시된 방향표에 따라서 명칭을 붙인다.

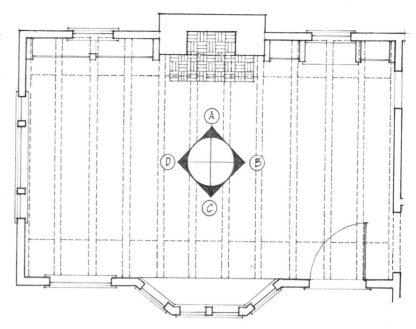

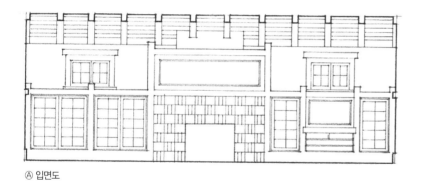

Ⓐ 입면도

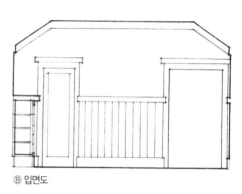

Ⓑ 입면도

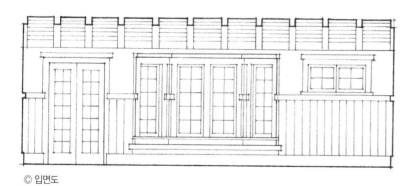

Ⓒ 입면도

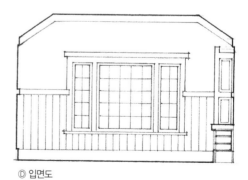

Ⓓ 입면도

건물의 단면도 (BUILDING SECTIONS)

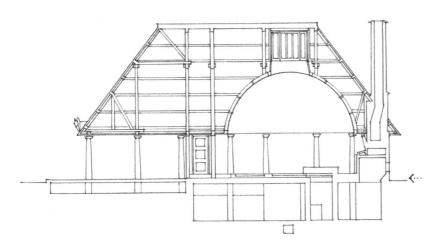

:: 단면 선

평면도에서와 같이, 빈곳과 채워진 곳의 구분은 건물의 단면에서 빈 곳인 공간과 그것을 감싸고 있는 물체인 건물을 나타내는 중요한 사안이다. 또한 공간의 깊이를 나타내려면 입면도에서와 같이 선의 위계질서와 명암 표현 등을 사용해야 한다. 이 중 어떤 기법을 선택할 것인지는 단면도의 축척, 표현하는 소재, 그리고 표현하고 싶은 채워진 곳과 빈 곳간 대비의 정도 등에 달려 있다.

옆의 도면들은 선으로만 작도된 단면도에서 잘린 물체를 눈에 띄게 표현하는 기법을 예시하고 있다.

• 이 단면도는 하나의 선 굵기로만 표현되었다.

• 이 단면도는 선의 위계질서를 사용하여 공간의 깊이를 나타낸다.

• 가장 굵은 선은 잘린 단면 중에서 보는 눈에 가장 가까운 것을 나타낸다.

• 중간 단계의 선은 잘린 면 뒤에 위치하는 면들의 경계 및 사물의 윤곽을 나타낸다. 사물이 눈으로부터 멀어지면서 점차 선이 얇아진다.

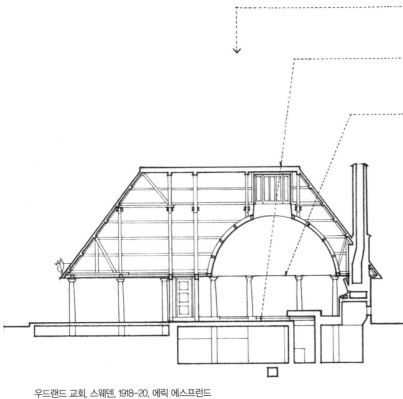

우드랜드 교회, 스웨덴, 1918-20, 에릭 에스프런드

• 가장 섬세한 선들은 표면상에 있는 선들이다. 이 선들은 사물의 형태나 외곽에 영향을 주지 않는다. 다만, 시각적인 효과를 통해 표면의 질감을 나타낸다.

:: 채우기 (Poché)

단면도에서 잘린 부위의 표면은 앞에서 지적한 바와 같이 중요한 의미를 내포하고 있으므로 특히 명암을 곁들인 단면도에서는 그 부위에 대한 확연한 대조가 필요하다. 여기에서 궁극적 목적은, 채워진 것과 빈 것이 보여주는 선명한 '형태-배경'의 암시와 건축에 의한 공간의 형성을 표현하는 것이다. 다른 표현으로, 공간을 담는 건물과 건물에 의해 담긴 공간의 관계 묘사이다.

작은 스케일의 단면도에서 바닥, 천정, 천정구조와 같이 잘린 단면은 칠하여 채우는 것이 보통이다. 때에 따라서 대비의 정도를 줄이기 위해 중간단계의 회색으로 잘린 단면의 형태를 나타낼 수도 있다. 특히, 큰 축척의 도면에서 잘린 단면들이 검게 채워져 있을 경우, 시각적으로 너무 무겁고 대조가 지나쳐서 다른 상세한 정보들이 상대적으로 가려져 눈에 안 띌 수도 있으므로 주의해야 한다. 그러나 실내 벽의 무늬나 질감의 표현으로 인해 전체적인 도면의 밀도가 높아질 경우, 필요에 따라 잘린 단면이 더 눈에 띄도록 진하게 채울 수도 있다. 이 접근방식의 경우, 점차 밝은 톤으로 시야에서 멀어져가는 사물들을 표현한다.

두 번째 방법은 위의 방법의 반대로서 밝게 표현된 잘린 단면이 어둡게 묘사된 공간에 의해 둘러싸여 있는 경우이다. 이 경우 명암 표현된 공간들의 형태가 강조되어 보일 수도 있다. 주의해야 할 것은, 충분한 명암의 대비로써 잘린 단면들이 돋보여야 하는 것이다. 필요에 따라 단면선을 더 강하게 나타낼 수도 있고, 멀어져가는 공간들을 더 어두운 명암으로 처리할 수도 있다.

단면도에서 건물이 서 있는 대지 또한 단면의 일부임을 잊지 않도록 한다. 또한 건물의 기초를 나타낼 때 대지의 단면 속의 일부분으로써 묻혀 있음을 잊어서는 안 된다. 즉, 기초와 그 주변 대지는 비슷한 명암 군에 속해야 하며, 다른 잘린 단면과 함께 기초를 진하게 채울 경우에도 대지의 단면을 건물이 아니라는 이유로 비워둬서는 안 된다. 또한 기초와 대지 등을 같은 진한 톤으로 칠했을 경우, 전체적인 도면상의 톤의 비중이 지나치지 않은지 주의하고, 나타내고자 하는 기초의 모습은 적절히 표현되었는지 잘 판단해야 한다.

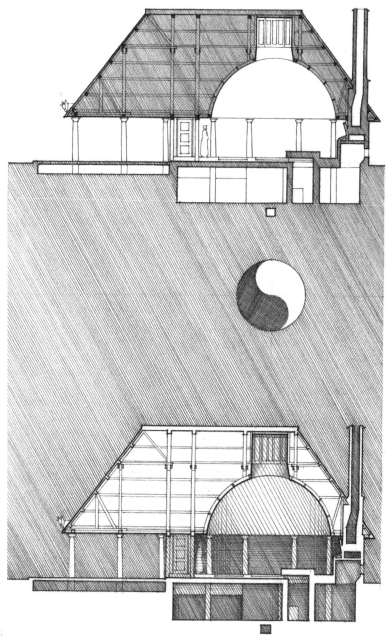

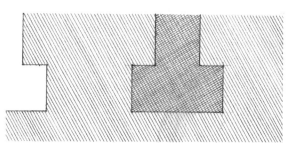

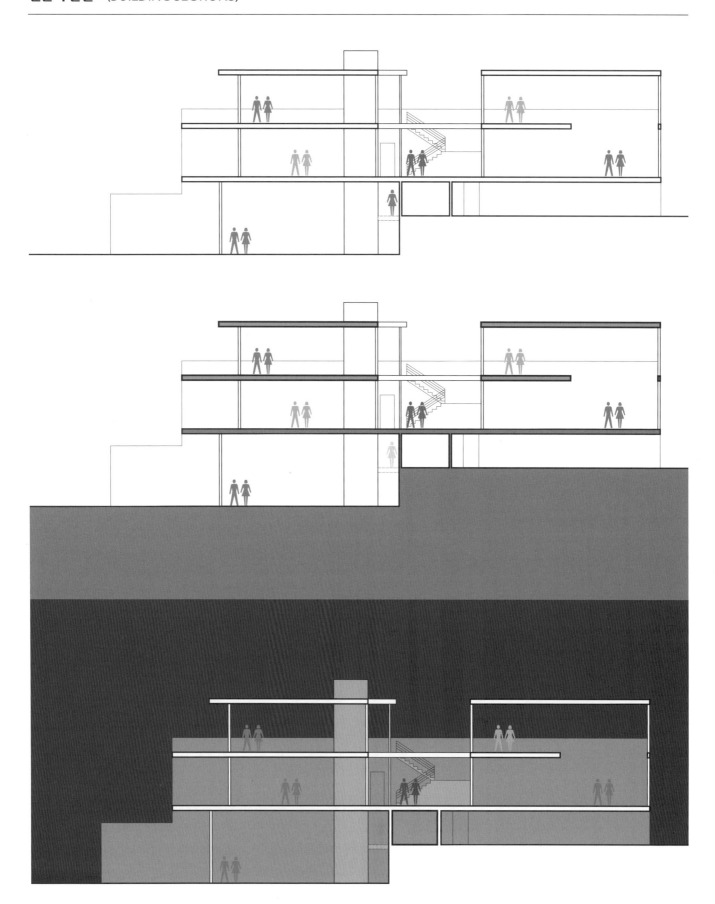

:: 디지털 단면도

컴퓨터 소프트웨어로 작도한 단면도들로서, 솔리드 부위와 보이드가 되는 공간부위를 대조적으로 나타내는 사례들이다. 옆 페이지 세 개의 단면도들과 이 페이지 상단에 있는 도면은 벡터 원리에 의한 것으로 명암의 단계를 그래픽에 활용하고 있다. 반면에 하단에 있는 단면도는 래스터이미지(raster image)이며, 사이트의 특성을 담은 이미지를 배경으로 활용하고 있다. 또한 단면으로 강조된 부위는흰 영역으로 대조시키고 있다.

건물의 단면도 (BUILDING SECTIONS)

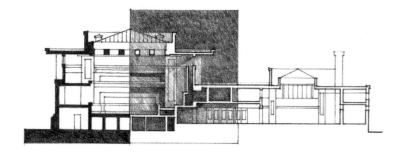

[연습 6.14]
아래 유니티 템플의 횡단면도 두장을 복사하자. 그 중 하나는 잘린 단면을 채우기의 기법으로 표현해보자. 두 번째 도면은 단면에 보이는 공간들을 명암 표현하여 첫 번째 기법과 반대가 되도록 하자. 두 결과물들을 비교해보자. 어느 도면에서 공간의 형태를 잘 볼 수 있고 쉽게 이해가 가능한가?

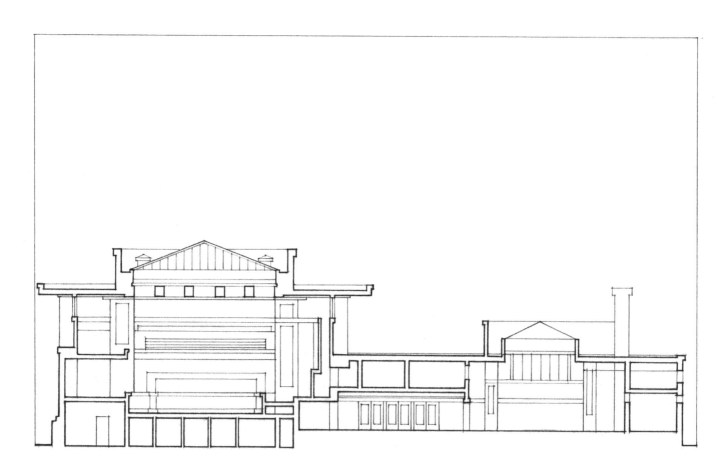

유니티 템플, 일리노이주, 프랭크 로이드 라이트, 1906

:: 도면의 축척

건물의 단면도는 보통 건물의 평면도의 축척과 같으며 대게 1/100, 1/50 등을 사용한다. 규모가 큰 거물이거나 건물군일 경우 작은 축척을 쓰고 실내 단면도이거나 작은 부위일 경우 큰 축척을 쓴다. 실내 단면도는 특히 공간의 세부상세나 부엌, 화장실, 계단실과 같은 부분을 보여주는 데 필요하다.

도면의 축척이나 스케일이 클 경우 더욱 많은 세부사항을 보여줘야 한다. 특히 벽면의 재료나 표면 상태, 문이나 창문의 형태, 지붕재료 등은 많은 세부적인 형태를 가지므로 주의해야 한다. 재료의 질감이나 무늬, 부재의 두께와 연결부위, 재료가 노출된 경우의 끝마무리, 모서리의 조립형태 등 세부적인 요소들을 나타내는 것은 건물을 형성하는 중요한 방법들이므로, 각별한 주의가 필요하다. 그러므로 일반적인 건축 시공에 대한 지식은 큰 축척의 단면도를 제작할 때 상당히 많은 도움을 준다.

또한 사람의 모습을 단면도에 포함시키면 건물의 스케일을 이해하는 데 빠른 도움을 주며 건물 사용에 대한 느낌을 전달해 준다.

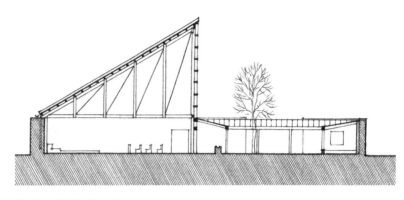

산 위의 교회, 독일, 1975, 와이드먼

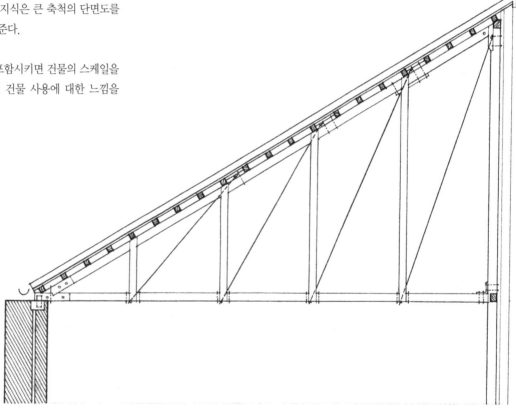

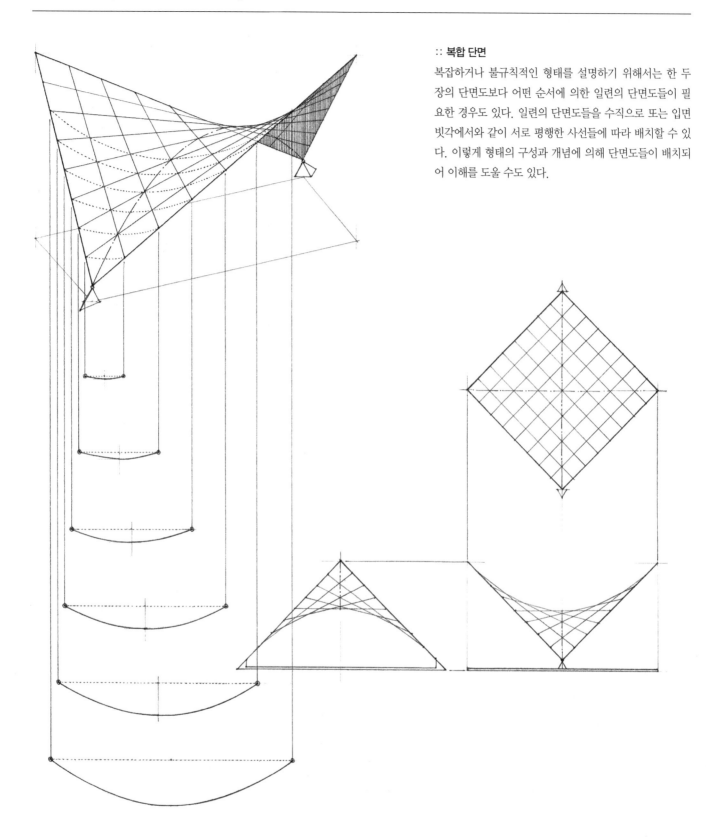

:: 복합 단면

복잡하거나 불규칙적인 형태를 설명하기 위해서는 한 두 장의 단면도보다 어떤 순서에 의한 일련의 단면도들이 필요한 경우도 있다. 일련의 단면도들을 수직으로 또는 입면 빗각에서와 같이 서로 평행한 사선들에 따라 배치할 수 있다. 이렇게 형태의 구성과 개념에 의해 단면도들이 배치되어 이해를 도울 수도 있다.

건물의 단면도는 흔히 건물을 벗어나서 건물 주변의 주목할 만한 상황을 포함시킨다. 단면도는 대지의 상황에 건물이 어떻게 반응하여 설계되었는지를 설명하는 중요한 수단이 되며, 건물과 대지와의 관계, 무엇 위에 놓여 있는지, 어느 정도 땅위에 떠 있는지, 주변 대지의 윤곽 등 건물 계획에 관한 개념을 단면도 이외에는 설명이 불가능할 때도 있다. 또한 단면도를 통해 실내공간과 건물 주변 외부공간과의 관계를 손쉽게 표현할 수 있다.

건물의 단면도는 가능하면 주변 구조물들이 있는 경우 단면도에 함께 포함시켜 다뤄져야 하는데, 함께 단면을 보여주거나 상황에 따라 절단면 뒤의 입면으로 표현해야 한다.

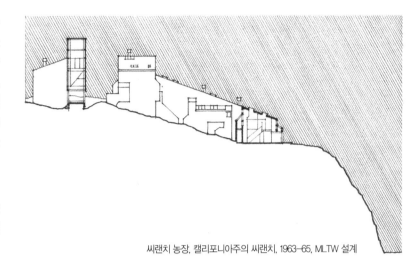

씨랜치 농장, 캘리포니아주의 씨랜치, 1963-65, MLTW 설계

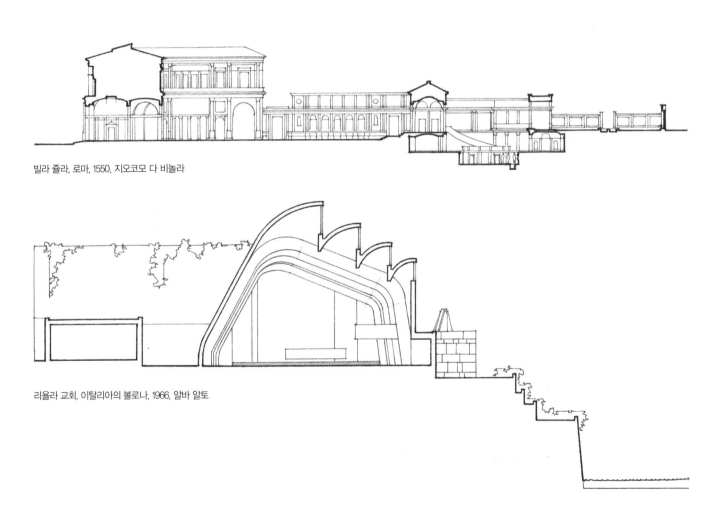

빌라 쥴라, 로마, 1550, 지오코모 다 비뇰라

리올라 교회, 이탈리아의 볼로냐, 1966, 알바 알토

그림자와 그늘(SHADE AND SHADOWS)

건축도면에서 그림자와 그늘은 도면에 나타나야 할 그림자와 그늘의 정확한 위치를 투상법에 의해 찾아 나타내는 것을 의미한다. 도면에서 그림자와 그늘을 나타내는 것은 투영도가 자체적으로 갖고 있는 공간감의 결여를 극복할 수 있는 중요한 수단이다.

입면도에서 그림자와 그늘의 표현은 건물의 돌출부위와 표면에서 오목하게 들어간 부분 등을 효과적으로 나타내고 표면의 형태와 윤곽을 이해하는 데 도움을 주기도 한다.

단면도에서는 보이는 단면 부위들이 뒤의 수직면으로부터 튀어나온 정도를 그림자의 길이를 통해 알 수 있다.

배치도의 경우 그림자와 그늘의 크기에 따라 건물들의 상대적 높이를 알 수 있고, 그림자가 맺히는 모양에 따라 대지 표면의 윤곽을 알려준다.

평면도에서는 건물 내 수직 요소들의 그림자 길이에 따라 건물 바닥면 부터의 높이를 알 수 있다.

그림자와 그늘의 원리를 이해하는 것은 디자인을 프레젠테이션의 질을 높이기 위해서 필요할 뿐 아니라 디자인 안을 분석하고 평가할 때에도 중요한 요소로 작용한다. 건축에 있어서 빛과 그림자, 그늘 등의 구성은 건물 외관을 완성시키고, 양감의 분배와 깊이감의 구성, 개성 있는 세부 상세의 표현 등을 가능케 하는 또 하나의 의사소통 수단이 될 수 있다. 표현기법에 따라 다를 수 있으나 그림자와 그늘의 표현에 의해 선명한 빛에 의해 화사하게 빛나는 형태들과 활기찬 공간들을 연출할 수 있다.

:: **기본 요소**

광원

전등과 같이 빛을 내는 물체에 의해 사물을 보게 되는데 그것이 광원이다. 건축 도면의 그림자와 그늘에서는 보통 태양을 광원으로 간주한다.

광선

광원으로부터 발산되는 빛의 형태로서 무수히 많은 선의 모습을 취한다. 광선은 태양으로부터 발산되어 약 1억 5천만 km 거리의 지구에 달한다. 태양은 매우 크고 멀리 있기 때문에 태양 광선은 모두 서로 평행하다고 가정한다. 그러나 비교적 작고 가까운 거리의 인공조명의 광선은 평행하지 않고 방사상으로 발산된다.

태양 각도

태양 광선이 비추는 각도로써 상대적 방위각과 고도로 표시된다.

상대적 방위각

지평면상의 북쪽이나 남쪽을 기준으로 동쪽이나 서쪽으로 재는 상대적인 태양의 각도이다.

방위각

표준 북방위로부터 지평면상에서 시계방향으로 잰 태양의 각도이다.

고도

지평면에서 천체까지의 각도이다.

그늘

물체의 면이 광원과 평행하거나 다른 방향을 향할 때 어둡게 나타나는 부분이다.

그림자

불투명한 물체가 광원으로부터 오는 광선의 진행을 막아 어떤 표면에 그 물체에 의한 형상이 맺히는 것이다.

그늘선

어떤 물체에 그늘진 곳의 경계이다.

그림자면

광선이 선을 지나 만든 그림자로 이뤄진 면으로, 표면에 맺힌 그림자는 그림자면 측면의 모습이다.

그림자선

그림자의 경계가 선으로 나타나는 것이다.

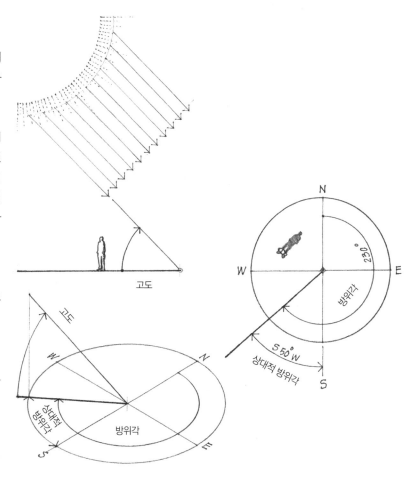

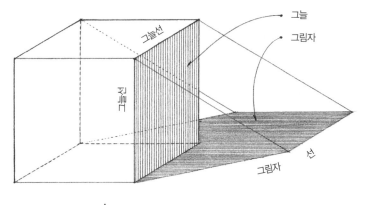

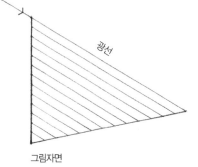

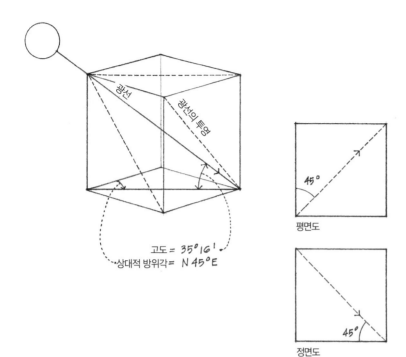

일상적으로 투영도에서 태양 광선의 방향이 왼쪽 위에서 오른쪽 아래로 향한다고 가정한다. 정육면체를 놓고 가정할 때 실제 고도는 35°16′이지만 평면이나 입면도에서는 모두 45°의 대각선으로 나타난다. 이 가정에 의해 그림자의 키나 너비가 같다고 본다.

광선

광선의 투영

고도 = 35°16′
상대적 방위각 = N 45°E

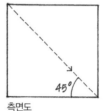

45°

평면도

45°

정면도

45°

측면도

∷ 그림자 점

• 빛이 작은 점을 지나 어떤 면에 점으로 나타나는 그림자를 그림자 점이라 부른다.

투영도에서 그림자의 위치를 작도하려면 보통 두 가지의 연관된 투영도면들이 필요하다. 평면, 입면 또는 다른 각도들의 입면 두 개에 서로 나타내는 좌표 위치를 표시하여 정보를 주고받아야 한다.

예를 들어 45° 광선이 한 점을 그림자로 비출 때 그림자가 생길 수 있는 두 개 면의 측면 방향을 보는 투영도들이 있다고 하자. 다른 위치의 두 개의 점 A, B가 투영도에 나타나는 각각의 면 어디에 그림자를 생기게 하는지 작도법으로 알려면, 그림자가 생기지 않는 다른 수직면을 보여주는 투영도가 필요하다.

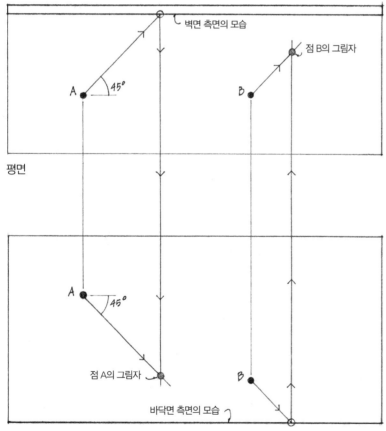

벽면 측면의 모습

점 B의 그림자

A

45°

B

평면

점 A의 그림자

A

45°

B

바닥면 측면의 모습

입면

:: 선으로 나타나는 그림자

- 직선의 그림자는 그림자면과 그림자가 맺히는 어떤 면과 서로 만난 결과이다. 이때 그림자면은 직각삼각형의 모습을 취하고 이 직삼각형의 빗변은 광선의 방향을 나타내고, 아랫변은 방위를 나타낸다.

- 평평한 면에 생긴 직선의 그림자는 직선 양 끝점의 그림자를 연결한 선이다.

- 면과 만나는 직선의 그림자는 면과 직선이 만나는 지점에서 시작된다.

- 수평면에 생기는 수직선의 그림자는 광선의 방위 각도를 나타낸다.

- 직선과 어떤 면이 평행을 이룰 때 이 면에 맺힌 직선의 그림자는 직선과 평행하다.

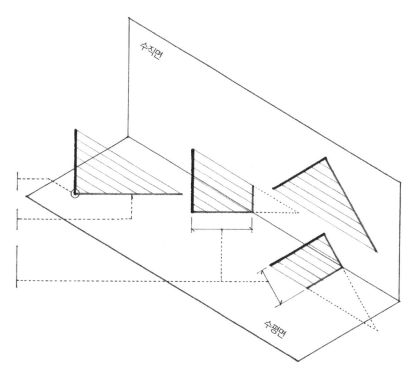

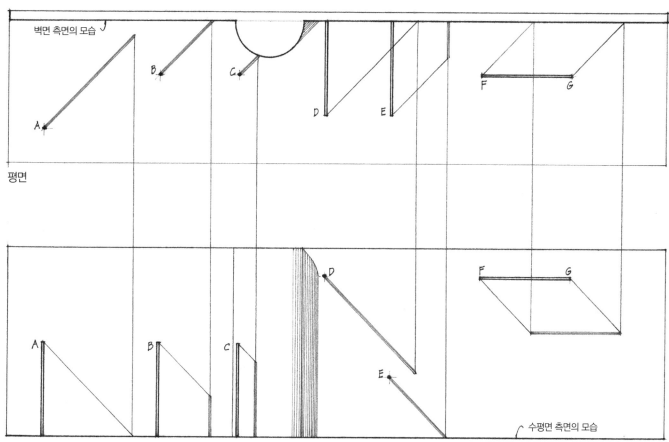

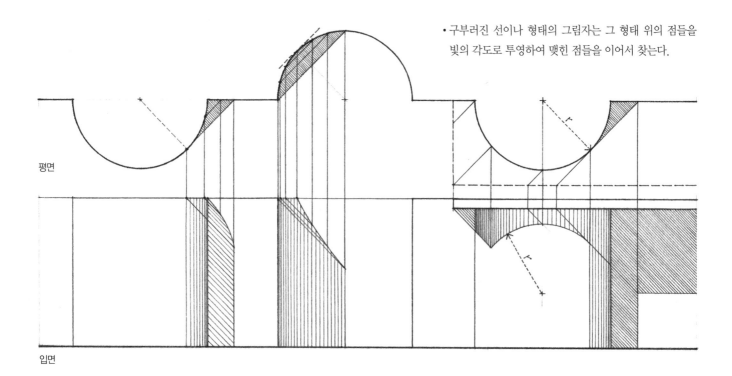

- 구부러진 선이나 형태의 그림자는 그 형태 위의 점들을 빛의 각도로 투영하여 맺힌 점들을 이어서 찾는다.

평면

입면

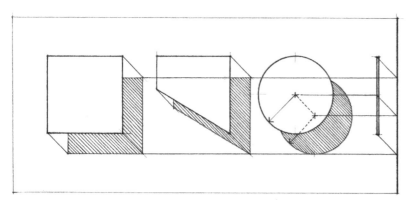

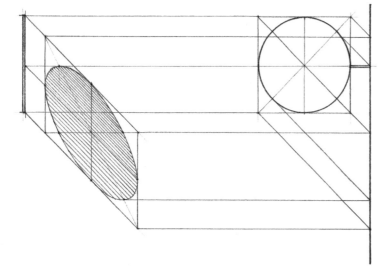

:: **평면의 그림자**

- 수평면에 면의 모습으로 맺힌 그림자의 크기와 형태는 그 수평면이 그림자를 맺히게 한 면과 평행일 때 동일하다.
- 원의 그림자는 빛이 원을 일정한 각도로 투영하여 그림자가 맺히는 면과 만나 얻어진다. 그림자가 맺히는 면과 원이 평행이 아닐 경우 원의 그림자는 타원이 된다. 그 원리는 원의 그림자와 원이 원기둥을 이룬다고 볼 때 그림자가 맺히는 면이 원기둥을 빗각으로 자른 표면의 모습이 그림자이기 때문이다. 원의 그림자를 작도하는 방법은 원을 정사각형이나 팔각형 같이 쉽게 투영하여 옮길 수 있는 형태로 가정하여 작도한 후, 옮긴 형태를 원으로 전환시킨다.

:: **입체의 그림자**

• 입체의 그림자는 입체상에 맺힌 그늘선 영역이 투영되어 얻어진다. 그림자의 형태를 얻으려면, 두 선이 만나는 지점이나 원의 접선 지점 등 우선 입체에서 눈에 띄는 지점의 그림자 위치를 찾는다.

• 복잡한 형태의 결합체라 하더라도 그 형태의 빛을 받는 외곽선이 투영되어 그림자의 모습은 단순화된다.

• 평행선들의 그림자들은 그 선들과 평행한 면에 맺힐 경우 평행하게 나타난다.

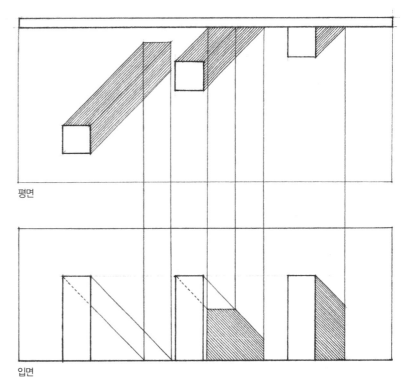

평면

입면

입체 모서리의 그림자 위치를 찾기 위해 필요에 따라 다른 방향의 입면을 작도하여 그림자가 맺히는 지점을 찾아야 한다.

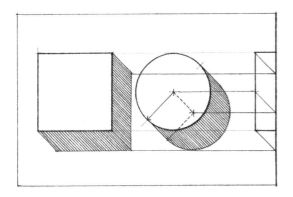

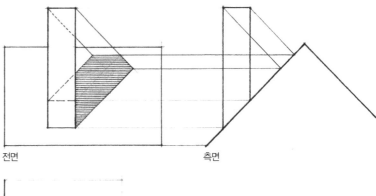

전면   측면

위에서 설명한 원리 이외에도 투영도에서 그림자와 그늘을 작도할 때에는 다음 사항들을 유념한다.

• 점으로 나타나는 선의 그림자는 그 선의 방향이 빛의 방향을 향할 경우이며 그늘선과 그림자가 일치한다.

• 직선이 점으로 보이는 위치에서 그 선의 그림자는 직선으로 나타나며, 이 그림자가 맺히는 표면의 굴곡이나 생김새와는 상관없이 그림자는 항상 직선으로 나타난다.

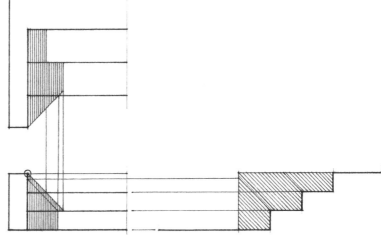

여기에 소개된 예들은 건축에서 흔히 접하는 형태들의 그림자 작도 과정이다. 그림자를 작도할 때 두 가지 기본 원리를 살펴보면 다음과 같다.

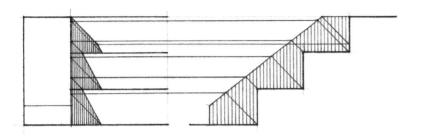

- 형태의 모든 부분들은 그림자를 형성한다. 이 뜻은 형태의 부분들 중 빛을 받지 않는 모든 부분들은 그림자를 형성하지 않는다.
- 그림자는 그 그림자가 보일 만큼 환히 조명을 받는 표면에만 형성된다. 건축도면에서 그림자는 절대로 이미 있는 그림자 위에 형성될 수 없고, 그늘 내에서도 보이지 않는다.

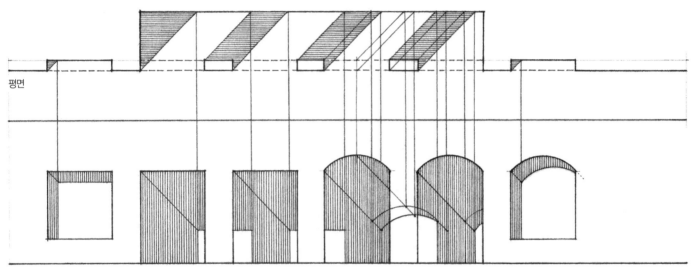

평면

입면

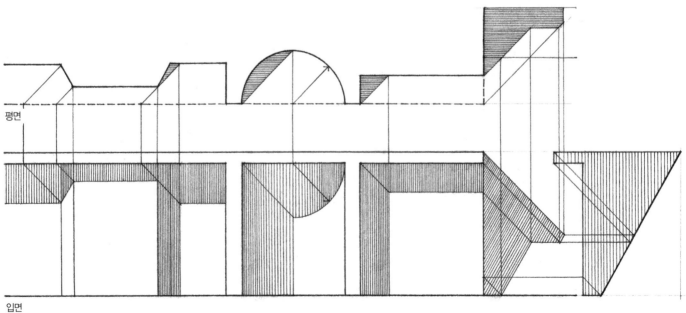

평면

입면

[연습 6.15]
보통 정투영 도면에서 쓰이는 빛의 방향을 사용해서 다음
건물의 평면도와 두 입면도에 각각 그림자를 작도해보자.

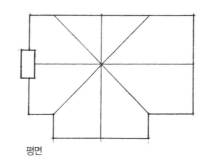

평면

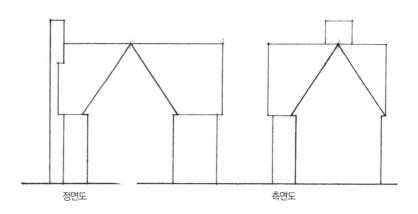

정면도   측면도

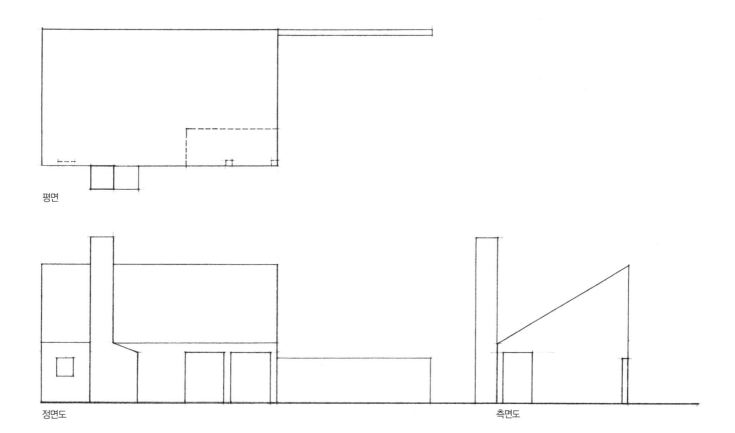

평면

정면도   측면도

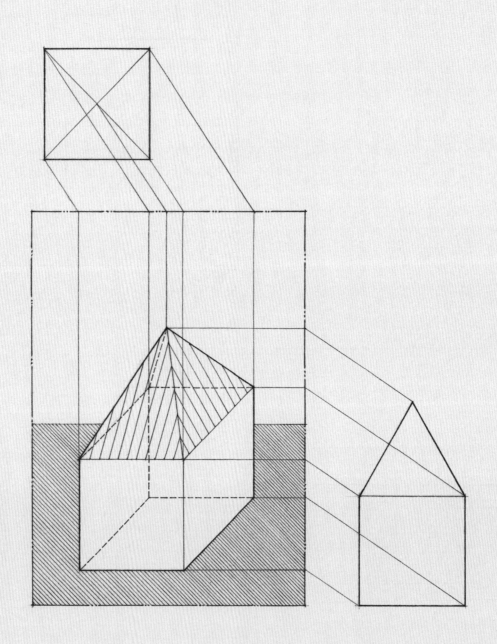

07 투상 도면

투상도는 사물을 일정한 각도로 투영하는 엑소노메트릭 투영법을 포함하는데, 여기에는 아이소메트릭, 다이메트릭, 트라이메트릭 투영법 등이 포함되고 빗투영법으로 정의되는 모든 투영법들도 포함된다. 각각의 기법들은 약간 다른 시점으로 사물들을 보는 것으로써 사물들의 각기 다른 특징을 강조할 수 있다. 그러나 이 방법들은 모두 투상 도면이라는 명칭아래 정확한 치수의 개념과 축척이 사용되는 투영도의 일면을 갖으면서 사물이 눈에 사실적으로 보이게 하는 투시도의 장점 또한 갖고 있다.

투상도는 이미 살펴본 투영도들과는 달리 사물의 3차원적인 공간상에서의 모습을 하나의 도면으로 나타낼 수 있다. 그러나 투상도는 투시도와는 다음 사항들로 인하여 구별된다. 투상도는 모든 평행선들이 어떤 방향으로 놓여 있다하더라도 항상 평행하게 나타난다. 투시도에서 평행선들이 소실점으로 모이는 것과는 달리 투영도에서는 항상 평행하게 나타난다. 또한 입체의 기본 세 축 상에 있는 치수는 실제 그대로 도면에 나타난다.

사물이 눈에 사실적으로 보이는 모습 그대로 표현할 수 있고, 비교적 쉽게 작도할 수 있으므로 디자인 초기단계에 아이디어를 형상화 할 때 투영도는 많이 쓰인다. 투영도를 통해 평면, 입면, 단면 등을 통합적으로 지어낼 수 있고, 공간상의 구성과 입체들의 패턴 등을 상상할 때 유용하게 쓰인다. 투영도에서 사물의 일부를 의도적으로 잘라 내거나 투명하게 나타내어 사물의 내부를 도면 구성에 포함시킬 수도 있고, 공간들의 관계를 사물 주변의 공간들과도 연관시켜 분석할 수도 있다. 또한 상공에서 사물을 바라보는 투시도의 효과를 손쉽게 얻을 수 있다.

그러나 건축에서 투상도는 실제 눈높이에서 모습을 얻기는 힘들고, 사진 속에서 느끼는 낭만적인 정취와는 거리가 멀다. 투영도는 보통 상공에서 아래로 보는 모습이거나 땅 속에서 위를 향해 보는 모습이 가능하다. 그리고 투시도와는 달리 필요에 따라 보는 범위를 계속 확장시킬 수 있으므로 그리고자 하는 사물 이외에 그 주변을 나타낼 수 있다. 또한 투상도는 정해진 위치의 시점에서 본 모습을 나타내지 않으므로 투상도를 작도하는 과정에서 얼마든지 도면의 범위를 조절할 수 있다.

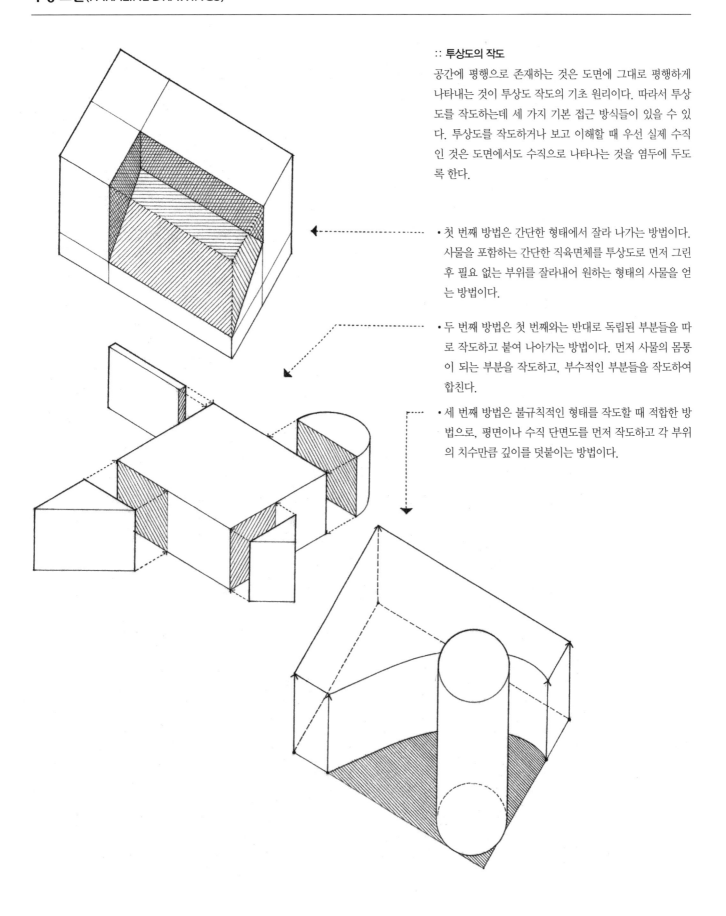

:: 투상도의 작도

공간에 평행으로 존재하는 것은 도면에 그대로 평행하게 나타내는 것이 투상도 작도의 기초 원리이다. 따라서 투상도를 작도하는데 세 가지 기본 접근 방식들이 있을 수 있다. 투상도를 작도하거나 보고 이해할 때 우선 실제 수직인 것은 도면에서도 수직으로 나타나는 것을 염두에 두도록 한다.

• 첫 번째 방법은 간단한 형태에서 잘라 나가는 방법이다. 사물을 포함하는 간단한 직육면체를 투상도로 먼저 그린 후 필요 없는 부위를 잘라내어 원하는 형태의 사물을 얻는 방법이다.

• 두 번째 방법은 첫 번째와는 반대로 독립된 부분들을 따로 작도하고 붙여 나아가는 방법이다. 먼저 사물의 몸통이 되는 부분을 작도하고, 부수적인 부분들을 작도하여 합친다.

• 세 번째 방법은 불규칙적인 형태를 작도할 때 적합한 방법으로, 평면이나 수직 단면도를 먼저 작도하고 각 부위의 치수만큼 깊이를 덧붙이는 방법이다.

:: 좌표축상의 선

좌표축상의 선은 세 개의 기본 축에 평행한 선들을 일컫는
다. 어떤 방법으로 투상도를 제작하더라도 도면상에서 축
척에 의한 실제 치수는 좌표축 상에 있을 경우에만 유효하
다. 좌표축상의 선을 통해 세 개의 직각 축을 바탕으로 공
간상의 어떤 위치의 점이라도 치수로 표시할 수 있다.

:: 비좌표축상의 선

비좌표축상의 선은 세 개의 기본축 중 그 어느 것과도 평
행을 이루지 않는 선을 일컫는다. 이러한 선들은 축척에
의한 표현이 불가능하며, 투상 도면에서 실제 치수를 나타
낼 수 없다. 비좌표축상의 선을 정확히 도면에 표시하려면
선의 양 끝점의 위치를 좌표축 상의 거리를 재서 도면에
표시한 후 두 점을 이어서 선으로 표시한다. 또한 투상 도
면상에서 실제로 평행한 선들은 평행하게 나타나므로, 이
비좌표축상의 선과 평행한 선들은 도면상에 그대로 평행하
게 표시하면 된다.

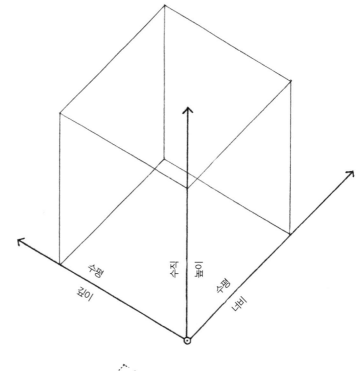

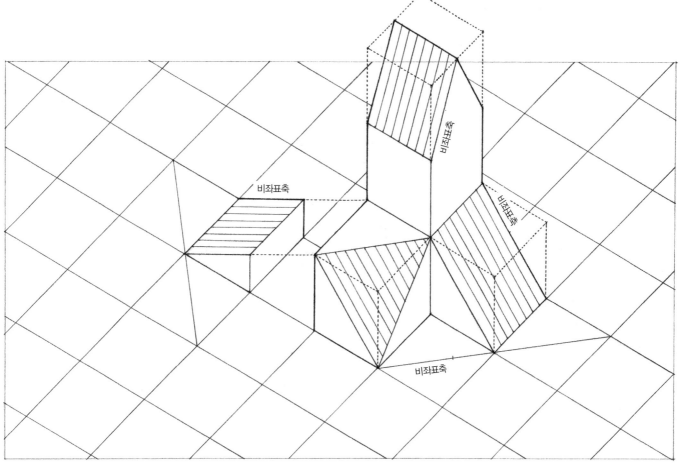

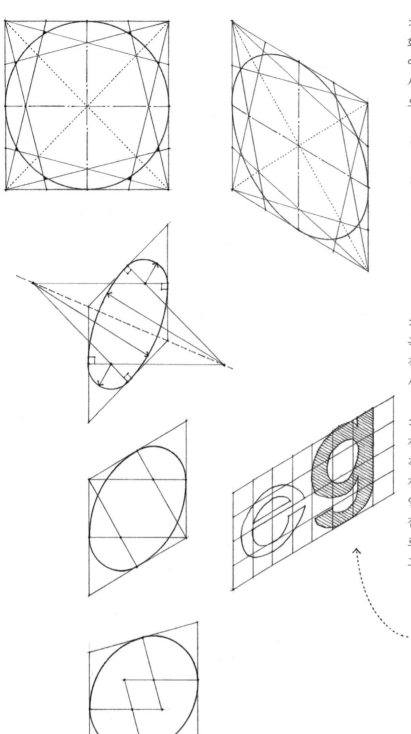

:: **원**

화상면과 평행하지 않은 원은 타원으로 나타난다. 투상도에서 이런 형태의 원을 그리려면 우선 원을 포함시키는 정사각형을 먼저 작도해야 한다. 그리고 다음 두 접근 방식으로 사각형 안의 타원을 작도한다.

• 정사각형을 사등분하고, 대각선을 그려서 원주상의 8점을 찾아 원을 그린다.
• 두 쌍의 호를 컴파스나 원 템플렛으로 그려내는 4중심점 방법이 있다. 우선 투상도에 원을 포함하는 정사각형을 작도한 후 각 변의 이등분점에서 수직선을 그린 후 연장하여 수직선들의 교차점을 찾는다. 네 점을 중심으로 하는 두 쌍의 호가 생길 것이고, 수직선들의 시작점을 잇도록 호를 그려내면 된다.

:: **곡선**

곡선상의 정해진 점들의 위치를 투상도상에서 찾은 후, 그 점들과 곡선과의 관계를 이용하여 투상도상에서 곡선을 다시 그린다.

:: **자유 형태**

자유로운 형태를 투상도상으로 나타내려면 우선 일정한 간격의 격자를 입면이나 평면의 투영도상에 그린다. 이때 격자는 자유형태와 관련된 치수들에 의한 것일 수도 있고, 일정한 간격에 의한 격자일 수도 있다. 그리고 형태가 복잡할수록 격자의 간격을 촘촘히 한다. 같은 격자를 투상도로 제작한 다음, 격자와 형태의 교점들을 투영도에서 찾아 그대로 투상도로 옮겨 자유 형태를 완성하도록 한다.

[연습 7.1]
다음 세 개의 투상도에 나타난 정육면체를 기반으로 하는
원기둥, 원뿔, 피라미드를 투상도로 나타내보자.

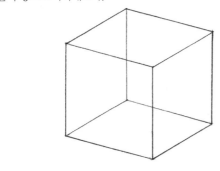 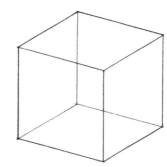 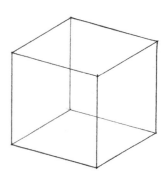

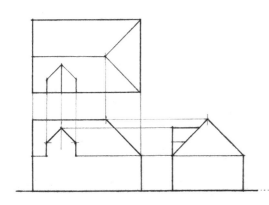

[연습 7.2]
위의 투영도로 알 수 있는 형태를 주어진 세 개 축에 맞추
어 투상도로 나타내보자.

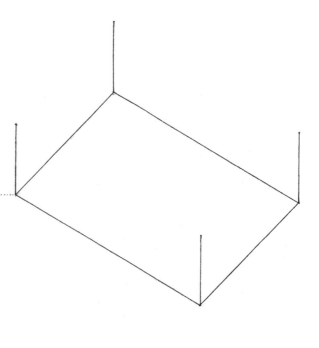

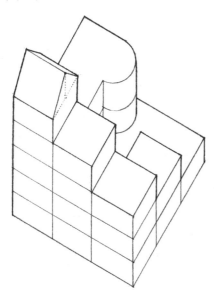

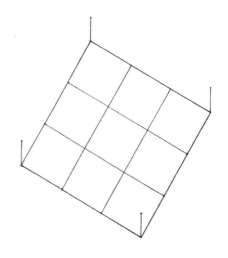

[연습 7.3]
주어진 세 개의 축을 사용하여 위의 투상도에 보이는 형태
를 반대쪽에서 본 모습을 투상도로 나타내보자.

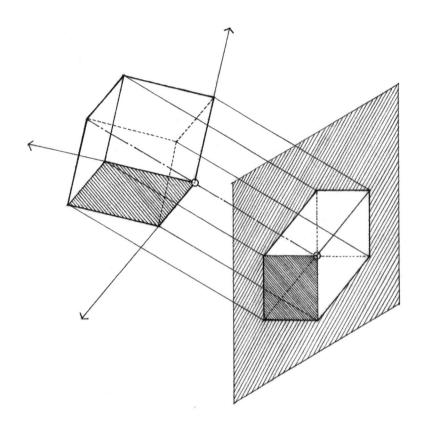

빗각으로 투상된 투상도나 투상도 전체를 흔히 엑소노메트릭 도면이라고 한다. 더 자세히 말하자면 엑소노메트릭은 평행한 투영선들이 화상면과 직각으로 만나는 정투영법이다. 따라서 정투영도와 엑소노메트릭의 차이는 사물이 화상면과 어떤 관계로 놓여 있느냐의 차이이다.

:: 엑소노메트릭 투상법

사물의 세 기본 축들이 화상면과 기울어진 상태에서 정투영 하여 도면을 얻는 것을 엑소노메트릭 투상법이라고 한다. 세 개의 기본 축들이 화상면과 갖는 관계에 따라 아이소메트릭, 다이메트릭, 트라이메트릭 등으로 나뉘기도 하며 이들 모두 엑소노메트릭에 속한다.

실제로 엑소노메트릭 투상법에 의하면 세 기본 축 상의 치수들이 화상면에는 실제보다 짧게 나타난다. 그러나 엑소노메트릭 투상 도면으로 나타낼 때에는 세 기본 축 상의 치수들을 실제 그대로 나타낸다. 따라서 화상면에 엑소노메트릭으로 비춰진 형태보다 실제 도면의 형태가 더 크게 표현된다.

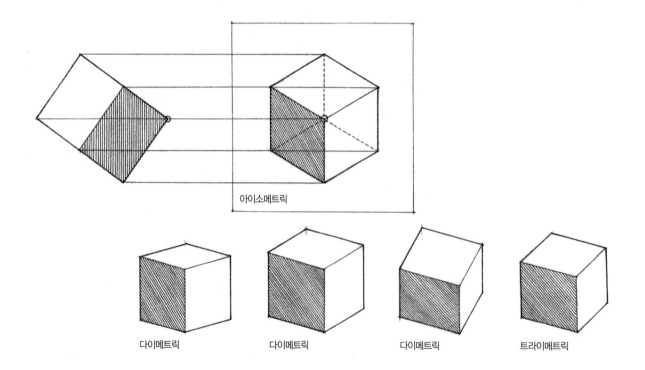

아이소메트릭

다이메트릭   다이메트릭   다이메트릭   트라이메트릭 사물의 세 기본 축들이 화상면과 기울어진 상태에서 정투영 하여 도면을 얻되, 세 기본 축들이 화상면과 각각 같은 각도를 유지하는 것을 아이소메트릭 투상법이라고 한다.

이것을 실제 정육면체를 아래의 방법에 의한 아이소메트릭 투상법으로 작도해보자.

• 평면이나 입면의 대각선과 평행한 접선을 설정한다.
• 접선을 이용해 정육면체를 투영하여 보조 도면을 작도 한다.
• 두 번째 접선을 보조 도면의 투영된 정육면체의 대각선 과 직각이 되도록 설정한다.
• 두 번째 접선을 이용해 다시 정육면체를 투영하여 작도 한다.

아이소메트릭 투상법에 의해 작도해 보면, 사물의 세 기본 축들이 서로 120°를 이루게 되고 축 상의 각 변의 길이가 실제와 0.816의 비율로 짧아지는 것을 볼 수 있다. 화상면 과 직각을 이루는 정육면체의 대각선은 하나의 점으로 나 타나고 보이는 세 개의 면은 같은 형태로 나타난다.

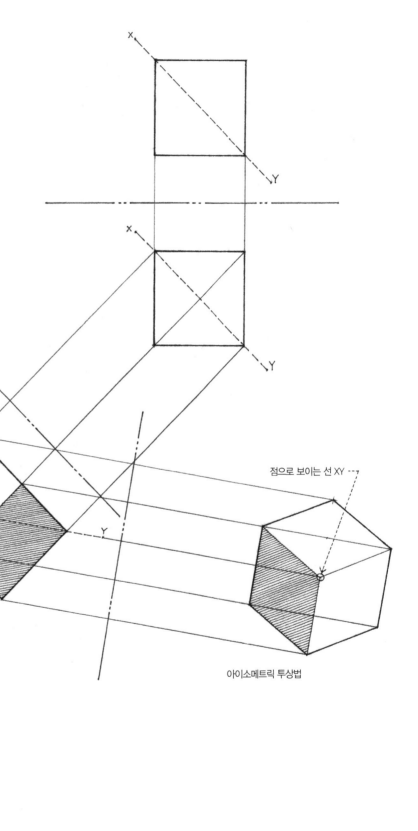

점으로 보이는 선 XY

아이소메트릭 투상법

평면도와 보조 도면들을 사용하지 않고 직접 아이소메트릭 도면을 그릴 수도 있다. 우선 세 기본 축들의 방향을 설정해야하는데, 모두 화상면과 120°를 유지하므로 도면상의 수직선을 기준으로 작도하면 나머지 두 축들은 도면상의 수평선과 각각 30°를 이루게 된다.

편의상 실제 치수보다 작아지는 것을 무시하도록 하고, 세 기본 축 상의 선들을 실제 치수대로 축척에 의해 나타내도록 한다. 따라서 아이소메트릭 도면상의 형태는 항상 실제 사물의 크기보다 크게 표현된다.

아이소메트릭 도면은 평면 빗각 투영도면(p.135 참조) 보다 낮은 눈높이가 되며, 보이는 사물의 삼면을 대등하게 강조하게 된다. 또한 이 방법은 사물의 비례가 비교적 정확하게 보존되고 덜 찌그러져 보인다. 그러나 때로는 아이소메트릭으로 표현된 정사각형의 형태들이 다른 형태로 해석될 수 있는 단점도 있다. 이런 경우에는 다이메트릭이나 빗투영법이 더 좋은 방법일 수 있다.

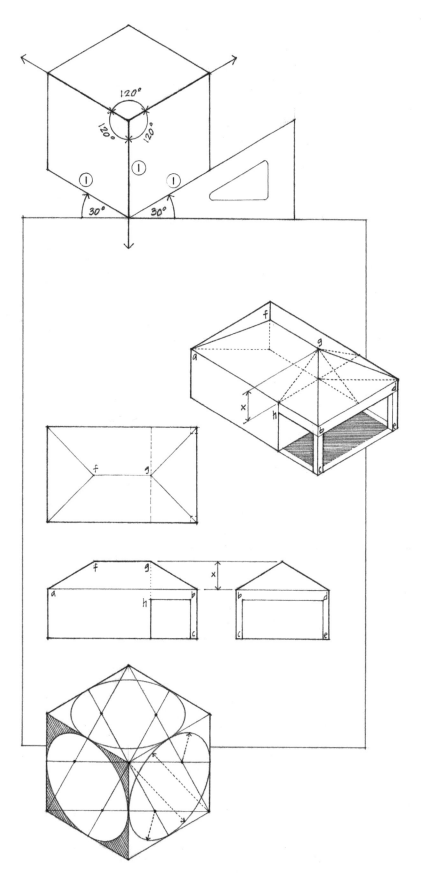

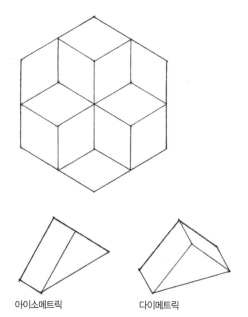

아이소메트릭   다이메트릭

[연습 7.4]
투상도에 나타난 형태를 아이소메트릭으로 작도해보자.

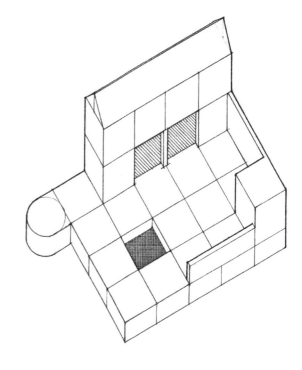

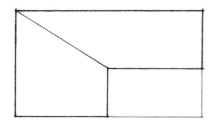

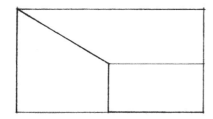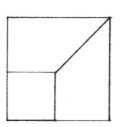

[연습 7.5]
여러 개의 투영도들이 보여주는 형태를 아이소메트릭으로
작도해보자.

[연습 7.6]
화살표 방향으로 볼 때 나타나는 형태를 아이소메트릭으로
작도해보자.

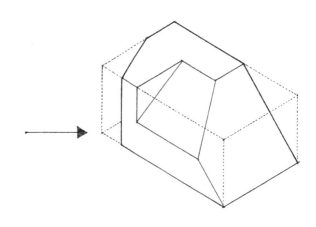

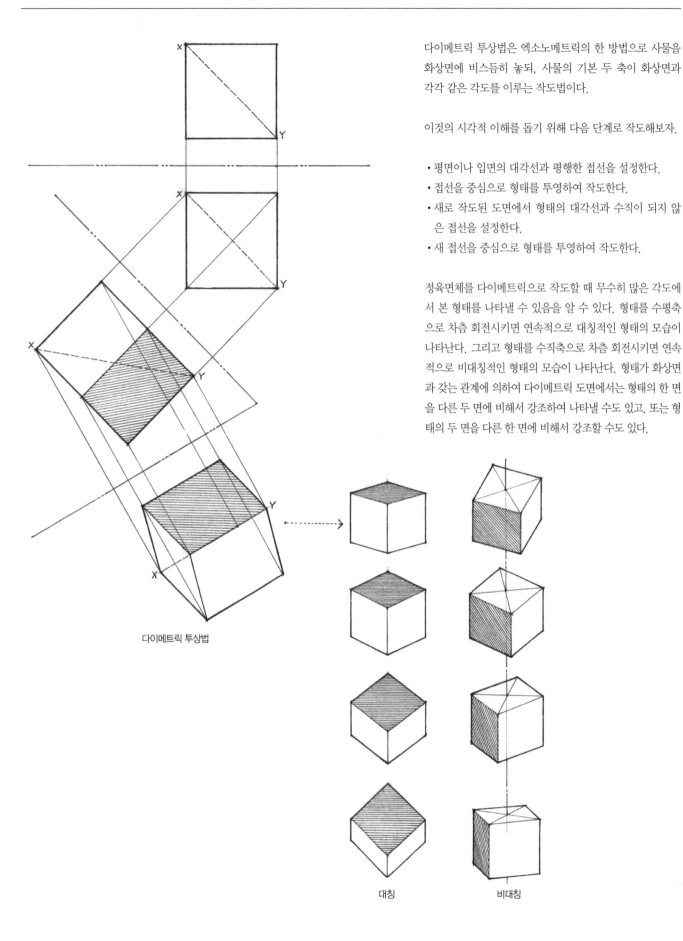

다이메트릭 투상법은 엑소노메트릭의 한 방법으로 사물을 화상면에 비스듬히 놓되, 사물의 기본 두 축이 화상면과 각각 같은 각도를 이루는 작도법이다.

이것의 시각적 이해를 돕기 위해 다음 단계로 작도해보자.

• 평면이나 입면의 대각선과 평행한 접선을 설정한다.
• 접선을 중심으로 형태를 투영하여 작도한다.
• 새로 작도된 도면에서 형태의 대각선과 수직이 되지 않은 접선을 설정한다.
• 새 접선을 중심으로 형태를 투영하여 작도한다.

정육면체를 다이메트릭으로 작도할 때 무수히 많은 각도에서 본 형태를 나타낼 수 있음을 알 수 있다. 형태를 수평축으로 차츰 회전시키면 연속적으로 대칭적인 형태의 모습이 나타난다. 그리고 형태를 수직축으로 차츰 회전시키면 연속적으로 비대칭적인 형태의 모습이 나타난다. 형태가 화상면과 갖는 관계에 의하여 다이메트릭 도면에서는 형태의 한 면을 다른 두 면에 비해서 강조하여 나타낼 수도 있고, 또는 형태의 두 면을 다른 한 면에 비해서 강조할 수도 있다.

다이메트릭 투상법

대칭

비대칭

다이메트릭 도면은 다이메트릭 투상법에 의한 투상도를 뜻한다. 이 도면법에서는 사물의 세 기본 축 중에서 두 개의 축과 평행한 길이는 실제 치수로 나타나고, 세 번째 축과 평행한 길이의 치수는 줄어 보이거나 늘어나 보이게 된다.

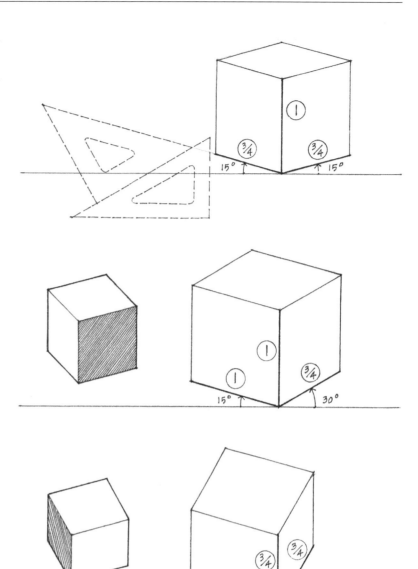

아이소메트릭 도면과 같이 다이메트릭 도면 또한 예시한 과정을 거치지 않고 직접 작도한다. 우선, 세 개의 기본 축의 방향을 설정한다. 그 중 하나의 축은 수직선으로 가정하고 다른 두 수평축들을 여러 각도들로 설정할 수 있다. 이 각도들이 정확히 다이메트릭 투상법의 결과와 일치하지 않더라도 작도의 용이성 때문에 30°/60°, 45°/45° 삼각자의 각도를 이용한다.

이제 세 기본 축을 이루는 사물의 변을 그려보자. 이 중 두 개는 화상면과 이루는 각도가 각각 같다. 이 두 축과 평행한 변의 길이는 같은 축척이 적용되고, 세 번째 축과 평행한 변의 길이는 일정한 비례에 의해서 더 길어지거나 짧아진다. 그림에서 원 속에 표시된 세 기본 축 상의 수치는 도면에 나타나는 길이의 실제 길이에 대한 비례이다.

다이메트릭 도면에서는 두 가지 비례의 치수들과 복잡한 각도들이 적용되므로 아이소메트릭 도면에 비하여 작도하기 조금 더 까다롭다. 그러나 아이소메트릭에서 느낄 수 있는 사물 형태의 혼돈을 피할 수 있도록 사물을 보는 각도에 대한 선택의 여지가 더 많다. 그리고 다이메트릭 도면에서는 사물의 하나 또는 두 개의 면을 나머지 면에 비하여 강조하여 나타낼 수 있고, 45° 각도를 지닌 형태를 도면상에서 쉽게 알 수 있도록 나타낼 수 있다.

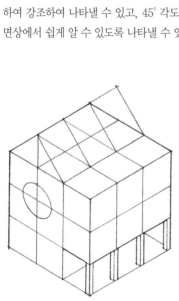

아이소메트릭

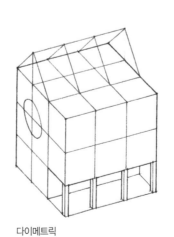

다이메트릭

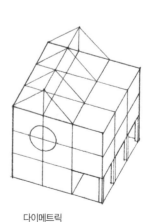

다이메트릭

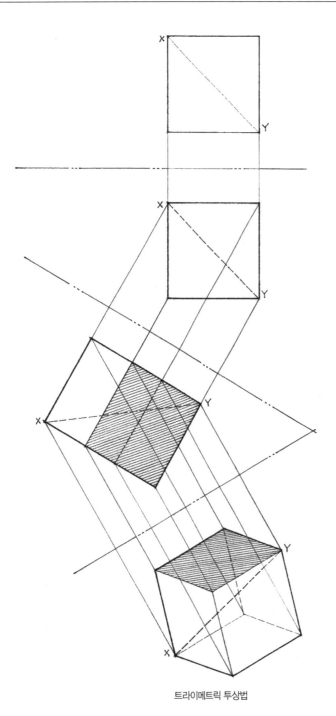

트라이메트릭 투상법

트라이메트릭 투상법은 엑소노메트릭의 한 방법으로 사물을 화상면에 비스듬히 놓되, 사물의 기본 세 축에 의한 변의 길이가 각각 다른 비례로 실제 치수보다 작게 보이는 작도법이다.

:: 트라이메트릭 도면

트라이메트릭 도면은 트라이메트릭 투상법에 의한 투상도를 뜻한다. 트라이메트릭 도면은 자연스럽게 사물의 중요한 두 면을 나머지 한 면에 대하여 강조하여 나타낸다. 그러나 트라이메트릭 투상도는 잘 쓰이지 않는데 그 이유는 나타내는 효과에 비하여 작도법이 지나치게 복잡하기 때문이다. 아이소메트릭이나 다이메트릭 도면은 훨씬 더 쉽게 작도 할 수 있고 대부분의 경우 만족할 만한 사물의 표현을 제공한다.

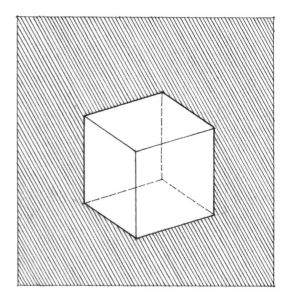

빗투영법은 세 가지 주요 투영법 중 하나이다. 빗투영법에 의해 표현되는 도면은 일련의 투상도들에 속하나 정투영법에 의해서 작도되는 다이메트릭이나 트라이메트릭과는 성격이 다르다. 빗투영법에서 사물의 주요 표면들이 화상면과 평행하게 놓여지는 것은 정투영법과 같으나, 화상면과 90°가 아닌 빗각으로 만나는 서로 평행한 투영선들에 의해 형태가 나타나게 된다.

빗투영도는 화상면과 평행한 면을 사실 그대로 나타낸다. 이 면을 전면이라고 했을 때, 사물의 윗면과 측면을 덧붙여 그 깊이만큼 나타내는 것이다. 또한 이 방법은 또한 사물을 3차원으로 나타내는 데 있어서 우리의 눈에 비춰진 바를 표현한다기보다 알고 있는 바를 표현하는 것에 가깝게 된다. 다시 말해 선 투시도와 같이 사물 형태가 눈의 망막에 비춰진 모습보다는 사고의 눈에 비춰진 객관적 사실을 표현하는 것이다. 이것은 사고에 의해 해석되는 형태의 평면과 입면을 동시에 하나의 도면으로 나타내는 방법인 것이다.

간편하게 작도되는 빗투영법은 우리에게 효과적으로 사물을 인식시킨다. 사물의 가장 중요한 면을 화상면과 평행하게 놓았을 경우에는 그 형태가 사실 그대로 나타나게 되고 보다 쉽게 그 사물을 표현할 수 있다. 따라서 빗투영법은 구부러져 있거나 규칙적이지 않거나 복잡한 면을 갖은 형태를 나타내는 데 손쉽게 적용된다.

그러므로 빗투영법으로 3차원 사물의 양감과 공간감을 효과적으로 나타낼 수 있지만, 빗각의 선들이 표면에 새겨진 모습으로도 읽힐 수도 있어 사물을 이해하는 데 혼돈을 가져오기도 한다.

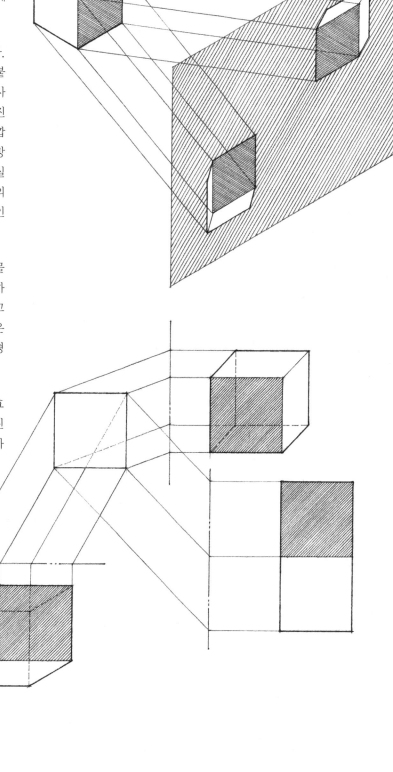

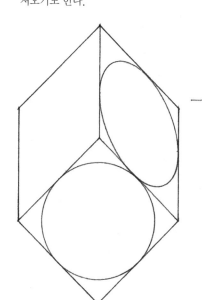

빗투영도 (OBLIQUE DRAWINGS)

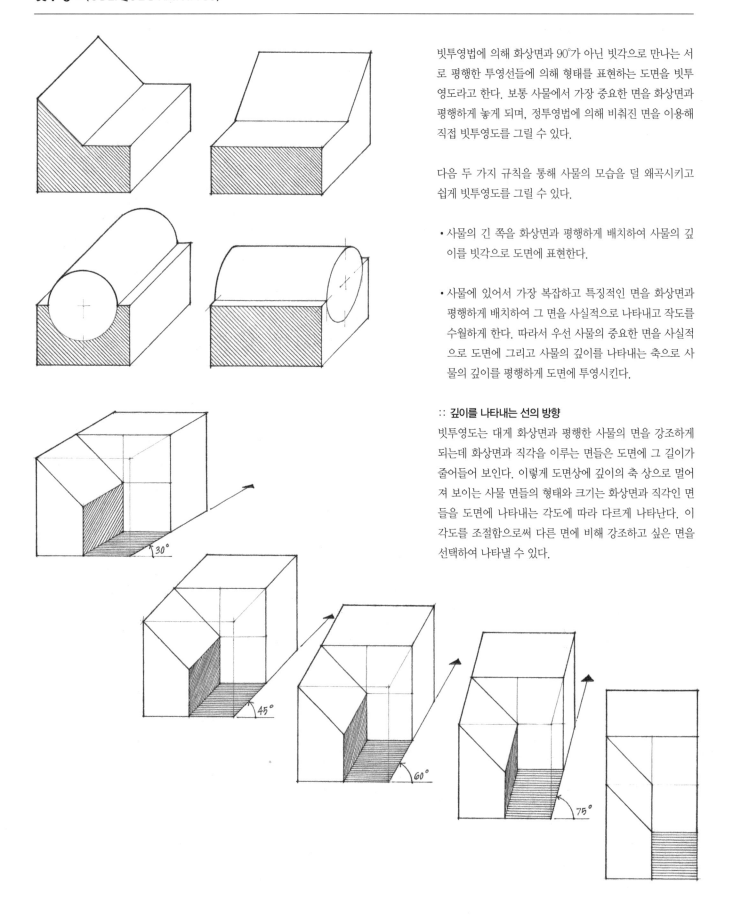

빗투영법에 의해 화상면과 90°가 아닌 빗각으로 만나는 서로 평행한 투영선들에 의해 형태를 표현하는 도면을 빗투영도라고 한다. 보통 사물에서 가장 중요한 면을 화상면과 평행하게 놓게 되며, 정투영법에 의해 비춰진 면을 이용해 직접 빗투영도를 그릴 수 있다.

다음 두 가지 규칙을 통해 사물의 모습을 덜 왜곡시키고 쉽게 빗투영도를 그릴 수 있다.

• 사물의 긴 쪽을 화상면과 평행하게 배치하여 사물의 깊이를 빗각으로 도면에 표현한다.

• 사물에 있어서 가장 복잡하고 특징적인 면을 화상면과 평행하게 배치하여 그 면을 사실적으로 나타내고 작도를 수월하게 한다. 따라서 우선 사물의 중요한 면을 사실적으로 도면에 그리고 사물의 깊이를 나타내는 축으로 사물의 깊이를 평행하게 도면에 투영시킨다.

:: 깊이를 나타내는 선의 방향

빗투영도는 대게 화상면과 평행한 사물의 면을 강조하게 되는데 화상면과 직각을 이루는 면들은 도면에 그 길이가 줄어들어 보인다. 이렇게 도면상에 깊이의 축 상으로 멀어져 보이는 사물 면들의 형태와 크기는 화상면과 직각인 면들을 도면에 나타내는 각도에 따라 다르게 나타난다. 이 각도를 조절함으로써 다른 면에 비해 강조하고 싶은 면을 선택하여 나타낼 수 있다.

:: 깊이를 나타내는 선의 길이

화상면과 직각인 면들을 도면에 나타내는 각도에 따라 사물의 깊이가 도면상에서 다르게 나타난다. 도면에서 투영선들이 화상면과 45°를 이루면, 깊이를 나타내는 치수는 도면상에서 실제와 같게 된다. 다른 각도에서는 투영선들의 길이가 실제보다 짧거나 길게 나타날 수밖에 없다. 실제 작도에 있어서는 투영선들이 실제 길이를 나타내거나 실제보다 짧게 표현하여 형태의 왜곡을 최소화한다.

:: 케벌리어(Cavalier) 투영법

케벌리어라고 부르는 이유는 과거에 이 투영법을 사용하여 요새를 축성했기 때문이다. 이 투영법에서는 투영선들이 화상면과 45°를 이룬다. 따라서 깊이를 나타내는 선들은 실제 사물의 치수를 나타낸다.

단일 축척으로 세 개의 기본 축 상의 길이를 도면에 나타내는 것이 가장 간단하지만, 때로는 깊이를 나타내는 실제 길이의 선이 사물 모습의 느낌보다 더 길어 보일 때가 많다. 이러한 왜곡된 느낌을 줄이기 위해서 깊이를 나타내는 선들을 일률적으로 실제보다 2/3 또는 3/4의 비율로 줄여서 나타낸다.

:: 케비넷(Cabinet) 투영법

케비넷이라고 부르는 이유는 가구 제작에 많이 쓰이는 투영법이기 때문이다. 이 방법은 화상면과 평행한 사물의 면은 실제 치수 그대로 나타내고, 깊이를 나타내는 축 상의 길이는 실제보다 1/2로 줄여서 나타낸다. 그러나 이 방법의 단점은 때때로 지나치게 사물의 깊이가 협소하게 느껴지는 점이다.

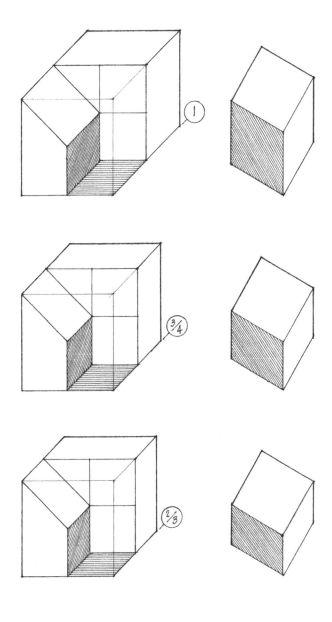

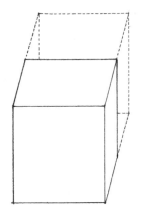 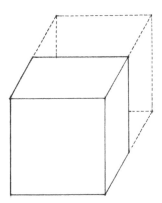 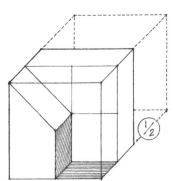 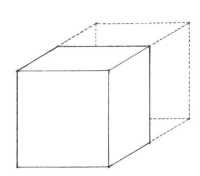

입면 빗각(ELEVATION OBLIQUES)

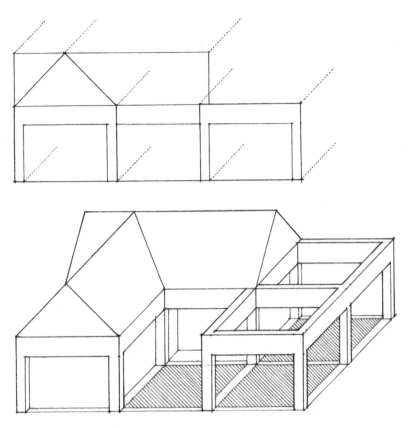

건축 도면에서 두 가지 대표적인 빗각 도면들은 입면 빗각과 평면 빗각이다. 이제까지 알아본 대부분의 빗투영도들은 입면 빗각들이다.

입면 빗각 도면은 주요 수직면들을 화상면과 평행하게 배치하고 그것의 실제 치수와 형태를 나타낸다. 따라서 입면도로부터 직접 입면 빗각 도면을 작성할 수 있다. 이때 건물의 수직면은 대게 가장 길거나 복잡하거나 특별한 면을 선택하게 된다.

입면이 선택 되면, 원하는 각도대로 건물의 깊이를 투영하여 나타낸다. 삼각자를 이용할 경우 깊이를 나타내는 선들을 보통 30°, 45°, 또는 60° 각도로 나타내게 된다. 프리핸드 스케치일 경우, 지나치게 정확할 필요는 없으나, 일단 각도가 정해지면, 투영선들이 서로 평행하게 표현되어야 한다.

선택되는 각도들에 따라 깊이를 나타내는 면들의 크기와 형태들이 변하는 것을 염두에 두도록 한다. 이 각도를 조절함으로써, 수평 또는 수직면들이 다르게 강조될 수도 있다. 그러나 어떤 경우라 하더라도 화상면과 평행을 이루는 사물의 면이 가장 큰 주목을 받게 된다.

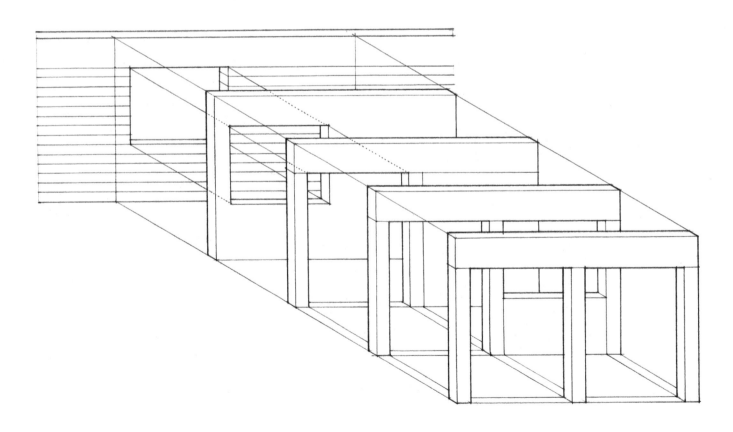

[연습 7.7]

다음 도면에 나타난 투영도들에 나타난 두 형태를 여러 개의 입면 빗각 도면들로 나타내보자. 첫 입면 빗각 도면에는 깊이를 나타내는 면의 선들을 실제 치수대로 나타내되 각도를 30°, 45°, 60°로 각각 나타내보자.

다음으로, 깊이를 나타내는 면의 선들을 45°로 나타내되 그 치수를 달리 해보자. 처음에는 실제 치수의 3/4로, 다음에는 2/3으로, 그 다음에는 1/2로 나타내보자.

마지막으로 그려진 투영도들의 시각적 효과를 비교해보자. 이들 투영도 중 깊이가 지나치게 과장된 것을 발견할 수 있는가? 또는 지나치게 얇게 표현된 것을 볼 수 있는가? 각각의 투영도들에서 강조되고 있는 사물의 면들은 각각 어느 것들인지 살펴보자.

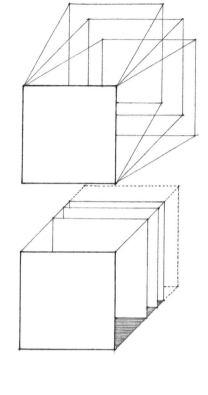

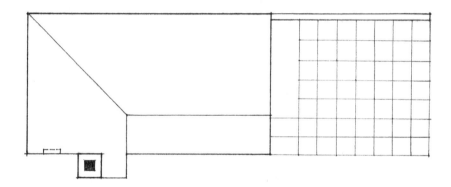

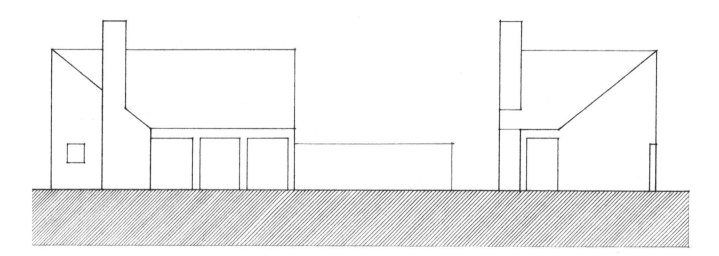

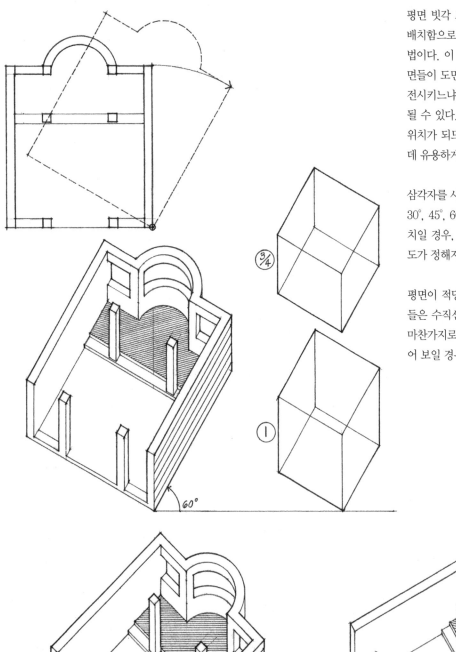

평면 빗각 도면은 사물의 수평 평면을 화상면과 평행하게 배치함으로써 그 형태와 치수를 실제 그대로 나타내는 방법이다. 이 경우 보통 평면을 회전시켜 다른 두 개의 수직면들이 도면에 나타나도록 표현한다. 평면을 어느 정도 회전시키느냐에 따라 다른 두 수직면들이 서로 다르게 강조될 수 있다. 대체로 평면 빗각 도면들은 보는 시점이 높은 위치가 되므로 아이소메트릭 도면보다 실내를 들여다보는 데 유용하게 쓰이고, 사물의 수평면이 강조되어 나타난다.

삼각자를 사용하여 작도할 때 대개 도면의 수평선으로부터 30°, 45°, 60°로 회전시켜 평면을 배치한다. 프리핸드 스케치일 경우, 지나치게 정확할 필요는 없으나, 일단 회전 각도가 정해지면 일정하게 표현되어야 한다.

평면이 적당한 각도로 회전되면 깊이를 나타내는 축의 선들은 수직선으로 나타난다. 이 수직선들의 길이는 평면과 마찬가지로 사물과 1:1의 비례로 하거나, 그 길이가 과장되어 보일 경우 일정한 비율로 줄여서 나타내기도 한다.

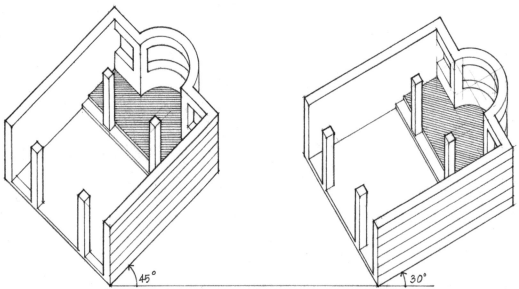

[연습 7,8]

다음 입면들과 평면도면에 나타난 건물을 여러 개의 평면 빗각 도면들로 나타내보자. 첫 평면 빗각 도면에는 수직선들을 실제 치수대로 나타내되 점 A에 대하여 수평선으로부터 반시계 방향으로 30°, 45°, 60°의 각도로 각각 나타내보자.

다음으로, 위 연습을 반복하되 깊이를 나타내는 수직선들을 실제 길이의 3/4의 비율로 줄여서 표현해보자.

마지막으로 그려진 투영도들의 시각적 효과를 비교해보자. 이들 투영도 중 높이가 지나치게 과장된 것을 발견할 수 있는가? 또는 지나치게 작게 표현된 것을 볼 수 있는가? 각각의 투영도들에서 강조되고 있는 건물의 입면들은 각각 어느 것들인지 살펴보자.

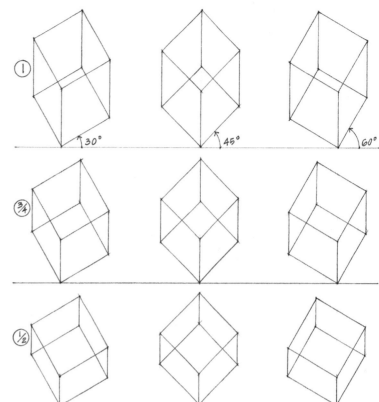

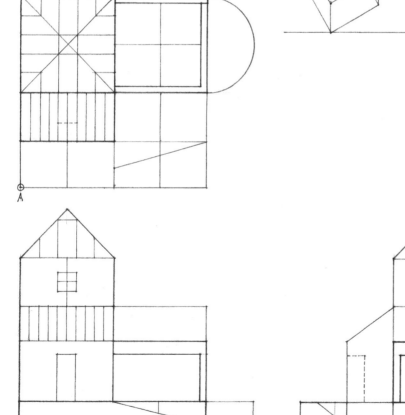

투상도 (PARALINE VIEWS)

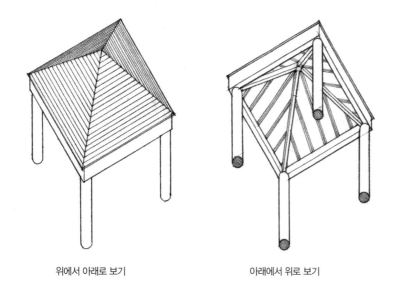

위에서 아래로 보기   아래에서 위로 보기

투상도들은 항상 하늘에서 내려다 본 상태이거나 땅 속에서 올려다본 모습을 나타내게 되는데, 도면 작도의 방향에 따라 단순한 건물의 외형이나 형태뿐만 아닌 그 이상의 모습들도 나타낼 수 있다. 이 방법을 통해서 공간의 내부나 복잡한 구조 안의 가려진 부위까지도 접근하여 그 모습을 나타낼 수 있다.

:: 팬텀(phantom) 투상도

팬텀 투상도는 건물의 내부사항을 표현하기 위하여 선택된 일부를 투명하다고 가정하여 작도하는 투상도로서 벽이나 지붕으로 가려진 부위를 보는 방법이다. 이 방법으로 형태를 그대로 보존하면서 실내 공간이나 구조를 보여주는 데 유용하다. 이 방법을 통해 전체적인 외부형태와 실내구조와 형태를 동시에 볼 수 있다.

보통 점선으로 표현되는 팬텀 선들은 투명한 부위, 움직이는 부위, 잘라낸 부위, 또는 반복되는 부분들을 나타낸다. 이 선의 형태는 점선, 끊긴 선 등으로 나타낼 수 있고 때로는 매우 약한 실선으로도 표현한다. 표현상으로 투명한 부위의 범위나 두께, 세부사항 등을 필요에 따라 표현한다.

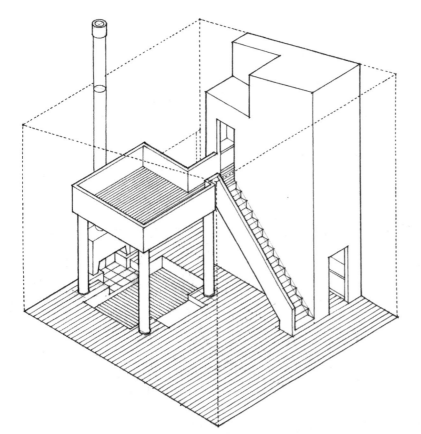

캘리포니아주의 씨랜치 5호 콘도, 1963-65, 무어, 린던, 트런불, 위타커 설계

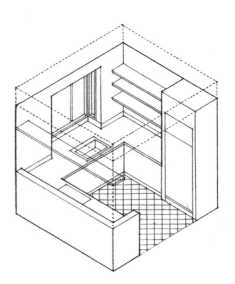

:: 단면 투상도

단면 투상도는 바깥쪽 한 부분이나 층을 잘라내어 실내 공간이나 내부 시공단면을 보여주는 투상도이다. 이 방법으로 실내와 실외공간의 관계를 효과적으로 보여줄 수도 있다.

단면 투상도를 만들어내는 가장 간단한 방법은 가장 바깥쪽 부위를 걷어내는 것이다. 지붕이나 천장, 벽을 걷어내어 위에서 아래로 실내를 들여다보는 모습을 구성할 수 있고 바닥을 걷어내면 아래에서 위로 올려다보는 효과를 거둘 수 있다.

건물의 좀 더 큰 단면을 걷어내면 구성의 핵심이 되는 부위를 노출시킬 수도 있다. 그리고 건물이 한 축을 중심으로 대칭인 경우에는 축 선을 따라 건물을 잘라내고 건물의 바닥에 평면을 같이 나타낼 수도 있다. 방사선 형태로 퍼진 형태의 건물인 경우, 중앙지점을 중심으로 전체의 1/4 정도를 잘라내어 단면을 노출시킬 수도 있다.

좀 더 복잡한 건물 구성을 나타내고자 한다면, 건물의 3차원적 구성을 나타내야한다. 이때 자르는 부위는 건물의 조립상태와 구성상의 성격을 반영하여 나타내고 선의 체계나 명암을 이용하여 알기 쉽게 표현해야 한다.

건물의 부분들을 걷어내었어도 점선이나 끊긴 선을 사용하여 그 본래의 위치를 표시하여 이해를 도울 수 있다. 건물의 전체의 외형을 표시해 줌으로써 건물의 총체적인 이해를 도와준다.

하나의 투상도로 사물의 3차원적 구성을 나타낼 수 있으나 여러 개의 투상도들이 순서대로 나열되면 어떤 사물의 구성방법이나 전개상황을 효과적으로 나타낼 수 있다. 흔히 사물이 조립되는 시간의 흐름을 여러 개의 투상도로 나타낼 수 있다.

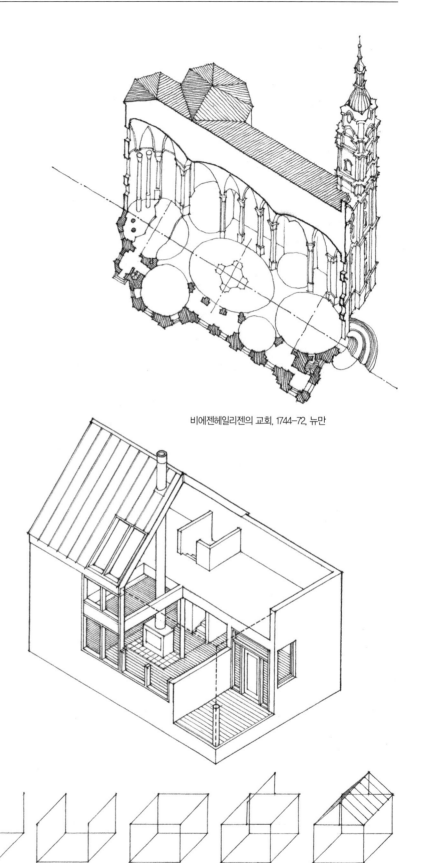

비에젠헤일리젠의 교회, 1744-72, 뉴만

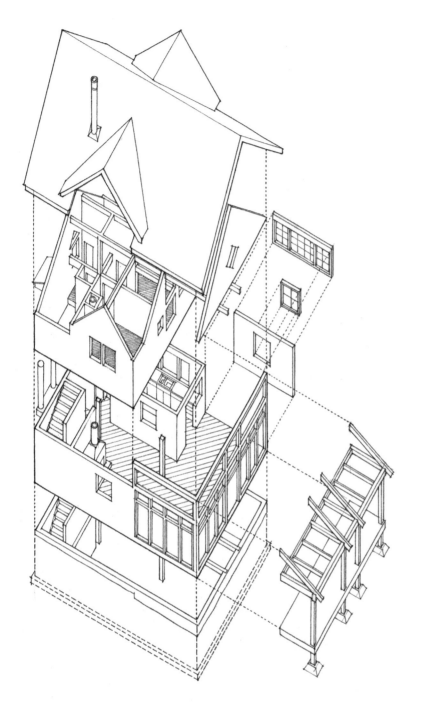

:: **팽창 투상도**

투상도에서 잘라낸 부위를 완전히 제거하지 않고 공간상의 다른 위치로 옮겨 표현하는 것을 확장 또는 팽창 투상도(expanded, exploded views)라고 한다. 이 방법은 건물 구성 부위들이 조립된 상태로부터 분리되어 표현하지만 각 부위들 간의 관계와 연관성을 시각적으로 설명할 때 유용하다. 완성된 도면은 건물이나 조립품이 그들의 구성을 가장 잘 보여주는 상태에서 각 부위들이 공간 속으로 팽창하다 적절한 위치에서 멈춘 모습을 보여준다.

도면상에 분리된 각 부위들은 그들이 조립된 순서대로 배열되어야 하고, 조립되어야 하는 방향을 암시해야 한다. 축을 중심으로 한 구성에서는 팽창의 방향이 축 상에 있거나 그 축과 수직인 방향이어야 한다. 그리고 모든 부분들이 서로 수직으로 만나는 구성에서도 팽창의 방향이 구성물의 기본이 되는 3차원상의 세 개의 기본 축을 따라야 한다. 위의 모든 경우 팽창된 각 부위들의 연관성을 점선이나 끊긴 선, 또는 섬세한 실선으로 표시하도록 한다.

팽창 투상도는 어떤 것의 시공과정과 조립 단계의 세부사항들, 순서, 과정 등을 나타내는 데 매우 유용하다. 큰 스케일에서는 건물을 이루는 각 부재들의 수직, 수평적 결합 방법, 상태 등을 효과적으로 표현할 수 있다. 그리고 팽창 투상도는 각 부위들이 갖는 위치적 연관성을 시각적으로 설명하므로 팬텀 투상도와 단면 투상도들이 갖는 장점들을 동시에 갖고 있다.

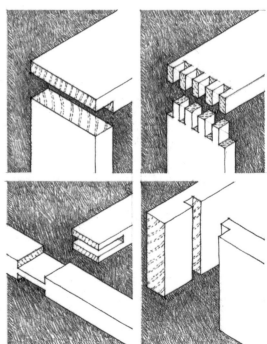

:: **깊이의 표현**

간단한 선들로만 이뤄진 투상 도면으로부터 우리는 강한 3차원 공간감을 느낄 수 있다. 이것은 단순한 겹침에 의한 깊이의 표현요소에 의해서만이 아니라, 그려진 평행사변형의 형태들이 공간 속에 놓여 있는 직육면체들임을 우리가 인지하기 때문이다. 또한 이러한 투상 도면에서 선들의 위계 또는 명암 표현에 의해 공간감을 더욱 심화시킬 수 있다.

선들의 위계질서를 통해 사물의 모서리들과 접힌 부분, 표면에 새겨진 선 등을 구별할 수 있다.

1. 공간상에 보이는 사물의 모서리들은 사물을 둘러싸고 있는 공간에 의해 배경으로부터 분리되어 보이는 영역의 표시이다.
2. 접힌 부분들은 두개 이상의 면들이 서로 교차하여 생기는 모서리들이다.
3. 표면에 있는 선은 색과 명암의 대조, 재료의 변화 등으로 나타나는 경계를 나타낸다. 이 선들은 공간상의 형태를 나타내는 것은 아니다.

입체의 면들을 공간상에서 구별시키기 위해서는 우선 수직 또는 수평의 방향을 확실하게 전달해야 한다. 이를 위해 명암의 대조나 질감표현 등을 이용할 수 있다. 입방체를 이루는 면들 간의 수직, 수평관계를 설명하는 것은 투상 도면에서 가장 중요한 부분이라고 할 수 있다. 입체의 면에 명암을 나타내는 것은 형태의 배경을 설정해 주기도 하고 수직으로 놓인 면들과 형태를 이해하기 쉽게 도와준다.

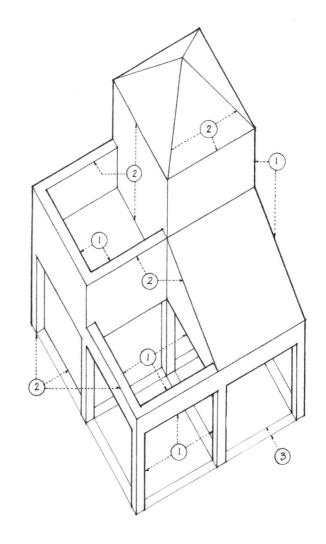

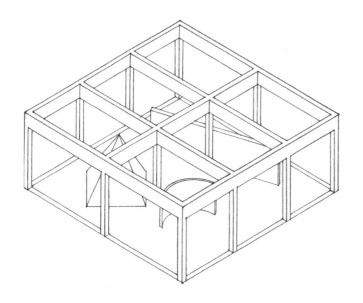

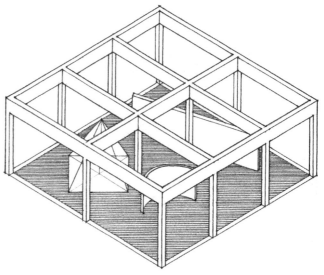

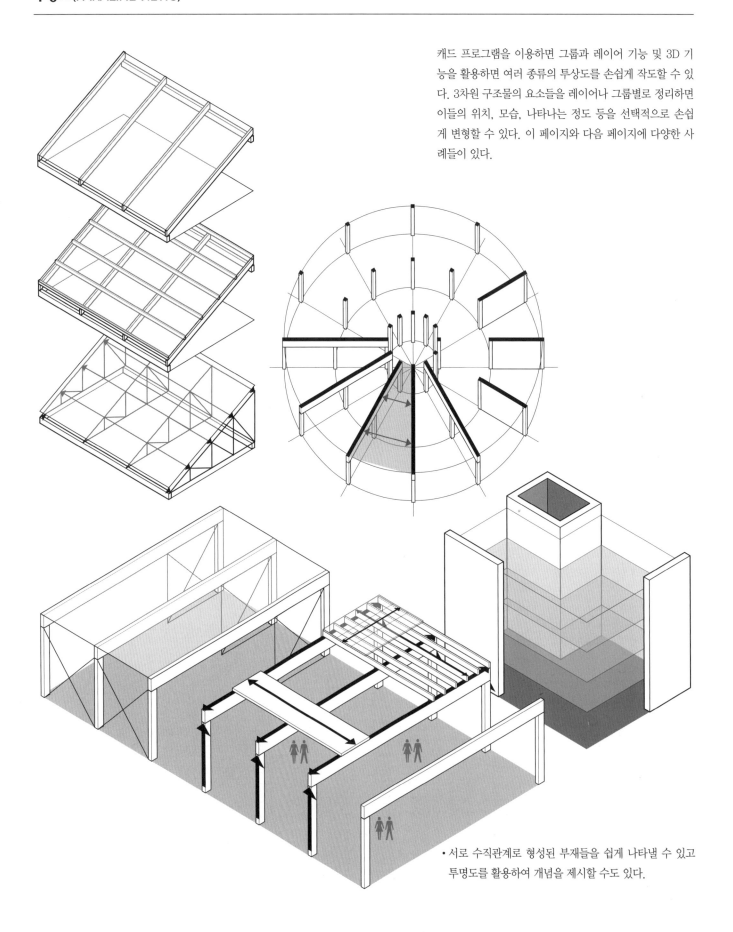

캐드 프로그램을 이용하면 그룹과 레이어 기능 및 3D 기능을 활용하면 여러 종류의 투상도를 손쉽게 작도할 수 있다. 3차원 구조물의 요소들을 레이어나 그룹별로 정리하면 이들의 위치, 모습, 나타나는 정도 등을 선택적으로 손쉽게 변형할 수 있다. 이 페이지와 다음 페이지에 다양한 사례들이 있다.

• 서로 수직관계로 형성된 부재들을 쉽게 나타낼 수 있고 투명도를 활용하여 개념을 제시할 수도 있다.

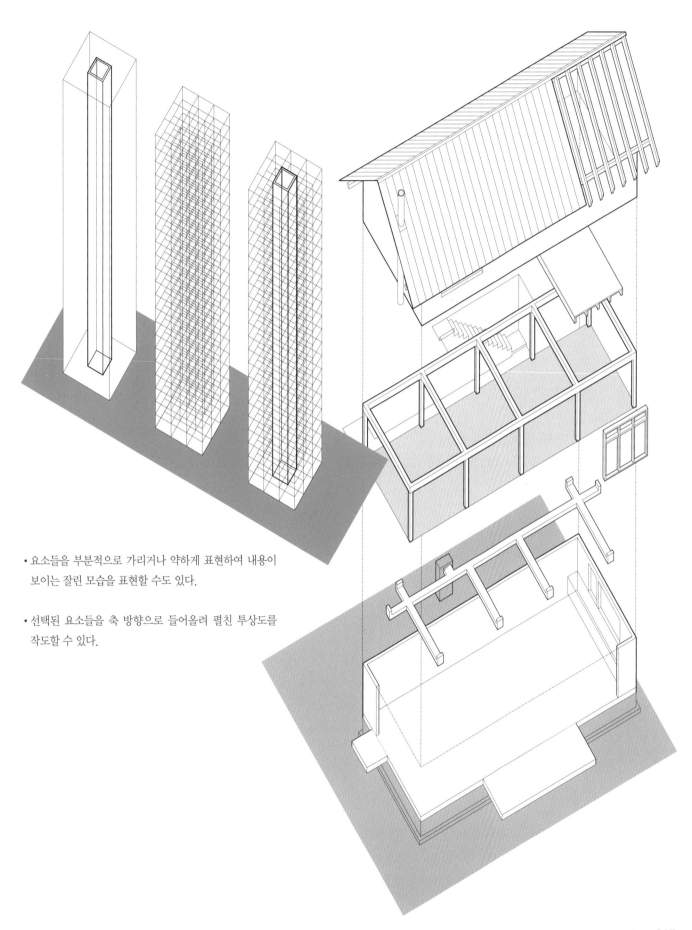

- 요소들을 부분적으로 가리거나 약하게 표현하여 내용이 보이는 잘린 모습을 표현할 수도 있다.

- 선택된 요소들을 축 방향으로 들어올려 펼친 투상도를 작도할 수 있다.

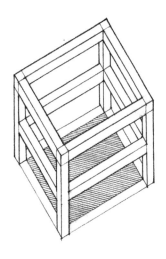

[연습 7.9]

옆의 도면은 안도 다다오가 1975년에 설계한 히라바야시 주택을 투상도로 표현한 것이다. 우선, 하나의 선 굵기로 투상도를 그려보자. 그리고 다음으로는 선의 위계를 이용하여 사물의 모서리, 접힌 부분, 표현에 있는 선들을 구별하여 나타내보자.

선의 위계를 표현하는 데 있어서 단순히 선의 농도만 변화시키는 것이 아님을 주위 한다. 선의 위계는 다른 선들과 상대적으로 구별되어 보이는 선 굵기의 차이이다.

[연습 7.10]

사물의 모서리, 접힌 부분, 표현에 있는 선들을 구별하여 나타내는 연습을 한 후 연습 7.4에서부터 연습 7.8에 소개된 투상도들을 선의 위계를 고려하여 다시 표현해보자.

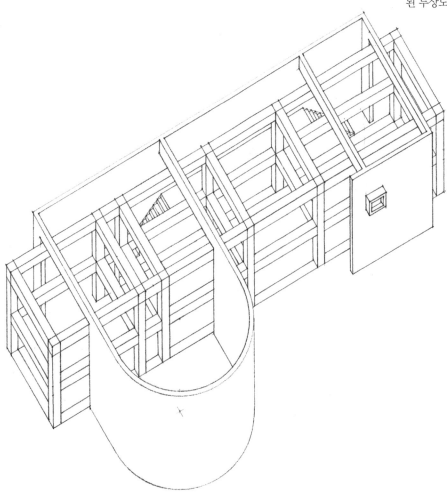

:: **그림자와 그늘**

투상도에 그림자와 그늘의 표현은 공간감을 심화시켜주고, 나타내는 형태를 이루는 부분들의 관계들을 설명해준다. 그리고 수평, 수직, 경사면 등의 면들을 구별시켜준다. 기본적인 그림자와 그늘의 개념과 용어들은 앞의 6장을 참조하도록 한다.

빛 광선의 위치와 그늘의 범위, 그림자 형태 등은 투상도에서 나타내기 수월하며 그것은 투상도가 3차원의 공간을 이루는 기본 축들을 포함하여 눈에 보이는 사실적 모습을 담고 있기 때문이다. 또한 투상도에서 빛 광선은 무수히 많은 가상의 평행선들로 간주된다.

그림자와 그늘을 작도하려면 광원과 빛의 방향을 정해야 한다. 빛의 방향 결정에 따라 표현의 구성과 내용전달이 영향을 받게 된다. 그림자를 표시하는 것은 공간감의 이해를 돕기 위한 것이지 혼란을 초래하기 위한 것이 아님을 명심해야 한다. 빛의 각도가 낮을수록 그림자가 길게 나타난다. 그 각도가 높을수록 그림자는 짧게 나타난다. 결과적으로 나타나는 그림자에 의해 표현되어야 하는 형태가 가려져서는 안 될 것이다.

경우에 따라서는 실제 정해진 시점에서의 햇빛의 각도에 따른 그림자와 그늘을 나타내봐야 할 때도 있다. 예를 들어 건물이 받는 빛의 각도에 따른 에너지 사용량이나 사용자의 쾌적함 등을 알아내기 위해서는 정해진 시기의 정확한 햇빛의 각도를 찾아내어 그림자와 그늘의 위치를 찾아내야 한다.

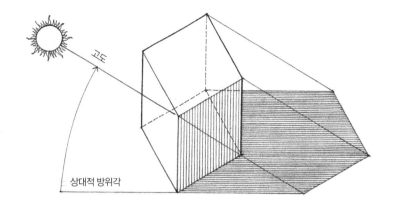

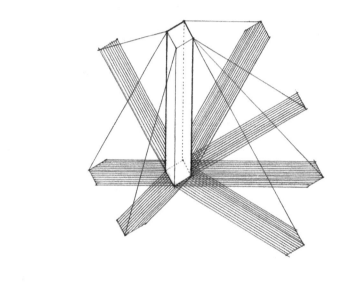

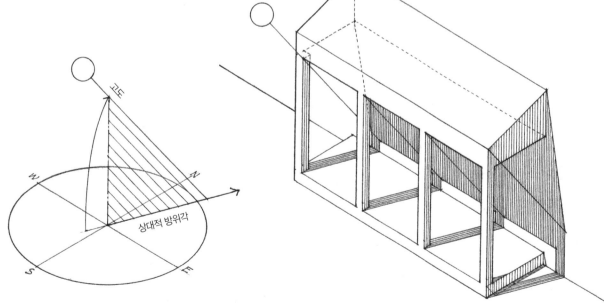

도면 작도의 편의를 위해 보통 빛의 방위 각도는 화상면과 평행하다고 가정하고, 관찰자의 오른쪽 혹은 왼쪽에서부터 온다고 가정한다. 결국 빛의 고도는 도면에 그대로 나타나고 방위 각도는 수평으로 나타난다. 원하는 그림자의 깊이에 따라서 태양의 고도를 가정하게 되는데, 보통 30°, 45°, 60°를 쓰게 되며 그 이유는 45° 또는 30°-60° 삼각자를 흔히 쓰기 때문이다.

직육면체의 프리즘을 작도하여 그림자 형성의 방향을 투상도의 3차원 기본 축을 기준으로 나타낼 수 있다. 빛의 방향을 구하기 위해서는 그늘선의 꼭대기지점의 바닥 수평면상의 점에서 방위각 방향으로 그은 수평선과 꼭대기지점에서 고도에 의한 각도로 내려온 선과 만나는 점을 잇는 선이 된다. 이것은 프리즘의 부피를 나타내는 대각선이 된다.

이와 같이, 일정한 고도와 방위각에 의해 3차원 좌표 상에서 그들의 방향을 표시하여 수직면상에, 또는 수평면, 경사면상에 맺히는 그림자를 정확하게 투상도에서 작도할 수 있다.

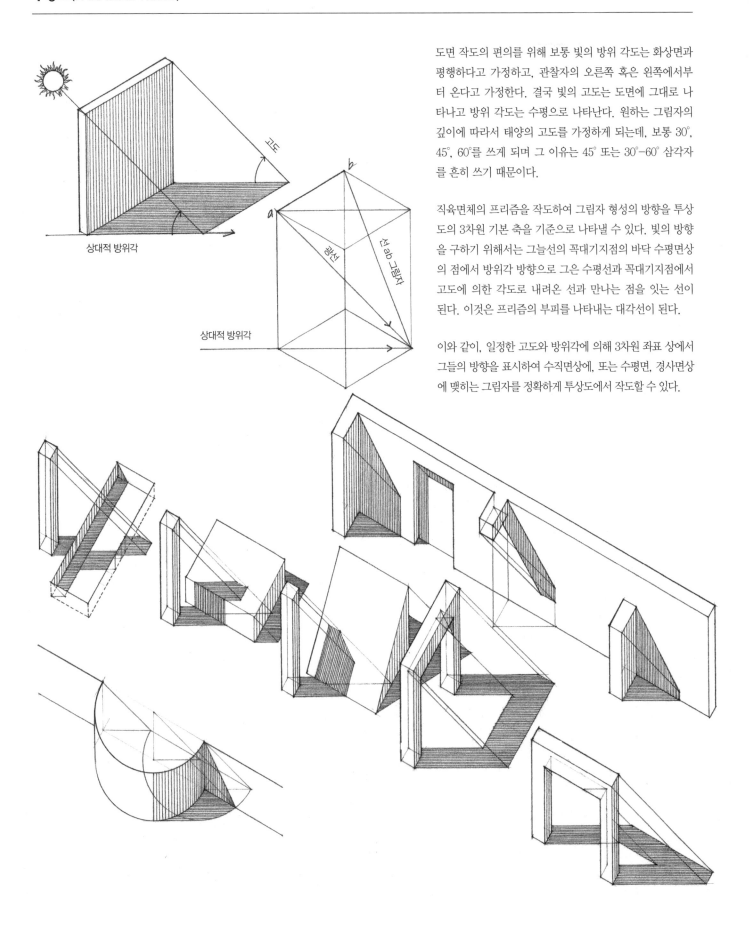

상대적 방위각

상대적 방위각

:: **디지털 그늘과 그림자**

3D 모델링 소프트웨어를 사용하면 정해진 방향으로 놓인 사물에 대해 어떤 날짜와 시간에 따라 자연광에 의한 그늘과 그림자를 자동으로 생성하여 투시도 및 투상도상에 표현할 수 있다. 이 기능은 기초설계 단계에서 덩어리나 건물이 복잡한 대지 맥락 속에서 어떤 그림자를 만들어 주변에 영향을 미치게 되는지를 미리 보고 판단할 수 있는 아주 유용한 도구이다.

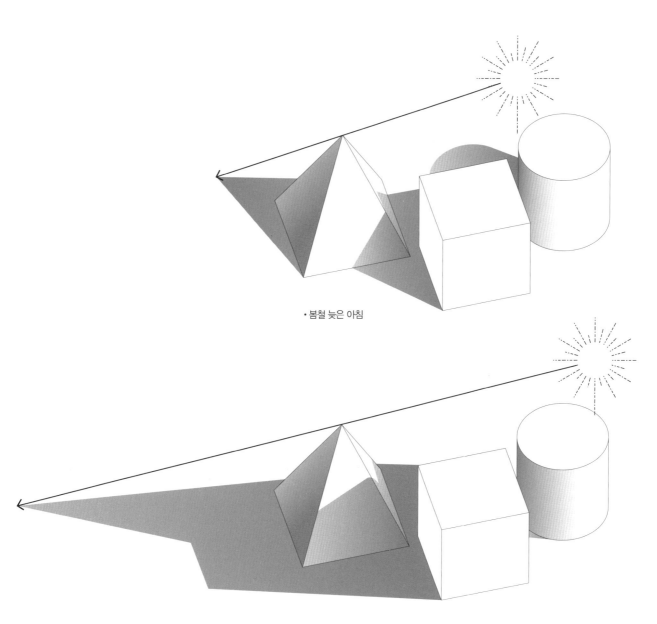

• 봄철 늦은 아침

• 봄철 이른 아침

컴퓨터에 의해서 그늘과 그림자가 3차원 사물에 입혀지게 하는 기능을 레이캐스팅(ray casting)이라고 한다. 아이디어 설계 과정에서 빠르게 활용될 수 있는 방법이기는 하나 실제 사물과 공간의 표면성질에 의해서 일어날 수 있는 빛의 흡수, 반사, 굴절 등 미세한 영향들에 대해서는 나타내지 못한다. 디지털 기법에 의한 채광에 관한 내용은 p.358-359를 참조하기 바란다.

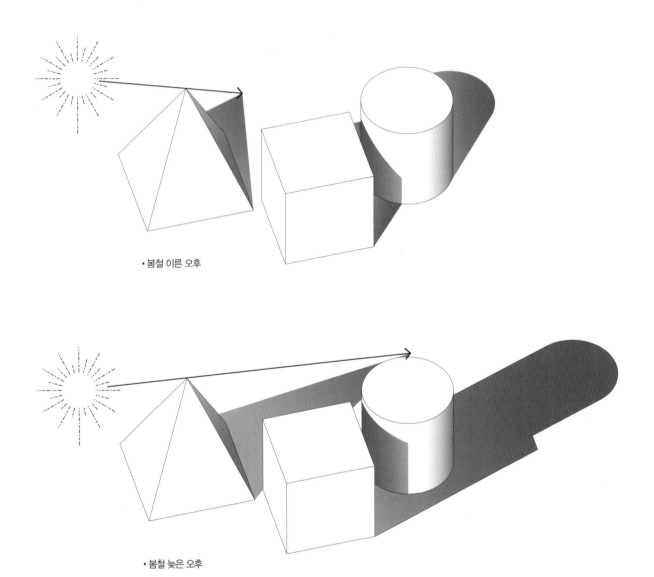

• 봄철 이른 오후

• 봄철 늦은 오후

[연습 7.11]

아래 도면으로 나타난 구조물의 그림자와 그늘을 작도해보자. 태양의 고도는 45°이고 방위각은 도면의 오른쪽을 향하며 화상면과 평행하다고 가정해보자.

[연습 7.12]

위의 연습과 같은 방향에서 오는 빛을 전제로 연습 7.4에 있는 구조물의 그림자와 그늘을 작도해보자.

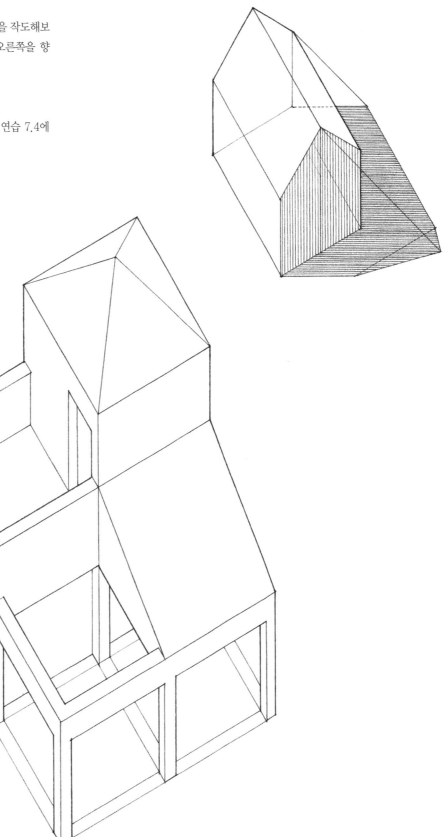

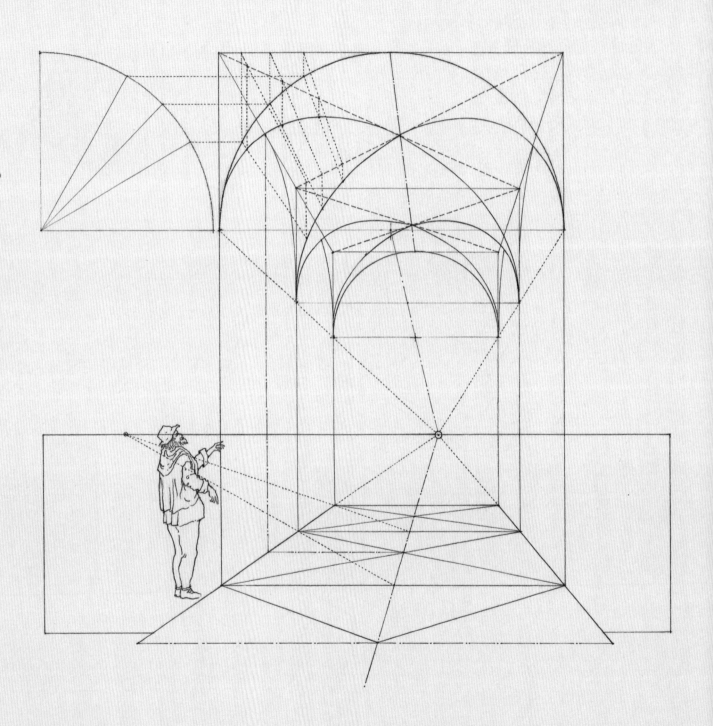

08 투시 도면

투시도의 실제 의미는 앞에서 이미 살펴본 바와 같이 대기 중의 공기나 사물의 크기의 변화로부터 느껴지는 원근감이나 가능한 여러 가지의 시각적 방법에 의해서 공간 속에 있는 사물의 관계나 입체감을 평평한 표면에 나타내는 것을 의미한다. 그러나 흔히 투시도는 인위적인 작도법에 의한 투시효과를 연상케 한다.

투시도는 공간과 그 속에 존재하는 입체들이 도면 속으로 멀어져 가는 모습을 한 점을 향해 모아지는 평행선들의 효과를 이용하여 과학적인 원리와 미술적 감각을 바탕으로 2차원의 도면에 표현하는 방법이다. 투영도와 투상도들은 사물 형태의 객관적 사실들을 기계적인 방법으로 도면에 기록한 것들이라면, 투시도는 우리 눈에 비쳐지는 시각적 형상을 사고의 눈을 통해 도면에 표현한 것이라고 할 수 있다. 즉, 투시도는 정해진 어떤 위치에서 공간과 그 속에 놓인 사물들을 쳐다보는 사람의 눈에 비춰지는 실제 모습을 보여준다. 평면도나 아이소메트릭을 볼 때, 우리의 눈은 도면에 기록된 사물의 그 어느 부분이든지 시점을 옮겨가며 관찰하게 되지만, 투시도에서는 공간상에 미리 정해진 시점에서의 사물과 공간의 모습을 보게 해주는 것이다.

투시도의 원리는 한눈으로 공간을 쳐다보는 것을 전제로 한다. 우리가 일컫는 투시도들은 모두 그러하다. 그러나 보통 우리들은 한 눈만으로 보지 않는다. 그 대신, 두 눈을 이용하여 공간감을 갖고 쳐다볼 때 머리를 움직이지 않더라도 실제로 우리의 눈은 계속해서 움직여 사물들을 관찰하고 새로 접하는 환경에 우리를 적응시킨다. 이렇게 무의식적으로 계속되는 관찰을 통해 눈에 보이는 익숙한 요소들을 찾아내고 그것들을 짜 맞춰서 눈앞에 펼쳐진 세계를 수긍하게 되는 것이다. 그러므로 투시도는 우리의 복잡한 시각적 인식의 세계에 단순한 방법으로 접근하는 것일 뿐이다.

그렇지만 투시도는 실제 3차원에 존재하는 사물들을 화면상의 공간에 배치시켜 주고, 거리가 멀어짐에 따라 사물의 크기가 줄어드는 정도를 도면 속에 정확히 나타내준다. 또한 투시도 특유의 장점은 3차원 공간의 시각적 경험을 도면상으로 전달해주는 데 있다. 이러한 특유의 장점을 갖는 대신 투시도는 작도하기가 간단하지 않다. 또한 능숙하게 투시도를 구사하기 위해서는 이미 알고 있는 사물의 형태에 얽매이지 않아야 한다는 것이다. 곧 투시도로 표현할 때에는 객관적으로 이해하는 사물들의 실제 형태들을 떠올리지 않고, 하나의 눈으로만 보이는 시각적, 광학적 세계에만 충실해야 한다는 것이다.

투시도법 (PERSPECTIVE PROJECTION)

투시도법은 3차원 사물의 각 지점들을 정해진 한 점을 향한 직선들로서 화상면에 투영하여 사물을 표현하는 것으로 관찰자가 한 눈으로 3차원 사물을 쳐다볼 때의 모습을 나타낸다. 이렇듯 한 점을 향해 모아지는 투영선들을 사용하는 투시도법은 투영시스템의 두 가지 범주인 정투영법과 빗투영법과는 다른 세 번째 범주에 속한다. 정투영법과 빗투영법의 공통점은 투영선들이 서로 평행하다는 점이다.

:: 투시도법의 요소들

정점(Station Point, SP)
정해진 관찰자 눈의 위치를 일컫는다.

시선(sightline)
정점에서부터 사물의 각 지점들을 잇는 선들을 뜻하며, 투시도에서 사물의 한 점은 그 점을 보는 시선과 화상면이 교차하는 지점을 나타낸다.

시선의 중심축(Central Axis of Vision, CAV)
관찰자가 쳐다보는 방향을 나타내는 시선을 의미한다.

시각 원뿔
정점을 중심으로 방사상으로 퍼질 수 있는 시선의 범위가 원뿔의 형태로 나타나는 것을 의미한다. 이때 투시도에서 시각 원뿔은 시선의 중심축과 각각 30°를 이룬다. 시각 뿔은 투시도에서 포함시켜야 하는 사물의 범위를 알려준다. 곧 60° 각도의 시각 뿔은 나타내고자 하는 사물의 주요 사항들이 위치해야 하는 범위를 뜻한다. 원형이거나 둥근 형태의 사물을 지나치게 왜곡되지 않게 나타내려면 30° 시각 뿔에 위치해야 한다. 주변 사물들을 나타낼 때는 90° 시각 원뿔도 가능하다.

시각 원뿔이 평면도나 입면도에서는 삼각형의 모습으로 보이지만 실제로는 3차원 형태임을 잊지 말아야 한다. 근경에서는 비교적 작은 범위 내에 위치한 사물들이 시각 원뿔 안에 놓이게 된다. 시각 원뿔이 점차 먼 거리로 나아감에 따라 관찰자가 보게 되는 중경과 원경의 범위가 넓어지게 된다.

그러나 실제로는 시각 원뿔의 효과가 원뿔이라기보다는 피라미드에 가깝다. 그 이유는 보통 사람들의 시야는 수평으로는 180°에까지 미치지만 수직으로는 눈의 눈썹, 코, 얼굴의 볼 등에 시야가 가려서 140° 정도에 그치기 때문이다.

주변 시각 / 시각 원뿔 / 시각의 예리한 범위 / 60° / 30° / 입면 / 평면

화상면(Picture Plane, PP)

3차원 형상이 맺히고 도면의 위치로 가정하는 가상의 투명한 면을 화상면이라고 한다. 시각 원뿔을 단면으로 자른 면이 되는 화상면은 언제나 시선의 중심축과 수직을 이룬다. 따라서 시선의 중심축이 수평일 때 화상면은 항상 수직의 위치에 있게 된다. 그리고 우리의 시선이 오른쪽, 왼쪽 등으로 옮기게 되면, 화상면 또한 따라간다. 수평이었던 시선이 위 또는 아래로 옮기면, 화상면은 수직에서 벗어나 지면으로부터 기울게 된다.

우리는 창 밖의 경치를 보이는 그대로 유리창 표면에 그릴 수 있다. 이때 유리창 표면을 화상면이라고 보면 된다. 우리가 투시도를 그리는 것은 가상의 화상면에 맺히는 모습을 도면에 옮기는 것이다. 따라서 도면 표면이 화상면으로 간주되는 것이기도 하다.

시선의 중심(Center of Vision, CV)

지평선상에 있는 시선의 중심축과 화상면이 서로 만나는 점이다.

지평선(Horizon Line, HL)

화상면과 정점을 지나는 수평 평면이 만나 생기는 수평선을 지평선이라고 한다. 앞에 보이는 바닥선에서부터 지평선까지의 거리는 정점의 위치에서 바닥면에서부터 잰 눈높이에 해당한다. 보통의 눈높이 투시도에서는 지평선이 관찰자의 눈높이를 나타낸다. 관찰자가 의자에 앉아 있거나 눈높이가 낮을 경우 지평선은 아래로 내려온다. 반대로, 관찰자가 계단의 참에 서 있거나 2층 창 밖을 내다볼 때와 같이 눈높이가 높은 경우 지평선은 올라가게 된다. 그리고 산 정상과 같은 곳에서 볼 경우 지평선은 더욱 올라가게 된다.

바닥면(Ground Plane, GP)

선 투시도에서 높이를 잴 수 있는 기준이 되는 수평면을 바닥면이라고 한다. 항상 그렇지는 않으나 보통 관찰자가 서 있는 면이 바닥면이 된다. 배를 타고 경치를 보았을 경우 물 표면이 바닥면이 될 수도 있고, 건물이 서 있는 지표면이 될 수도 있다. 또한 실내 투시인 경우 방 안의 바닥 표면이 바닥면이 되며, 탁자 위의 정물을 나타낼 경우 탁자 표면이 바닥면이 된다.

바닥선(Ground Line, GL)

바닥면과 화상면이 서로 만나 생기는 수평선을 바닥선이라고 한다.

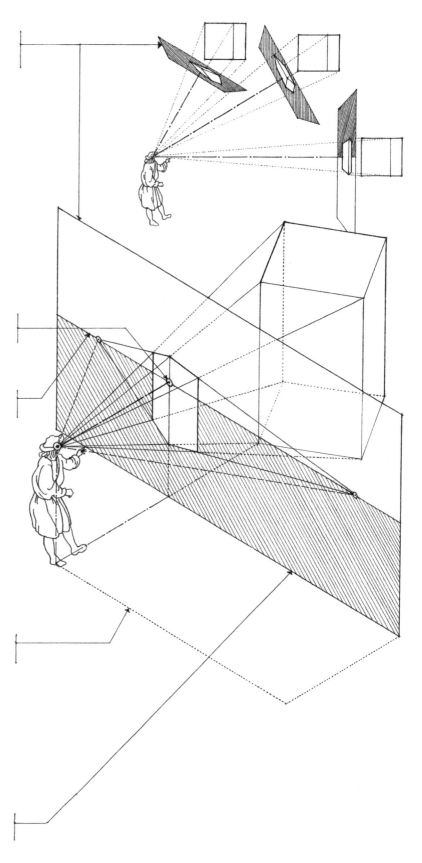

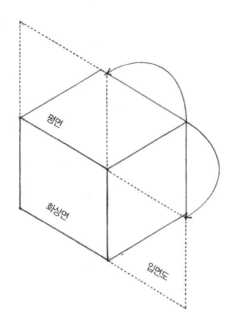

:: **직접 투영에 의한 방법**

이 방법을 위해서는 평면도와 입면도의 두 가지 정투영도가 필요하다. 입면도는 화상면과 직각을 이루는 사물의 한 수직면을 나타낸 정투영도이지만 90°를 회전시켜 화상면과 나란히 배치한다. 위 두 도면에 그리고자 하는 사물, 화상면, 정점이 모두 나타나게 된다.

투시도에서의 어느 한 점은 정점에서부터 어느 한 목표점을 쳐다보는 시선이 화상면과 교차하는 지점을 나타낸다. 투시도에서 이 점을 구하기 위해서는 다음과 같이 해야 한다.

1. 평면의 정점에서부터 목표점까지의 시선을 작도하고 화상면과 만나는 지점을 구한다.
2. 입면에서도 같은 원리의 지점을 구한다.
3. 평면에서 시선이 화상면과 만나는 지점에 수직선을 긋는다.
4. 입면에서 시선이 화상면과 만나는 지점에 수평선을 그어 위의 수직선과 만나도록 길게 긋는다.
5. 위의 수직선과 수평선이 만나는 지점이 화상면에 맺히는 목표점의 위치이다.

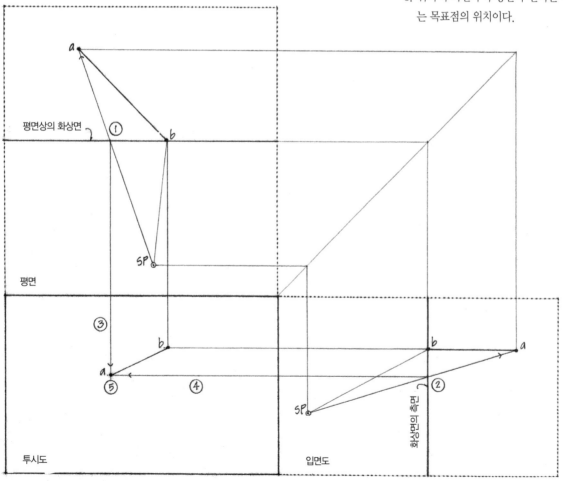

어떤 목표점이 화상면 뒤에 위치한 경우 그 점에서부터 정점까지의 시선을 그어 그 시선이 화상면과 만나는 지점에 수직선을 내려 긋는다. 목표점이 화상면상에 있는 경우 간단하게 그 점에서 수직선을 내려 그어 입면도에서의 그 점을 나타내는 수평선과 교차하는 점을 찾으면 된다. 목표점이 화상면 앞에 위치하는 경우 정점과 목표점을 잇는 시선의 연장선이 화상면과 만나는 점을 찾고 그 점에서 수직선으로 내려 표시한다.

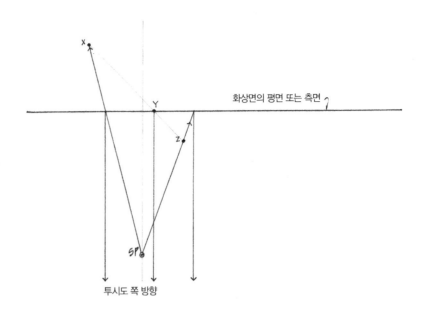

화상면의 평면 또는 측면

투시도 쪽 방향

어떤 직선을 투시도로 나타내려면 직선을 이루는 두 점을 투시도 상에 구하고 서로 이으면 된다. 이러한 방법으로 점과 선의 위치를 투시도상에서 얻을 수 있으므로 면과 입체의 형태를 투시도에서 구할 수 있다.

이론상으로는 직접투사에 의한 투시도법에서 소실점이 필요하지 않다. 그러나 소실점을 구하여 작도에 활용하면 선투시도이므로 작도 과정이 간단해질 뿐 아니라 선들이 모여지는 방향을 쉽게 가늠할 수 있고 정확도를 기할 수 있다.

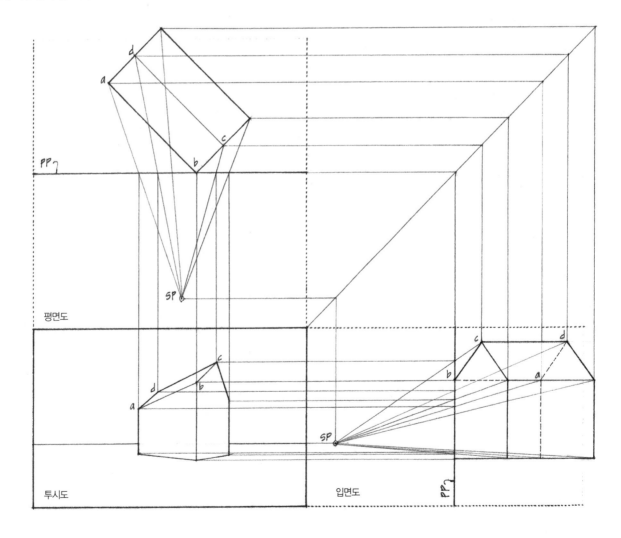

PP

평면도

SP

투시도

입면도

PP

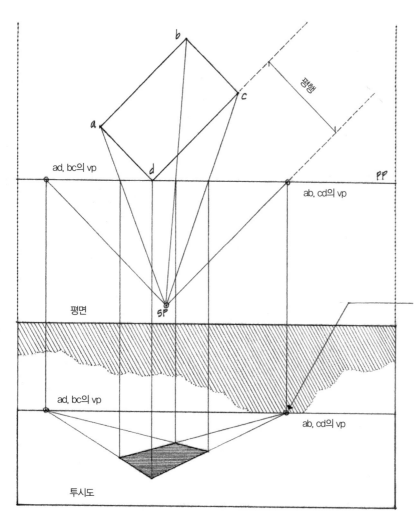

시선들이 정점을 향해 수렴하는 성질 때문에 투시도에서는 항상 일정한 시각적 효과가 나타난다. 이러한 시각적 효과에 익숙해지면 투시도에서 선, 면, 입체들이 어떻게 나타나게 되고 이것들의 공간상의 위치가 어떻게 표현되는지를 쉽게 짐작할 수 있게 된다.

:: 수렴현상(convergence)

선 투시도에서 평행선들이 시야에서 멀어짐에 따라 정해진 소실점을 향해 모이는 것을 수렴현상이라고 한다. 두 개의 평행선들이 시야에서 멀어짐에 따라 두 선의 간격이 점차 좁혀지는 것처럼 보이게 된다. 이 선들이 무한대로 연장될 경우 하나의 점에서 만나는 것으로 보인다. 이 점이 이 평행선들의 소실점이 되며, 이 선들과 평행한 다른 선들도 이 소실점을 따르게 된다.

:: 소실점(Vanishing Point, VP)

선 투시도에서 평행선들이 시야에서 멀어짐에 따라 화상면 상의 한 점을 향해 모이는데, 이 점을 소실점이라고 한다. 소실점은 평면상에서 어떤 평행한 선들과 서로 평행하게 정점으로부터 그은 직선들과 화상면이 만나는 지점들을 수직선으로 투시도상으로 내려 옮긴 것이다.

수렴현상에서 첫 번째 규칙은 서로 평행한 선들의 그룹마다 각각 다른 소실점을 갖는 것이다. 예를 들어 직육면체를 보면, 세 그룹의 평행선들이 존재하는데 하나는 서로 평행한 수직선들의 그룹이고, 나머지 평행선들은 서로 다른 방향의 두 가지 평행선 그룹들로 이뤄져 있다.

투시도를 그리기 이전에 표현하고 싶은 사물이나 상상물에 우선 몇 가지 그룹의 평행선들이 존재하는지 알아야 하고 평행선 그룹별로 각각 어느 방향으로 수렴하여 나타날 것인지를 예측해야 한다. 관찰자 시선의 중심축과 대상물과의 관계에 의해 다음 수렴에 대한 몇 가지 규칙이 설명될 수 있다.

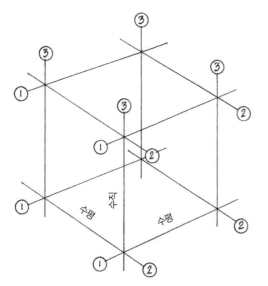

:: 수렴현상의 규칙

선 투시도에 존재하는 모든 직선들은 다음과 같이 분류할
수 있다.

:: 화상면과 평행한 직선들

• 평행선들이 화상면과 평행한 경우, 투시도에서 이 선들
의 방향은 실제 그대로 나타나고 소실점을 향한 수렴현
상이 일어나지 않는다. 그러나 관찰자와 멀어짐에 따라
그 길이가 줄어들어 보일 것이다. 마찬가지로 화상면과
평행한 위치의 형태들은 그 모습을 그대로 유지하지만
관찰자로부터 멀어짐에 따라 그 크기가 줄어든다.

:: 화상면과 수직인 직선들

• 평행선들이 화상면과 수직을 이룰 경우 지평선상에 있는
시선의 중심점을 향해 수렴되어 나타난다.

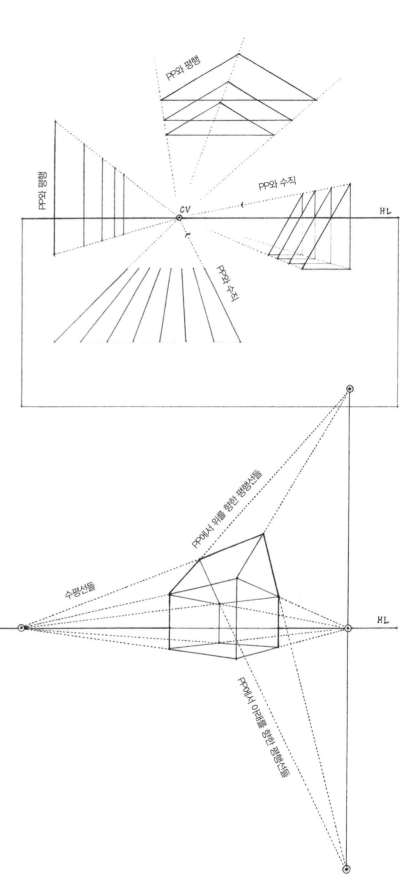

:: 화상면과 빗각을 이루는 직선들

이 경우 각 평행선들은 각각의 소실점들을 향해 수렴되어
나타난다.

• 화상면과 빗각을 이루는 수평선들: 이 경우 소실점은 지
평선상의 어느 지점에 위치하게 된다.
• 화상면과 빗각을 이루는 경사선들: 평행선들이 멀어짐
에 따라 위를 향할 경우 소실점은 지평선의 위쪽에 위치
한다. 평행선들이 멀어짐에 따라 아래를 향할 경우 소실
점은 지평선의 아래쪽에 위치한다.

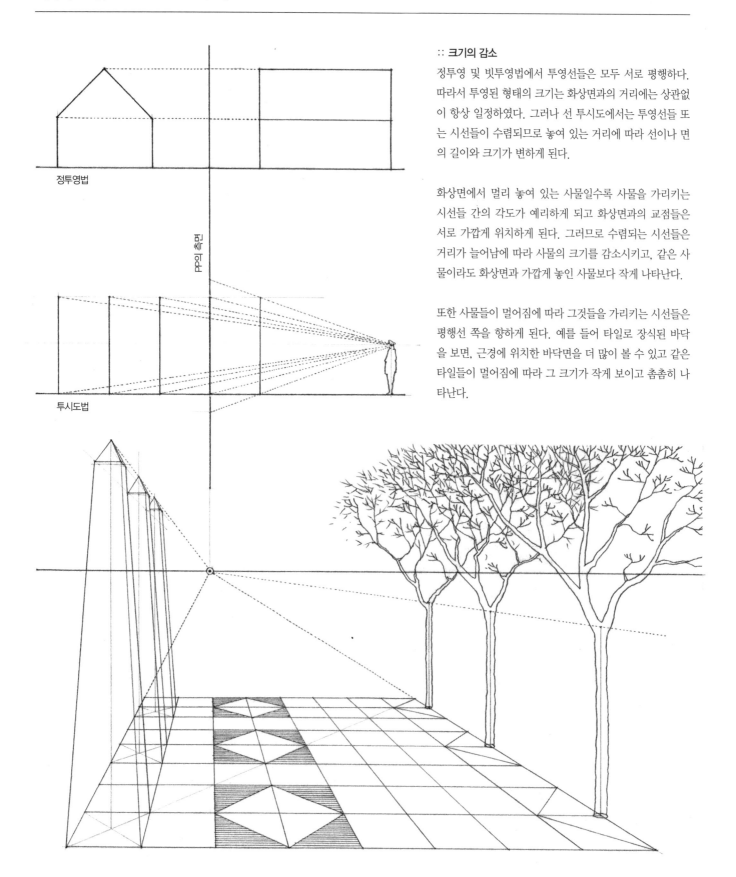

정투영법

PP의 측면

투시도법

:: **크기의 감소**

정투영 및 빗투영법에서 투영선들은 모두 서로 평행하다. 따라서 투영된 형태의 크기는 화상면과의 거리에는 상관없이 항상 일정하였다. 그러나 선 투시도에서는 투영선들 또는 시선들이 수렴되므로 놓여 있는 거리에 따라 선이나 면의 길이와 크기가 변하게 된다.

화상면에서 멀리 놓여 있는 사물일수록 사물을 가리키는 시선들 간의 각도가 예리하게 되고 화상면과의 교점들은 서로 가깝게 위치하게 된다. 그러므로 수렴되는 시선들은 거리가 늘어남에 따라 사물의 크기를 감소시키고, 같은 사물이라도 화상면과 가깝게 놓인 사물보다 작게 나타난다.

또한 사물들이 멀어짐에 따라 그것들을 가리키는 시선들은 평행선 쪽을 향하게 된다. 예를 들어 타일로 장식된 바닥을 보면, 근경에 위치한 바닥면을 더 많이 볼 수 있고 같은 타일들이 멀어짐에 따라 그 크기가 작게 보이고 촘촘히 나타난다.

:: 원근에 의한 축소현상

사물이 화상면으로부터 멀어짐에 따라 원근에 의한 축소현상으로 인해 변화되는 사물의 형태를 볼 수 있다. 흔히 거리가 멀어지는 방향을 따라 사물의 형태가 축소되어 보이게 된다.

사물의 부위 중 화상면과 평행하지 않은 부위는 그 크기나 길이가 축소되어 보인다. 투시도뿐만 아니라 정투영도나 빗투영도에서 사물이 축소되어 보이는 정도는 화상면과 그 부위가 이루는 각도에 따라 다르다. 화상면과 이루는 각도가 클수록 사물의 길이나 크기가 적게 보인다.

선 투시도에서 거리에 따라 축소되어 보이는 정도는 화상면과 시선이 이루는 각도에 따라 다르다. 시각의 중심으로부터 멀리 떨어져 있는 사물일수록 사물을 향한 시선들 간의 각도가 크고 화상면과 교차하는 점들 간의 거리가 커지게 된다. 다시 말해 사물들이 측면으로 움직이는 것은 화상면과 평행한 방향으로 이동하는 것이고 보이는 것은 커지게 된다. 관찰자로부터 멀어짐에 따라 사물들이 작아짐과는 반대되는 현상이다. 이후 어느 지점에 도달하면, 사물의 크기는 과장이 되고 형태는 왜곡되어 보이게 된다. 따라서 우리는 시각 원뿔을 설정하여 투시도에서 보이는 내용을 조절하고 왜곡을 줄일 수 있다.

수렴현상과 크기의 감소, 원근에 의한 축소현상 등이 사물의 선과 면의 형태에 영향을 주며 투시도에서 공간이 압축되어 보이게 하는 역할을 한다.

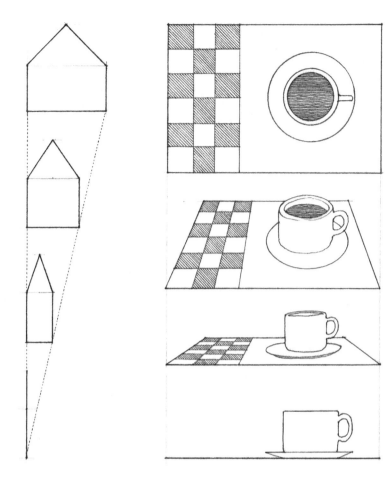

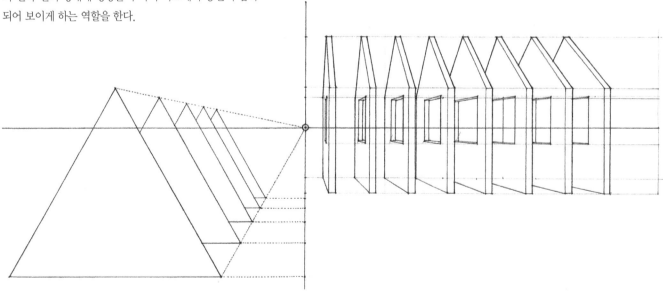

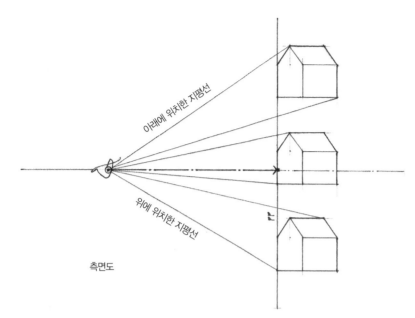

측면도

관찰자의 정점의 위치에 따라 투시도의 시각적 효과가 달라진다. 이 정점이 상하좌우로 바뀜에 따라 관찰자에게 강조되어 보이는 내용과 범위가 달라진다. 투시도에서 의도한 시각적 내용을 구현하기 위해서 이러한 투시도에 영향을 미치는 요소들을 이해해야 한다.

:: 정점의 높이

정점의 높이에 따라 사물을 위, 아래 또는 사물의 높이에서 보는지를 결정하게 된다. 시선의 중심축 상에 정점이 있을 경우 곧 관찰자의 눈높이와 같고, 같은 높이의 수평 평면은 지평선으로 나타나게 된다. 이때 관찰자의 눈높이보다 낮은 수평 평면들의 윗표면이 보이게 되고 눈높이 보다 높게 위치한 수평 평면들의 바닥 표면이 시야로 들어오게 된다.

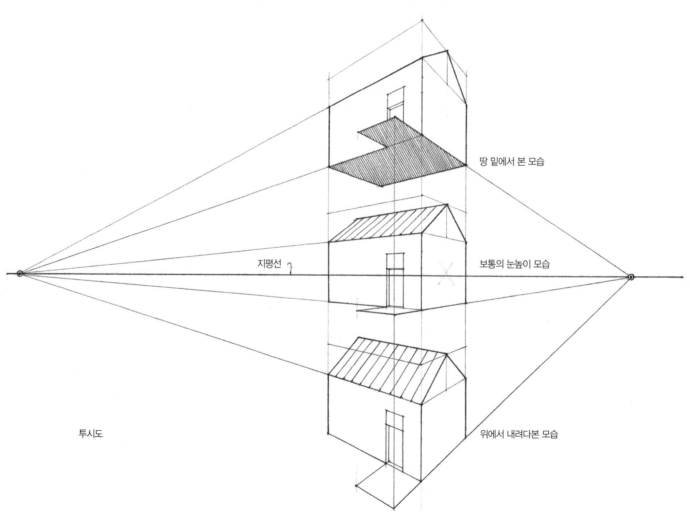

투시도

지평선

땅 밑에서 본 모습

보통의 눈높이 모습

위에서 내려다본 모습

:: 정점과 사물과의 거리

투시도에서 원근에 의한 축소현상의 정도는 정점과 사물과의 거리에 따라 달라진다. 사물로부터 관찰자가 멀리 있을수록 소실점들은 서로 멀어지게 되고 각도를 잃게 되고 투시도의 깊이가 줄어든다. 관찰자가 앞으로 다가감에 따라 소실점들은 서로 가까워지고 소실점을 잇는 선들은 각도를 얻어 과장되며, 투시도의 깊이가 커지게 된다. 이론상으로 투시도는 정점의 위치가 결정되어야만 작도가 가능한 3차원 상의 사물 모습이기 때문이다.

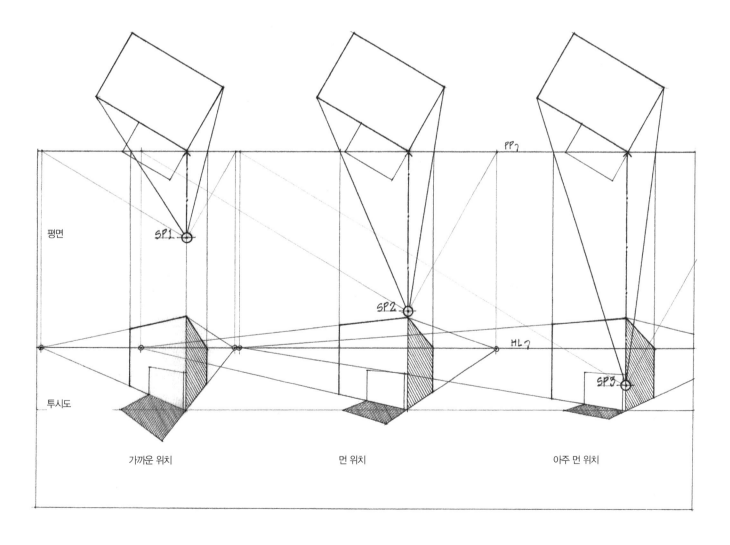

:: 보는 각도

시선의 중심축과 사물의 방향이 이루는 각도에 따라 사물의 어떤 표면이 보이게 되는지와 원근에 의한 축소현상의 정도를 결정짓게 된다. 화상면과 사물의 표면이 이루는 빗각의 크기가 클수록 사물이 더 축소되어 보이게 되고, 사물의 표면이 화상면과 나란할수록 축소현상이 작아진다. 사물의 표면과 화상면이 평행한 경우 실제 형태가 나타나게 된다.

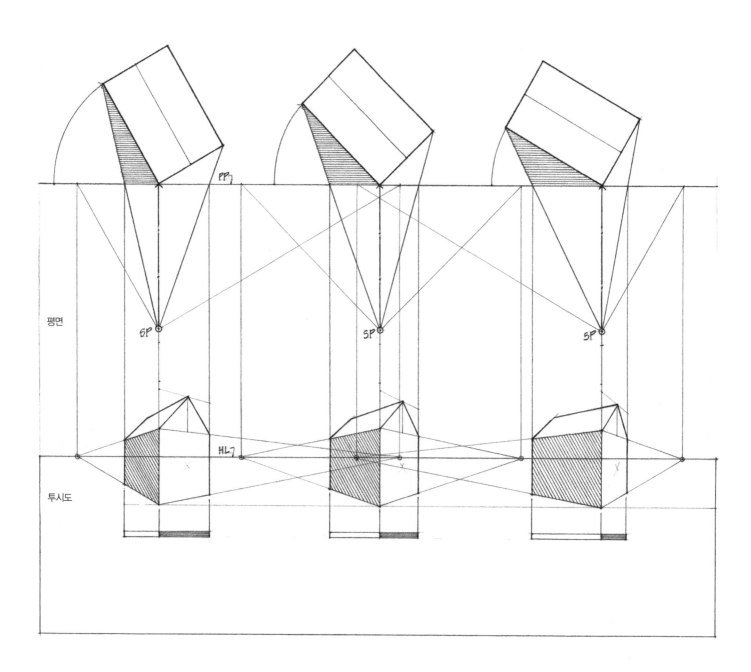

:: **화상면의 위치**

화상면의 위치는 투시도의 크기만을 좌우한다. 정점과 화
상면이 가까울수록 투시도는 작게 나타나고 멀수록 투시도
는 커진다. 이때 다른 요소들이 일정할 경우 투시도의 크
기만 영향받게 된다.

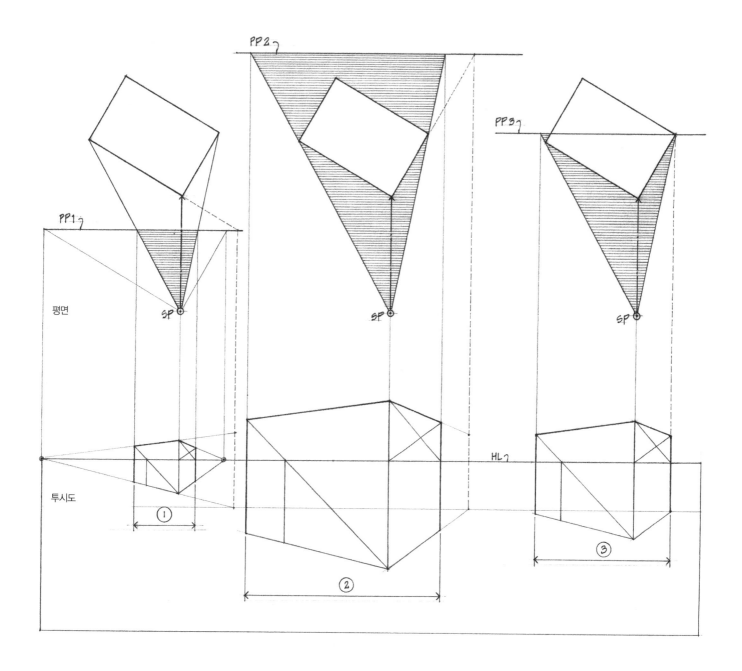

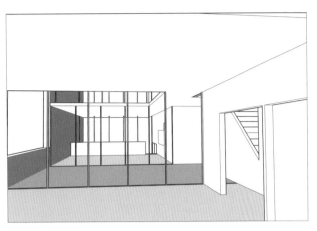

조금 위를 향한 모습

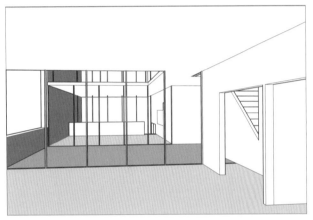

수평 방향으로 똑바로 본 모습

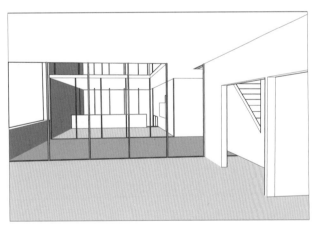

조금 아래를 향한 모습

:: 디지털 기법에 의한 시점들

손으로 투시도를 작도할 때에는 대상을 보는 지점과 각도 등을 정할 때 어느 정도의 경험이 뒷받침되어야 손쉽게 적절한 구도를 잡을 수 있다. 그러나 디지털 기법에 의한 투시도의 가장 큰 장점은 일단 모든 모델링 정보가 입력되고 나면 손쉽게 여러 가지의 시점과 구도를 빠르게 잡아 볼 수 있다는 것이다. 3차원 캐드나 기타 모델링 소프트웨어들 모두 투시도를 작도하는 수학적 원리에 따라 장면을 계산하여 자동으로 투시도를 작도한다. 작도된 투시도가 어떤 결과인지는 물론 손으로 작도되었든 컴퓨터로 작도되었건 간에 마찬가지로 그린 사람의 판단과 책임 아래 완성된다.

이 페이지와 다음 페이지에 수록된 도면들은 모두 컴퓨터로 작도된 투시도들이며 시점들의 변화에 따른 다양한 결과들을 보여준다. 투시도들 간에 눈에 보이는 차이는 작지만, 제시된 공간에 대한 스케일감과 보는 이가 느끼게 될 공간에 대한 인상은 적지 않은 차이를 보여준다.

• 일점과 이점 투시도에서 모두 실제 수직요소들이 이미지에서도 수직방향으로 나타나고 있다. 그러나 보는 사람의 시점이 수평 방향이 아닌 위, 아래로 움직이는 순간 이미지 결과는 삼점 투시도로 바뀌게 된다.

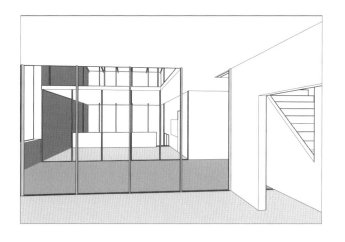 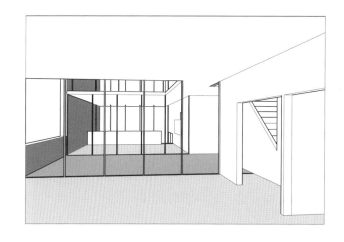

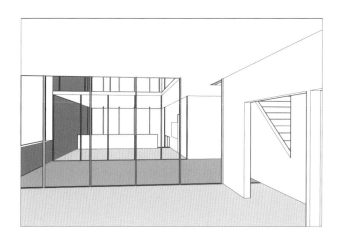 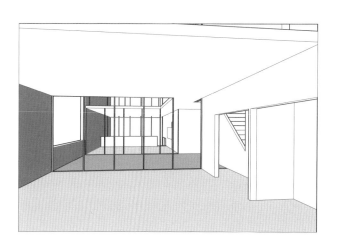

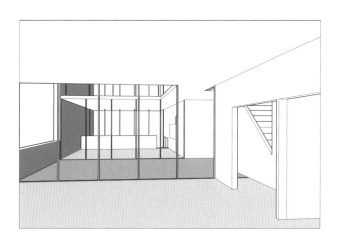 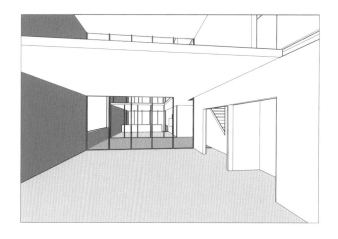

• 하나의 투시도에서 되도록 많은 공간요소들을 보여주고자 하는 욕심에 시점을 공간과 멀게 위치하는 경우가 흔하다. 그러나 공간에서 보여주고자 하는 느낌을 잘 판단하여 시점을 적절히 배치해야 한다.

• 이미지 중심에 보여야 하는 내용들에 대해 적절한 양의 투시효과가 되도록 잘 판단하여 조절할 필요가 있다. 때에 따라서는 지나치게 이미지가 왜곡되어 공간의 깊이가 과장되어 보이므로 주의해야 한다.

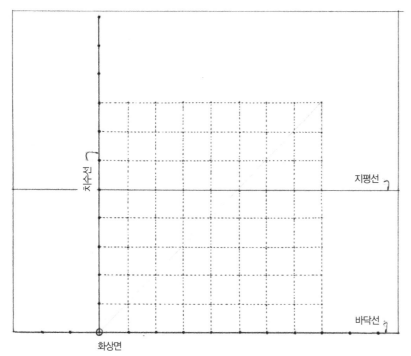

화상면과 평행한 선과 면들만이 그 치수 그대로 나타난다. 소실점으로 모이는 시선들에 의해 나타나는 투시도에 나타나는 사물들은 화상면과 멀어질수록 실제보다 작게 표현된다. 이렇듯 수렴현상과 크기의 감소효과가 동시에 나타나므로 투시도에서 사물의 치수를 재거나 나타내기가 다른 도면들에 비해 매우 까다롭다. 그러나 사물의 상대적 높이, 너비, 깊이 등을 이용해 투시도 속 공간의 치수를 알 수도 있다.

:: 높이와 너비의 측정
선 투시도에서 화상면상의 선들은 화상면상의 축척에 의한 실제 치수와 방향을 나타낸다. 따라서 이 선들 중 어느 하나를 치수선으로 사용할 수 있다.

치수선(Measuring Line, ML)
투영도에서 치수를 재기위해서는 도면상의 어떤 선을 사용해도 무방하다. 치수를 재는 선이 화상면상에 어떤 방향으로 놓여 있어도 무방하지만 대개 수직이나 수평으로 놓인 선을 사용하여 사물의 높이나 너비의 치수를 재는 데 사용된다. 따라서 수평 치수를 재기 위한 선으로 바닥선이 흔히 쓰이게 된다.

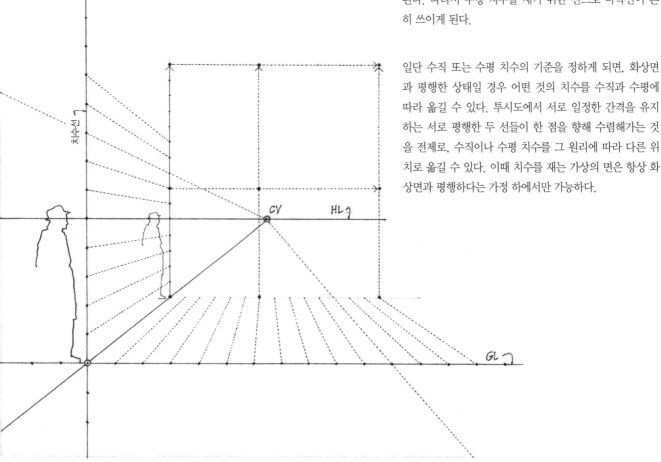

일단 수직 또는 수평 치수의 기준을 정하게 되면, 화상면과 평행한 상태일 경우 어떤 것의 치수를 수직과 수평에 따라 옮길 수 있다. 투시도에서 서로 일정한 간격을 유지하는 서로 평행한 두 선들이 한 점을 향해 수렴해가는 것을 전제로, 수직이나 수평 치수를 그 원리에 따라 다른 위치로 옮길 수 있다. 이때 치수를 재는 가상의 면은 항상 화상면과 평행하다는 가정 하에서만 가능하다.

:: 깊이의 측정

투시도상에서 깊이의 측정은 어렵고 복잡한 과정으로서 어느 정도의 관찰력과 경험이 필요하다. 또한 여러 가지의 투시도 기법에 따라 깊이를 설정하는 방법들도 다르다. 그러나 어떤 한 부분의 깊이가 설정되면, 그것과 관련된 그 다음 부위의 깊이를 비례를 통하여 알아낼 수 있다.

예를 들어 바닥면에서부터 지평선까지의 길이를 반으로 나눌 때마다 투시도의 깊이가 배로 늘어난 지점을 구할 수 있다. 관찰지점에서부터 어떤 지점의 거리를 알고 있는 경우, 바닥면과 지평선 사이의 거리를 반으로 나누어가면서 원하는 지점의 위치를 도면상에서 찾을 수 있는 것이다.

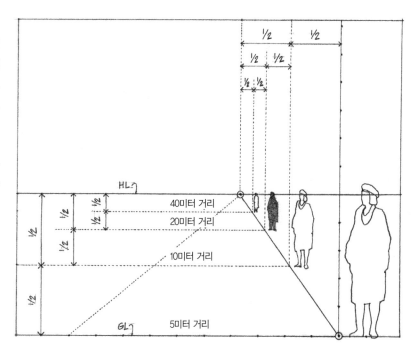

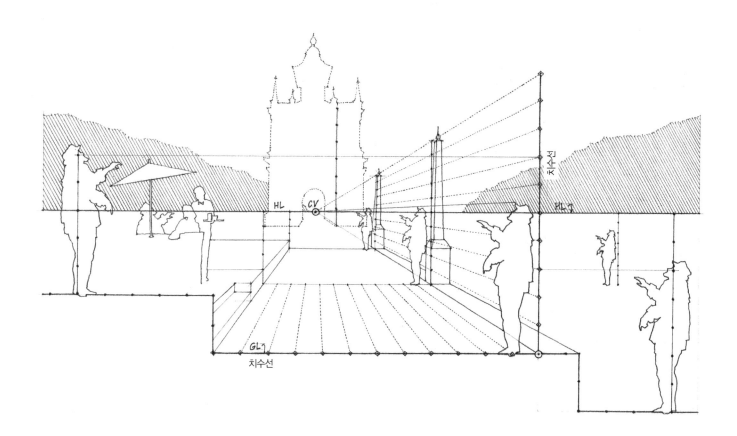

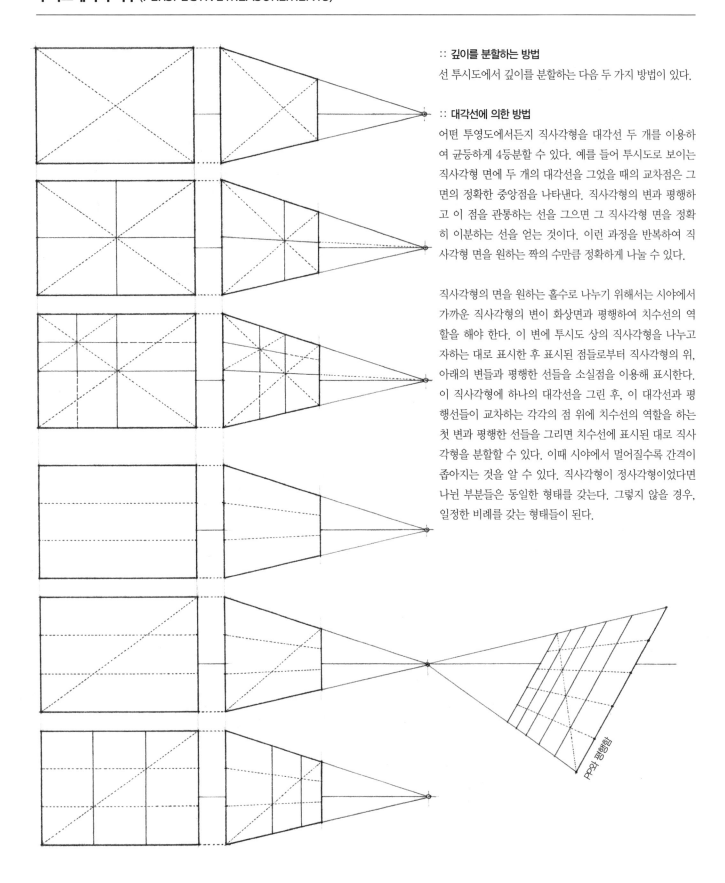

:: 깊이를 분할하는 방법

선 투시도에서 깊이를 분할하는 다음 두 가지 방법이 있다.

:: 대각선에 의한 방법

어떤 투영도에서든지 직사각형을 대각선 두 개를 이용하여 균등하게 4등분할 수 있다. 예를 들어 투시도로 보이는 직사각형 면에 두 개의 대각선을 그었을 때의 교차점은 그 면의 정확한 중앙점을 나타낸다. 직사각형의 변과 평행하고 이 점을 관통하는 선을 그으면 그 직사각형 면을 정확히 이분하는 선을 얻는 것이다. 이런 과정을 반복하여 직사각형 면을 원하는 짝의 수만큼 정확하게 나눌 수 있다.

직사각형의 면을 원하는 홀수로 나누기 위해서는 시야에서 가까운 직사각형의 변이 화상면과 평행하여 치수선의 역할을 해야 한다. 이 변에 투시도 상의 직사각형을 나누고자 하는 대로 표시한 후 표시된 점들로부터 직사각형의 위, 아래의 변들과 평행한 선들을 소실점을 이용해 표시한다. 이 직사각형에 하나의 대각선을 그린 후, 이 대각선과 평행선들이 교차하는 각각의 점 위에 치수선의 역할을 하는 첫 변과 평행한 선들을 그리면 치수선에 표시된 대로 직사각형을 분할할 수 있다. 이때 시야에서 멀어질수록 간격이 좁아지는 것을 알 수 있다. 직사각형이 정사각형이었다면 나뉜 부분들은 동일한 형태를 갖는다. 그렇지 않을 경우, 일정한 비례를 갖는 형태들이 된다.

PP와 평행함

:: 삼각형에 의한 방법

화상면과 평행한 선은 실제 축척에 의해 나뉠 수 있으므로 이 선을 치수선으로 간주하여 이선과 교차하는 어떤 선이라 할지라도 균등하게 또는 균등하지 않게 나눌 수 있다. 우선, 치수선의 한 끝을 분할하고자 하는 선의 끝과 연결시켜 삼각형을 가상한다. 그리고 치수선 위에 원하는 실제 치수대로 분할하고자 하는 점들을 표시한 다음, 이 점에서부터 삼각형을 완성시키는 변과 평행한 선들을 소실점에 의해 작도한다. 이때 얻어지는 선들에 의해 분할하고자 하는 선이 의도한 대로 나누어짐을 알 수 있다.

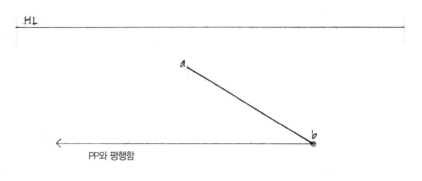

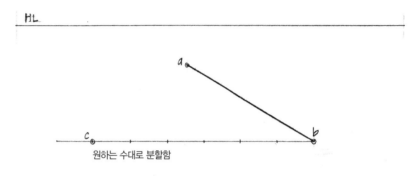

원하는 수대로 분할함

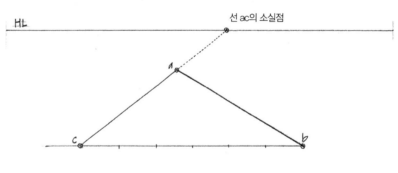

선 ac의 소실점

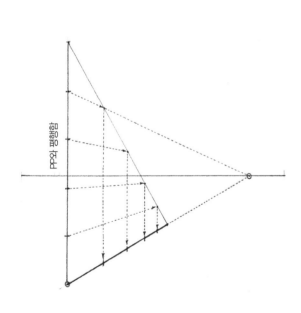

PP와 평행함

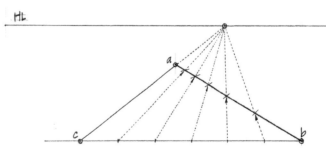

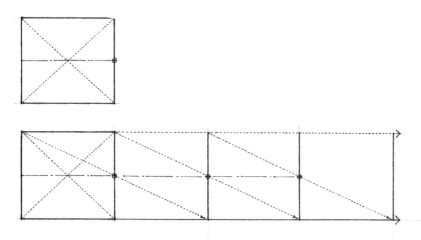

:: 깊이의 연장

직사각형의 앞쪽 변이 화상면과 평행하다면 직사각형의 몇 배가 되는 깊이를 투시도상에서 구할 수 있다. 우선 직사각형의 앞쪽 변 반대되는 뒷쪽 변의 중앙지점을 찾고 앞 변의 한 끝에서 이 중앙지점을 지나는 대각선을 그은 후 직사각형의 위 또는 아래 변의 연장선과 만나는 점을 찾아 그 점 위에 앞 변과 평행한 선을 그려 원래 직사각형의 깊이가 두 배가 되는 세 번째 변을 구할 수 있다. 즉, 앞쪽 변과 두 번째 변 또는 뒷쪽 변의 거리가 세 번째 변과 두 번째 변의 길이와 똑같게 되는 것이다. 이러한 방법으로 투시도 상에서 원하는 만큼의 깊이를 정해진 일정한 깊이의 반복으로 구할 수 있다.

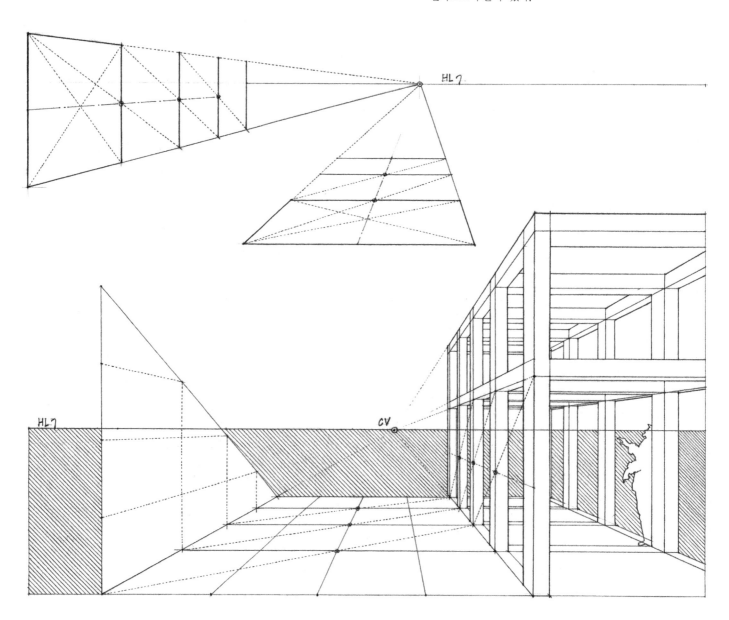

[연습 8.1]

다음 투시도에 네 개의 직사각형 면들이 나타나 있다. 각각의 앞 변들은 화상면과 평행하다고 가정하자. 이 투시도를 모두 3장 복사한다. 첫 투시도를 이용하여 각 직사각형의 면들을 멀어지는 깊이의 방향으로 균등하게 4등분해보자.

[연습 8.2]

두 번째 투시도에는 각 직사각형을 멀어지는 깊이의 방향으로 균등하게 5등분해보자.

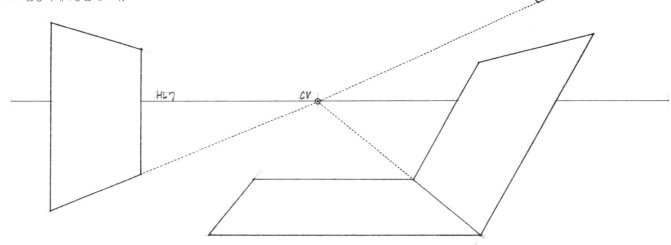

[연습 8.3]

세 번째 투시도에는 각 직사각형의 깊이를 두 배가 되도록 고쳐보자.

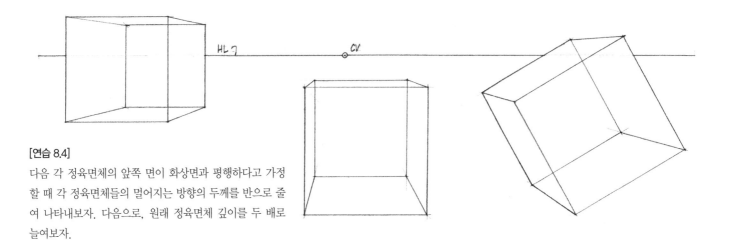

[연습 8.4]

다음 각 정육면체의 앞쪽 면이 화상면과 평행하다고 가정할 때 각 정육면체들의 멀어지는 방향의 두께를 반으로 줄여 나타내보자. 다음으로, 원래 정육면체 깊이를 두 배로 늘여보자.

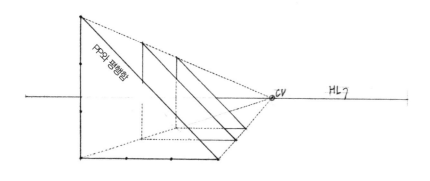

세 개의 기본 좌표축과 평행한 선들이 소실점으로 수렴하는 선 투시도의 원리에 익숙해지면 투시도상의 기본 축에서 벗어난 기운 선들 또는 원을 기본 축 상의 기하학적 원리를 이용하여 그려낼 수 있다.

:: 기운 선

기울어져 있는 선의 경우 화상면과 평행할 때 관찰자와의 거리에 관계없이 그 선의 방향은 일정하게 유지되나 그 크기는 달라진다. 그 선이 화상면과 직각을 이루거나 빗각을 이룰 경우 지평선 위 또는 아래에 위치하는 소실점을 향하게 된다.

투시도상의 기울은 선을 그리려면 그 선의 시작점과 끝점을 투시도법으로 찾은 다음 두 점을 이어서 그리게 된다. 이것을 위한 쉬운 방법으로 직삼각형의 빗변을 찾고자 하는 기울은 선으로 간주하는 것이다. 우선 투시도법에 의해서 직삼각형의 수평, 수직선을 찾은 다음 두 선의 끝점을 이어 얻고자 하는 선을 그린다.

경사지붕, 램프, 계단 등에서와 같이 서로 평행한 기운 선들을 그려야 할 경우에는 각 평행선들의 소실점들을 활용할 경우 편리하다. 기운 평행선들은 수평으로 놓여있지 않으므로 수평선을 향해 수렴되지 않는다. 점차 멀어짐에 따라 위를 향한 선들은 지평선의 위쪽으로 수렴될 것이고 반대로 아래로 향한 평행선들은 지평선의 아래로 수렴될 것이다.

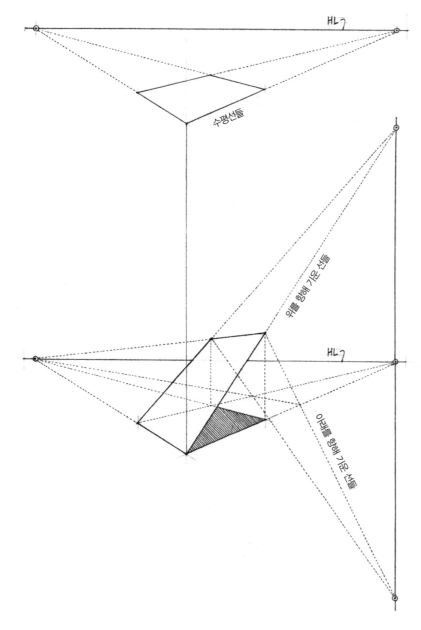

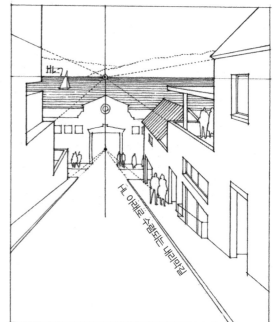

기운 평행선들의 소실점을 찾기 위해서는 다음과 같이 해야 한다.

- 기운 평행선들이 형성하는 수직면 상에 있는 수평선을 찾는다.
- 이 수평선의 소실점을 지평선상에서 찾는다.
- 이 소실점을 관통하는 수직선을 긋는다. 이 선은 처음 수직면, 그리고 이 면과 평행한 모든 면 위에 놓여 있는 모든 평행선들의 소실점들이 합쳐져 나타난 선으로 볼 수 있으며 소실선이라 부른다.
- 기운 선 중 하나를 연장하여 위의 수직선과 만나는 점이 이 기운 선, 그리고 이 선에 평행한 모든 선의 소실점이 된다.

:: 소실선(Vanishing Trace, VT)

투시도 상에서 한 면 위에 놓여 있는 모든 평행선들의 소실점들이 놓여 있는 선을 소실선이라 한다. 예를 들어 지평선은 모든 수평면에 대한 소실선이다.

경사가 급한 평행선들일수록 소실선 상의 소실점은 위 또는 아래로 멀어질 것이다. 한 그룹의 기운 평행선들은 위를 향해 있고 같은 수직면 상에 있는 또 다른 그룹의 평행선들은 지평선에 대하여 같은 각도로 아래를 향해 기울어져 있을 경우, 두 소실점들의 지평선에서의 거리는 서로 같다.

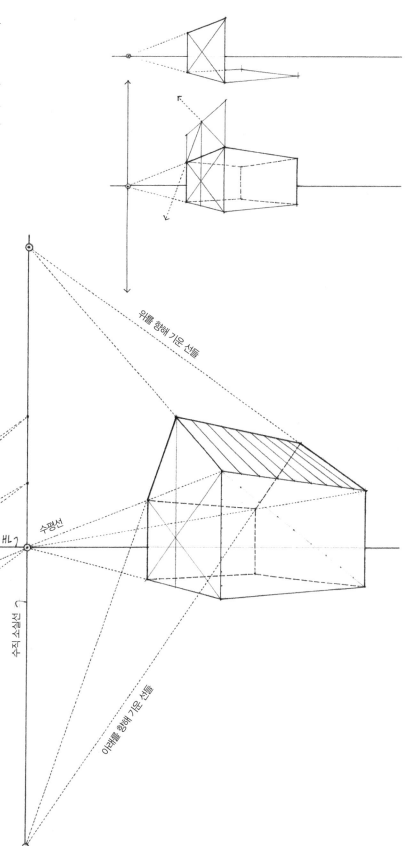

HL↗

:: **원**

원은 원기둥 형태의 사물들과 아치 등 둥근 모습을 갖은 사물의 기하학적 기초이다. 투시도상에서 화상면과 평행한 면에 놓인 원은 그대로 보인다. 정점으로부터 시작되는 투시선들과 원이 놓인 면이 평행을 이룰 경우 원은 하나의 선으로 나타난다. 원이 놓인 면이 수평이고 정점과 같은 높이일 때 원은 흔히 선으로 보인다. 또한 원이 놓인 면이 수직면이고 그것이 시선의 중심축과 일치할 때도 원은 선으로 보인다.

이외의 모든 경우에 투시도에서 원은 항상 타원으로 보인다. 원을 투시도에서 그리기 위해서는 우선 원을 둘러싸고 있는 정사각형을 작도한다. 다음으로 정사각형의 대각선들을 그린 후 원과 대각선들이 만나는 지점들로부터 정사각형과 평행한 선들을 긋는다. 원이 클수록 더 많은 부위로 쪼개어 원을 정확하게 표현하도록 한다.

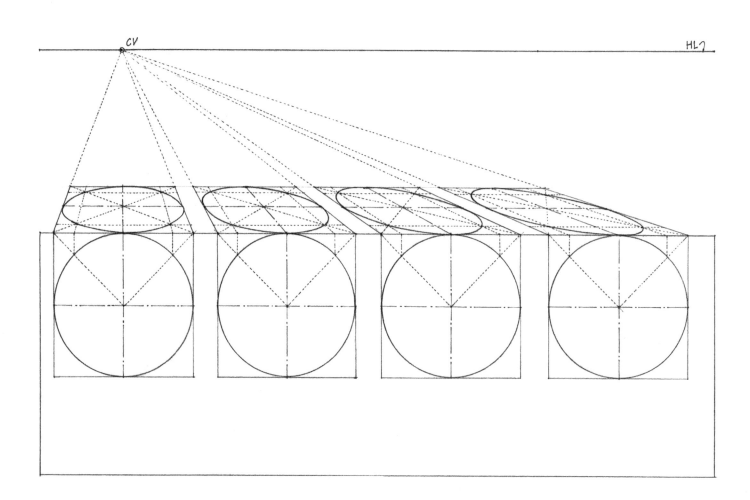

투시도상의 평면에서 정점에서부터의 시선들 중 원주에 접하는 시선들에 의해 원의 가장 넓은 부위의 범의가 결정된다. 이때의 너비가 투시도상에서의 타원의 장축에 해당되며 실제 원의 지름과는 일치하지 않는다. 또한 원의 전반부가 투시도상의 원의 후반보다 더욱 과장되어 보이게 된다.

우리가 짐작하는 내용을 우리의 눈은 보게 되어 있다. 따라서 원이 투시도상에서 타원으로 보이더라도 그것을 원으로 인식한다. 특히 타원의 두 축 중에 화상면과 수직을 이루는 축은 축소되어 짧게 나타나며, 타원의 두 축들의 관계를 잘 분석하면 투시도에 의한 원의 축소현상을 정확히 알 수 있다.

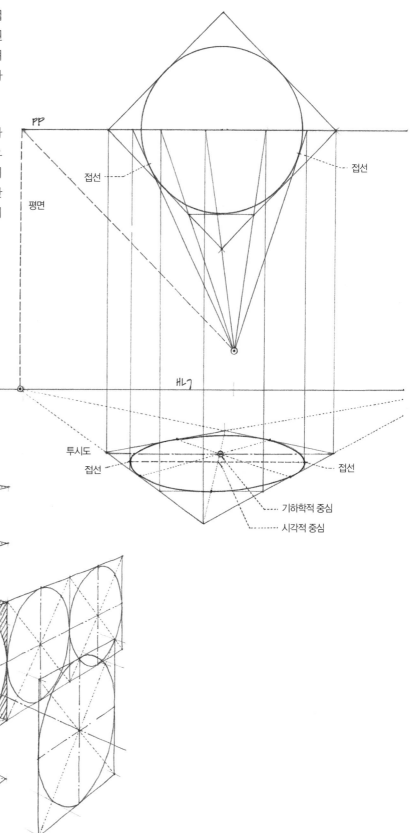

[연습 8.5]

아래의 투시도에서 투시도에서의 기하학적 형태를 고려하여 다음을 작도해보자.

- 점 A에서부터 점 B에 도달하는 경사면
- 점 C에서부터 점 D에 오르는 계단
- 점 E에서부터 점 F를 연결하는 경사지붕
- 점 G에서부터 점 H의 높이를 갖는 원기둥

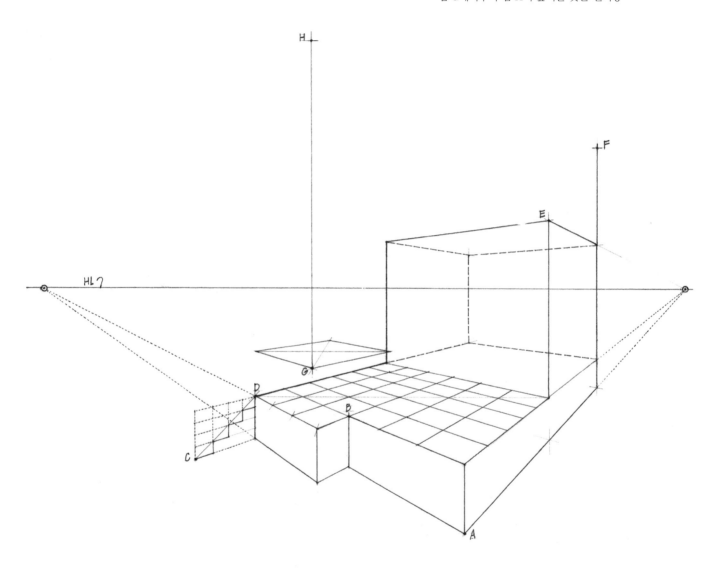

어떤 직각형태의 사물, 예를 들어 직육면체에서 기본이 되는 3개의 축을 따라 세 개의 소실점들을 갖게 된다. 이때 기본이 되는 세 가지 선 투시도들을 고려할 수 있는데, 이것들을 바로 1점, 2점, 그리고 3점 투시도라 한다. 이것들을 구별하는 원리는 관찰자가 사물을 쳐다보는 각도이다. 다시 말해 사물은 변하지 않되 관찰자 시선의 각도와 평행선들이 수렴하는 모습의 차이에 의한 것이다.

:: 일점 투시도

정육면체를 예를 들어 시선의 중심축이 정육면체의 한 면과 직각을 이룰 때 육면체의 수직 변들은 화상면과 평행을 이루고 투시도에 수직선으로 나타난다. 화상면과 평행하고 시선의 중심축과 직각을 이루는 수평선들 역시 투시도에 수평하게 나타난다. 그리고 시선의 중심축과 평행한 선들은 시선의 중심으로 수렴되어 보일 것이다. 이 하나의 소실점이 일점 투시도의 일점을 의미한다.

:: 이점 투시도

우리의 시야를 움직여서 위의 정육면체를 비스듬히 바라보되 시선의 중심축을 수평으로 유지하면 수직선들은 여전히 수직으로 나타난다. 이때 두 방향의 평행선 그룹들은 화상면과 빗각을 이루게 되고, 각각 왼쪽, 오른쪽 소실점들을 향해 수렴되어 나타난다. 이 두 개의 소실점들이 이점 투시도의 두 점을 의미한다.

:: 삼점 투시도

정육면체의 한 코너를 땅에서부터 들어 올리거나 시선의 중심축을 기울여서 정육면체를 올려다보거나 내려다보게 되면, 세 방향의 평행선들은 모두 화상면과 빗각을 이루게 되고 각 평행선들은 세 개의 소실점들을 향해 수렴하게 된다. 이 세 개의 소실점들이 삼점 투시도의 세 점을 의미한다.

위에서 염두에 둘 것은 위의 세 가지 투시도에서 각각 하나, 둘, 세 개의 소실점만 존재하지 않는다는 것이다. 실제 소실점의 개수는 우리의 시선의 위치와 보이는 사물들 속에 얼마나 많은 방향의 평행선들이 존재하는지에 달려 있는 것이다. 예를 들어 박공지붕 형태의 사물을 볼 때 5개 정도의 소실점들이 있을 수 있는데, 이것들은 사물의 수직선들이 하나의 소실점을 향하고, 수평선들이 두 개의 소실점들을 향하며 경사면을 이루는 두 방향의 평행선들이 두 개의 소실점들을 향하므로 총 5개이다.

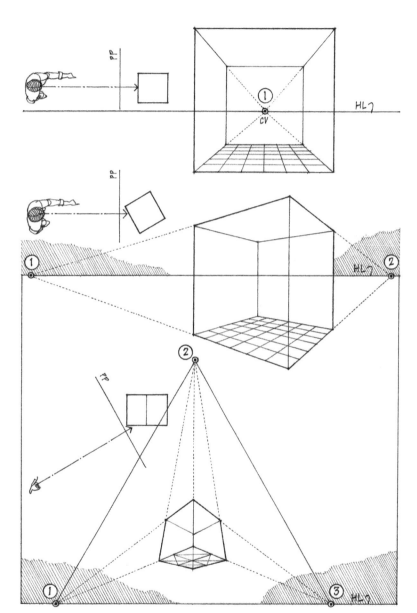

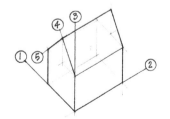

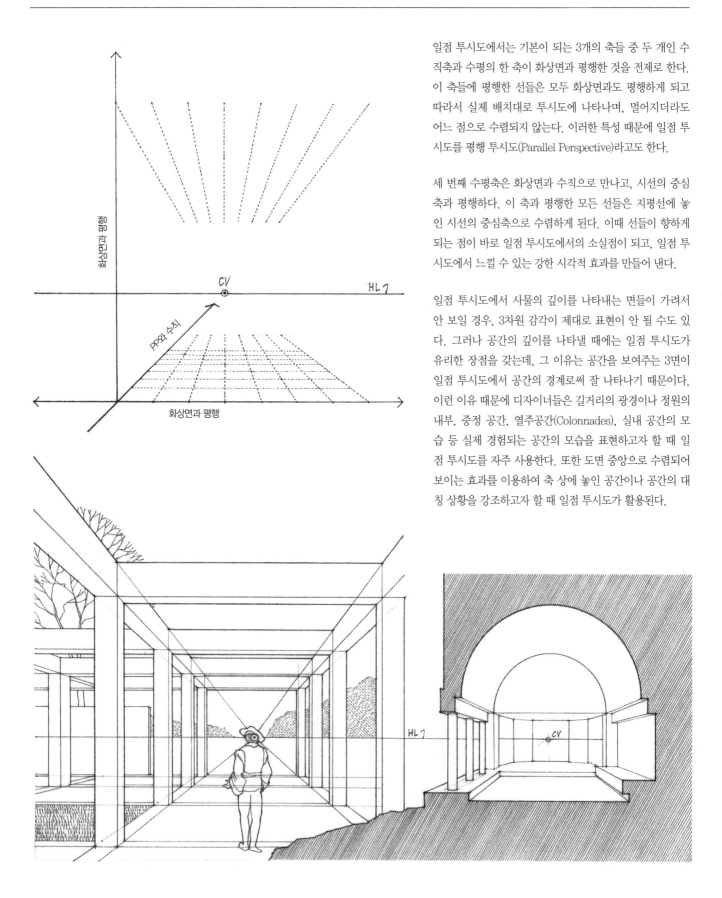

일점 투시도에서는 기본이 되는 3개의 축들 중 두 개인 수직축과 수평의 한 축이 화상면과 평행한 것을 전제로 한다. 이 축들에 평행한 선들은 모두 화상면과도 평행하게 되고 따라서 실제 배치대로 투시도에 나타나며, 멀어지더라도 어느 점으로 수렴되지 않는다. 이러한 특성 때문에 일점 투시도를 평행 투시도(Parallel Perspective)라고도 한다.

세 번째 수평축은 화상면과 수직으로 만나고, 시선의 중심축과 평행하다. 이 축과 평행한 모든 선들은 지평선에 놓인 시선의 중심축으로 수렴하게 된다. 이때 선들이 향하게 되는 점이 바로 일점 투시도에서의 소실점이 되고, 일점 투시도에서 느낄 수 있는 강한 시각적 효과를 만들어 낸다.

일점 투시도에서 사물의 깊이를 나타내는 면들이 가려서 안 보일 경우, 3차원 감각이 제대로 표현이 안 될 수도 있다. 그러나 공간의 깊이를 나타낼 때에는 일점 투시도가 유리한 장점을 갖는데, 그 이유는 공간을 보여주는 3면이 일점 투시도에서 공간의 경계로써 잘 나타나기 때문이다. 이런 이유 때문에 디자이너들은 길거리의 광경이나 정원의 내부, 중정 공간, 열주공간(Colonnades), 실내 공간의 모습 등 실제 경험되는 공간의 모습을 표현하고자 할 때 일점 투시도를 자주 사용한다. 또한 도면 중앙으로 수렴되어 보이는 효과를 이용하여 축 상에 놓인 공간이나 공간의 대칭 상황을 강조하고자 할 때 일점 투시도가 활용된다.

일점 투시도를 작도할 때 사선에 의한 방법을 쓸 경우 평면상에서 투영하여 작도할 필요 없이 직접 투시도상에서 정확한 공간의 깊이를 구할 수 있다. 이때 입면도나 단면도가 필요하기 때문에 단면 투시도를 그릴 때 이 방법이 적합하다.

이 방법은 45° 삼각자와 투시도에서의 수렴의 법칙을 이용하여 공간의 깊이를 구하게 된다. 45° 삼각자의 두 변의 길이는 같으므로 그 중 한 변을 실측에 의해 작도하면, 삼각형의 빗변에 의해 첫 번째 변과 직각인 변의 길이를 얻게 된다.

여기에서 주목할 점은 같은 두 변 중 하나를 화상면과 평행하게 배치하여 치수선으로 활용하는 원리이다. 우선 이 선상에 공간의 깊이가 되는 거리를 표시하고, 이 선의 끝에서부터 소실점을 잇는 선을 긋는다. 다른 한쪽 끝점에서부터 화상면과 45°를 이루는 선들이 수렴하는 소실점을 구하여 이어서 삼각형 빗변을 구하고, 이 선과 처음 작도된 선과 만나는 지점이 이등변 삼각형의 원리에 따라 투시도상에서 구하고자 하는 거리임을 알 수 있다.

:: **투시도 배치하기**

관찰자 시선의 중심축과 수직을 이루는 입면도나 단면도를 우선 선택한다. 이때 선택된 도면의 축척에 따라 투시도의 크기가 결정된다.

- 바닥선과 지평선을 설정한다. 바닥선은 흔히 입면도나 단면도의 지면을 가리키는 선이 된다. 바닥선 위의 지평선은 바닥면 위의 관찰자 눈의 높이와 일치한다.
- 관찰자 시선의 중심축을 지평선상에 설정한다.

이미 소개한 바 있는 투시도에 영향을 미치는 요소들을 염두에 두어 투시도를 배치 및 구성하되 정점과 사물과의 거리에 따른 변화, 지평선의 상하 위치, 화상면의 위치 등 여러 가지 요소들이 투시도의 시각적 형태에 영향을 주는 것을 염두에 둔다.

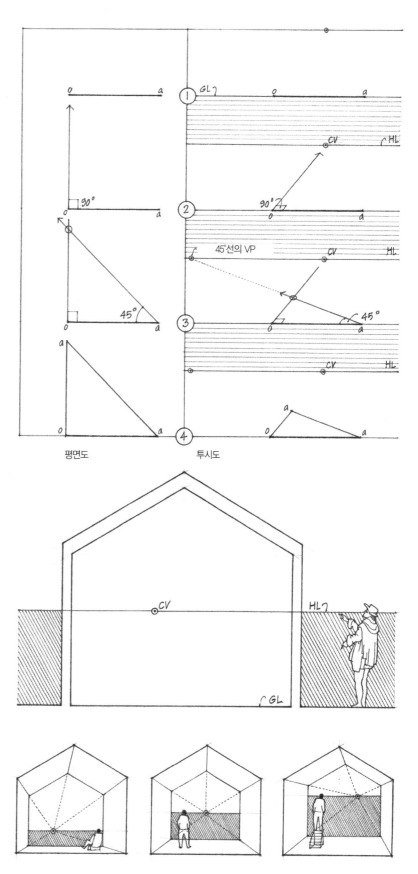

사선점에 의한 방법(DIAGONAL POINT METHOD)

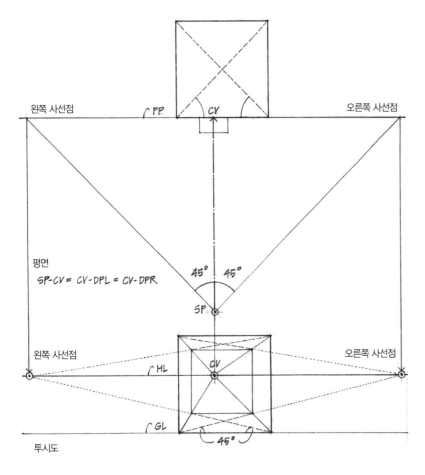

평면
SP-CV = CV-DPL = CV-DPR

왼쪽 사선점   PP   CV   오른쪽 사선점
45° 45°
SP.
왼쪽 사선점   HL   CV   오른쪽 사선점
GL
45°
투시도

:: 사선점(Diagonal Point, DP)의 설정

사선에 의한 방법을 이용하려면 우선 화상면과 45°를 이루는 평행선들의 소실점을 구해야 한다. 모든 평행선의 소실점은 정점으로부터 이 평행선과 평행하게 그은 선이 화상면과 만나는 점이다. 그러므로 평면에서 정점으로부터 45° 각도를 이루는 선을 그어 화상면과 만나는 점을 찾으면 그 점이 곧 같은 방향으로 45° 각도를 이루는 모든 선들의 소실점이 된다. 이 점을 사선점(Diagonal Point)이라고 한다.

이때 화상면과 45°를 이루는 평행선들의 소실점은 모두 오른편과 왼편에 총 두 개가 되고, 이 점들은 지평선위에 놓여있게 되며 시선의 중심축과 각각 같은 거리를 갖는다. 45° 이등변삼각형의 원리에 의해 각 소실점과 시선 중심축과의 거리가 정점에서부터 화상면까지의 거리와 같음을 알 수 있다.

또한 위의 기하학적 특징을 이해하면 작도하는 투시도 바로 위에 평면도를 작성할 필요가 없게 된다. 그 대신, 정점과 화상면 간의 거리를 각 점들과 시선 중심축 간의 거리로 간주하여 두 사선점을 직접 지평선위에 설정할 수 있다. 60° 시각원뿔에서 시선의 중심축과 각각의 사선점 간의 거리는 입면 또는 단면의 너비와 같거나 더 커야 한다.

예를 들어, 관찰자가 화상면으로부터 5m 떨어져 있다면 사선점은 시선 중심축의 왼쪽과 오른쪽으로 각각 5m 거리에 있게 된다. 이 치수가 화상면상에서의 축척과 같을 경우 이 두 점들은 화상면과 45° 각도를 갖는 모든 선들의 소실점들이 된다.

사선점들을 시선의 중심축 쪽으로 옮길 경우 이것은 관찰자가 화상면 쪽으로 접근하는 효과와 같다. 사선점들 시선의 중심축으로부터 멀어지게 될 경우 관찰자가 화상면으로부터 더욱 멀어지는 것이 되며 멀어지는 면들이 더욱 작게 보인다.

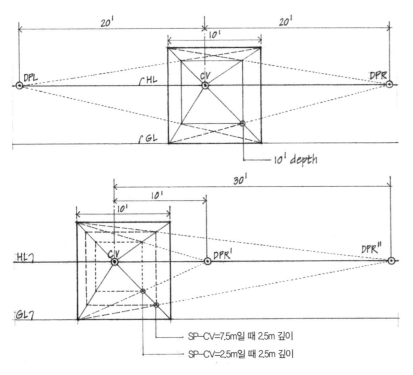

20'   10'   20'
DPL   HL   CV   DPR
GL
10' depth

30'
10'
10'
HL   CV   DPR'   DPR''
GL
SP–CV=7.5m일 때 2.5m 깊이
SP–CV=2.5m일 때 2.5m 깊이

깊이의 측정

사선점을 이용하여 깊이를 측정하는 기본단계는 다음과
같다.

1. 시선의 중심으로부터 입면 또는 단면상의 각 코너를 잇
는 선을 긋는다. 이 선들은 멀어져 보이는 사물의 수평
면들을 나타내고 시선의 중심축과 평행하며 시선의 중
심이 바로 소실점이 된다.

2. 화상면상에 수평 치수선을 설정한다. 보통 치수선은 바
닥선이 되지만 그것이 지평선과 매우 가까울 경우 치수
선을 바닥선 밑에 설정하거나 지평선보다 훨씬 높게 설
정한다. 이렇게 함으로써 선들이 넓은 각도로 교차함으
로써 정확한 깊이를 구하는 데 용이하게 된다.

3. 화상면과 직각을 이루며 시선의 중심으로 수렴하는 기
준선을 설정한다. 투시도의 깊이를 재는 이 기준선은
도면에 포함된 벽면의 하단 또는 상단을 나타내는 선인
경우가 많지만, 화상면과 직각을 이루며 시선의 중심으
로 수렴하는 도면상의 어떠한 선이라도 기준선이 될 수
있다.

4. 수평 치수선에 화상면의 축척에 의해 투시도의 깊이에
대한 거리를 재어 표시한다. 왼쪽 사선점을 이용하여 화
상면의 위치를 0으로 표시했을때 화상면 뒤 공간의 깊
이는 0점의 오른편에, 화상면 앞에 있는 공간의 깊이는
왼편에 표시된다.

5. 표시된 치수들을 사선점으로 수렴되는 선들에 의해 기
준선 위로 옮기는 작업을 한다. 이 사선들과 기준선 위
의 교점들은 치수선에 표시한 거리들이 투시도상에 옮
겨진 것을 의미한다.

6. 이렇게 옮겨진 주요 치수들을 수평, 수직으로 옮길 수
있고 시선의 중심으로 수렴되는 공간 속의 면과 선을 작
도할 수 있다.

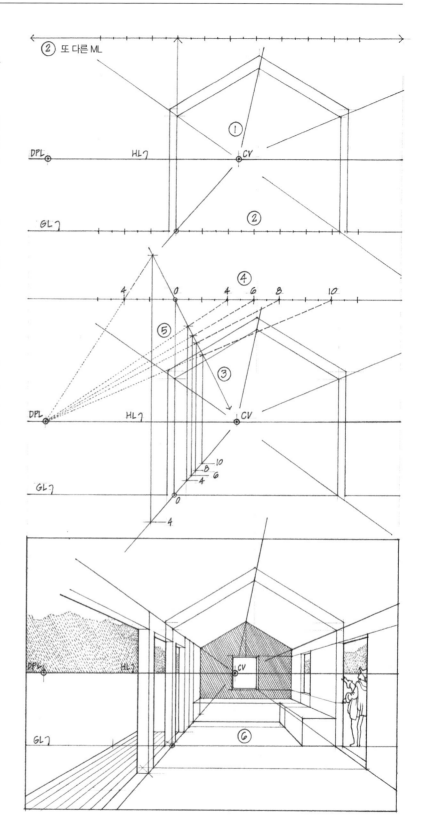

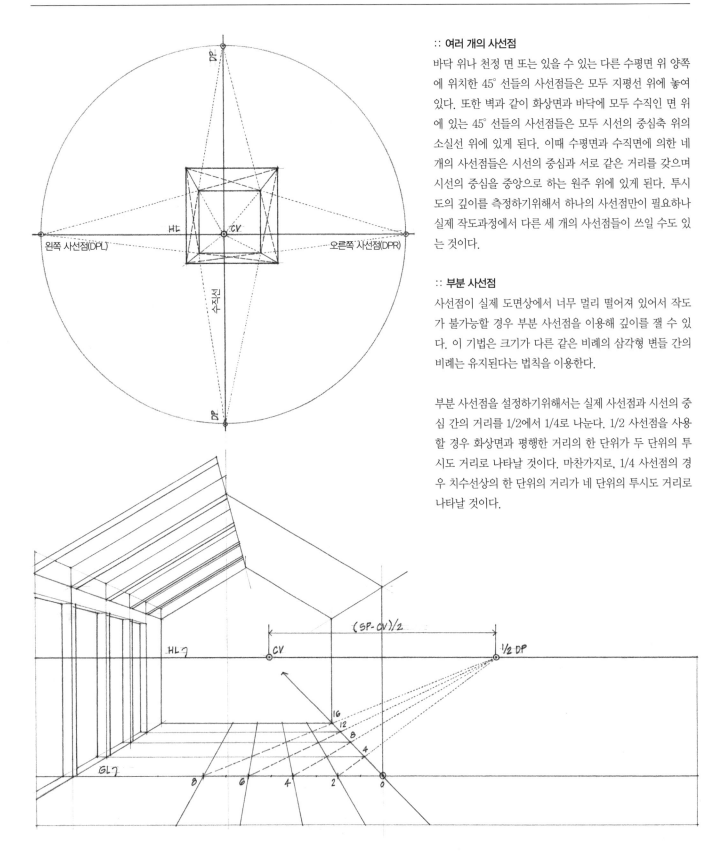

:: **여러 개의 사선점**

바닥 위나 천정 면 또는 있을 수 있는 다른 수평면 위 양쪽에 위치한 45° 선들의 사선점들은 모두 지평선 위에 놓여 있다. 또한 벽과 같이 화상면과 바닥에 모두 수직인 면 위에 있는 45° 선들의 사선점들은 모두 시선의 중심축 위의 소실선 위에 있게 된다. 이때 수평면과 수직면에 의한 네 개의 사선점들은 시선의 중심과 서로 같은 거리를 갖으며 시선의 중심을 중앙으로 하는 원주 위에 있게 된다. 투시도의 깊이를 측정하기위해서 하나의 사선점만이 필요하나 실제 작도과정에서 다른 세 개의 사선점들이 쓰일 수도 있는 것이다.

:: **부분 사선점**

사선점이 실제 도면상에서 너무 멀리 떨어져 있어서 작도가 불가능할 경우 부분 사선점을 이용해 깊이를 잴 수 있다. 이 기법은 크기가 다른 같은 비례의 삼각형 변들 간의 비례는 유지된다는 법칙을 이용한다.

부분 사선점을 설정하기위해서는 실제 사선점과 시선의 중심 간의 거리를 1/2에서 1/4로 나눈다. 1/2 사선점을 사용할 경우 화상면과 평행한 거리의 한 단위가 두 단위의 투시도 거리로 나타날 것이다. 마찬가지로, 1/4 사선점의 경우 치수선상의 한 단위의 거리가 네 단위의 투시도 거리로 나타날 것이다.

[연습 8.6]

관찰자가 부피가 10ft³인 정육면체의 정면으로부터 15ft(약 5m) 떨어진 곳에 서 있고, 화상면과 정육면체의 정면이 일치한다고 가정하자. 선 투시도의 다음 사항들을 찾아보자.

- 선 A상에 있는 화상면 뒤쪽으로 6ft 거리의 지점. 이 점을 선 B상에 수직으로 옮긴 지점
- 선 C상에 있는 화상면 앞 4ft 거리의 지점
- 지평선으로부터 3ft 위에 위치하고 평면상에서 선 D 위에 놓여 있으며 화상면 뒤쪽 5ft 거리의 지점

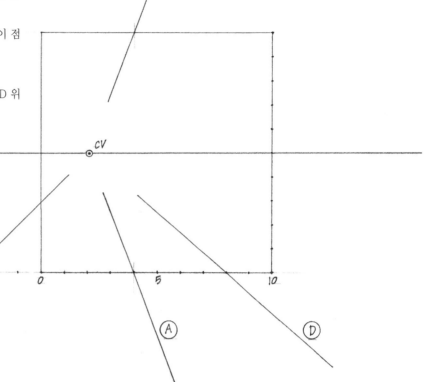

[연습 8.7]

너비 16ft, 높이 12ft인 벽면과 화상면과의 거리는 15ft이고, 관찰자는 30ft 떨어져 있다고 가정하자. 이 벽면을 둘러싸고 있는 방을 투시도로 작도해보자. 투시도에서 다음을 구해보자.

- 정면에 보이는 벽과 측면을 이루는 벽 중 하나에 3ft×7ft 크기의 문들이 각각 있다.
- 창틀의 높이가 바닥으로부터 3ft인 4ft×4ft 크기의 창문이 화상면 뒤쪽 6ft 거리에 문 없는 벽면에 있고, 그 벽에 같은 창문이 화상면 뒤쪽 2ft 거리에 하나가 더 있다.
- 6ft×6ft×1ft 크기의 단상이 방바닥에 임의로 놓여있다.
- 위 단상과 같은 위치 바로 위에 1ft 두께의 천정 구조에 6ft×6ft 크기의 구멍이 뚫려 있다.

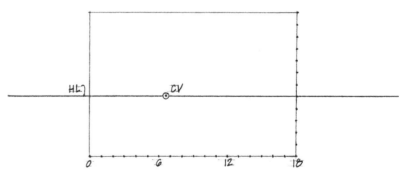

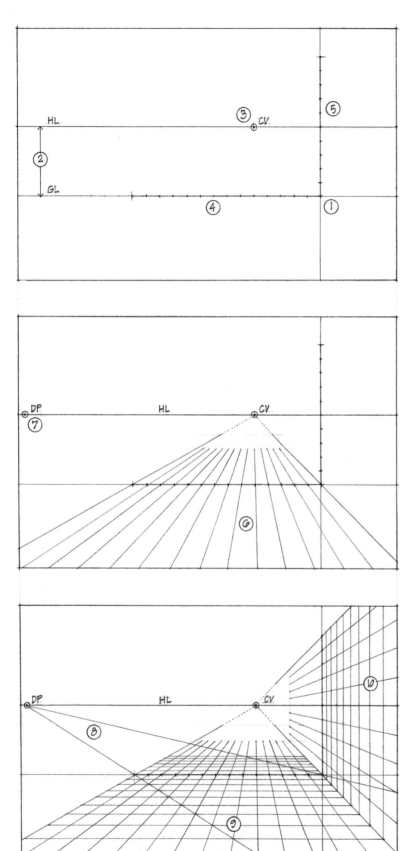

일점 투시도 격자는 투시도로 보이는 3차원 공간의 좌표이다. 3차원 상에 일정한 간격으로 그려진 좌표에 의해 실내외 공간의 형태와 그 속의 사물들의 배치를 정확하게 설정할 수 있다. 상업적으로 쓰이는 다양한 시점과 축척을 갖은 여러 종류의 일점 투시도 격자가 있다. 필요에 따라 다음 과정들을 거쳐 일점 투시도 격자를 직접 작도할 수도 있다.

1. 우선 실제 공간의 크기와 투시도의 크기를 고려하여 화상면상의 축척을 설정한다.
2. 화상면의 축척에 따라 바닥선과 관찰자의 눈높이인 지평선을 설정한다.
3. 지평선 중심부에 시선의 중심축을 설정한다.
4. 지평선상에 화상면 축척대로 치수 간격을 표시한다. 이때 간격은 사물의 크기, 투시도의 정밀도 등 상황에 따라 적당한 치수를 선택해야 한다.
5. 지평선의 왼쪽이나 오른쪽 끝에 수직 치수들을 같은 방법으로 표시한다.
6. 바닥선에 표시된 모든 치수들로부터 시선의 중심을 향한 선들을 긋는다.
7. 정점과 화상면간의 거리를 이용하여 시선 중심축으로부터 왼쪽 또는 오른쪽에 사선점을 설정한다. 이 거리를 알 수 없을 경우 사선점과 시선 중심축 간의 거리는 공간의 너비와 같거나 더 크게 잡는다.
8. 치수선이 되는 바닥선 양 끝점과 사선점을 사선으로 잇는다.
9. 소실점으로 수렴되는 치수선들과 이 사선들이 교차할 때마다 수평선들을 긋는다. 여기에서 3차원상의 바닥면에 일정한 간격의 좌표가 그려지게 된다.
10. 필요한 경우 이 좌표를 측면을 이루는 벽면이나 천정들에 옮길 수도 있다.

[연습 8.8]

A3 크기 트레이싱지에 일점 투시도 격자를 작도해보자. 화상면의 축척을 1/20으로 가정하고 바닥면 위 1.5m 또는 1.7m 높이에 지평선이 있다고 가정하자. 이 격자가 완성되면, 복사기를 통하여 축소, 확대 등 원하는 축척으로 변형이 가능하다. 이 도면 위에 트레이싱지를 올려놓고 보이는 격자를 이용하여 실내외 공간의 투시도를 프리핸드로 손쉽게 작도할 수 있게 된다.

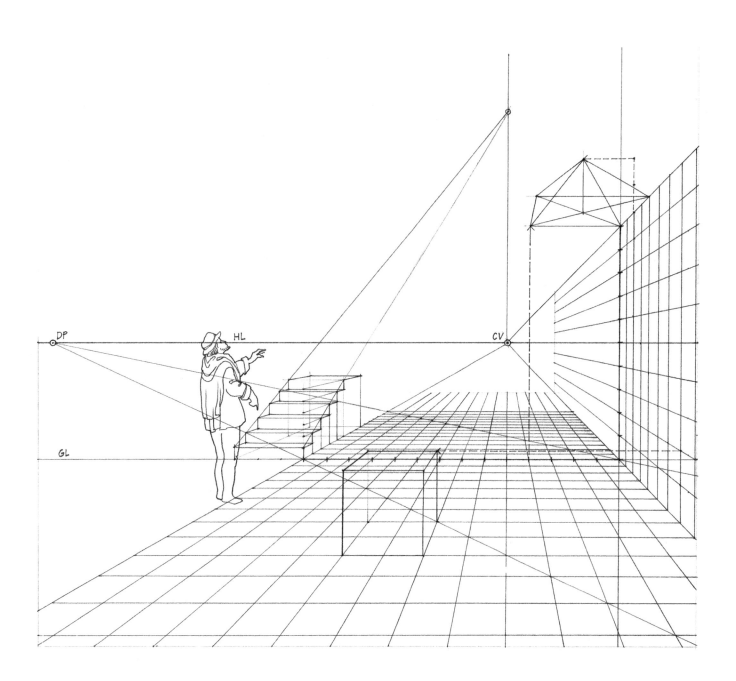

단면 투시도 (SECTION PERSPECTIVES)

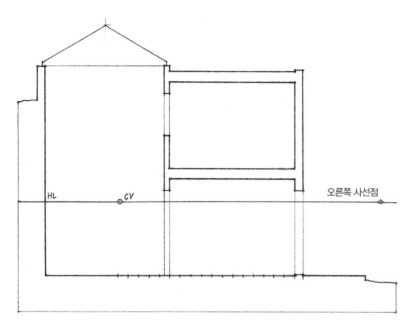

단면 투시도는 축척에 대한 단면도의 정확한 정보와 투시도의 사실적 표현을 함께 나타낼 수 있다. 따라서 건축물 구성상의 요소들과 그것들에 의한 공간설계의 모습을 모두 표현할 수 있다. 단면 투시도는 우선 적당한 축척으로 완성된 단면도에서부터 시작된다. 또한 단면을 자르는 면을 화상면으로 간주하게 되므로 투시도의 수평, 수직 치수들을 잴 수 있는 기준이 된다.

• 우선 지평선과 시선의 중심축을 설정한다. 지평선의 위치와 시선 중심의 위치에 따라 상하좌우로 나타나는 공간의 내용과 강조되는 내용이 결정됨을 유의한다.
• 지평선상의 왼쪽과 오른쪽에 45° 선들의 소실점들을 설정한다. 일반적으로 시선 중심축과 사선점 간의 거리는 건물 단면의 너비와 높이 중 큰 수치보다 같거나 더 커야 한다.
• 사선점에 의한 방법을 사용하여 일점 투시도를 작도한다.

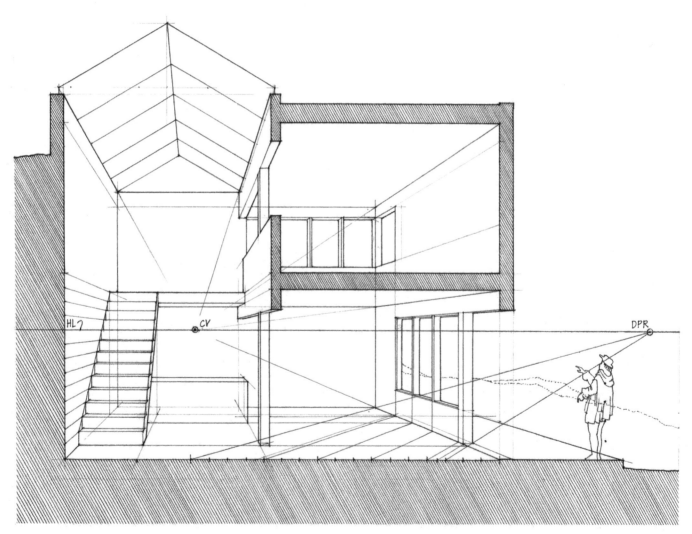

[연습 8.9]

아래의 단면 개념도는 대략 1/50 축척으로 작도되었다. 주어진 지평선 외에 시선의 중심과 양쪽 사선점들이 표시되어있고 이것을 이용하여 단면 투시도를 작도해보자.

- 보이는 내부공간의 뒷벽을 화상면으로부터 7.5m 떨어져 있고 화상면은 단면을 자르는 면과 일치한다. 실내 공간에 1m 간격의 격자를 그려보자.
- 공간 내에 세 사람을 삽입하되 각각 다른 위치의 공간에 배치해보자.
- 단상에 오르는 세 계단의 형태와 크기를 기준으로 오른쪽 벽을 따라 우측 대지에 이르는 층계를 지어 그려보자.
- 왼쪽 벽은 지붕이 있는 테라스로 열리는 미닫이 창문 벽으로 계획해보자. 벽을 이루는 창틀은 1m 간격으로 되어 있다.
- 지붕 구조는 7.5cm×25cm 단면 크기의 서까래로 되어 있으며 1m 간격으로 놓여 있다. 그리고 지붕에 적당한 크기의 천창을 계획하여 보자.

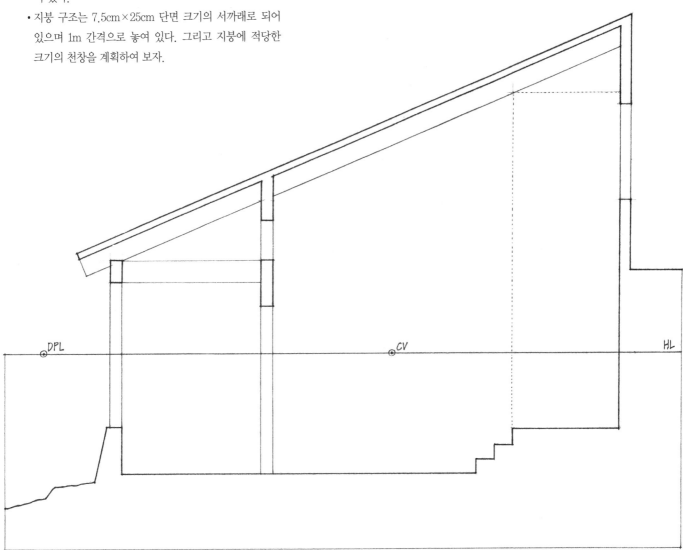

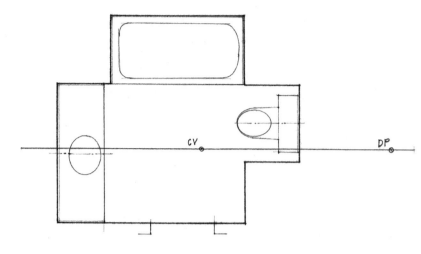

2차원 도면인 평면도를 3차원 실제와 같이 나타내려면 평면 투시도를 쓸 수 있다. 이것은 일점 투시도로서 건물 실내를 위에서 내려다본 것이다.

관찰자 시선의 중심축이 수직선이 되며 화상면은 내부공간을 이루는 벽의 상단이 만나는 수평면이 된다.

- 시선의 중심을 나타내고자 하는 공간의 중앙부위가 되도록 설정한다.
- 시선의 중심을 지나고 공간의 한 벽면과 평행인 지평선을 설정한다.
- 사선점에 의한 방법으로 일점 투시도를 작도한다. 관찰자와 화상면 간의 거리는 최소한 전체 평면의 너비보다 같거나 더 커야 한다.

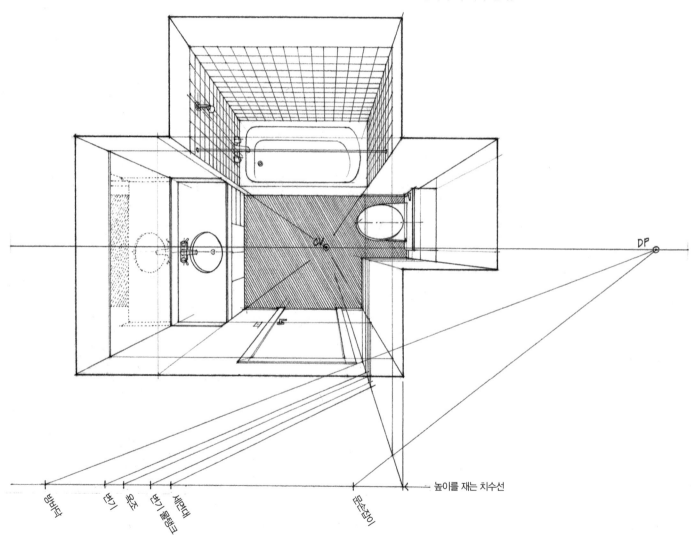

이점 투시도는 관찰자 시선의 중심축이 수평이고 화상면은 수직임을 가정으로 성립된다. 기본 수직 축은 화상면과 평행을 이루고 이와 평행한 모든 선들은 수직을 유지하며 투시도에서도 수직으로 나타난다. 그러나 다른 두 개의 수평 좌표축들은 화상면과 빗각을 이룬다. 따라서 이 축들과 평행인 모든 선들은 지평선상의 오른쪽, 왼쪽에 위치한 소실점들을 향해 수렴되어 보인다. 이 두 소실점들이 이점 투시도의 두 점이 된다.

이점 투시도의 시각적 결과는 관찰자 시선의 각도에 달려 있다. 두 개의 기본 수평축들이 화상면과 이루는 각도에 따라 두 축 상에 놓인 수직면들이 도면에 나타나는 내용과 그것들이 투시효과에 의해 축소되어 보이는 정도가 결정되는 것이다. 화상면과 이루는 각도가 클수록 더 보이는 면이 축소되어 보일 것이고, 반대로 화상면에 평행할수록 보이는 면이 덜 축소되어 보일 것이다.

세 가지 투시도 중에서 이점 투시도가 가장 흔히 쓰이는 방법일 것이다. 일점 투시도와는 달리 이점 투시도는 항상 대칭이거나 느낌이 정적이지 않다. 이점 투시도는 특히 의자와 같은 작은 스케일의 사물들과 외부공간에 있는 큰 스케일의 건물 등을 한 투시도면으로 나타내는 데 유용하다.

실내공간이나 중정 등 외부공간의 공간감을 잘 나타내기위해서는 관찰자 시선의 각도가 일점 투시도에서와 비슷한 시선의 각도로 접근할 때 그 효과가 커지게 된다. 이것은 어떤 투시도에서든지 공간을 이루고 있는 서로 연결된 공간의 삼면이 보일 때 공간의 범위가 잘 이해되기 때문이다. 또한 이때 관찰자가 단순히 외부에서 쳐다보는 것보다 그 공간 안에 위치하여 직접 경험하는 느낌을 전달할 수 있다.

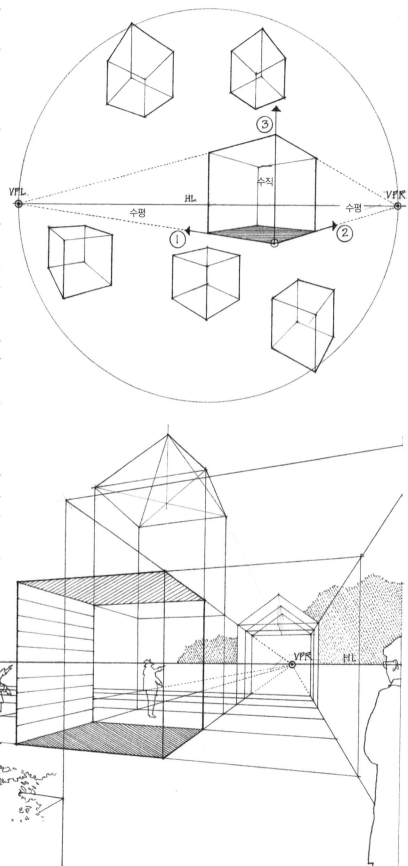

일반적인 방법(COMMON METHOD)

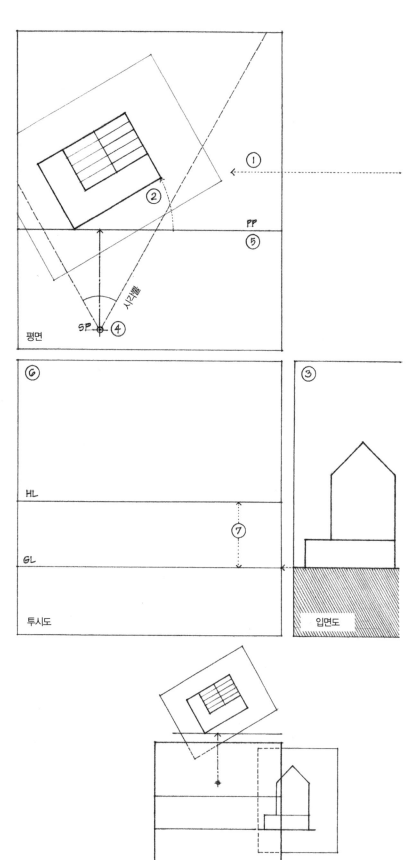

이점 투시도를 작도하는 일반적인 방법은 정투영도들인 입면도와 평면도를 사용한다. 이 투영도들의 축척은 투시도의 화상면상의 축척을 결정하게 된다.

:: 투시도의 설정

1. 투시도가 작도될 위치의 바로 위에 평면도를 배치한다.
2. 평면도를 화상면에 대하여 의도된 각도대로 방향을 정한다. 흔히 사용하는 삼각자의 각도들인 30°, 45°, 60°를 사용하지만 정확한 각도는 투시도에 나타날 수직 벽면들에 의해 강조되는 공간의 내용에 따라 달라질 수 있다.
3. 투시도가 작도될 위치의 옆에 입면도를 배치한다.
4. 평면상에 정점을 설정한다. 이때 주요 구성물들이 60° 시각뿔 내에 들어오도록 하고 시선의 중심축이 관심부위의 중앙에 오도록 배치한다. 공간 내 주요 수직 벽면들이 정점에서의 어떤 시선의 각도와도 일치하지 않도록 주의한다.
5. 시선의 중심축과 수직을 이루는 화상면을 평면상에 설정한다. 화상면은 보통 기준이 될 만한 공간 내의 수직 모서리를 지나도록 배치하여 수직 치수선의 역할을 하도록 한다. 이때 화상면의 위치에 따라 투시도의 크기가 좌우됨을 또한 염두에 둔다.
6. 투시도가 그려질 새 트레이싱지를 위에 덮는다.
7. 투시도에서 바닥선과 지평선을 설정한다. 바닥선은 대게 입면이나 단면의 바닥과 일치한다. 바닥선 위의 지평선은 바닥면 위의 관찰자 눈높이에 따른다.

평면, 입면, 투시도들이 혼돈을 피하기 위해 서로 적당한 거리를 두고 있어야 하지만 작업공간이 좁을 경우 서로 겹쳐져 배치될 수도 있다. 이를 위해, 평면도와 입면도를 서로 가까이 놓고 그 위에 새 종이를 놓고 투시도를 작도한다. 이때 세 도면의 수평, 수직의 관계가 흩어지지 않도록 조심하도록 한다.

이미 소개한 바 있는 정점과 사물과의 거리, 지평선의 고도, 화상면의 위치 등 투시도에 영향을 미치는 요소들을 염두에 두고 투시도의 총체적인 구성과 시각적 효과간의 관계를 예측하여 작도한다.

:: 소실점

소실점은 어떤 평행선들과 평행한 정점에서부터의 시선이
화상면과 만나는 점이다.

1. 따라서 투시도를 위한 평면도 배치에서 정점에서부터
   사물의 주요 축을 이루는 수직면들과 평행한 시선들을
   그어 화상면과 교차하도록 한다. 이때 수직면들은 평면
   도에서 선들로 나타난다.
2. 이렇게 구해진 교점들로부터 수직선을 아래로 그어 지
   평선과 만나는 점을 찾는다. 이 점들이 바로 지평선상에
   있는 투시도 공간 내 주요 수직면들의 소실점들이 된다.
3. 직교하는 선들로 이뤄진 형태에서는 두 가지 방향의 평
   행선들이 있기 마련이고 따라서 지평선 상에 두 개의 소
   실점들이 존재한다. 이 두 소실점을 지칭하여 이점 투시
   도라고 부른다.

:: 치수선

화상면상에 있는 모든 선들은 정해진 축척에 의한 실제 치
수대로 나타낸다. 따라서 이 중 하나를 치수선으로 선택할
수 있다. 화상면상에 여러 방향의 선들이 있을 수 있으나
보통 수평, 수직을 나타내는 선들을 치수선으로 간주한다.

4. 수직 지수신은 주요 수직면과 화상면이 만날 때 생긴다.
5. 모든 주요 수직면들이 화상면 뒤에 위치해 있을 경우 수
   직면을 화상면까지 연장하도록 한다.
6. 평면도상의 수직 치수선의 위치를 아래 투시도로 옮긴다.

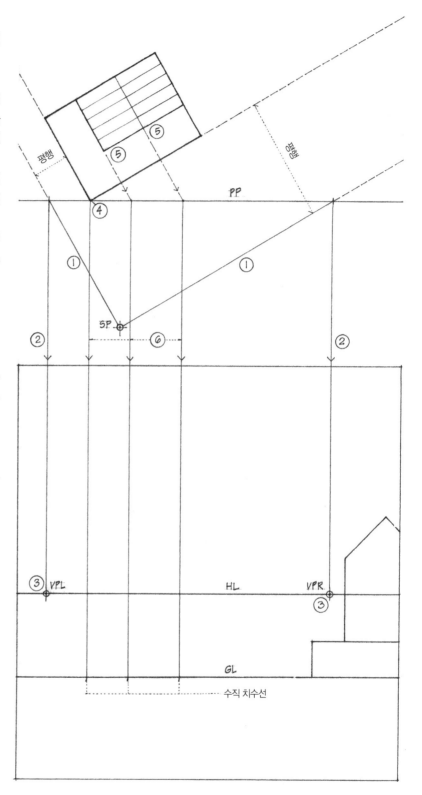

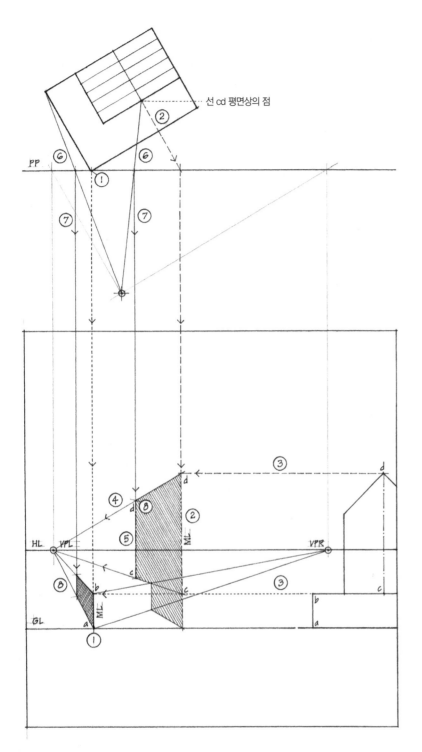

선 cd 평면상의 점

:: 높이의 측정

1. 화상면상에 있는 수직 모서리나 선들은 실제 치수를 나타낸다. 따라서 이 선들은 치수선으로 쓸 수 있다.

2. 화상면 앞 또는 뒤에 놓인 수직 모서리들이나 선들의 투시도상에서의 높이를 찾기 위해서는 그 선이 놓인 수직면의 치수선을 설정해야 한다.

3. 입면도에서의 선의 높이를 치수선의 위치까지 수평으로 옮긴다.

4. 옮겨진 선의 높이를 수직면상에서 투시도의 앞 또는 뒤로 투영하되, 주어진 방향의 수평선들이 수렴되는 소실점들을 향하여 투영한다.

5. 투영된 선과 이 선이 놓인 수직면의 바닥은 평행하고 수평을 유지하므로 투시도상에서 투영될 때 두 선들 간의 간격은 항상 일정하게 유지된다.

6. 수직 모서리나 수직선의 위치를 찾기 위해서는 정점으로부터 평면상에서 점으로 나타나는 모서리나 선을 잇는 시선을 긋되 화상면과 교차하도록 긋는다. 수직선의 화상면 앞에 놓인 경우 시선을 연장하여 화상면과 만나도록 한다.

7. 시선들이 화상면과 만나는 점들로부터 수직선들을 내려 그어 그 지점들이 입면으로부터 높이를 찾아낸 선과 만나 수직면을 이루는 곳을 찾는다.

8. 이때 교차되어 생기는 선이 투시도상에서의 높이를 나타내며, 수직 모서리나 수직선의 위치를 또한 나타낸다.

공간상의 한 수직선의 하단이 투시도상에서 바닥면과 만나는 지점을 알 경우, 다음과 같은 두 가지 방법으로 이 수직선의 투시도상에서 높이를 구할 수 있다.

1. 수직 치수선의 하단에서부터 높이를 부여하고자 하는 선의 투시도상의 위치를 선으로 연결하여 지평선과 만나도록 하자.
2. 지평선상의 교점으로부터 수직 치수선상의 원하는 높이까지 선으로 연결한다.
3. 위의 두 선들은 지평선상의 점으로 수렴하고 있으므로 모두 수평하고 서로 평행함을 짐작할 수 있다. 따라서 원하는 지점에서의 높이는 그 점에서부터 두 평행선 간의 수직 거리가 투시도상에서의 높이가 된다.

투시도상에서 수직선의 높이를 구할 수 있는 두 번째 방법은 바닥면으로부터 지평선의 높이를 이용하는 것이다. 이 높이를 알고 있다면, 이 높이를 수직자로 간주하여 투시도상의 어느 지점에서든지 수직선의 높이를 잴 수 있다.

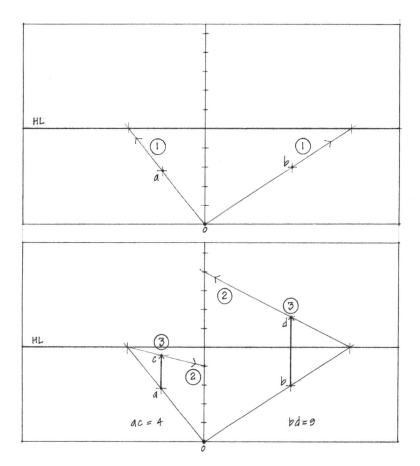

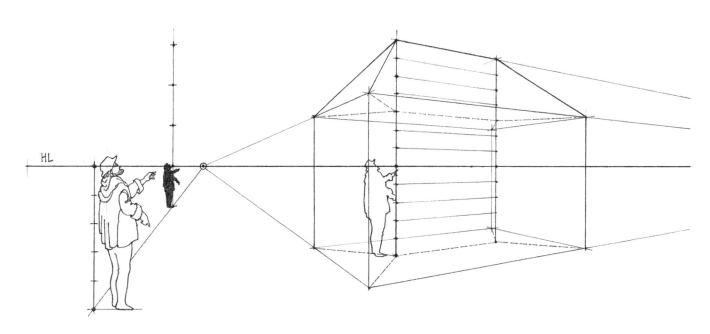

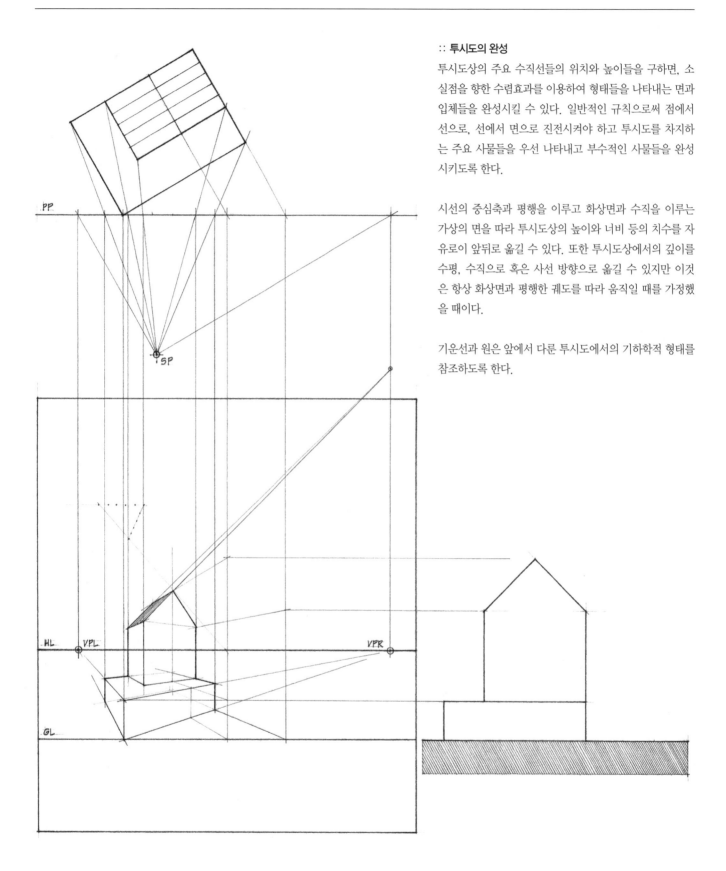

:: **투시도의 완성**

투시도상의 주요 수직선들의 위치와 높이들을 구하면, 소실점을 향한 수렴효과를 이용하여 형태들을 나타내는 면과 입체들을 완성시킬 수 있다. 일반적인 규칙으로써 점에서 선으로, 선에서 면으로 진전시켜야 하고 투시도를 차지하는 주요 사물들을 우선 나타내고 부수적인 사물들을 완성시키도록 한다.

시선의 중심축과 평행을 이루고 화상면과 수직을 이루는 가상의 면을 따라 투시도상의 높이와 너비 등의 치수를 자유로이 앞뒤로 옮길 수 있다. 또한 투시도상에서의 깊이를 수평, 수직으로 혹은 사선 방향으로 옮길 수 있지만 이것은 항상 화상면과 평행한 궤도를 따라 움직일 때를 가정했을 때이다.

기운선과 원은 앞에서 다룬 투시도에서의 기하학적 형태를 참조하도록 한다.

[연습 8.10]
다음에 배열된 도면들을 바탕으로 이점 투시도를 작도해
보자.

[연습 8.11]
평면상에서 화상면을 어느 정도 뒤로 움직여야 투시도의
크기가 두 배가 되는가?

[연습 8.12]
지평선의 높이를 두 배로 높여서 다시 이점 투시도를 작도
해보자.

[연습 8.13]
정점과 사물과의 거리를 두 배로 하여 다시 이점 투시도를
작도해보자.

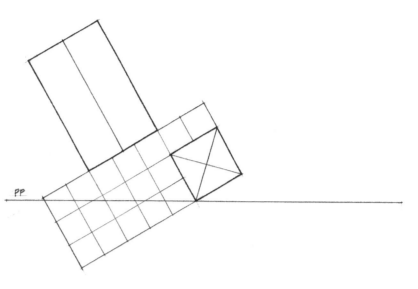

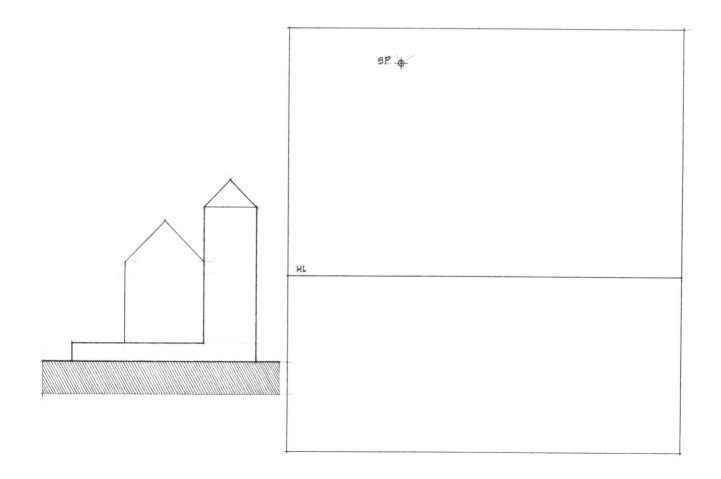

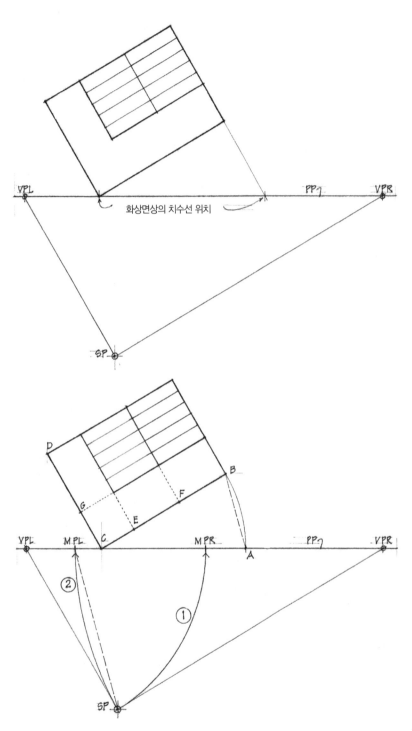

평면법에 의한 투시도에서는 화상면에 모든 치수를 옮겨 그것을 토대로 투시도가 작도되며 평면도나 입면도 등의 투영도를 직접 사용하지 않아도 된다.

:: 평면 다이어그램

앞에서 다룬 일반적인 방법에 의해 투시도를 위한 평면도 배치를 한다. 이 평면 다이어그램에서 화상면, 정점, 주요 수평선들의 소실점들, 그리고 수직 치수선 등의 위치를 설정한다.

:: 치수점들(Measuring Points, MPL, MPR)

위의 평면 다이어그램을 이용해서 치수점들을 배치한다. 치수점은 화상면상의 치수선의 치수를 투시도에 위치한 어떤 선에 옮길 때 필요한 평행선들의 소실점이라고 할 수 있다. 일점 투시도에서의 사선점이 치수점의 좋은 한 예라 할 수 있다.

이점 투시도에서는 화상면에 놓인 수평 치수선의 치수를 투시도상의 수평선으로 옮기는 두 개의 치수점들이 있다. 평면 다이어그램상에 이들 치수점들의 위치를 설정하기 위해서는 다음 과정에 의한다.

1. 왼편 소실점을 중심으로 정점으로부터 원호를 그려 그 치수를 화상면을 나타내는 선상에 옮긴다. 이 교점이 오른쪽 치수점이 된다.
2. 오른편 소실점을 중심으로 정점으로부터 원호를 그려 그 치수를 화상면을 나타내는 선상에 옮겨 왼쪽 치수점이 된다.

평면 다이어그램에서 보듯이 선 SP-MPL은 선 AB와 평행하다. 선 MPL은 선 AB, 그리고 선 AB와 평행한 모든 선들의 소실점이 된다. 이 평행선들을 이용해서 화상면의 바닥선상에 있는 치수들을 투시도상의 기준선 BC에 옮길 수 있다.

:: 평면 투시도

공간 바닥의 모습이나 어떤 사물의 수평면을 투시도로 작도할 경우가 있다. 이때 이 수평면이 지평선과 너무 가까울 경우, 투시도로 보이는 면이 지나치게 축소되어 선들의 교점을 구하기 힘들 경우도 있다. 그러나 치수선상의 치수를 투시도상의 선으로 옮기기 위해서는 이런 교점들 까지도 모두 찾아야 하는 어려움이 있다. 따라서 평면 투시도는 보통 지평선과 어느 정도의 거리를 유지한 상태를 작도하게 된다.

다음 과정에 따라 평면 투시도를 작도하도록 한다.

1. 투시도의 지평선을 그리고 그 위에 평면 다이어그램에서 구했던 소실점, 치수점, 그리고 치수선의 위치를 표시한다. 이때 위의 점들을 원하는 투시도의 축척에 따라 설정할 수 있다. 다시 말해 평면 다이어그램에서의 축척과 다를 수도 있다.

2. 투시도의 위 또는 아래에 지평선과 적당한 거리를 둔 보조 바닥선을 설정한다.

3. 이 바닥선에 주요 치수선의 위치를 투영한다. 이 점이 바닥선에 평면의 치수를 표시할 때 영점이 된다. 왼쪽의 치수들은 이 영점의 왼쪽에 표시되고, 오른쪽의 치수들은 이 영점의 오른쪽에 표시된다.

4. 영점에서부터 왼쪽과 오른쪽의 주요 소실점을 향한 기준선들을 긋는다.

5. 오른쪽 치수점으로부터 선들을 그어 바닥선의 치수들을 투시도상의 왼쪽 기준선에 옮긴다. 왼쪽 치수점을 이용하여 오른쪽 기준선에 치수들을 옮긴다. 왼쪽과 오른쪽 기준선에 치수들이 옮겨지면, 투시도 수렴의 법칙을 이용하여 평면 투시도를 완성할 수 있다.

:: 부분 치수점

바닥선상의 치수가 투시도의 범위를 벗어날 경우 부분 치수점을 이용한다. 부분 치수점을 설정하려면 소실점에서부터 치수점까지의 거리를 1/2 또는 1/4로 나눈다. 1/2 치수점의 경우 바닥선상의 치수를 반으로 나누고, 1/4 치수점의 경우 바닥선의 치수를 1/4 축척으로 보면 된다.

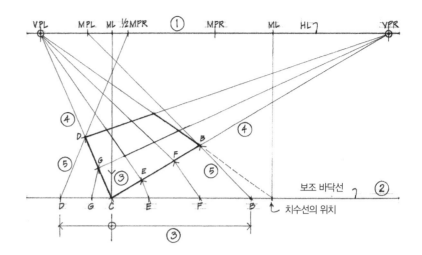

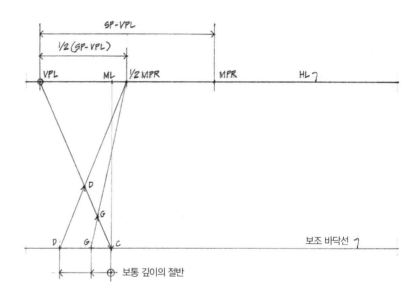

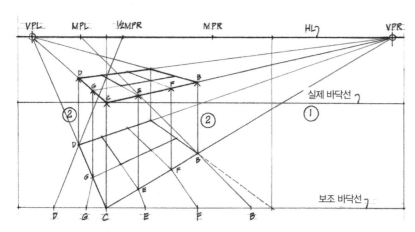

:: **투시도면**

평면 투시도가 완성되면 투시도면을 작도한다.

1. 투시도상의 실제 바닥선을 구한다. 바닥선과 지평선사
   이의 거리는 바닥면에 서 있는 관찰자의 눈높이와 같을
   것이다.
2. 평면 투시도상에서 수직선들을 투영하여 투시도상에서
   점들의 수평 간격들과 투시도상의 수직선들을 구한다.
3. 실제 수직 치수들을 투시도상의 수직 치수선에 표시한다.
4. 투시도의 일반적인 작도 방법에 의해 실제 치수들을 투
   시도상의 위치로 옮긴다. 입면도가 없어도 가능하나 입
   면도를 이용하면 과정이 용이해진다.

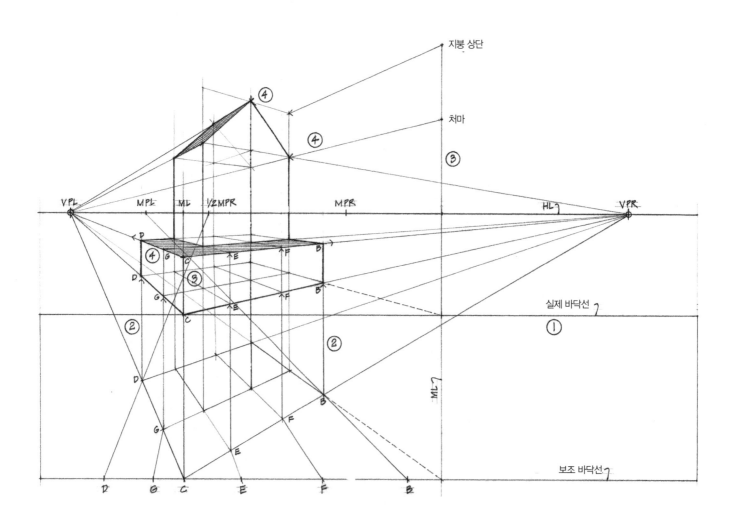

[연습 8.14]

다음 설정된 도면의 축척보다 두 배 큰 투시도를 평면법에
의해 작도해보자.

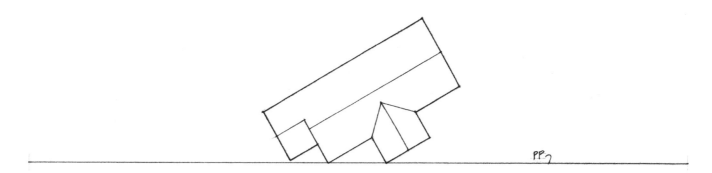

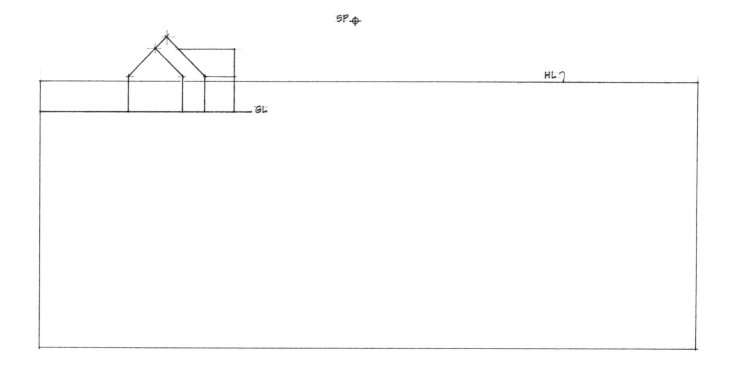

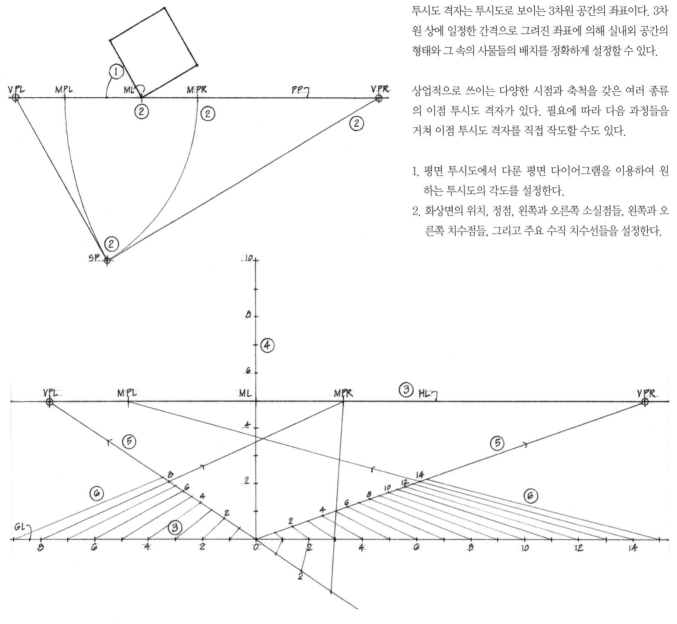

투시도 격자는 투시도로 보이는 3차원 공간의 좌표이다. 3차원 상에 일정한 간격으로 그려진 좌표에 의해 실내외 공간의 형태와 그 속의 사물들의 배치를 정확하게 설정할 수 있다.

상업적으로 쓰이는 다양한 시점과 축척을 갖은 여러 종류의 이점 투시도 격자가 있다. 필요에 따라 다음 과정들을 거쳐 이점 투시도 격자를 직접 작도할 수도 있다.

1. 평면 투시도에서 다룬 평면 다이어그램을 이용하여 원하는 투시도의 각도를 설정한다.
2. 화상면의 위치, 정점, 왼쪽과 오른쪽 소실점들, 왼쪽과 오른쪽 치수점들, 그리고 주요 수직 치수선들을 설정한다.

투시도면에서,

3. 지평선과 바닥선을 적당한 축척으로 그린다. 바닥선위 축척에 의한 일정한 치수 간격을 표시한다. 이때 치수 간격은 보통 30cm을 쓴다. 투시도의 내용에 따라 다른 간격도 가능하다.
4. 주요 수직 치수선 위에 같은 작업을 반복한다.
5. 왼쪽과 오른쪽 소실점으로부터 수직 치수선이 바닥선과 만나는 지점까지 기준선을 긋는다.
6. 오른쪽 치수점으로부터의 선을 이용하여 바닥선 위의 치수를 투시도상의 왼쪽 기준선에 옮긴다.

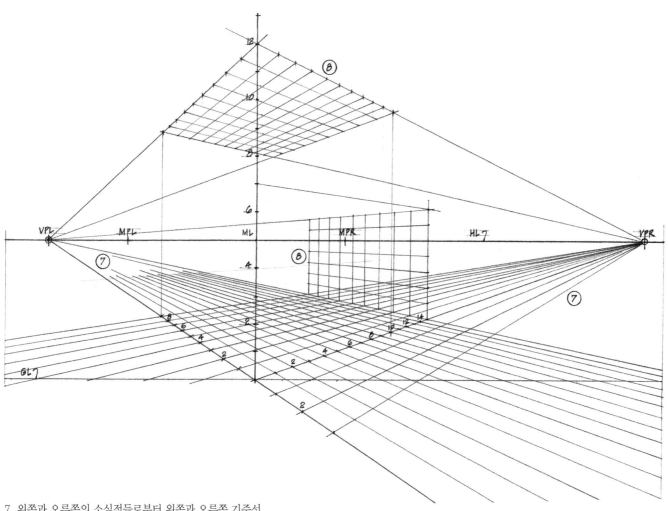

7. 왼쪽과 오른쪽의 소실점들로부터 왼쪽과 오른쪽 기준선
위의 치수들을 선으로 잇는다. 결과적으로 바닥면 위에
정사각형들로 이뤄진 투시도 격자를 얻는다.

8. 필요에 따라 이 격자를 측면에 위치한 벽면이나 천정 또
는 다른 수평면상에 옮길 수 있다.

이 격자 위에 트레이싱지를 덮고 프리핸드나 작도에 의해 투시도를 그릴 수 있다. 이때 투시도 격자를 공간을 둘러싸는 불투명한 벽면으로 보기보다는 공간상에 서 있는 투명한 면들로 간주해야 한다. 정사각형으로 이뤄진 격자에 의해 3차원 공간상의 지점을 설정할 수 있을 뿐 아니라 투시도상에서 사물의 너비, 높이, 깊이 등을 설정해주고 그 밖의 선들을 쉽게 작도할 수 있게 한다.

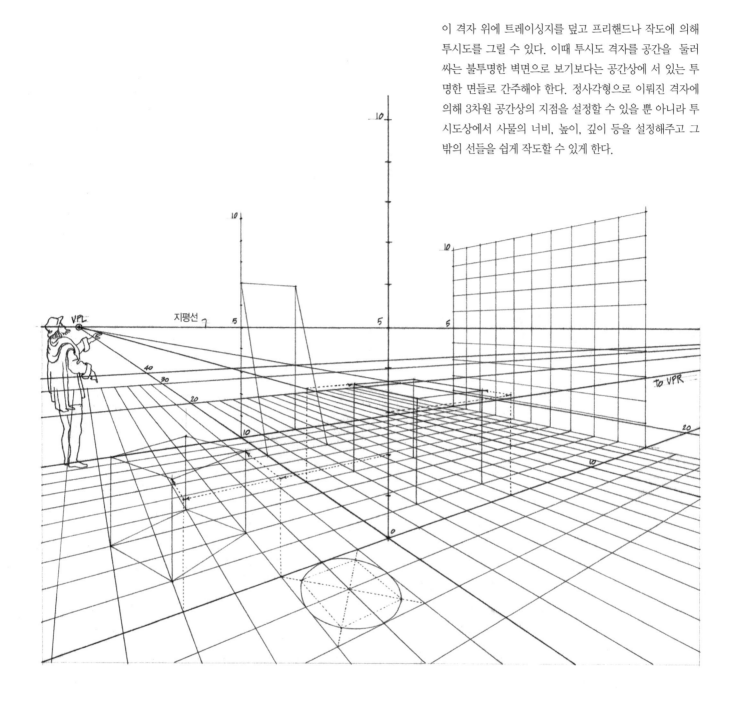

공간 속에 사물을 그리기 위해서는 바닥면 위에 사물의 평면이나 밑그림을 배치하면서 시작한다. 그리고 각 모서리 지점들의 높이를 수직 좌표나 이미 알고 있는 지평선으로부터의 높이 등을 이용하여 표시한다. 투시도 수렴의 법칙과 3차원 격자에 따라 사물의 상단 모서리들을 연결하여 형태를 완성한다. 이 격자를 바탕으로 하여 기울거나 굽은 선들의 작도도 가능하다.

[연습 8.15]

질 좋은 트레이싱지 위에 이점 투시도 격자를 작도해보자. 화상면은 1/30의 축척으로 하고 바닥면으로부터 160-170cm 높이에 위치한 지평선을 가정하도록 하자. 완성되면, 이 격자는 나중에 필요한 축척에 따라 축소 또는 확대하여 사용할 수 있다.

완성된 투시도 격자를 비슷한 축척이나 크기를 갖는 실내외 투시도 작도에 활용하도록 한다. 격자의 치수 간격은 필요에 따라 1m, 10m 등 다르게 간주될 수도 있다. 격자를 회전시키거나 뒤집어서 다른 시점을 나타낼 수도 있다. 따라서 같은 투시도 격자를 이용하여 실내 투시도나 중정 등의 외부 공간, 또는 하늘에서 본 도시 블록이나 시내 전경을 그릴 때도 쓰일 수 있는 것이다.

다음에 예시된 투시도들은 앞의 세 페이지에 걸쳐 작도된 투시도 격자를 이용해 작도되었다. 각각의 투시도에서 관찰자 시야의 높이가 필요에 따라 다르게 설정되었고 격자의 축척은 나타내는 내용에 따라 다르게 간주되었다.

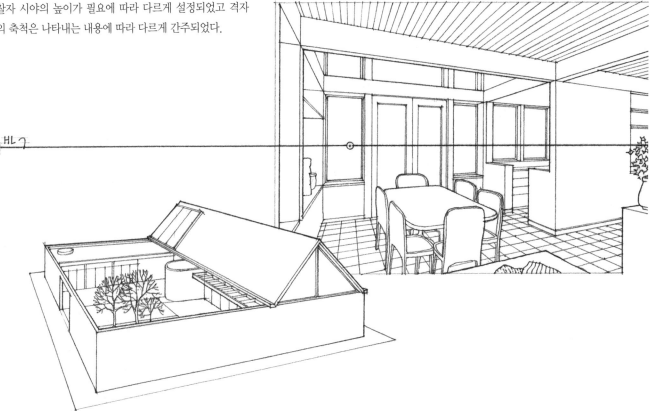

삼점 투시도(THREE-POINT PERSPECTIVE)

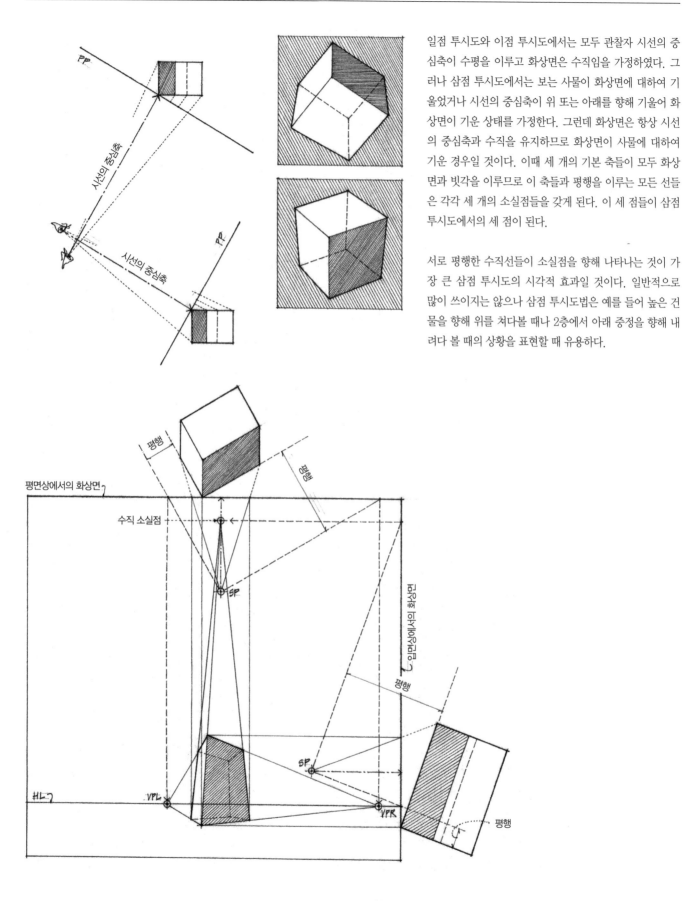

일점 투시도와 이점 투시도에서는 모두 관찰자 시선의 중심축이 수평을 이루고 화상면은 수직임을 가정하였다. 그러나 삼점 투시도에서는 보는 사물이 화상면에 대하여 기울었거나 시선의 중심축이 위 또는 아래를 향해 기울어 화상면이 기운 상태를 가정한다. 그런데 화상면은 항상 시선의 중심축과 수직을 유지하므로 화상면이 사물에 대하여 기운 경우일 것이다. 이때 세 개의 기본 축들이 모두 화상면과 빗각을 이루므로 이 축들과 평행을 이루는 모든 선들은 각각 세 개의 소실점들을 갖게 된다. 이 세 점들이 삼점 투시도에서의 세 점이 된다.

서로 평행한 수직선들이 소실점을 향해 나타나는 것이 가장 큰 삼점 투시도의 시각적 효과일 것이다. 일반적으로 많이 쓰이지는 않으나 삼점 투시도법은 예를 들어 높은 건물을 향해 위를 쳐다볼 때나 2층에서 아래 중정을 향해 내려다 볼 때의 상황을 표현할 때 유용하다.

삼각형의 삼점을 정육면체의 삼점 투시도에서의 소실점들로 간주할 수 있다. 이때 삼각형의 한 변이 수평하다고 할 때 투 꼭지점은 수평선들을 위한 왼쪽과 오른쪽의 소실점들이 된다. 그리고 수직선들을 위한 세 번째 소실점은 보는 위치에 따라 수평 소실점들의 위 또는 아래에 위치한다.

정삼각형일 경우 정육면체의 면들이 화상면과 이루는 각도들이 같은 경우이다. 수직선들의 소실점이 지평선에서 떨어져 있는 거리에 따라 보는 위치와 투시도 효과를 변화시킨다.

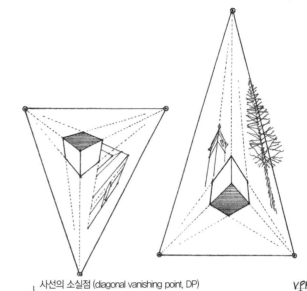

사선의 소실점 (diagonal vanishing point, DP)

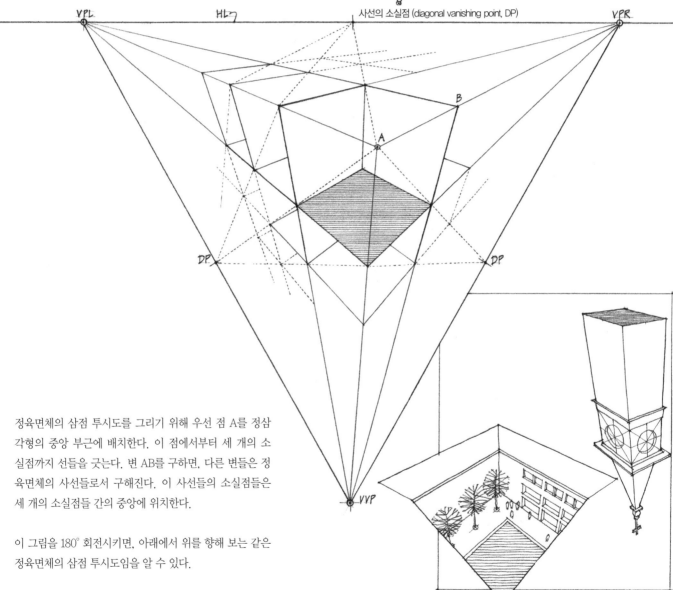

정육면체의 삼점 투시도를 그리기 위해 우선 점 A를 정삼각형의 중앙 부근에 배치한다. 이 점에서부터 세 개의 소실점까지 선들을 긋는다. 변 AB를 구하면, 다른 변들은 정육면체의 사선들로서 구해진다. 이 사선들의 소실점들은 세 개의 소실점들 간의 중앙에 위치한다.

이 그림을 180° 회전시키면, 아래에서 위를 향해 보는 같은 정육면체의 삼점 투시도임을 알 수 있다.

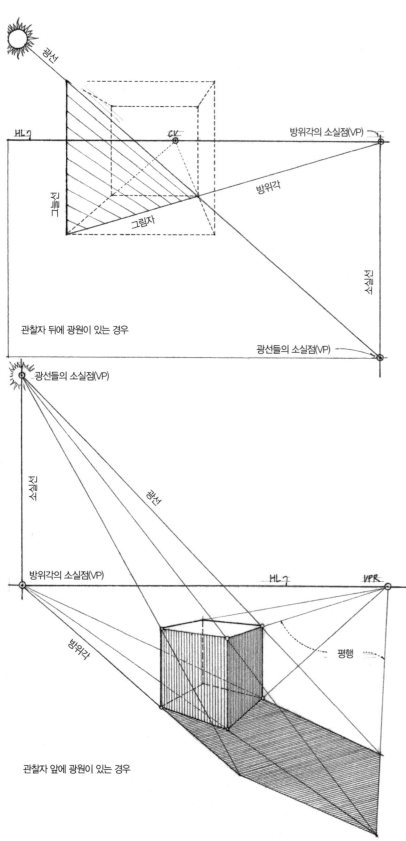

선 투시도에서 그늘과 그림자를 작도하는 것은 투상도를 작도하는 과정과 비슷하지만 광선의 방향을 나타내는 사선들이 화상면과 평행하지 않은 경우 수렴된다는 것이 다르다. 광원이 관찰자 뒤에 위치한 경우 사물의 표면이 빛을 받고 그 뒤로 그림자가 생기지만 광원이 관찰자 앞에 위치한 경우 그림자가 관찰자가 있는 방향으로 생기고 그늘 속에 사물의 표면이 있고 역광에 의해 보이는 사물을 강조하게 된다. 빛의 각도가 낮은 경우 그림자의 길이는 길어지고, 높은 경우 길이는 짧아진다.

광선의 소실점을 찾기 위해서는 투시도 상의 수직 그늘 선을 나타내는 직각삼각형태의 그림자면을 작도하는데, 직각삼각형의 빗변이 광선의 방향을 가리키고 밑변은 그림자의 방위각을 보여준다. 그리고 이 방위각은 항상 수평한 선으로 나타나므로 소실점은 지평선상에 있게 된다.

그림자면인 직각삼각형의 빗변을 연장하여 방위각의 소실선과 만나는 교점을 찾는다. 이때 이 광선과 평행인 모든 광선들은 바로 이 교점으로 수렴된다. 이 소실점은 광선의 근원을 나타내며 광원이 관찰자의 앞에 놓인 경우 지평선 위에 위치하게 되고 관찰자의 뒤에 있는 경우 지평선 아래에 위치하게 된다.

사물의 수직 모서리는 바닥면에 광선의 방향대로 그림자가 생기며 그 그림자는 광선의 방위각과 평행한 선들이 수렴되는 소실점을 향해 수렴된다.

사물의 수평 모서리는 바닥면과 평행하므로 그림자 또한 모서리와 평행하고 그림자는 그 그림자를 만들어낸 수평 모서리와 같은 소실점을 향해 수렴된다.

광선이 관찰자의 왼쪽 또는 오른쪽에서부터 오고 화상면과 평행한 경우 광선들은 투시도상에서 평행을 유지하고 도면에 바닥면 위에 실제 빛의 고도대로 도면에 나타난다. 그리고 광선들의 방위각은 서로 평행하고 지평선과도 평행하므로 수평선으로 나타난다.

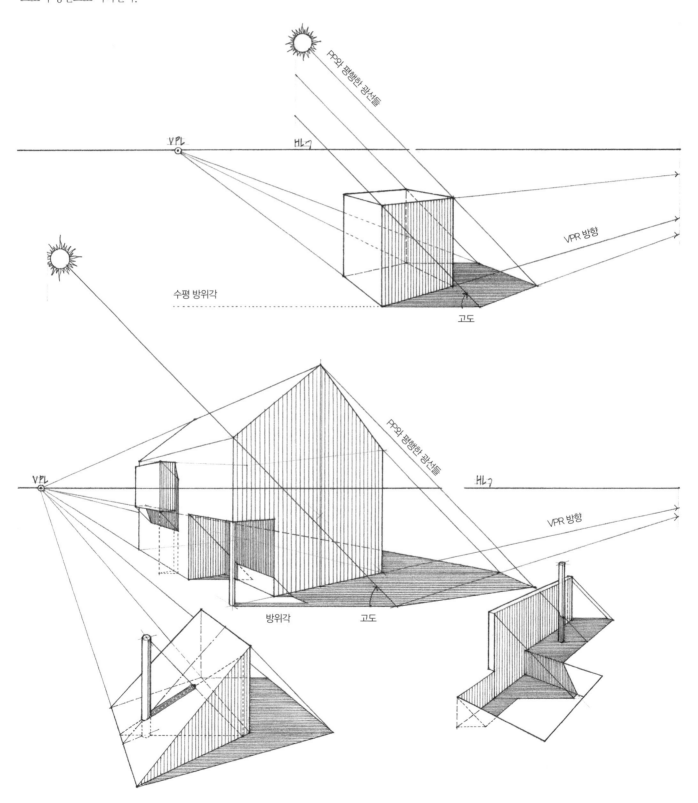

[연습 8.16]
주어진 그림자면을 바탕으로 이점 투시도상의 그늘과 그림
자를 작도해보자.

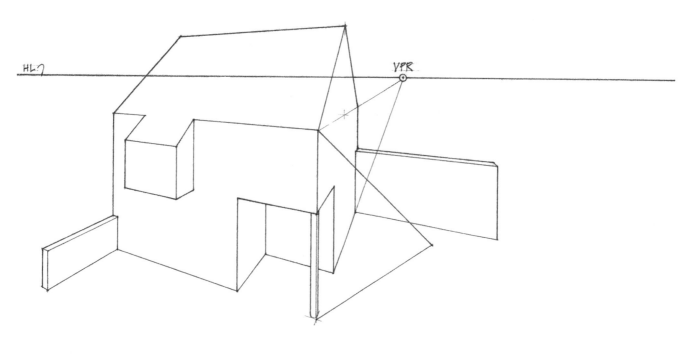

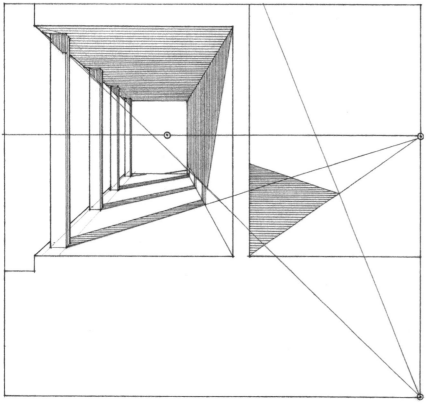

수평면을 이루는 물 표면이나 거울, 광택이 있는 실내 바닥 등으로부터 형태의 반사가 일어난다. 반사 표면은 사물이 반사되어 뒤집힌 형상을 보여준다. 반사 표면 바로 앞에 놓인 사물은 표면과 수직 방향으로 표면 바로 뒤에 반사된 형상이 보이게 된다.

사물이 반사되어 나타나더라도 평행선들은 반사표면 속으로 계속되어 진행되므로 기본 축 상의 평행선들은 모두 반사된 형상 속에서도 실제 소실점들을 향해 수렴되어 나타난다.

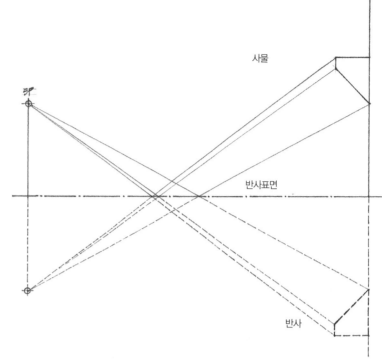

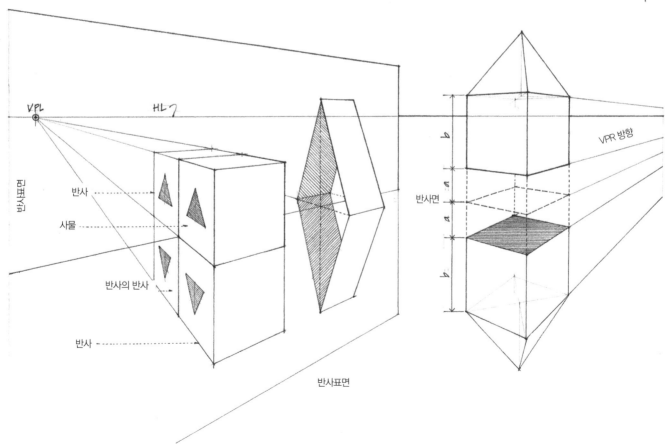

반사표면에 직접 맞닿아 놓여 있으면, 반사되는 형상은 원래 사물이 거꾸로 똑바로 비춰진 모습이 된다. 그리고 투시도에서는 반사된 형상 또한 원래 사물과 같은 투시도 선 시스템에 의해 작도되어진다. 만약 사물이 반사 표면에서 떨어져 있는 경우, 반사된 형상은 보통 정상적인 사물을 보는 시야로 보기 힘든 모습을 보여주기도 한다. 이때 반사면은 사물과 반사된 형상의 중간에 위치하게 된다.

반사면과 평행하지 않고 기울어져 있는 선들은 반사된 형상에서 같지만 반대의 각도로 기울어져 보이게 된다.

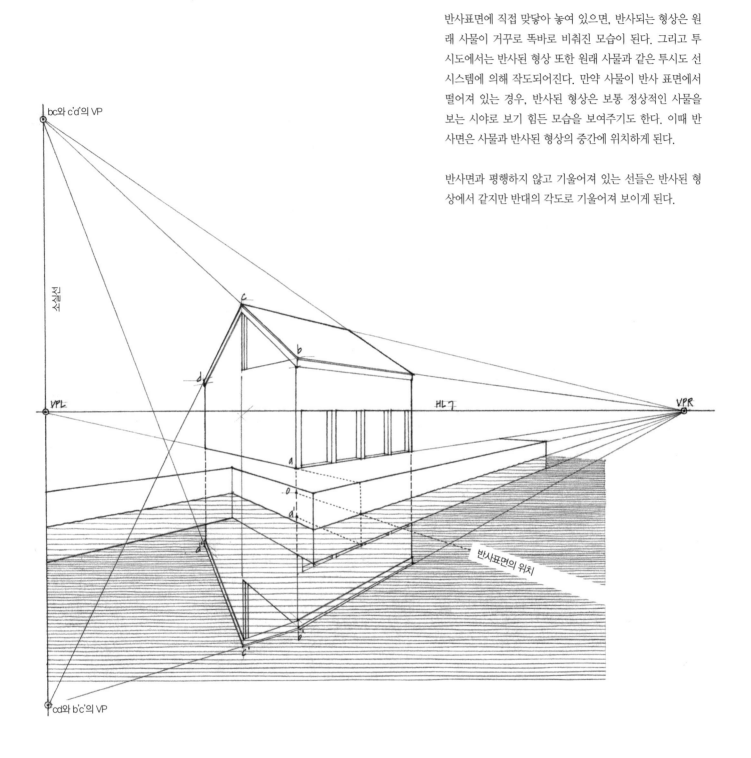

하나 또는 여러 개의 반사면을 갖은 실내 투시도를 작도할 때에는 위에서 설명한 방법으로 투시도법에 의한 작도를 반사된 형상 속으로 연장시키면 된다. 시선은 반사면과 만나는 각도와 같은 각도로 반사되어 진행하므로, 실내 공간의 모습이 반사면에 의해 반사면과 수직 방향으로 두 배가 됨을 알 수 있다. 반사의 반사에 의한 공간은 실제 공간 네 배의 모습을 나타낼 것이다.

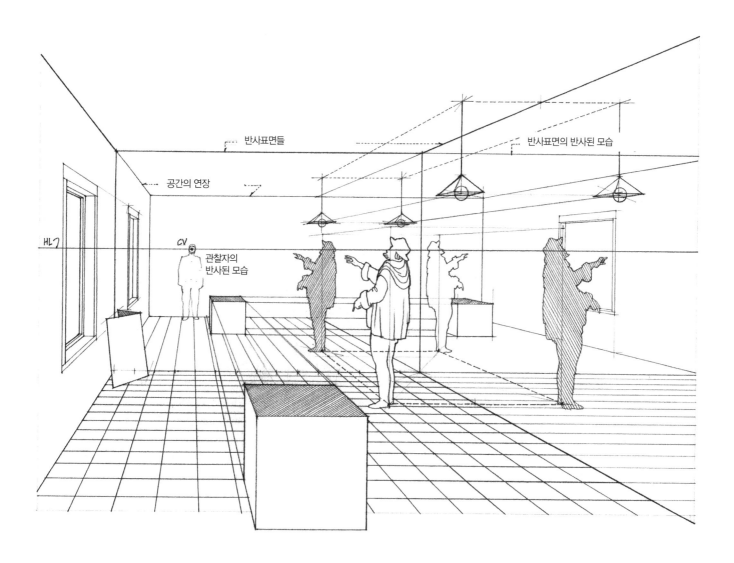

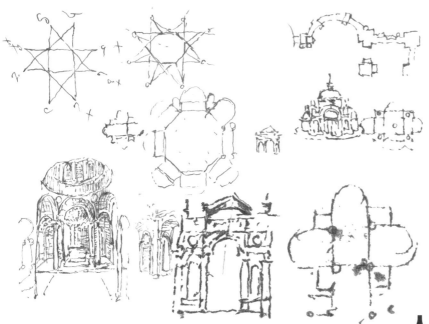

레오나르도 다빈치(Leonardo da Vinci)의 단편작들

상상에 의한 도면

어떤 것이 실존하여 감각을 자극하지 않으나 사고의 힘으로 이미지를 떠올리는 것이 상상하는 행위이다. 따라서 머릿속에 저장되어 있는 관련된 형상들을 어떤 제안에 의해 다시 살려내는 힘을 상상력이라 할 수 있다. 이것은 크게 기억을 되살려 이미지들을 떠올리는 재생적 상상력과 어떤 구체적인 목적이나 문제 해결을 위해 과거 경험들을 창의적으로 재조합하여 새 이미지들을 만드는 창의적 상상력이 있다. 우리는 디자인을 하는 데 있어서 창의적 상상력을 통하여 가능성을 형상화하고, 미래에 대한 계획을 세우고, 어떤 행동에 대한 결과를 예측할 수 있다. 이렇게 사고의 눈에만 존재하면서 실존하지 않는 이러한 개념들을 잡기 위해 도면을 그린다.

"사물들을 어떻게 생각하는지, 어떻게 느끼는지를 조각하는 것보다 훨씬 빠르게 시도해보고, 보기 위해 그림을 그린다."

– 헨리 무어(Henry Moore)

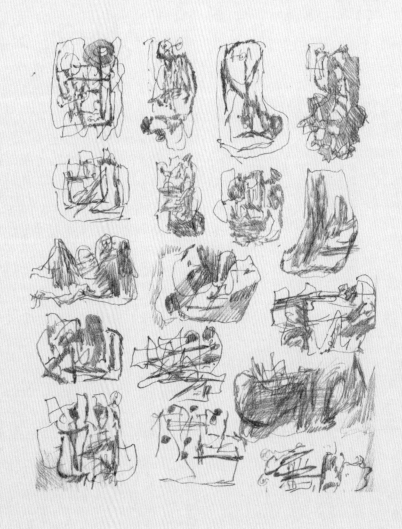

09 추리 도면

추리한다는 것은 생각을 해내거나 느낌을 얻는 것이다. 디자인에 있어서 우리는 미래를 추리하게 된다. 미래에는 어떤 것들이 가능할 것인지를 생각하는 과정에서 도면 또는 그림을 통해 우리의 사고를 실존하게 하여 미리 보여주고, 예측하게 하고, 경험하게 하는 것이다. 빠르거나 느리게, 혹은 거칠거나 조심스럽게 이러한 생각을 그리는 과정은 자연히 추리에 의한 것이라 하겠다. 이미지를 발전시키는 과정에서 자연히 종이 위에 그 내용이 스스로 살아 숨쉬게 되고, 개념을 탐구하는 데 영향을 미치게 되며, 그 개념이 종이 위와 사고 속을 왕래하는 가운데에 발전하게 되는 것이다.

알바 알토의 콘서트홀과 컨벤션홀 디자인 스터디 스케치, 힐싱키, 1967–71

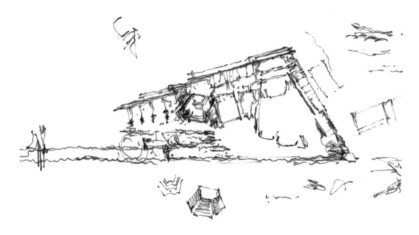

디자인의 모든 과정을 진행하면서 창의적인 혹은 보편적인 여러 기법의 도면들을 작도하면서 아이디어를 개발하고 평가하게 된다. 처음에는 작고 도식적인 스케치들을 통해 상상력을 자극해 보고, 처음의 생각과 개념을 시험해 보면서 차츰 여러 가지의 대안을 발전시키게 된다. 분명하게 발전시켜야 하는 디자인 개념이 선택되면 아이디어를 나타내기 위한 그림들이 더욱 명확해지고 세분화되어 아이디어 제안으로서의 평가와 적용을 위해 더욱 발전하게 된다.

이렇듯 디자인 아이디어를 생성하고 발전시키는 단계에서의 도면은 특히 추리적 요소가 강하다. 진행 중인 도면을 보면서 생각이 떠올라야 하고, 그것에 의해 인지하고 있는 내용이 바뀔 수도 있으며 미처 생각지 못한 가능성이 떠오르기도 한다. 점차 생성되는 이미지 속에 그림을 시작하기 전에는 예측하지 못했던 중요한 사고의 방향이 제시되기도 한다. 일단 도면이 시작되면, 각각의 도면들은 각자의 내용들을 보여주기 시작하면서 그것을 평가받고, 발전시켜야 하는 내용들이 구별되기 시작한다. 나중에 버리게 되더라도 이러한 각각의 도면들은 다음 단계의 창작을 가능케 하는 사고의 눈을 자극하는 것이다.

그러므로 추리 도면은 결정된 디자인을 남들에게 보여주고 전달하기 위한 발전된 단계의 프레젠테이션 도면들과는 목적과 정신이 다르다. 이렇게 뭔가를 탐구하기 위한 도면들은 그리는 내용과 그리는 사람의 취향에 따라 그 기법과 마무리 정도는 다를 수 있지만, 항상 열린 사고를 전제로 하고 격식을 차리지 않으며 개인적 성격을 띠는 공통점이 있다. 대중을 위한 공개를 전제로 하지는 않으나 이런 도면들은 디자이너의 창작과정에서의 통찰력을 엿볼 수 있게 한다.

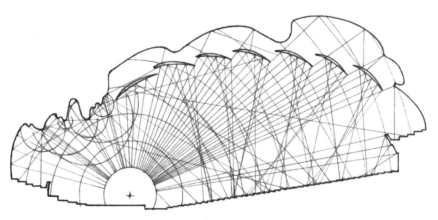

알바 알토의 콘서트홀과 컨벤션홀의 음향 계획 스터디, 힐싱키, 1967–71

추리도면은 곧 창작의 과정이다. 사고의 눈에 비춰진 흐릿한 이미지들을 상상력을 통해 떠올리기 시작하는 것이다. 이때 아이디어의 그림은 완벽하게 모든 아이디어를 성취하지는 못한다. 떠오르는 이미지들이 세부적인 것들까지 한꺼번에 종이에 옮기기만 하면 되는 단계로, 저절로 찾아오지는 않는 것이다. 그림 속에서의 아이디어를 찾으면서 사고 속의 이미지와 그려지는 결과물 사이를 조율해 가면서 시간을 두고 변화, 발전시키는 과정을 거쳐야 한다.

생각 없이 설명서 대로 어떤 그림을 그린다고 가정하면 그려진 이미지에 우리의 사고가 국한되어 버리고 아이디어를 스스로 발전시키는 가운데 얻는 그 밖의 것들을 놓치게 된다. 처음 떠오르는 이미지는 그림을 시작하게 하는 계기가 되지만, 그려가는 과정 중 그림과의 상호작용을 통해 첫 이미지가 바뀌지 않는다면 그것은 오히려 아이디어를 발전시키는 데 장애물로 작용할 수 있는 것이다. 따라서 우리가 이러한 아이디어 탐구의 목적으로 그림을 그린다는 것을 받아들인다면, 우리 스스로 다양한 기회와 영감 속에서 창조적 사고에 의한 디자인의 과정을 경험할 수 있게 된다.

실현되지 않은 아토니오 가우디의 마로크라 성당의 내부 구조물

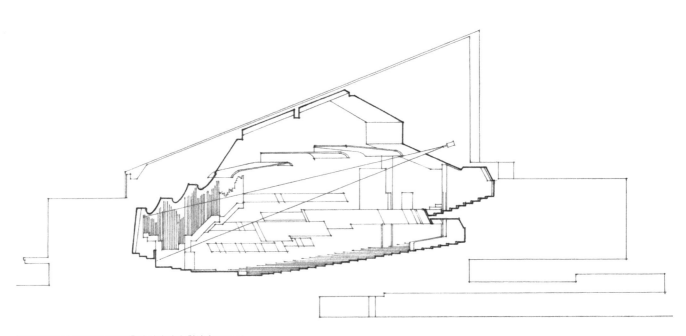

알바 알토의 콘서트홀과 컨벤션홀의 실내 단면, 힐싱키, 1967~71

시각적 사고는 통찰력을 기르고 가능성을 찾으며 어떤 것을 발견할 수 있는 수단으로써 언어적 사고를 보완할 수 있는 우리가 갖는 또 하나의 사고능력이다. 그리고 우리는 그림을 그릴 때에 시각적으로 사고한다. 도면작업, 즉 그리기는 의식적으로 어떤 회화작품을 만들겠다는 의지 없이 사고를 시각적으로 표현하게 한다. 어떤 생각을 단어로 표현할 수 있듯이 어떤 아이디어를 시각적인 것으로 나타내어 그것을 분석하고, 탐구하여 발전시킬 수 있는 것이다.

어떤 디자인 과제를 생각하게 되면 자연스럽게 아이디어들이 떠오르기 나름이다. 이런 아이디어들은 대개 언어적 표현이 아닐 수도 있다. 디자인 창작의 과정은 잠재되어 있는 결과물의 확실치 않은 모습을 시각적으로 떠올리는 과정이 필연적으로 포함되어 있는 것이다. 이러한 머릿속의 아이디어는 분석하고 평가하며 발전시키기에는 너무나도 짧게 잠깐 머릿속에 스쳐지나갈 뿐이다. 그리고 생각 중에 어떤 아이디어를 종이 위에 기록할 수 있도록 빠르게 반응하기 위해서 우리는 다이어그램과 간단한 스케치에 의존하게 된다. 이러한 아이디어 생성단계의 그림들이 가능성을 만들어가는 시발점이 된다.

그림이 작을수록 넓은 개념을 형성한다. 처음에 작은 그림이나 스케치로 시작하는 것도 앞으로 많은 가능성을 열어두기 위해서이다. 경우에 따라 해결방안이 빠르게 다가오기도 한다. 그러나 대개 가장 좋은 아이디어나 진행의 방향을 결정하기 위해서는 많은 그림들이 요구된다. 다시 말해 그것은 빠른 해결책을 무조건 추구하기보다는 다양한 접근과 대안들을 유연하게 응용해보는 것이 필요하다는 것이다. 추리적인 자세를 취하고 그림을 자유롭게 해석할 수 있는 여지를 남기는 것은 디자인의 과정을 조숙하게 끝내버릴 수 있는 위험을 미연에 방지할 수 있다.

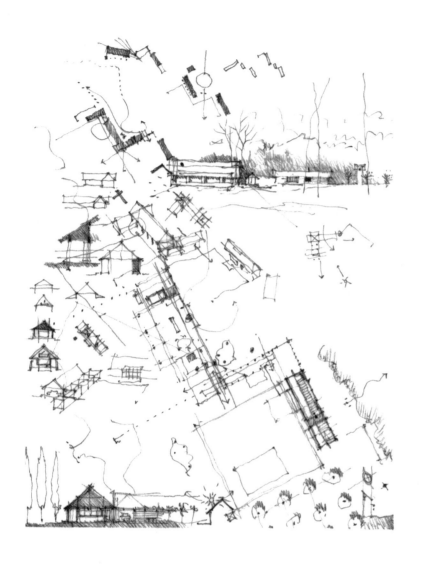

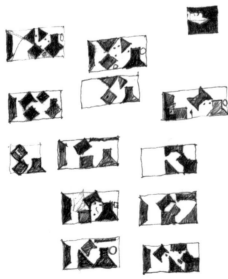

포트 웨인의 순수예술 센터를 위한 평면 구성 아이디어들, 미국 인디아나주, 1961–63, 루이스 칸

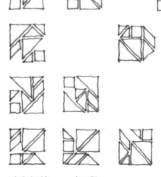

지혜의 판(tangram) 조합

[연습 9.1]

연필을 종이에서 떼지 말고 여섯 개의 직선을 그어 다음 16개의 점들을 연결시켜보자. 이 간단한 퍼즐은 연필과 종이와의 상호작용에만 의존하여 문제를 해결하는 간단한 실험이다.

[연습 9.2]

다음은 정육면체는 3×3×3개의 정육면체의 모임이다. 이 전체 정육면체를 과연 몇 가지 방법으로 9개의 작은 정육면체를 갖는 같은 체적의 3등분으로 나눌 수 있을까?

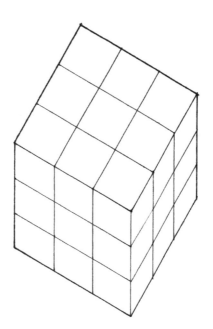

[연습 9.3]

원, 삼각형, 정사각형의 형태로 직육면체의 덩어리에 구멍을 뚫었다. 원의 지름과 삼각형의 밑변, 정사각형의 변들은 같은 치수이다. 세 형태의 구멍에 정확히 맞으면서 관통할 수 있는 하나의 3차원 형태를 시각적으로 그려보자. 이 문제의 답을 과연 그려보지 않고 해결할 수 있을까?

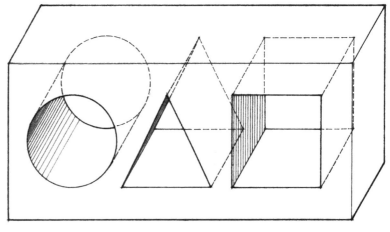

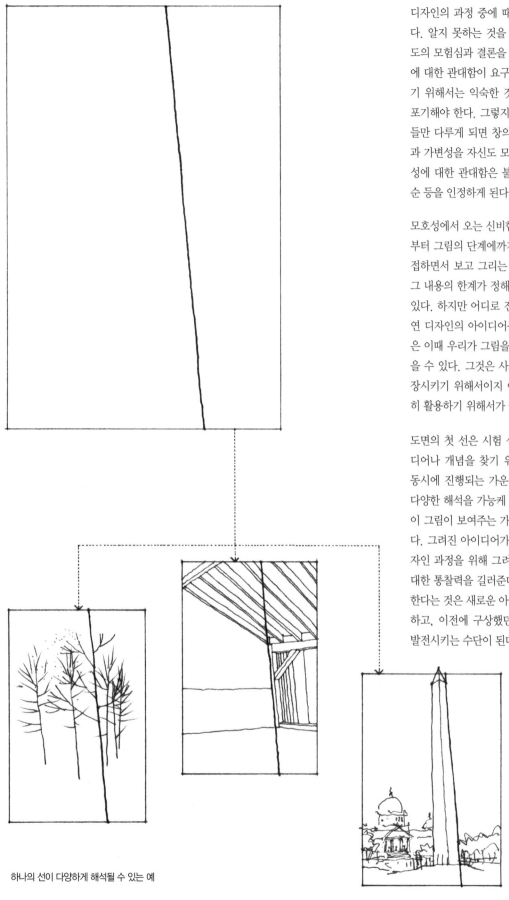

디자인의 과정 중에 때로는 미지의 세계로 진입하기도 한다. 알지 못하는 것을 계속 진행시키기 위해서는 어느 정도의 모험심과 결론을 내리지 않는 인내심, 그리고 모호성에 대한 관대함이 요구된다. 그러나 모호한 것을 받아들이기 위해서는 익숙한 것들만을 다룸으로써 오는 안락함을 포기해야 한다. 그렇지만 정확히 정의 내려지고 익숙한 것들만 다루게 되면 창의적 활동에서 절대로 필요한 유연성과 가변성을 자신도 모르게 제외시키게 된다. 그리고 모호성에 대한 관대함은 불확실성과 불안정함, 사고과정의 모순 등을 인정하게 된다.

모호성에서 오는 신비함과 도전적 성격은 상상의 단계에서부터 그림의 단계에까지 존재한다. 오래 동안 실제 사물을 접하면서 보고 그리는 그림과는 달리 추리에 의한 도면은 그 내용의 한계가 정해져 있지 않고 불확실성을 주로 담고 있다. 하지만 어디로 진행될지도 모르는 내용을 그려서 과연 디자인의 아이디어를 얻을 수 있을까? 그에 대한 대답은 이때 우리가 그림을 그리는 이유를 이해하는 데에서 찾을 수 있다. 그것은 사고의 능력을 자극하여 그 내용을 확장시키기 위해서이지 이 과정 중에 얻어지는 결과를 단순히 활용하기 위해서가 아니라는 것이다.

도면의 첫 선은 시험 삼아 던지는 선일 수밖에 없고 아이디어나 개념을 찾기 위한 시작이 된다. 디자인과 그림이 동시에 진행되는 가운데에 완성되지 않은 모호한 그림은 다양한 해석을 가능케 하는 제안적인 성격을 띤다. 그리고 이 그림이 보여주는 가능성에 대해 열린 생각을 가져야 한다. 그려진 아이디어가 쓸모가 있는지 없는지를 떠나서 디자인 과정을 위해 그려지는 모든 도면들은 주어진 문제에 대한 통찰력을 길러준다. 또한 종이 위에 아이디어를 표현한다는 것은 새로운 아이디어의 탄생을 연쇄적으로 가능케 하고, 이전에 구상했던 아이디어들과 더불어 종합적으로 발전시키는 수단이 된다.

하나의 선이 다양하게 해석될 수 있는 예

[연습 9.4]

간단한 선들의 조합은 3차원 공간의 아이디어를 제시할 수
도 있다. 예를 들어 몇 개의 선들로 두 벽면이 바닥과 이루
는 공간을 보여준다. 이 밖에 다른 어떤 가능성을 내포하
고 있을까?

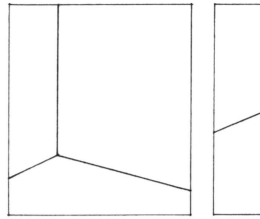
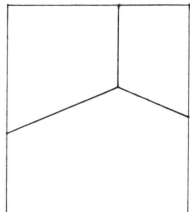

[연습 9.5]

구불구불한 선들을 주어진 직사각형에 가로질러 그어보
자. 그리고 구불구불한 선들 위아래에 평행선들을 그어봄
으로써 부분에 따라 선들이 집중됨을 느끼게 될 것이다.
그림을 완성한 다음 사고의 눈이 발견하는 이미지들은 과
연 어떤 것들일까?

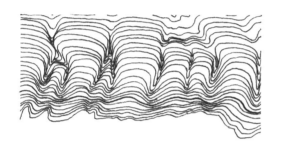

[연습 9.6]

다음 투시도 내 층계에서 오른쪽을 향해 쳐다보면 어떤 광
경이 보일까? 우선 작은 프레임들을 사용해서 보이는 내용
에 대한 다양한 시나리오들을 만들어 보고, 하나를 선택하
여 큰 프레임에 다시 표현해보자.

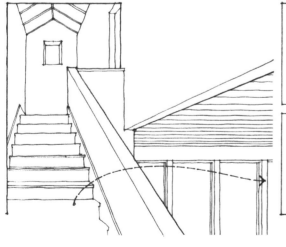
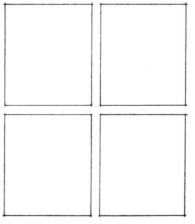

"···'어떤 결과물을 만들어야 할지 모르는데 어떻게 디자인을 합니까?'라고 흔히들 불평한다. 이때 난 '만약 당신이 이미 그걸 알면, 왜 디자인을 합니까?'라고 반문한다. 어떤 것이 마음에 안 들 때 사전에 경험했던 이미지들을 찾게 된다. 이렇게 사전에 갖고 있던 이미지를 찾는 것이 잘못되었다고 할 순 없으나 그것이 꼭 필요한 것은 아니고, 오히려 그것이 장애물이 될 수 있는 것이다. 우리가 남들과 대화를 할 때, 그 대화의 결과를 알고 시작할 필요가 없는 것이다. 대화를 마친 후 어떤 내용에 대하여 더 넓은 각도로 이해하게 되기도 하고, 서로의 생각이 전과 바뀌기도 하는 것이다. 우리 스스로가 마음의 벽을 쌓고 항상 완벽한 형태를 창작해야 한다고 생각하고 있다면 절대로 여유롭지 못하고 그 과정을 서로 신뢰할 수 없게 된다. 설사 원하는 바가 아니더라도 창작하는 사람의 성격과 생각이 창작되는 형태에 그대로 묻어난다는 것을 학생들이 깨닫는 순간, 사사로운 불평들은 사라지는 것이다."

John Habraken
복잡함을 조절하기. Places/Vol.4, No 2

우리는 가능성과 선택의 범위를 찾는 과정에서 우리의 직관적인 판단에 많이 의존한다. 하지만 직관적 판단은 개인의 경험에 바탕을 둔다. 그림을 그린다는 것은 무엇을 그리는지 알기 때문에 가능한 것이다. 예를 들어, 어떤 것의 구조를 파악하지 못하고 그 형태를 그림으로 제대로 표현하기 어려운 것이다. 그러나 그려보겠다는 의도로 행동에 옮기는 순간 그 사람이 내용을 이해하기 위한 과정으로 봐야 하고 또한 아이디어를 직관적으로 얻기 위한 틀이 마련된다.

항상 첫 번째 선을 그리는 것이 제일 어렵다. 완성된 아이디어가 없는 시작이 항상 두려운 것이다. 비어 있는 흰 종이를 보고 디자이너는 무엇을 먼저 그릴까? 우리는 우선 어떤 형태나 조합의 개성을 나타내는 부위에서부터 시작할 수도 있고, 어떤 개념이나 구조의 매우 일반적인 것들로부터 시작할 수도 있다. 결과를 얻는 데 무엇으로 시작했는지는 그다지 중요하지 않은 것이다.

시작단계에서 지나치게 조심스럽게 그려나가면 주저하는 가운데에 문제 해결에 필요한 창의력이 결여될 수 있다. 도면 자체에 많은 시간과 노력을 써버리면 창작의 다른 가능성을 찾는 데 한계를 가져온다. 그러므로 추리 도면을 수행하는 것은 곧 여러 가지 시도를 통한 학습과정이며, 중요한 것은 처음에 시험삼아 뭔가를 그려보는 데 큰 의의가 있는 것이다. 이때 우리의 직관적 판단에 의존하여 아이디어 그림을 진행시켜 나가야 한다.

엘리스가 두 갈래 길에 이르렀는데 고양이 한 마리가 있었다. '어떤 길로 가야 하니?'라고 물었다.
고양이가 되레 질문으로 답하였다. '어디로 가고싶니?'라고. '모르겠는데'라고 엘리스가 답하였다.
'그러면 말이지...'라고 말을 이은 고양이는 '그럼 상관없는 일이네'라고 말했다.

Lewis Carroll
이상한 나라의 엘리스

창작능력이 유창하다는 것은 넓은 범위의 가능성과 아이디어들을 만들어 낼 수 있다는 것이다. 그림의 진행이 유창하다는 것은 연필이나 펜이 종이 위에서 직관적으로 움직이고, 생각하는 내용을 여유 있고 우아하게 보여주는 것이다. 흘러지나가는 우리의 생각들과 그림의 속도가 서로 호흡을 맞춰야 하는 것이다.

우리의 생각을 글로 옮기는 일이 어렵지 않은 쉬운 일이라면, 이러한 표현의 유창함을 그림에서도 갖추기 위해 우리가 보거나 상상하는 내용을 여유 속에서 자연스럽고 자동적으로 종이 위에 선으로 나타낼 수 있도록 훈련을 해야 하는 것이다. 빠르게 그리려는 노력에 의해 속도는 붙을지 모르나 통제되지 않은 속도는 오히려 도움이 되지 않는다. 그림 그리는 작업이 시각적 사고의 본능적인 요소로써 자리 잡기 전에 우리는 우선 천천히, 신중하고 정확하게 그리는 것에 익숙해져야 한다.

흐르는 아이디어를 빨리 기록하기 위해서 제어하기 쉽지 않은 빠르고 간단한 방식으로 그리는 기법도 필요하다. 그리고 그림으로 표현하는 것에 유창해지기 위해서는 최소한의 도구를 사용하여 프리핸드로 그릴 수 있어야 한다. 제도 도구들을 사용하여 정식 도면작업을 하는 기계적인 작도과정은 시간과 에너지를 시각적 사고 과정에 할애하기 어려운 것이 사실이다. 따라서 표현의 유창함과 유연성이 정확도와 세밀함보다 중시되는 디자인 과정에서 프리핸드 작업은 꼭 필요하다.

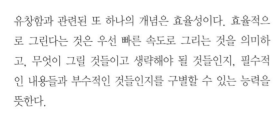

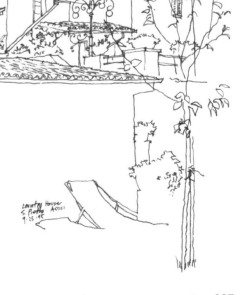

유창함과 관련된 또 하나의 개념은 효율성이다. 효율적으로 그린다는 것은 우선 빠른 속도로 그리는 것을 의미하고, 무엇이 그릴 것들이고 생략해야 될 것들인지, 필수적인 내용들과 부수적인 것들인지를 구별할 수 있는 능력을 뜻한다.

[연습 9.7]

유창하게 그릴 수 있는 능력을 효율적으로 기르기 위해서는 정해진 스케치북을 준비하여 매일 30분에서 한 시간 정도 연습하는 것이 필요하다. 예를 들어 건물의 창문, 문, 벽채, 지붕 등 매주 다른 소재를 갖고 그려보는 것도 효과적이다. 또는 그림의 소재를 어떤 것의 상태, 예를 들어 표면의 느낌, 그림자의 모습, 또는 실제 건물에서 다양한 재료들이 서로 어떻게 결합되고 있는지를 표현해보는 것도 중요하다. 가장 중요한 것은 가장 흥미를 느끼는 것을 소재로 그려보는 것이다.

[연습 9.8]

간략한 몇 개의 프리핸드 선들을 사용하여 다음에 묘사되어 있는 내용의 핵심이 되는 사항들을 주변 빈칸에 그려보자.

[연습 9.9]

다음 보이는 그림들로부터 어떤 기본적인 기학형태들을 발
견할 수 있을까? 빈 칸에 그 기본 구조들을 정리해보자.

[연습 9.10]

다음에 보이는 그림들을 구별할 수 있을 때까지 단순화시
켜보자. 과연 어느 정도까지 가능할까?

어떤 창작의 과정에서든지 기대하지 못했던 것을 접했을 때 그것을 창작에 활용할 수 있는 준비 자세를 갖춰야 한다. 그림을 그려봄으로써 그려보기 전에는 알 수 없었던 것들을 발견하고 어떤 방향을 제시받는다. 또한 그려진 것을 그린 사람에서의 입장이 아닌 다른 제3자의 시각으로 쳐다보면 미처 몰랐던 다른 가능성을 찾게 되기도 한다. 이러한 것은 의도되지 않은 또 다른 영감인 것이다. 어떤 그림을 쳐다볼 때 생각이 떠오르기 나름이다. 어떤 하나의 시각적 아이디어가 다른 아이디어들을 자극하고, 하나의 그림이 다른 또 하나의 그림을 생성하게 한다. 그리고 추리 도면들은 당장 쓸모가 없어 보이더라도 추후에 좋은 자료가 될 수 있고, 새로운 각도로 아이디어를 다시 쳐다볼 수 있는 기회를 제공한다. 또한 여러 개의 그림들로부터 기대치 않았던 서로의 관계성이나 인과관계, 다른 패턴이나 구조들을 연상하게끔 도와준다.

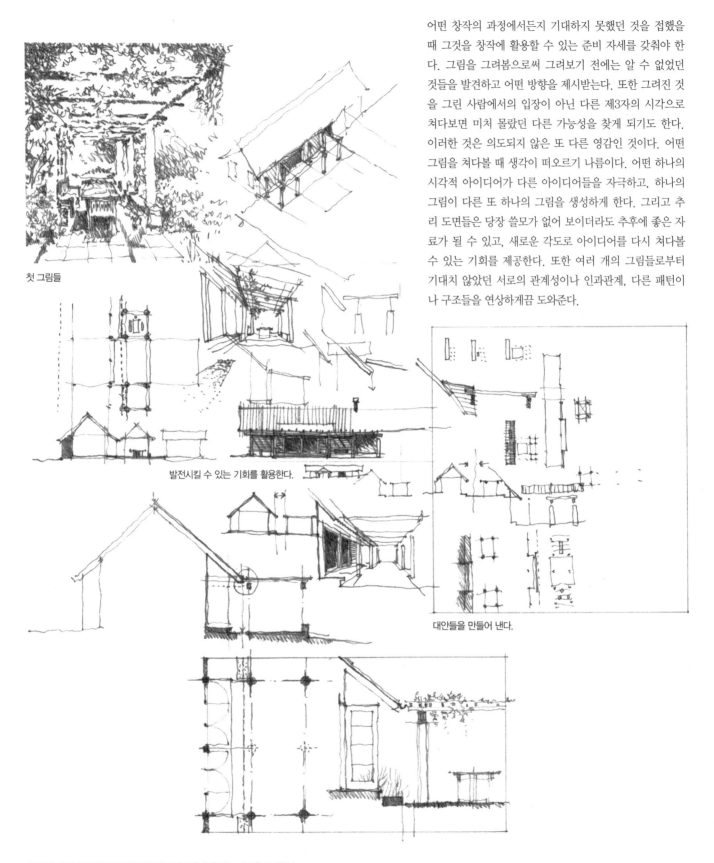

첫 그림들

발전시킬 수 있는 기회를 활용한다.

대안들을 만들어 낸다.

뜻밖의 발견, 즉 우연히 발견한 필요한 내용들을 활용하는 기질을 중시한다.

:: 층(겹)으로 표현하는 것(Layering)

도면에서 층(겹)으로 표현하는 것은 어떤 것에 대한 분석과 합성을 하기위한 하나의 방법이다. 이 방법으로 빠르고 융통성 있게 관계성과 패턴 등을 관찰할 수 있다. 글을 쓸때, 초안을 잡아 생각을 담고 발전시켜 나아가듯이 한 장의 종이 위에 그림 또한 한 겹씩 쌓아가며 발전시키는 것이다. 예를 들어 우선 건물의 기초나 구조 중심선의 생각을 시험적으로 그려본다. 그리고 형태, 비례, 그리고 구성 등 각각의 직관적인 내용을 시각적 내용으로 결정함에 따라 그것들을 구분된 단계별로 그려낸다. 이러한 과정은 아주 간략한 스케치에서부터 상세한 부분에 이르기까지 사고의 과정을 한꺼번에 담을 수 있는데, 즉 전체적인 모습을 계속 염두에 두면서 부분에 따라서는 자세히 파고들 수도 있는 것이다.

실제로 투명한 종이위에 그려진 각각의 도면들을 사용해 전체적인 결과를 발전시킬 수도 있다. 이때 트레이싱지를 쓰면 어떤 도면 위에 대고 그리거나 어떤 부분을 옮기거나 원하는 부분만을 더욱 발전시킬 수도 있다. 또한 투명한 도면들을 겹쳐 놓고 어떤 요소들의 반복적 패턴이나 연관된 형태별 분류, 그리고 관련성 등을 분석할 수도 있다. 그리고 필요한 부위를 세분화하여 발전시키거나 특별한 사항들을 강조 또는 발전시킬 수 있다. 흔히 공통된 부분을 바탕으로 대안이 되는 아이디어들을 만들 때 이러한 방법을 써서 작업한다.

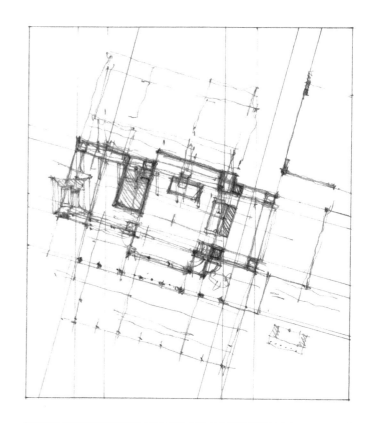

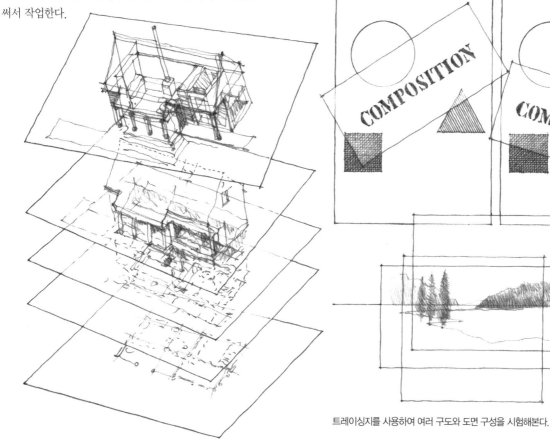

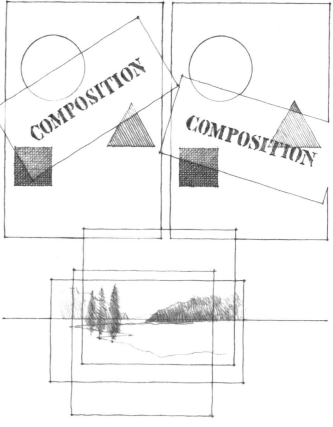

트레이싱지를 사용하여 여러 구도와 도면 구성을 시험해본다.

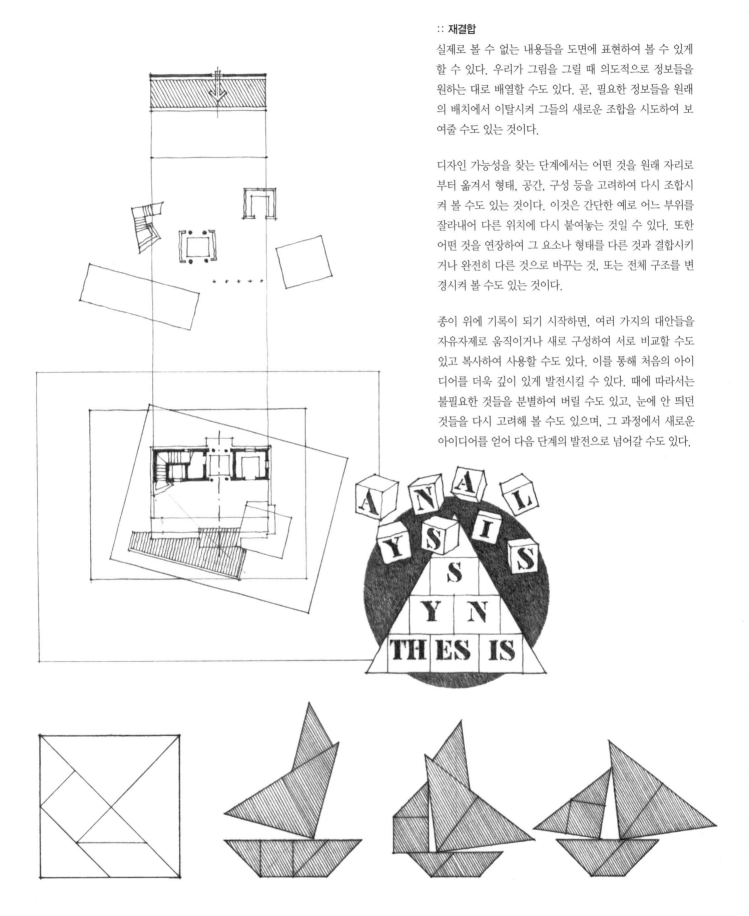

:: 재결합

실제로 볼 수 없는 내용들을 도면에 표현하여 볼 수 있게 할 수 있다. 우리가 그림을 그릴 때 의도적으로 정보들을 원하는 대로 배열할 수도 있다. 곧, 필요한 정보들을 원래 의 배치에서 이탈시켜 그들의 새로운 조합을 시도하여 보 여줄 수도 있는 것이다.

디자인 가능성을 찾는 단계에서는 어떤 것을 원래 자리로 부터 옮겨서 형태, 공간, 구성 등을 고려하여 다시 조합시 켜 볼 수도 있는 것이다. 이것은 간단한 예로 어느 부위를 잘라내어 다른 위치에 다시 붙여놓는 것일 수 있다. 또한 어떤 것을 연장하여 그 요소나 형태를 다른 것과 결합시키 거나 완전히 다른 것으로 바꾸는 것, 또는 전체 구조를 변 경시켜 볼 수도 있는 것이다.

종이 위에 기록이 되기 시작하면, 여러 가지의 대안들을 자유자재로 움직이거나 새로 구성하여 서로 비교할 수도 있고 복사하여 사용할 수도 있다. 이를 통해 처음의 아이 디어를 더욱 깊이 있게 발전시킬 수 있다. 때에 따라서는 불필요한 것들을 분별하여 버릴 수도 있고, 눈에 안 띄던 것들을 다시 고려해 볼 수도 있으며, 그 과정에서 새로운 아이디어를 얻어 다음 단계의 발전으로 넘어갈 수도 있다.

[연습 9.11]

여러 개의 그림으로 다음 과정을 표현해보자. 우선, 정육 면체의 일부를 베어내거나 자르자. 그리고 잘린 부위를 분리시킨다. 마지막으로, 잘라냈던 부위를 다시 붙이되 다음 세 방법으로 한다. 한 점만 접합시키기, 한 변만 접합시키기, 그리고 면과 면만 접합시키기.

[연습 9.12]

7가지 형태의 소마블럭(soma cube)들은 3, 4개의 블록들로 이룰 수 있는 직선이 아닌 모든 형태들을 보여준다. 여러 개의 그림으로 이들을 조합하여 만들 수 있는 여러 형태들을 상상해보자. 어느 형태가 가장 단순한 조합일까? 어느 조합이 가장 키가 크며 안정적일까? 또한 어느 조합이 가장 큰 체적의 공간을 감싸는 것일까?

[연습 9.13]

hardy house와 jobson house의 평면들을 트레이싱지에 옮겨보자. 둘을 겹쳐보고 평면의 각 요소들을 새롭게 조합하여 새 평면을 짜보자. 세 번째로 덮은 트레이싱지에는 둘 중 하나의 평면이 다른 평면의 요소들을 어떻게 받아들일 수 있는지, 또는 두 평면에 의해 완전히 다른 새 평면이 생길 수 있는지 시험해보자. 여러 평면들을 그려보고 다양한 조합들을 겹쳐놓고 생각해본다. 각각의 창작물들이 두 평면의 어떤 특징적 요소들을 담고 있는지, 또는 그 특징들이 원래 평면들과 어떤 대조를 이루는지 살펴보자.

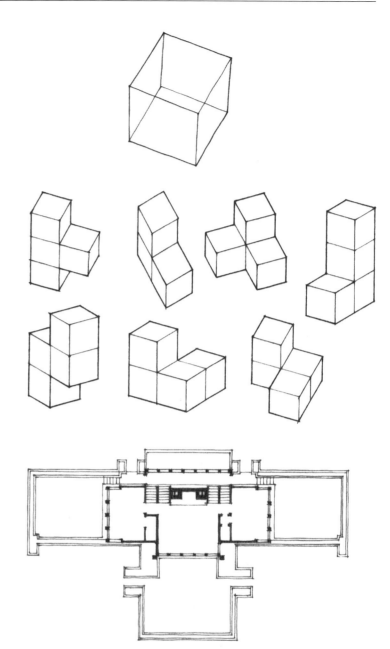

hardy house, 미국 위스콘신주, 1905, 프랭크 로이드 라이트 작

jobson house, 미국 캘리포니아주, 1960, MLTW 작

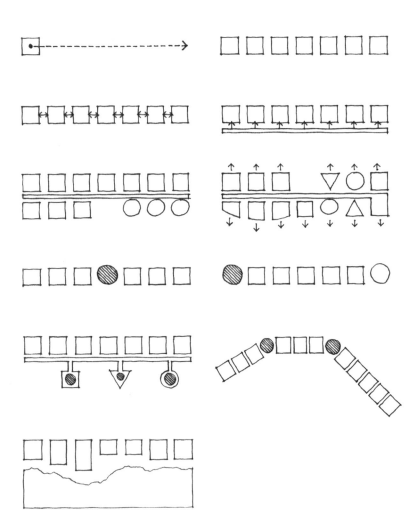

:: 변환

도면으로 나타내는 것은 우리 사고의 내용을 종이 위로 변환하는 것에 지나지 않는다. 종이 위에 나타내게 되면 사고의 눈은 주된 관심거리들만 추려서 보게 되는 것이다. 중요한 부분일수록 눈에 더 띄게 되고 그렇지 않은 것들은 그리는 과정에서 점차 누락될 것이다. 머릿속의 사고가 그림으로 기록이 되면 이것들은 독립적인 개체로 존재하게 되면서 탐구와 발전의 대상이 되고 새 아이디어가 생성되는 계기가 되기도 한다.

그림이나 도면은 생각한 내용들의 실체를 보여주므로 그것을 확실하게 발전시키거나 평가 또는 실행에 옮길 수 있는 것이 된다. 그리고 우리가 그린 모든 도면들은 그 생성되는 결과에 따라 수차례의 변화와 진화를 거치기 된다. 일단 도면이 그려지면, 그려진 내용은 실질적으로 우리 눈앞에 존재하게 되고 그 그림이 생성되기까지의 과정은 분명히 따로 존재하게 된다. 그리고 그려진 내용은 앞으로 아이디어에 대한 연구와 발전 방향을 가능케 하는 기폭제로서 작용하게 된다.

아이디어를 개발하고 가능성들을 탐색하는 과정에서 우리는 여러 개의 연관된 그림들을 그려내고 그것들을 적절하게 배치하여 비교 및 평가할 수 있다. 이때, 그림들을 때로는 새롭게 정렬할 수도 있다. 곧, 새로운 아이디어로 변환될 수도 있는 것이다. 즉, 변환의 원리는 처음에 새운 개념이 어떤 필요에 의해 여러 개의 독립된 발전과 변형을 거칠 수 있음을 말하는 것이다. 그리고 우리의 생각을 강제로 바꾸고 싶을 때, 익숙한 것을 생소한 것으로, 또는 생소한 것을 익숙한 모습으로 바꿀 수도 있다.

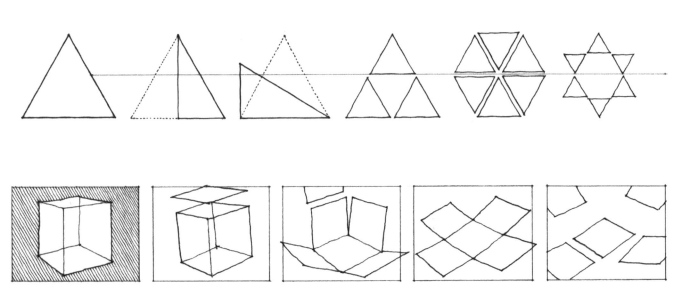

[연습 9.14]

연관성 있는 그림들에 의해 왼쪽에 있는 이미지를 오른쪽
의 것으로 차츰 변환시켜보자.

[연습 9.15]

깊이와 움직임을 주제로 하여 연속성이 느껴지도록 다음
그림들을 연결시키되, 각각의 위아래 한 쌍을 이루는 그림
들이 서로 연관되도록 채워보자.

[연습 9.16]

전후 관련이 있는 연속성을 느끼도록 다음 첫 그림들의 다
음 단계들을 창작하여 채워보자.

유연함을 갖는다는 것은 디자인 아이디어의 새로운 가능성을 위한 다양한 접근을 항상 찾는 자세라고 할 수 있다. 특히 어떻게 그려나가느냐에 따라 우리의 무의식적인 생각과 시각적 사고의 형성과 진행 방향에 영향을 미치기 때문에 무엇을 그릴 때에 유연함을 갖는 것이 중요하다고 하겠다. 만약 알고 있는 한 방향으로만 그리는 것이 편하다고 생각할 때 무의식적으로 생각의 범위를 스스로 제한하는 것이다. 어떤 문제를 다양한 각도로 볼 수 있기 위해서는 다양한 접근방식으로 그릴 수 있어야 한다. 따라서 우리는 다양한 표현재료들과 폭넓은 표현 기법들을 모두 손에 쥐고 상황과 필요에 따라 선택하여 능숙하게 구사할 수 있어야 한다.

여러 가지 시도와 실패를 두려워하지 않으며 항상 새로운 것을 추구하는 것이 표현의 유연함을 갖는 첫 단계이다. '만약에 이렇게 하면…?'이라는 물음으로 스스로에게 물을만한 것이라면 그것은 곧 시도해 볼 가치가 있는 대안인 것이다. 그리고 이렇게 유연한 자세는 도면을 그리는 가운데 우연히 생기는 일들을 기회로 삼을 수 있게 한다. 또한 유창함과 유연함을 갖는 것은 창작활동의 시작 단계에서 중요한 것들이지만, 동시에 선택과 판단능력 또한 갖춰져야 한다. 수많은 대안들 속에 목표의식을 잃으면 안 되기 때문이다.

[연습 9.17]
다음 그림에서 쓰고 있는 기법과 잉크펜으로 그림을 완성
시켜보자. 그리고 마음에 드는 다른 표현재료와 기법으로
다시 그려보자. 표현방법을 바꿈으로서 그림의 효과에 어
떤 영향을 미쳤는지 생각해보자.

빈센트 반 고흐 작 알레의 카페 일부

[연습 9.18]
각각의 종이에 도스토예브스키의 죄와 벌에 나오는 장면을
두 가지 다른 시점에서 그려보자. 첫 번째 그림은 부드러
운 연필을 사용해보고 두 번째 그림은 잉크펜을 써보자.

    "늙은 여인은 주저하듯 잠깐 멈췄다. 그리고 한쪽으
로 가더니 방의 문을 가리키면서 '손님, 들어가시지요'라며
방문객이 자기 앞을 지나가게 하였다.

    젊은 남자가 들어간 작은 방의 벽에는 노란색 벽지가
있었고 창문에는 제라늄 화분과 모슬린 커튼이 드리워져 있
었는데 그때 마침 지는 해 때문에 밝게 달아올라 있었다.

    '태양도 지금 여기처럼 밝게 비춰야지!' 그것은 라스
콜니코브의 마음에 스쳐지나가는 생각이었고, 한눈에 온
방을 샅샅이 훑어서 가능하면 이 방의 모든 꾸밈새를 기억
해버리려 하였다. 그런데 그 방에는 특별한 것이 하나도
없었다. 황목으로 된 오래된 가구들, 그리고 커다랗게 휜
나무 등받이가 있는 소파와 타원으로 된 탁자가 그 앞에
있었고, 창틀 사이에 거울이 박힌 화장대와 벽에 놓인 의
자들, 새를 손에 앉힌 고상한 독일 처녀가 보이는 두세 개
의 싸구려 액자들. 그것들이 전부였다. 방 코너에 놓인 작
은 성상에 빛이 빛나고 있었다. 모든 것들이 아주 깨끗했
다. 방바닥과 가구들은 광택이 흘렀고 빛이 났던 것이다."

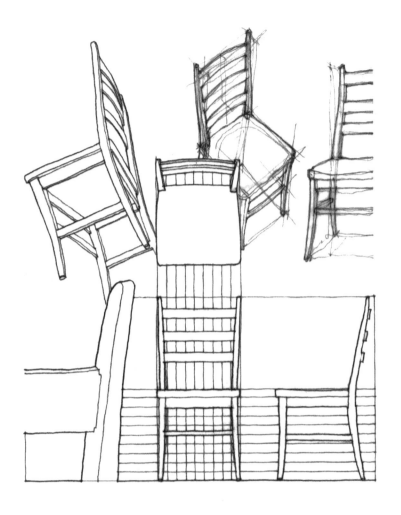

:: 보는 시점의 변화

창의력을 발휘하여 상상하는 자세에서는 풀어야 할 문제들을 항상 새로운 시각으로 다루게 된다. 몸에 익숙한 관습과 관례에 의존하는 자세는 새로운 아이디어를 이용한 디자인 과정에 한계를 가져온다. 우리가 색다른 방법으로 어떤 문제를 쳐다보게 되면, 특이하고 때로는 역설적인 것들 속에 숨어 있는 새로운 아이디어를 발견하는 기회를 갖게 되는 것이다. 문제를 새로운 방향으로 볼 수 있기 위해서는 예리한 시각으로 어떤 것을 시각화할 수 있어야 하고 유연한 아이디어 스케치가 새로운 가능성을 보여줄 수 있는 길임을 이해해야 한다.

새로운 시각으로 다시 보기 위해 우리가 그림으로 나타내는 것을 거울을 통해 쳐다보기도 한다. 또는 그림의 위아래를 바꾸거나 멀리 떨어져서 쳐다봄으로써 그림의 핵심을 다시 찾아보기도 한다. 이때 그림을 이루는 기본 요소들과 눈에 보이는 패턴, 그리고 각 부분들의 관계성 등이 중요하다. 그리고 새로운 시각을 갖기 위해 남의 눈을 빌리기도 한다. 보는 시점의 변화를 주기 위해서 그림을 그리는 도구나 종이의 종류, 또는 표현 기법들이나 도면작도법의 종류에 변화를 주는 것도 효과적일 수 있다.

그림 또는 도면들은 사물을 다른 시점에서 보는 기회를 제공함으로써 우리의 사고능력을 자극할 수 있다. 그리고 투영도, 투상도, 그리고 투시도 등의 도면기법들은 디자인 전달에 쓰이는 의사소통 수단이 되어준다. 우리는 단순히 이런 언어들을 사용해서 '쓰는 것'뿐만 아니라 '읽는 것'도 할 수 있어야 하며 상황에 맞춰 여러 도면기법들을 능숙하게 구사해가며 디자인을 진행시킬 수 있어야 한다. 평평한 투영도들을 3차원의 투상도로 바꿀 수 있어야 한다. 그리고 어떤 사물의 투영도들을 보고 자신이 평면상의 어느 한 지점에 서 있다고 가정하고 눈앞에 펼쳐진 모습을 도면으로 보여줄 수 있어야 한다.

보는 시점을 바꾼다.

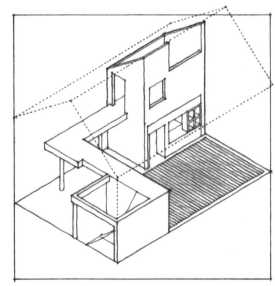

어떤 것의 내부를 본다.

:: 회전

어떤 것을 회전시키며 생각하면 그 사물을 다른 시점에서 보고 분석할 수 있게 된다. 그 사물이 공간 속에서 회전을 한다든지 보는 사람이 주변을 돌면서 관찰한다고 가정하면 그것을 볼 수 있는 가능한 모든 방향에서 보게 되는 것이다. 또한 종이 위에 그려진 디자인 아이디어를 머릿 속에서 뒤집어서 인식하면 그 디자인 아이디어를 다양한 차원에서 관찰할 수 있다.

사물이 공간 속에서 회전하는 것을 그린다고 가정할 때 복잡한 전체 구성물보다 단순 기하학적 형태를 상상하기가 수월하다. 이렇듯 어떤 것의 형태나 복잡한 구성을 정리하는 장치, 즉 구성의 축이나 기하학적인 도식이나 입체 등이 필요하고 그것들에 의해 전체 구성에서 각 부위들이 차지하는 의미, 전체 구성에 대한 종속성 등을 이해할 수 있다.

복잡한 구성을 정리하는 장치가 구상되면, 그것을 공간 속에서 회전시키는 것을 상상할 수 있다. 원하는 위치에 이르면 그것을 고정시키고 전체 구성 속에 작은 부위들을 설정하여 도면을 완성시키게 된다. 이때 정리선(p.68 참조)을 활용하여 구성의 체계를 잡는다. 구성물의 비례와 관계들을 점검하고 재료의 두께나 깊이 또는 기타 세부사항들을 발전시켜 도면을 완성한다.

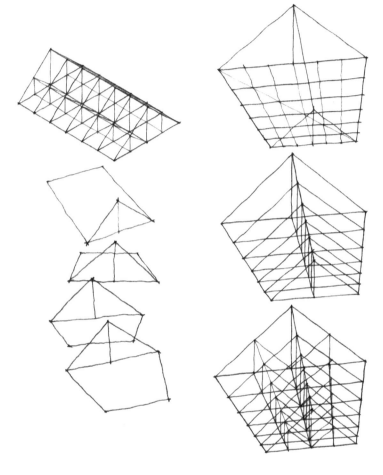

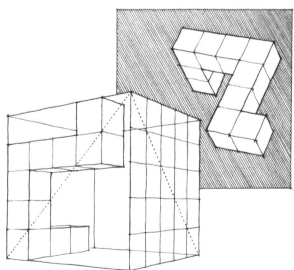

전체 구조를 이해한다.   전체 구조 속의 구성물로 이해한다.

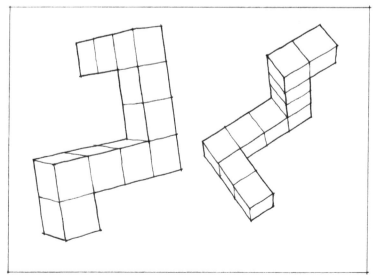

아이디어를 머릿속에서 뒤집어본다.

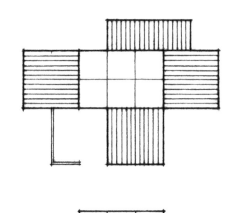

[연습 9.19]
다음 주어진 정투영도들이 나타내는 구조체를 보고 아이소 메트릭 투영도와 평면빗각 투영도를 각각 그려보자. 그리고 다른 시각에서 본 투시도를 또한 그려보자. 위의 도면들을 서로 비교할 때 구조체의 어떤 내용들이 각각 다르게 표현되었을까?

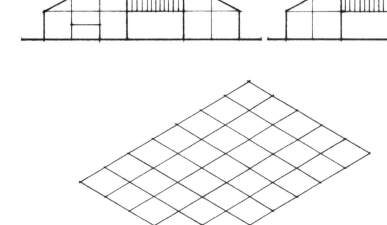

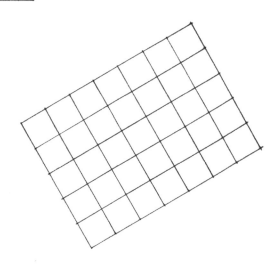

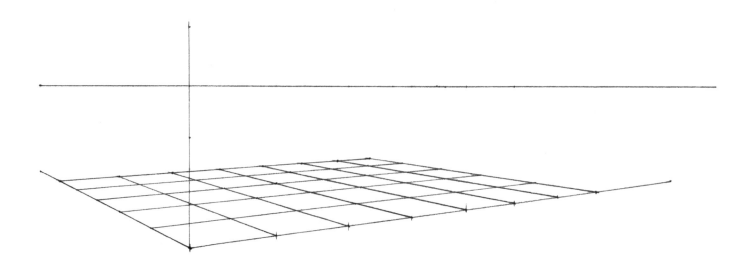

[연습 9.20]

다음 주사위가 공간 속에서 움직이고 있다고 할 때 그림 A
와 D 사이에 존재하는 주사위 모습 B와 C를 상상하여 그
려보자.

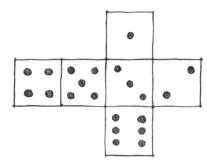

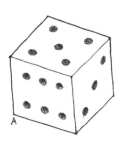

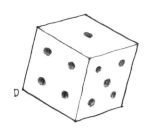

[연습 9.21]

다음 구성물이 공간 속에서 움직이고 있다고 할 때 그림 A
와 D 사이에 존재하는 구성물의 모습 B와 C를 상상하여
그려보자.

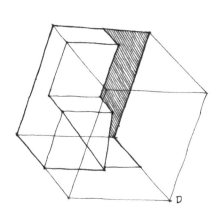

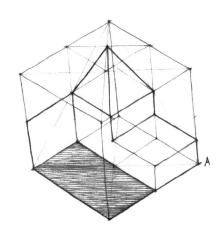

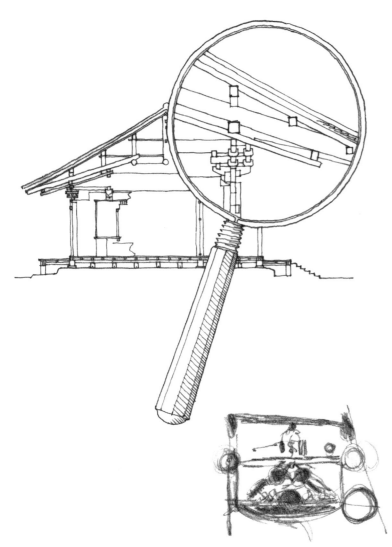

방글라데시 데카의 수도 정부청사, 1962, 루이스 칸.
초기 평면 스케치 중 층계 겔러리의 단면도와 복층 벽체 구조 상부상세

:: 스케일(축척)의 변화

디자이너는 디자인 개념의 설정 및 세부적 내용의 발전에 있어서 일반적인 것에서부터 특별한 것까지, 넓은 범위에 서부터 좁은 범위까지 전반적인 사항에 대해서 책임질 수 있어야 한다. 도면상의 표현 기법들은 처음의 도시적인 단 순 스케치로부터 제도 용구를 사용하여 상세한 아이디어를 나타내기는 정확한 도면들의 작도에 이르기까지 점증적으 로 발전하게 된다.

다양한 스케일에 따른 표현 정도의 차이는 디자인 과정에 있어서 새로운 자극이 될 수도 있다. 그리고 도면의 스케 일에 따라 어떤 부분에 주된 관심을 두게 될지 또는 생략 하게 될지 결정한다. 예를 들어 작은 축척에서는 재료의 내용에 대한 뚜렷한 답이 없어도 디자인이 가능한 이유는 그 축척으로 재료에 대해서 표현이 불가능하기 때문이다. 그러나 큰 축척에서는 그에 대한 답이 필요하게 된다. 만 약 이때 재료에 대한 답이 없을 경우, 그 내용에 비해 도면 의 축척이 지나치게 큰 것이 된다. 디자인 과정에서 축척 에 변화를 줌으로서 핵심이 되는 요소들만으로 디자인 아 이디어를 추출할 수 있기도 하고 재료나 세부사항 등의 문 제까지 아이디어를 확장할 수 있게 되기도 한다.

디자인 내용과 스케일과의 상관관계는 내용을 어느 정도 이해시키는지의 문제이기도 하지만 디자인 대상물의 기술 적 내용에 관한 문제이기도 하다. 도면을 표현하는 재료와 도구들은 도면의 스케일에 따라 달라지지만 결국 디자인 의 내용을 어느 정도 표현할 수 있는지의 문제인 것이다. 예를 들어 얇은 잉크펜을 사용할 때에는 정교한 내용을 표 현할 수 있고 그에 따라 세부사항에 대한 것이 될 수 있다. 그러나 굵은 잉크 마커로 표현하게 되면 넓은 부위를 손쉽 게 다룰 수 있고 전체 디자인 패턴과 조직에 대한 주장을 읽을 수 있게 된다.

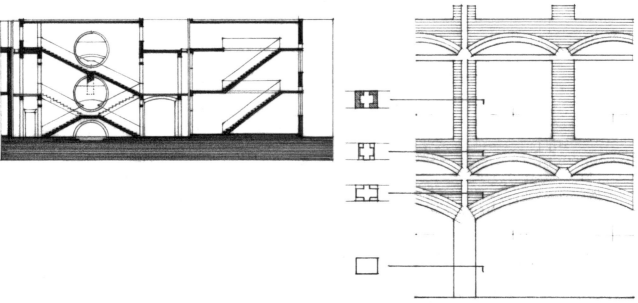

[연습 9.22]

다음 보이는 기둥 캐피탈 도면을 다음 칸에 그릴 때마다
축척을 반으로 줄여 나타내보자. 케피탈의 모습을 잃지 않
는 범위에서 얼마만큼의 세부사항을 생략할 수 있을까?

[연습 9.23]

건물에서 창문, 문, 또는 기타 장식물 등 건물에서 어떤 한
부분을 선택하여 그것을 10m, 5m, 2m 거리에서 각각 그
려보자. 가까이 가면서 축척과 나타내는 세부사항을 확대
시켜 보자.

[연습 9.24]

건물의 다른 부분을 선택하여 위의 연습을 반복하되 위와
는 반대로 2m, 5m, 10m 거리로 멀어져 가면서 그려보자.
이때 세부사항과 축척을 축소시켜 보자.

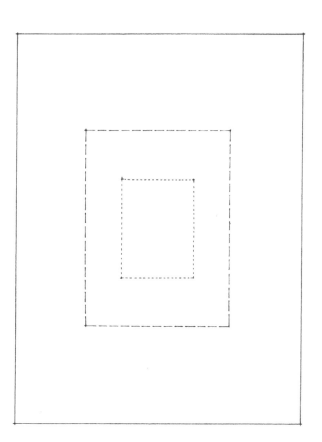

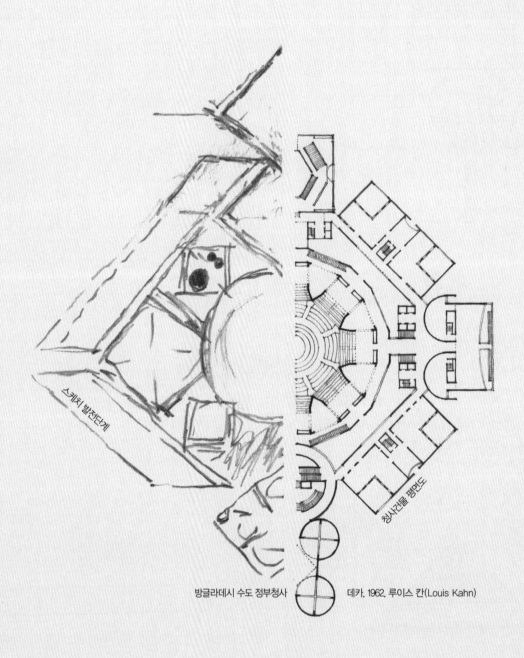

스케치 발전단계

청사건물 평면도

방글라데시 수도 정부청사   데카, 1962, 루이스 칸(Louis Kahn)

10 다이어그램 표현

어느 도면이라 할지라도 실제를 대처할 수는 없다. 모든 도면과 그림들은 실제 사물의 느낌이나 머릿속 사고의 내용을 적절히 추상화한 결과이다. 이때 디자인 도면에서 다양한 수준의 추상적 단계를 다룬다. 한쪽은 디자인 계획안에 대한 미래의 현실을 느끼게 해주는 목적의 프레젠테이션 도면이 있을 수 있고, 다른 한쪽은 어떤 것을 보여주되 눈에 보이는 현실에 관한 것이 아닐 수도 있다.

다이어그램은 어떤 것을 이루는 부분들이나 그것들의 배열 또는 전체의 작용을 설명하고 명확하게 하는 역할을 한다. 가장 큰 특징은 다이어그램으로 어떤 복잡한 상황을 단순화할 수 있고, 그 상황들을 생략 또는 축소를 통해 핵심이 되는 요소들만으로 나타낼 수 있다는 점이다. 다양한 분야의 전문가들은 각기 나름대로 다이어그램을 이용하여 사고의 과정을 정리하는 것이 보통이다. 수학자나 물리학자, 음악가나 무용가들까지 그들의 복잡한 행위들을 추상화된 기호나 단어들을 써서 적용한다. 디자이너들 역시 다이어그램에 의하여 시각적 사고의 내용을 분명히 하기도 하고 자극을 받기도 한다.

모든 디자인의 결과는 어떤 주어진 문제에 대한 해결방안이지만 디자인의 시작 단계에서는 다양한 가능성에 대한 탐구과정이라고 해도 과언은 아니다. 디자인은 무엇을 선택하는 것이기도 하다. 선택할 디자인의 대안들이 없을 때 디자인 결과물 또한 없는 것이다. 그리고 다이어그램을 세부적이고 특별한 것보다 일반적인 것들에 중점을 둠으로써 지나치게 빠르게 결과에 도달하는 것을 막고 모든 가능한 대안들을 만들어내는 데에 도움이 된다. 그러므로 다이어그램으로 표현하는 행위는 주어진 디자인 문제에 대해서 답이 될 수 있는 대안들을 만들어낼 수 있는 적절한 방법이 되어주는 것이다. 다이어그램의 추상적 성격을 통해 우리는 디자인 프로그램의 핵심요소들에 대해 분석하거나 이해를 도모할 수 있고 그것들이 서로 갖는 상관관계나 그들이 새롭게 정렬하여 총체적인 새로운 가치를 형성하는 데 활용할 수도 있다.

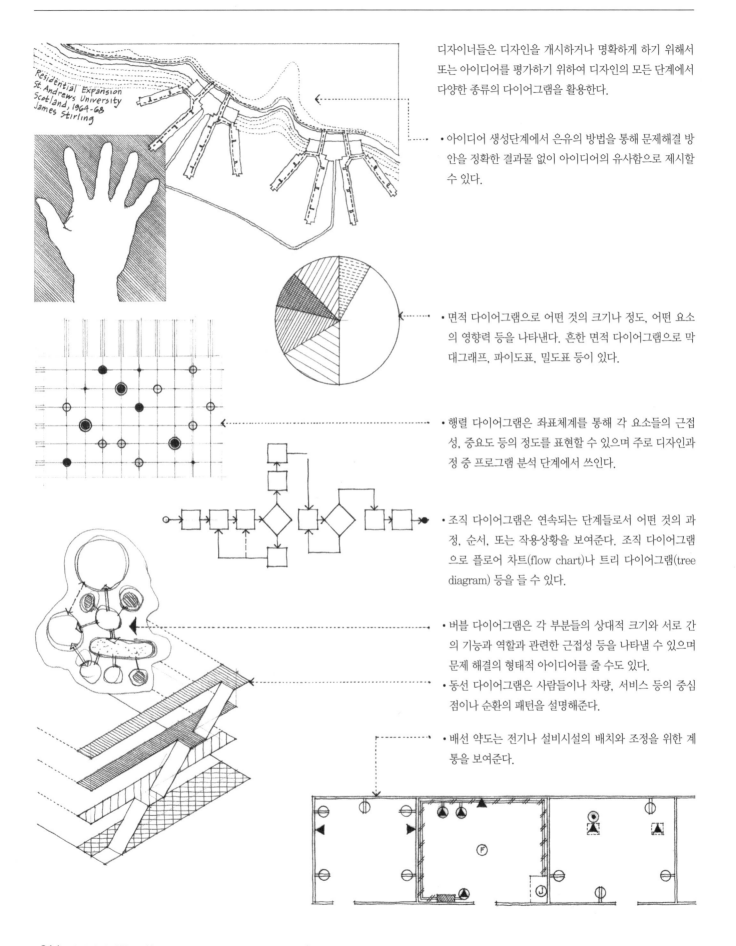

디자이너들은 디자인을 개시하거나 명확하게 하기 위해서 또는 아이디어를 평가하기 위하여 디자인의 모든 단계에서 다양한 종류의 다이어그램을 활용한다.

• 아이디어 생성단계에서 은유의 방법을 통해 문제해결 방안을 정확한 결과물 없이 아이디어의 유사함으로 제시할 수 있다.

• 면적 다이어그램으로 어떤 것의 크기나 정도, 어떤 요소의 영향력 등을 나타낸다. 흔한 면적 다이어그램으로 막대그래프, 파이도표, 밀도표 등이 있다.

• 행렬 다이어그램은 좌표체계를 통해 각 요소들의 근접성, 중요도 등의 정도를 표현할 수 있으며 주로 디자인과정 중 프로그램 분석 단계에서 쓰인다.

• 조직 다이어그램은 연속되는 단계들로서 어떤 것의 과정, 순서, 또는 작용상황을 보여준다. 조직 다이어그램으로 플로어 차트(flow chart)나 트리 다이어그램(tree diagram) 등을 들 수 있다.

• 버블 다이어그램은 각 부분들의 상대적 크기와 서로 간의 기능과 역할과 관련한 근접성 등을 나타낼 수 있으며 문제 해결의 형태적 아이디어를 줄 수도 있다.

• 동선 다이어그램은 사람들이나 차량, 서비스 등의 중심점이나 순환의 패턴을 설명해준다.

• 배선 약도는 전기나 설비시설의 배치와 조정을 위한 계통을 보여준다.

전체를 이루는 각 부분들의 배치와 서로 간의 관계를 분석하고 설명하는 다이어그램이 분석 다이어그램이다. 디자인 과정에서 다양한 분석 다이어그램이 있을 수 있다. 대지 분석에서는 환경 및 주변 상황 속에 설계물이 어떤 위치로 배치되는지를 조사한다. 프로그램 분석에서는 기능별 요구사항들을 계획된 구성물이 어떻게 만족시켜주는지를 보여준다. 형태적 분석에서는 구조 형태와 공간들, 그리고 건물을 구성하는 외피 요소들과의 관계들을 보여준다.

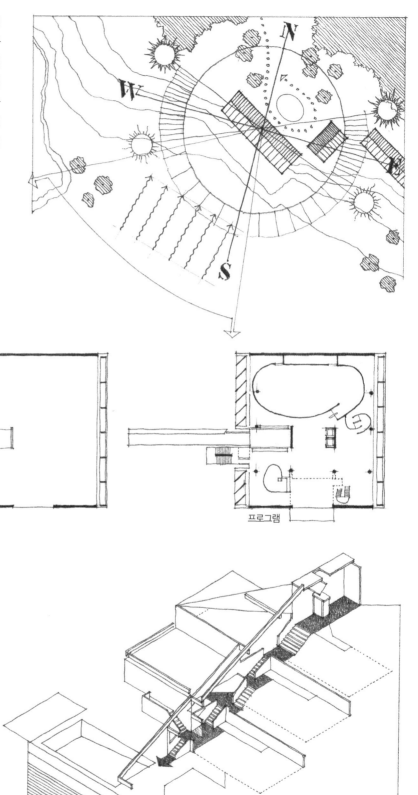

구조

외피

프로그램

제분협회 건물, 인도, 1954, 르꼬르뷔제

효과적인 다이어그램을 위해 다양한 시점에서의 도면기법들을 사용할 수 있다. 다이어그램이 한 가지 문제나 관계성을 따질 때에는 2차원 형식으로 충분하다. 그러나 디자인의 복잡한 공간들 간의 관계를 다룰 때에는 3차원 도면기법이 필요할 수도 있다. 특히 덩어리의 크기와 공간의 부피 등에 관한 디자인일 때 이 입체를 자르거나 열어서, 또는 입체의 일부를 투명하게 처리하여 표현할 수도 있다.

북스타바 하우스, 버몬트주, 1972, 피터 글러스

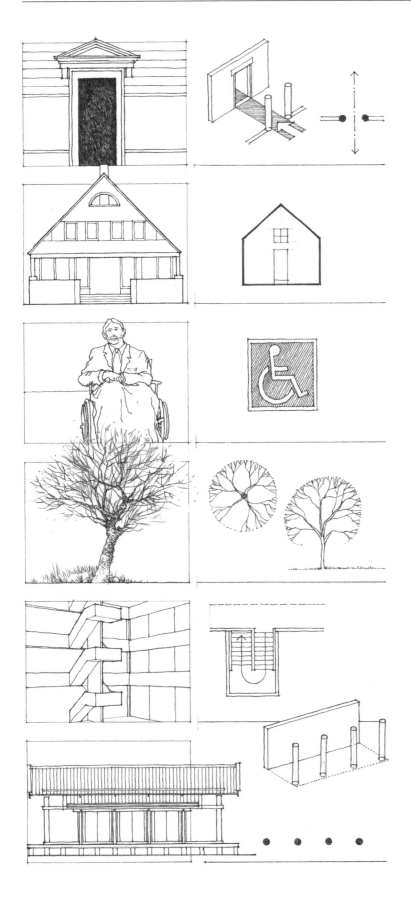

다이어그램에서 여러 가지의 내용들을 다양한 기호들과 심볼들을 사용함으로써 효율적인 분석 및 검토가 가능해지고 디자인을 결정짓게 된다. 이러한 추상적인 기호들은 복잡한 내용들을 대신하여 어떤 아이디어나 작용들을 보여줄 수 있고 필요에 따라 손쉽게 바꾸고 조작할 수 있다. 따라서 디자이너의 생각과 상상에 따라 즉각적으로 반응을 보일 수 있다.

:: 심볼(Symbol)

심볼은 연관성, 유사성, 또는 관례적 사고를 나타내는 도식적인 형태로써 어떤 일의 구조적 특징을 상징하는 것이다. 묘사적 심볼은 나타내는 어떤 것의 단순화된 형상으로 이뤄진다. 대중에게 유용하게 쓰이기 위한 심볼은 일반적인 모습과 뜻을 가져야 하고 뜻하고자 하는 것의 구조적 특징을 담고 있어야 한다. 상당히 추상적인 형태의 심볼은 넓은 의미를 가질 수 있고 뜻을 전달하기 위해서는 전후 문맥이 주어지거나 설명이 곁들여져야 한다. 심볼이 더 추상적으로 변하고 뜻하는 것과 시각적 연계성이 결여되면 그것들은 기호가 된다.

:: 기호(Sign)

기호는 어떤 단어나 문장의 뜻을 함축하거나 어떤 작용을 의미하며 관습적으로 쓰이는 도식적인 심볼이나 형태이다. 기호의 모습은 뜻하는 것의 형태적 특징과 무관하다. 기호들은 모두가 동의하는 합의나 관습에 의해 그 뜻이 통용된다.

심볼과 기호들은 글로 나타낼 수 있는 세밀한 뜻의 차이나 뉘앙스를 표현하기에는 부적절하다. 그러나 각 요소들을 구별하고 어떤 것의 과정이나 기능을 효율적으로 전달시킨다. 이러한 시각적 전달체계는 보통 언어를 통한 의사소통보다 순식간에 내용을 전달할 수 있다. 그러나 보통 우리는 여기에 줄임말이나 범례 등 간단한 설명의 글이라도 곁들여 이해를 돕는 경우가 많다.

다음 사항들을 조절함으로써 심볼과 기호의 시각적 표현과 그 뜻을 필요에 따라 수정할 수 있다.

• 심볼과 기호의 상대적 크기는 각 요소들의 양적 차이를 보여주며 그들 사이의 위계를 암시한다.
• 다이어그램 상에서 격자나 다른 기하학적 장치에 의해 각 요소들의 배치나 구성을 결정지어줄 수도 있다.
• 각 요소들의 상대적인 거리는 서로 간의 관계성을 뜻한다. 가까이 있는 요소들은 서로 강한 연관성을 지니고 서로 거리를 둔 요소들은 그 반대의 성격을 갖는다.
• 모양, 크기, 명암표현의 대조 혹은 유사성은 각 요소들을 어떤 특징으로써 묶는 역할을 한다. 요소들의 수를 줄이고 그 다양성을 줄이면 적절하고 다루기 쉬운 개념을 유지할 수 있다.

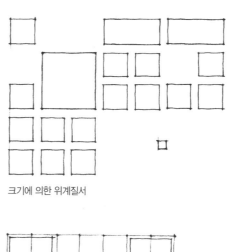

크기에 의한 위계질서

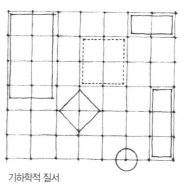
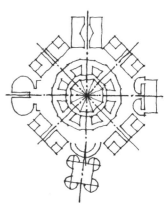

기하학적 질서

근접성에 의한 구성

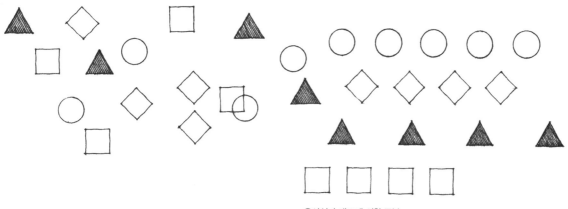

유사성과 대조에 의한 구분

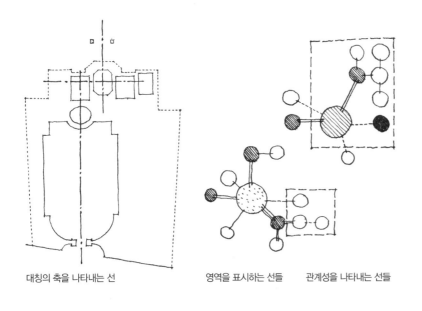

대칭의 축을 나타내는 선   영역을 표시하는 선들   관계성을 나타내는 선들

다이어그램에서 각 요소들의 관계를 더 눈에 띄게 하기 위해서는 근접성, 연속성, 유사성에 의한 구분을 활용한다. 그리고 강조하고 싶은 부분들의 연계성이나 특수한 관계 등을 분명히 하고 싶을 때에는 다양한 종류의 선들과 화살표 등을 쓰기도 한다. 또한 연결 짓는 것들의 너비나 길이, 연속성, 명암의 대비 등을 조절하여 여러 가지 의미의 연결 성격을 나타낼 수도 있다.

:: 선

선이 갖는 구성능력으로 어떤 것의 범위와 구성요소들의 의존도, 그리고 형태적이거나 공간적인 관계들을 다이어그램으로 구성할 수 있다. 선에 의해서 각 부분들의 구성과 관계들을 분명히 하는 과정에서 추상적 또는 시각적 개념을 눈에 보이게 하고 이해시켜준다.

:: 화살표

화살표는 개체들을 연결하는 선의 특별한 종류이다. 각이 진 끝 모양으로 하나 또는 두 방향으로 움직이는 요소들이나 어떤 힘 또는 행동의 방향, 그리고 처리과정 등을 설명하기도 한다. 이해를 분명히 하기 위해서 다른 관계들을 나타낼 때에, 또는 여러 가지 강도나 중요성을 나타낼 때 다른 형태의 화살표들을 사용하여 구별한다.

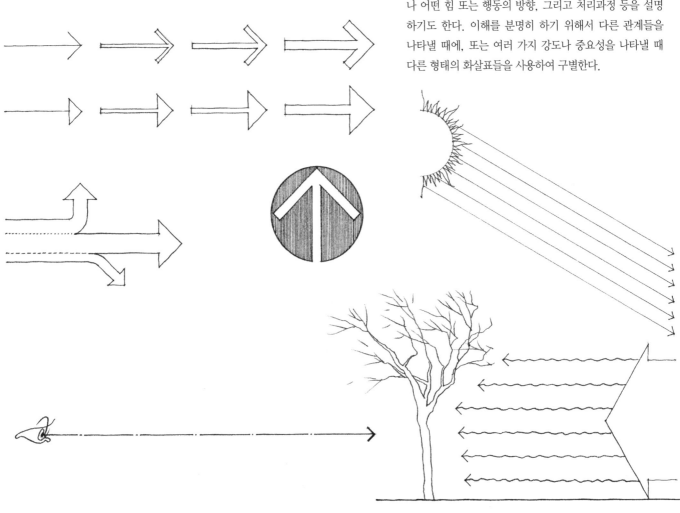

[연습 10.1]

다음 건물의 공간적 구성을 다이어그램으로 표현해보자.

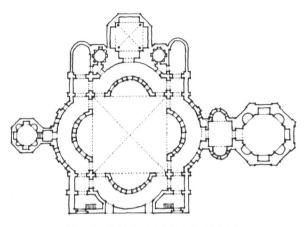

산 로렌조 마지오레, 이탈리아 밀라노, 서기 480

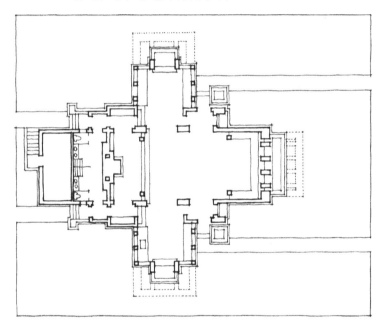

쿤리 저택, 일리노이주, 1912, 프랭크 로이드 라이트

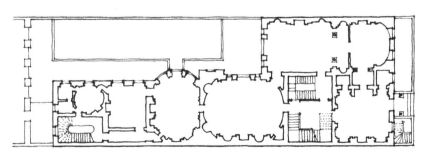

더비 저택, 런던, 1777, 로버트 아담

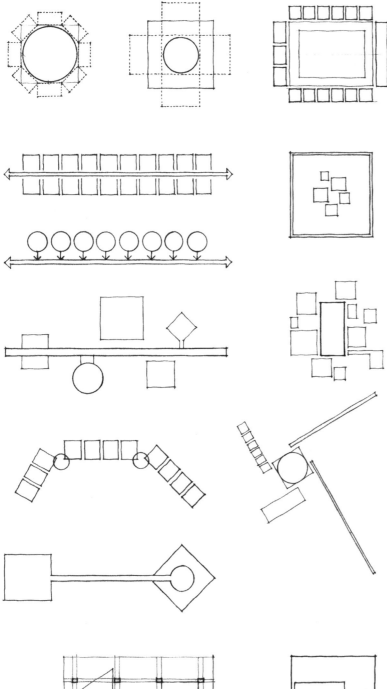

디자인을 위한 기존 조건들을 분석하여 디자인 개념을 생성하고, 개발하기 위해서 디자인의 첫 단계에서 다이어그램을 많이 쓰게 된다. 또한 프레젠테이션 단계에서도 개념의 근거를 설명하기 위해 다이어그램을 쓰기도 한다.

:: 파티(Parti)

디자인을 생성하고 발전 방향을 제시하는 것은 우리의 아이디어나 머릿속의 이미지로 구성되는 개념일 것이다. 이때 건축 설계에 있어서 개념이나 아이디어의 구성의 모습을 파티(parti)라는 말로 표현한다. 디자이너가 개념 또는 파티를 다이어그램 형식으로 그려내면 어떤 계획안의 전체적인 성격과 구성을 빠르고 능률적으로 들여다볼 수 있다. 디자인의 모습이 어떻게 보여져야 하는지를 염려하지 않아도 개념 다이어그램으로 아이디어의 큰 구조와 관련된 기능 등에 관심을 집중시킬 수 있다.

바람직한 해결안이 되는 개념은 디자인 과제의 성격과 그 내용에 적절하게 연관되어 있어야 할 것이다. 그리고 디자인 개념과 그 모습이 도면에 다이어그램으로 나타날 때 다음 사항들을 고려해야 한다.

개념 다이어그램들은,

- 포괄성: 다양한 디자인 사안들을 포함하여 설명되어져야 한다.
- 시각적 명료함: 시각적으로 그 내용이 확실하게 설명되어 추후 디자인 발전을 안내할 수 있어야 한다.
- 융통성: 변화를 수용할 수 있도록 유연해야 한다.
- 지속성: 디자인 발전 단계를 거치며 수정되고 변형되어도 원래 취지를 계속 유지할 수 있어야 한다.

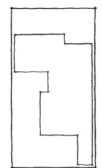

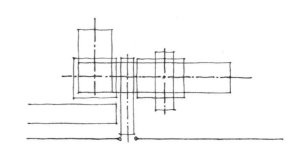

[연습 10.2]

바로 앞 페이지에서 여러 가지 파티 다이어그램의 예들을 예시하였다. 다음 아래에 있는 각 건축물들의 평면을 보고 가장 적절하게 건물 구성 아이디어와 계획안의 내용이 비슷한 다이어그램을 앞 페이지에서 선택해보자. 그리고 선택한 파티 다이어그램을 수정하여 각 건물들의 평면들을 충실히 표현해보자.

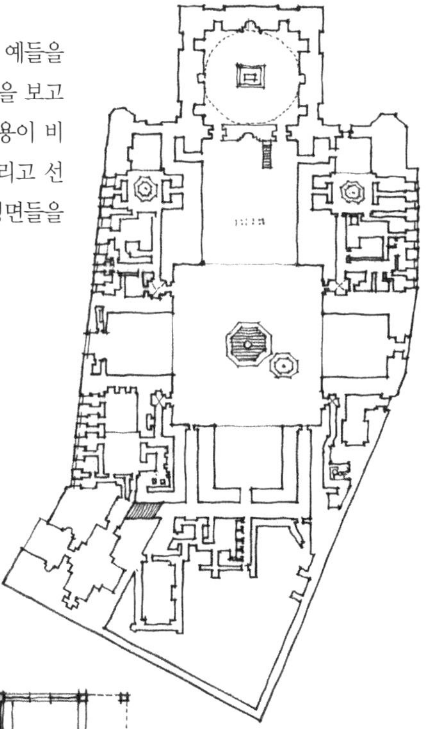

술탄 하산의 사원, 이집트, 1356–63

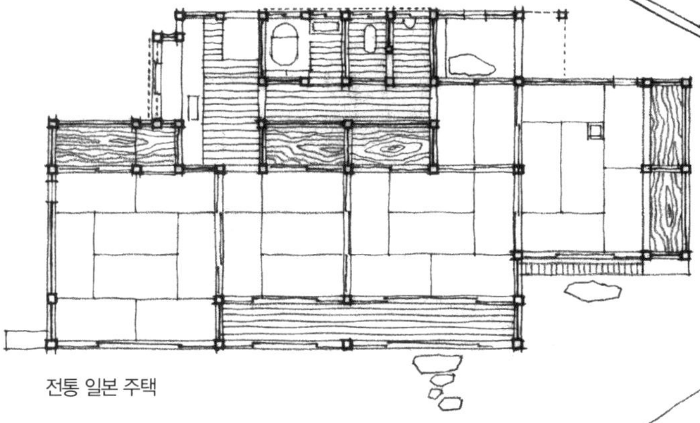

전통 일본 주택

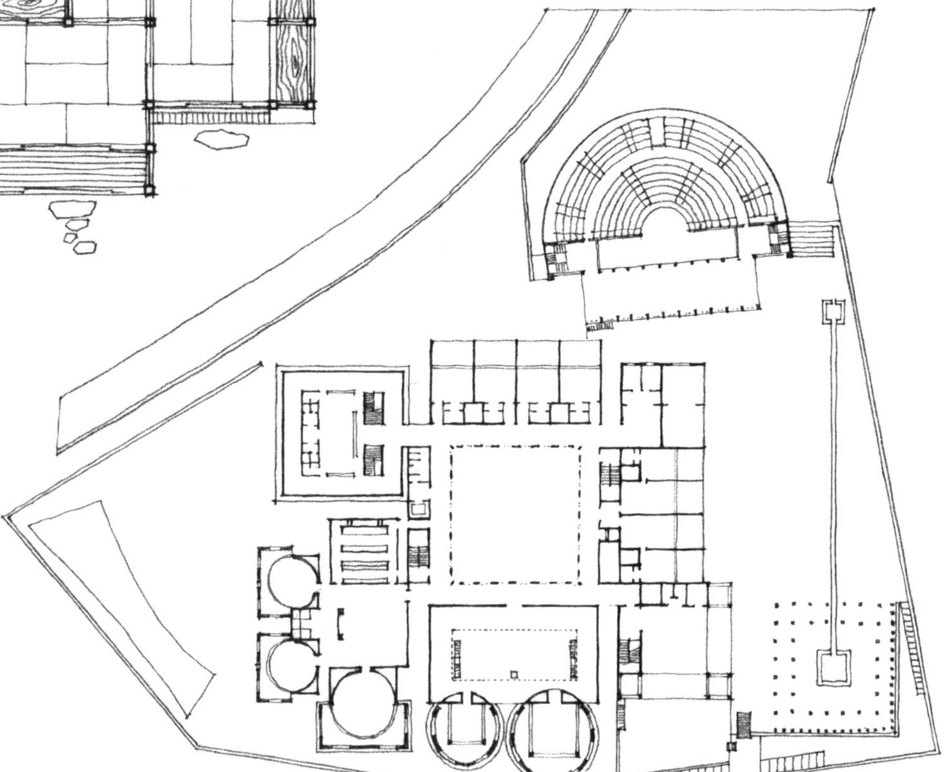

솔크 연구소 회관, 캘리포니아주, 1959–65, 루이스 칸

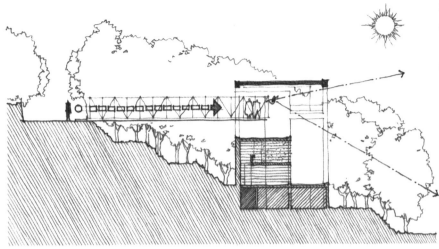

개념 다이어그램으로 효과적으로 다룰 수 있는 것들에는 다음이 있다.

:: **대지**
• 대지 주변 상황의 한계와 가능성들
• 일조, 풍향, 강수 등 자연 환경적 조건
• 지형, 조경, 강, 하천 등의 조건
• 대지의 접근, 진입, 통로 등의 조건

Riva San Vitale의 주택, 스위스, 1971–73, 마리오 보타

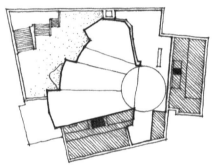
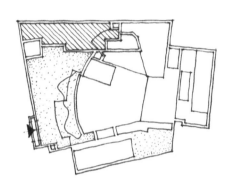
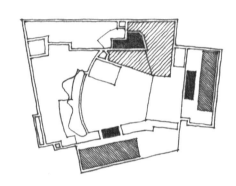

시나요키의 극장, 핀란드, 1968–69, 알바 알토

:: **프로그램**
• 활동을 위한 공간 치수
• 기능을 위한 근접성과 접근성
• 서비스 기능의 공간과 서비스를 받는 공간과의 관계
• 공적 공간과 사적 공간의 구분

:: **동선**
• 보행자, 차량, 서비스 기능의 동선
• 접근, 진입, 통행 교점, 교통의 흐름
• 수평과 수직 동선체계

헤이 스타크 예술학교, 메인 주, 1960, 에드워드 라라비 반스

:: **형태적 요소**

• '형태-배경'과 '솔리드-보이드(solid-void)'의 관계

• 대칭성, 리듬감과 같은 구성 원리

• 구조적 요소와 구조 패턴

• 건물 외피적 요소와 형태

• 아늑함, 조망과 같은 공간의 성격

• 공간구성의 위계질서

• 메스(massing)의 기하학적 정의

• 비례와 스케일

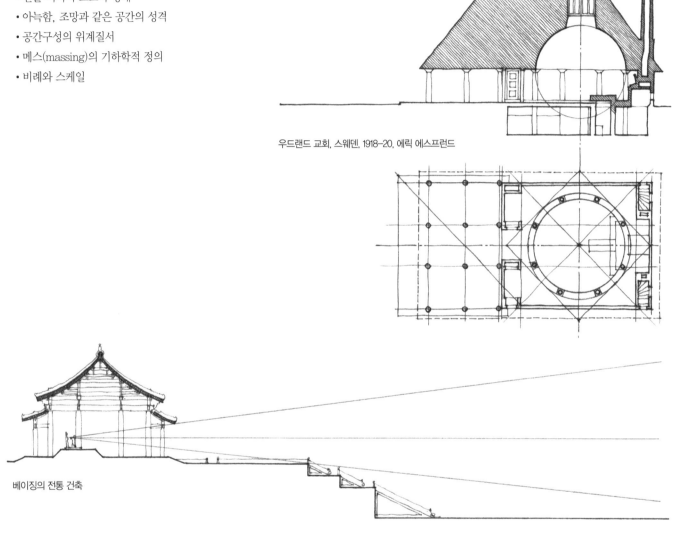

우드랜드 교회, 스웨덴, 1918-20, 에릭 에스프런드

베이징의 전통 건축

:: **시스템**

• 구조, 조명, 환경설비 등의 배치와 조합

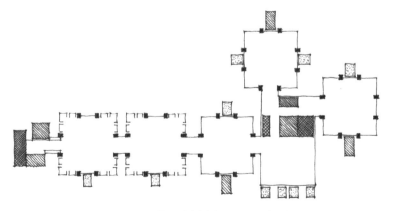

리차드 의학연구소 건물, 펜실베니아 대학교, 필라델피아, 1957-61, 루이스 칸

개념 다이어그램(DIAGRAMMING CONCEPTS)

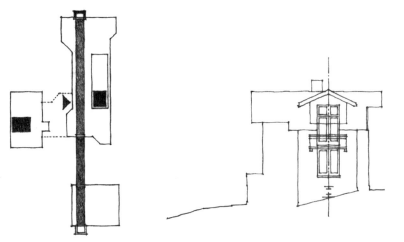

하인즈 하우스, 씨랜치, 캘리포니아, 1966, MLTW   프래그 하우스, 버클리, 캘리포니아, 1912, 버나드 메이벡

개념 다이어그램들을 생성하고 발전시키고 활용하기 위해 다음 사항들을 고려하여 아이디어에 자극을 받을 수 있다.

• 개념 다이어그램을 간명하게 유지한다. 손쉽게 다룰 수 있도록 그림의 양을 절제한다.
• 전체적인 명확함을 돕고 주요 사안에 관심을 집중시키기 위해서 부수적인 정보를 제거한다.
• 일련의 다이어그램들을 겹쳐보거나 나란히 배치하여 서로 다른 요소들이 어떻게 디자인의 내용에 영향을 미치고 각 부분들이 조화롭게 전체적인 결과물을 만드는지 살펴본다.
• 주요 부위나 연결부를 뒤집어보고, 회전시켜보고, 겹쳐거나 왜곡시켜봄으로써 다이어그램을 새로운 각도로 보는 시도를 해보고, 이에 따른 새로운 관계들을 발견해본다.
• 크기, 접근성과 유사함 등을 결정하는 요소들을 활용하여 다시 구성해보거나 우선순위를 부여하여 전체적 질서를 찾는다.
• 관련된 새로운 정보를 첨가하여 항상 새로 발견된 관계들을 활용한다.

어떤 경우에서든지 시각적 명료함과 다이어그램의 구성이 보는 눈을 즐겁게 해줘야 하고 정보를 전달할 수 있어야 한다.

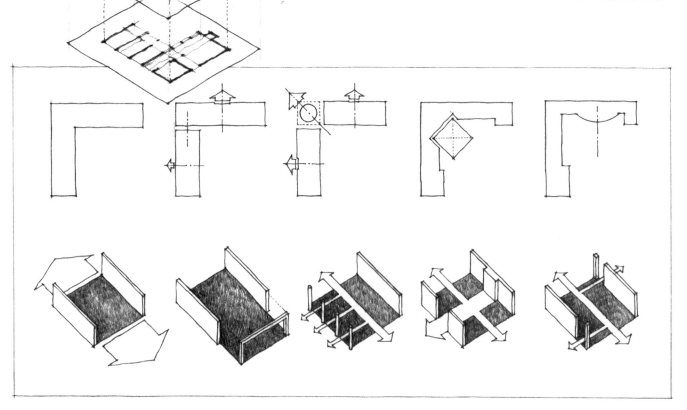

[연습 10.3]
다음에 수록된 마운트 엔젤 베네딕틴 대학 도서관 건물의 평면과 단면을 분석해보자. 다음 정보를 설명하는 다이어그램을 작도해보자.

• 구조적 패턴
• 외피 시스템
• 공간의 구성
• 기능별 부위 분석
• 동선의 체계

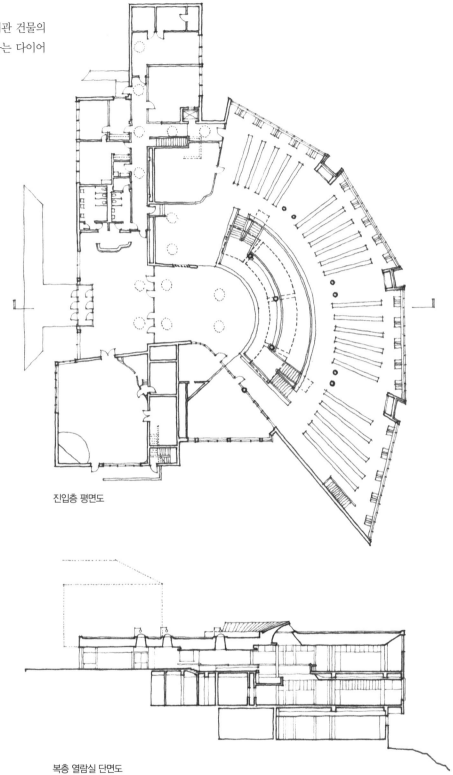

진입층 평면도

복층 열람실 단면도

마운트 엔젤 베네딕틴 대학 도서관, 오레곤주, 1965–70, 알바 알토

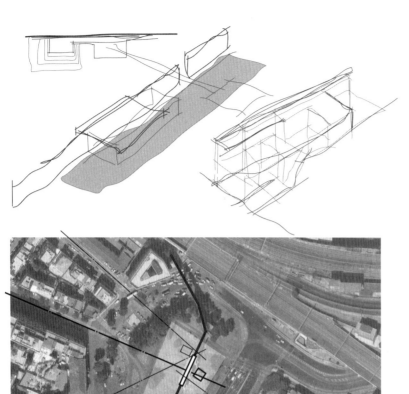

다이어그램을 활용하여 아이디어를 얻으려 할 때 종이 위에 연필이나 잉크펜으로 무엇인가를 그려보는 것이 가장 직접적이고 본능적이면서 손쉬운 방법이 되겠지만, 주어진 디자인 문제를 제대로 이해하고 여러 방식으로 접근하기 위한 관점에서 디지털 도구를 활용할 수도 있다. 하지만 디지털 도구를 활용할 때에도 지금까지 본 책에 설명한 원리들과 쟁점들은 모두 똑같이 적용된다.

• 2차원 래스터 원리에 의한 그림용 소프트웨어를 사용하여 디지털 스타일러스(stylus) 테블릿, 터치 스크린, 마우스 등을 활용하여 아이디어의 핵심을 표시할 수 있다.

• 디지털 사진이나 도면은 분석 다이어그램을 시작하는데 도움을 줄 수 있다. 항공사진을 이용하여 대지 분석 다이어그램을 바로 작성해볼 수 있고, 대지 현황 사진으로부터 주변 맥락의 분석 등을 바로 작업할 수도 있다.

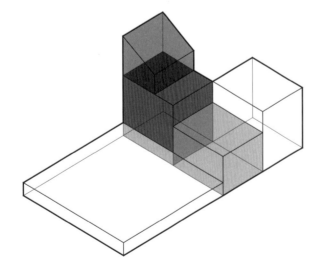

• 벡터 원리에 의한 캐드 소프트웨어를 사용하여 간단한 도형들을 만들고 기본 선들과 화살표 등으로 도형들 간에 만들어지는 관계들을 확장시켜 표현할 수도 있다.

• 3D 모델링 소프트웨어를 사용하면 기본 요소들의 관계들에 대해 공간상에 존재하는 내용으로 표현할 수 있다. 이때 표현된 요소들이 현실적이고 상세하게 표현되지 않고 개념적이고 원시적인 모습을 유지하여 다이어그램으로 의도된 시각적 내용으로 유지하는 것이 중요하다. 디지털 상에서 이런 효과를 얻기 위한 예로써, 와이어프레임으로 나타난 입체들에 투명한 색을 입혀 요소들 간의 상대적인 관계나 중요도를 나타내는 것이다. 다이어그램 속 형태들의 외형과 스케일, 비례 등을 손쉽게 변형시킬 수 있으므로 각 요소들의 개성을 잘 판단하여 의도하고 있는 아이디어가 나타나도록 조절하는 것이 중요하다.

디지털 도구의 몇 가지 장점들을 보면 다음과 같다.

• 레이어 기능을 활용하여 선택된 요소들을 끄거나 배경요
  소가 되어 보이도록 조절 할 수 있다. 또한 중요 요소들
  을 묶은 레이어가 앞으로 돌출되어 보이도록 조절할 수
  도 있다.

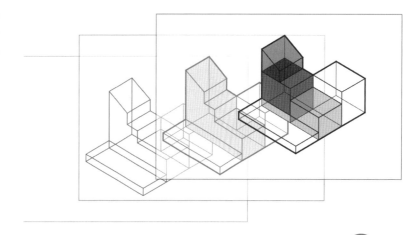

• 각 요소들을 필요에 따라 묶음으로 취급하여 손쉽게 이
  동하거나 새로운 관계들을 찾기 위한 방법으로 여러 가
  지 내용으로 쉽게 만들어 볼 수 있다.

• 가장 유용한 기능 중 하나는 명령의 되돌리기 기능일 것
  이다. 이것을 활용하여 여러 시행착오를 거쳐 더 좋은 안
  을 발전시킬 수 있다. 또한 과거에 작성한 내용들을 저장
  시켜 나중에 활용할 수 있으므로 두려움 없이 아주 자유
  롭게 계획안에 대한 여러 가지 시도를 해 볼 수 있다.

디지털 도구를 활용할 때 주의할 점은 디자이너가 상상하
여 발전시키는 과정에서 소프트웨어 명령이라는 새로운 장
애물이 존재한다는 점이다. 이 과정에서 작업 중 의도했던
상상에 영향을 받을 수 있는 점이다. 따라서 개념 다이어
그램을 디지털 기법으로 시도할 때에는 소프트웨어와 활용
법을 충분히 익혀 능숙해질 필요가 있으며 소프트웨어를
조작할 때 필요한 명령입력, 마우스, 키보드 조작 등의 행
위들에 의해 머릿속의 내용이 영향받지 않고 표현될 수 있
도록 주의해야 한다.

또 다른 단점은 디자인 초기과정에서 필요로 하는 생각의
유연함을 디지털 도구를 활용한 표현에서는 용납하지 않
는 다는 점이다. 즉, 모든 도형들과 요소들이 정확히 그려
져야만 한다는 점이다. 물론 우리가 디지털 이미지로 작성
된 것을 느슨하게 받아들일 수도 있겠으나 일단 작성하고
나면 완성된 형태의 모습을 피하기 어렵다. 이와 같은 단
점과 주의사항들을 충분히 이해한다면 디자인 아이디어를
발전시키기 위한 다이어그램 작성에 디지털 도구는 훌륭히
활용될 수 있다.

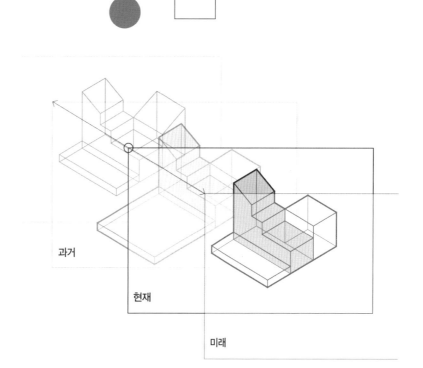

모형 개념 표현(MODELING CONCEPTS)

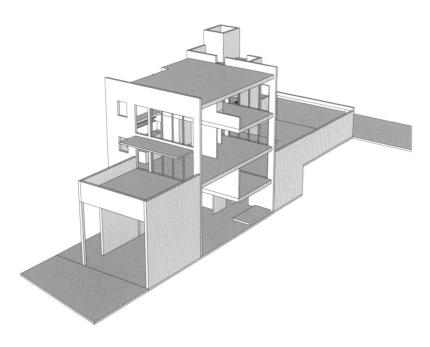

:: 실제 모형

실제의 스터디 모형은 디자인 아이디어를 빠르게 시각화하기 위한 도면작업과 같이 매우 중요하다. 실제 재료를 자르고 조립하는 과정에서 직접 손으로 느껴지는 과정을 통해 순전히 상상만으로 존재하던 시각적 아이디어가 풍부해지고 공간적인 개념으로 자리잡게 된다. 흔히 실제 모형은 설계안의 결과를 보여주기 위해 쓰이지만 사실은 아이디어를 발전시키기 위한 도구로 활용되어야 한다. 일단 모형이 만들어지고 나면 손위에 얹어 돌려볼 수 있게 되고 우리의 머리는 그 내용을 더욱 견고하게 파악하게 된다. 그리고 다른 대안이 떠오르게 된다. 모형을 여러 각도에서 찍어 디지털 파일로 만들어 아이디어의 확장을 위해 컴퓨터 상에서 변형시켜볼 수도 있고 인쇄 후 그 위에 더 그려볼 수도 있다.

:: 디지털 모형

3D 모델링 프로그램은 우리의 디자인 아이디어를 가상공간 안에서 모형으로 만들어 여러 가지 각도로 볼 수 있게 해준다. 이것을 활용하면 완성된 모형을 만들기 이전에 여러 발전과정을 눈으로 볼 수 있으므로 컨셉 단계의 발전에 도움이 될 수 있다.

모델링 프로그램으로 작업을 하기 위해서는 프로그램이 요구하는 모형에 대한 정확한 정보 및 치수 등을 필요로 한다. 그러나 중요한 것은 디지털 모델링은 우리의 생각을 발전시키고 형태를 변형시켜 나아가기 위한 것임을 잊지 말아야 한다. 그러므로 모형 스터디에서 중요한 자세인 가능성에 대한 열린 생각의 발전과정에 디지털 모델링 작업이 혹여 방해요소로 작용해서는 곤란하다.

디지털 모델링 작업에는 흔히 형태를 구성하는 축이나 접점, 정렬된 면이나 모서리 등을 활용하여 3차원 모형을 만들기 때문에 이런 과정 속에서 효율적인 3차원상의 모형에 대한 이해와 형성에 도움이 되기도 한다.

실제 모형과 3차원 가상 모형 간의 가장 큰 차이점은 모델을 형성하는 재료에 대한 물성에 대한 성질일 것이고 공간의 성질, 그리고 실제 모형이 지닌 신속한 3차원성의 표현 등일 것이다. 또한 디지털 모형을 볼 수 있게 하는 컴퓨터 모니터 및 기술에 대한 의존 또한 매우 큰 차이점이다. 이때, 디지털 모형은 실제로 2차원 상에 표현되는 3차원 형태의 표현일 뿐이며, 전통적인 종이 위의 도면을 읽고 이해하는 능력과 표현하는 기법들이 고스란히 다시 활용된다는 점이다.

:: 불 연산(Boolean Operation)

불 연산은 디지털 3차원 모델링 방식 중 솔리드한 기하학적 형태들(정육면체, 원기둥, 구, 피라미드, 원추 등)을 사용하여 더 복잡한 형태를 만드는 방식을 일컫는다. 아래 설명된 형태를 만드는 과정들은 모두 두 개 이상의 형태들이 합쳐지면서 원래 형태가 없어지는 특징이 있다.

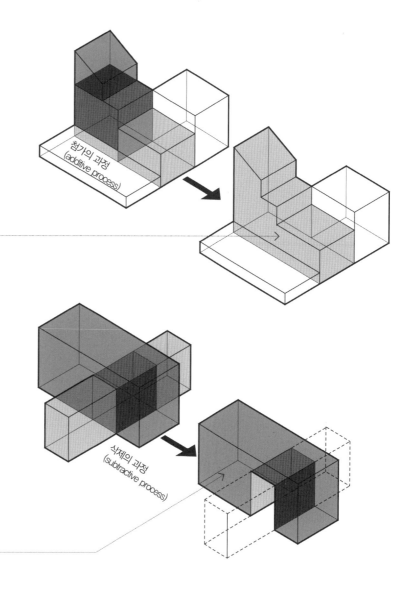

• 불 유니온(Boolean union)은 여러 개의 형태들을 합쳐서 새로운 형태를 만드는 과정이다. ⋯⋯⋯⋯⋯⋯⋯⋯⋯⋯⋯

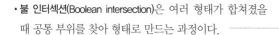

• 불 디퍼런스(Boolean difference)는 두 형태가 합쳐졌을 때 공통 부위를 삭제하여 새로운 형태가 만들어지는 과정이다. ⋯⋯

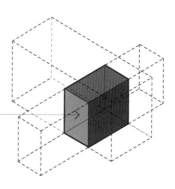

• 불 인터섹션(Boolean intersection)은 여러 형태가 합쳐졌을 때 공통 부위를 찾아 형태로 만드는 과정이다. ⋯⋯⋯⋯⋯

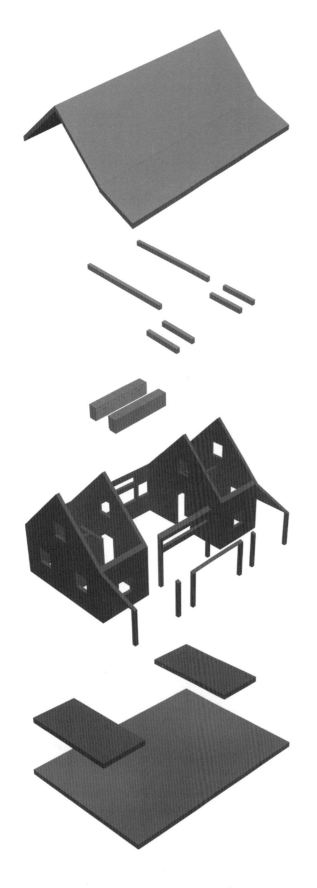

:: 모형의 장면

3차원 모델링 프로그램들은 모형을 작업할 때 투시도 상에서 작업하도록 한다. 이것은 디자인된 결과를 경험하는 측면에서 신속히 보여주는 것이므로 유용할 때가 많다. 그러나 설계과정 중 수직이나 수평관계들이 중요하게 활용되거나 파악되어야 할 때에는 정투영법으로 사물을 보며 파악해야 할 때가 있다. 이 경우 3차원 정보를 2차원 정투영법으로 나타나도록 조정도 가능하다. 따라서 가장 최적의 방식은 모델링 프로그램이 여러 화면에서 각각 정투영법에 의한 각 도면들을 동시에 보여주는 세팅이다. 이 경우 평면 또는 입면상의 수정사항이 바로 투시도에 어떤 영향을 미치게 되는지 신속히 알 수 있게 한다.

디지털 모형 상에서 선택된 레이어들을 끔으로써 모형의 내부가 보이도록 잘린 모습을 얻을 수도 있다. 여러 개의 이미지로써 응용하면 건축물을 짓는 과정을 나타낼 수도 있다. 따라서 모형 요소들을 적절히 레이어에 정리해두면 손쉽게 여러 효과를 만들어낼 수 있다.

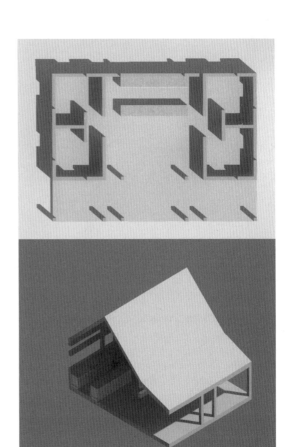

대부분의 모델링 프로그램들은 다양한 보기 옵션을 제공한다. 필요에 따라 모형을 어떤 상태로 보는지 선택할 수 있다.

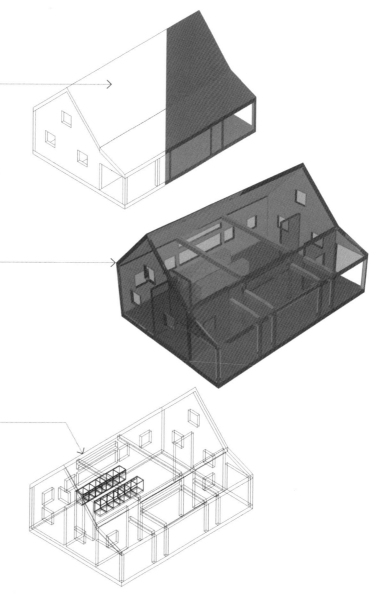

:: 솔리드(solid) 보기

솔리드 보기는 히든라인(hidden line) 보기라고도 한다. 작업 중인 모형의 표면을 불투명하게 나타내는 것으로 모형의 외부에서 덩어리감을 확인하기에 적합한 방식이다. 특히 솔리드 보기는 건물들로 채워져 있는 도심 외부공간을 구상할 때 유용하다. 또한 자연광에 대한 정보를 입력하여 채광에 따라 그림자의 결과가 미치는 영향을 볼 수 있다.

:: 투명 보기

모형의 표면을 반투명한 면으로 처리하여 나타내는 방식으로 어떤 물체의 뒤 상태까지 쉽게 확인이 가능하다. 투명 보기는 구성물의 3차원 성질과 공간감을 잘 드러나게 하므로 솔리드와 보이드의 관계를 관찰하거나 발전시킬 때 유용한 방식이다.

:: 와이어프레임(wireframe) 보기

모형을 완전히 투명하게 처리한 상태로 모든 모서리들과 결부들을 완전히 노출시켜 보여준다. 따라서 와이어프레임 보기는 모형을 이해하는 데 혼돈스러울 수도 있다. 그러나 만들어지지 않은 부위에 대한 상상과 아이디어의 발전을 위해서 와이어프레임을 통해 느끼는 약간의 혼돈을 활용할 수도 있다.

:: 렌더링(rendered) 보기

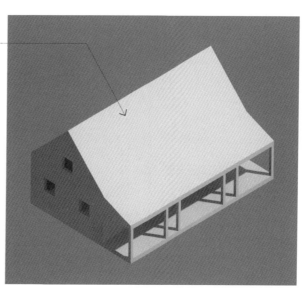

모형의 렌더링 보기는 모형 재료의 특성을 입력시켜 컴퓨터가 그 재료의 성질을 감안하여 표면을 나타내는 것으로 재료의 투명도 조절할 수 있다. 이 방식은 설계 초기에는 오히려 적합하지 않은데 그 이유는 아이디어를 발전시키고 가능성을 찾아야 하는 시기에 완전히 마무리된 모형의 이미지를 보여주기 때문이다. 따라서 재료의 표면과 렌더링 결과는 세부적인 것들이 결정되는 단계인 설계과정의 뒷부분에서 일어나야 한다.

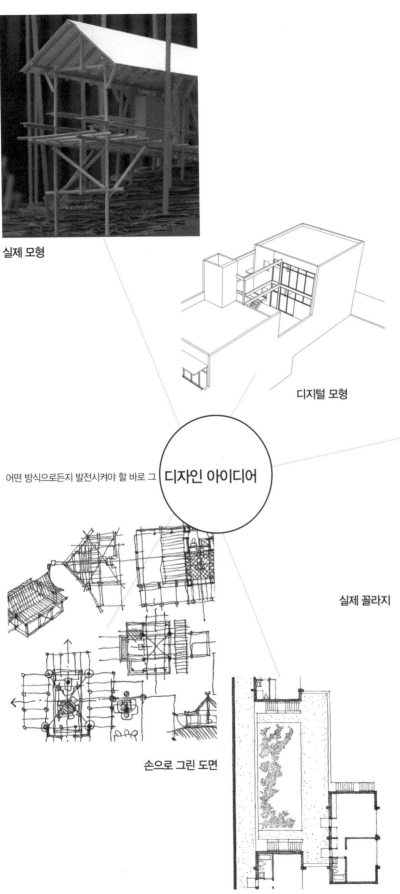

실제 모형

디지털 모형

어떤 방식으로든지 발전시켜야 할 바로 그 **디자인 아이디어**

손으로 그린 도면

실제 꼴라지

:: 디자인 과정

디자인 과정을 일렬로 놓인 절차들로 보기 쉬운데 실제로는 순환의 과정으로 보는 것이 맞다. 즉, 제공된 정보들에 대한 조심스러운 분석과 본능적으로 느끼는 영감들을 통해 가능한 해결안들에 대해 다시 생각하는 과정을 통해 가장 좋은 해결안을 찾는 과정이다. 이 디자인 과정은 아주 짧은 시간에 일어날 수도 있고 몇 달 또는 몇 년이 걸리는 과정일 수도 있는데, 주어진 문제가 답을 얼마나 빨리 요구하고 있는지, 그리고 그 복합도에 따라 달라질 수 있다. 또한 디자인을 하는 행위는 상당히 정리되지 않은 양상을 보이기도 하는데, 답을 찾는 과정에서 혼란을 느끼는 시기가 있는가 하면 확실하고 선명한 해법이 갑자기 등장하기도 하고, 중간 중간에 조용히 스스로 음미하는 시기가 필요하기도 하다. 디자인 과정 초기에 다이어그램을 동원하여 생각을 만들어내고 아이디어가 상세히 발전하기까지의 이 디자인 과정을 소화해내기 위해서 우리는 다양한 형식의 아이디어 묘사 방식을 동원할 수 있다.

:: 아이디어 묘사 방식

우리는 디자인 아이디어의 분석과 연구, 그리고 그것을 발전시키기 위해서 머릿속의 아이디어를 다양한 방식으로 묘사할 수 있다. 이것들 중에는 전통적인 그림 그리기 방식뿐만 아니라, 사진, 꼴라지, 모형, 그리고 디지털 기법을 통한 각종 가상 표현물 등 우리의 아이디어 생산 과정을 살찌울 수 있는 방식들을 포함한다. 어떤 디자인을 하느냐에 따라 이 방식들이 정해져 있는 것이 절대 아니다. 또한 이것들 중 어느 한 가지가 더 나은 방식이라고 여기는 것도 불가능하다.

디자인 아이디어를 발전시키기 위한 여러가지의 시각화 도구가 있는 것을 인지하고 활용할 수 있어야 한다. 각 도구들의 강점과 용도를 파악해야 한다. 주어진 디자인 문제와 접근 방식이 어떤 성격이냐에 따라 다음과 같은 경우들을 생각해볼 수 있다.

• 항공사진을 이용하여 현황 정보를 바탕으로 도시설계의 방향을 파악해 볼 수 있다. 이를 위해 트레이싱지를 사진 위에 얹거나 컴퓨터상에서 직접 작업할 수 있다.

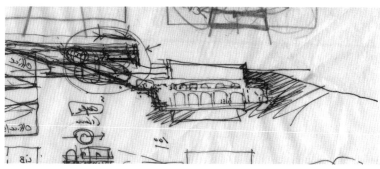

• 건물단면을 활용하여 계획물의 수직 높이와 스케일에 대한 상호관계를 스터디 할 수 있다.

• 재료의 재질감에서 느낄 수 있는 아름다움과 실제 꼴라지에서 얻어지는 모양의 풍부함을 찾아 활용할 수도 있다.

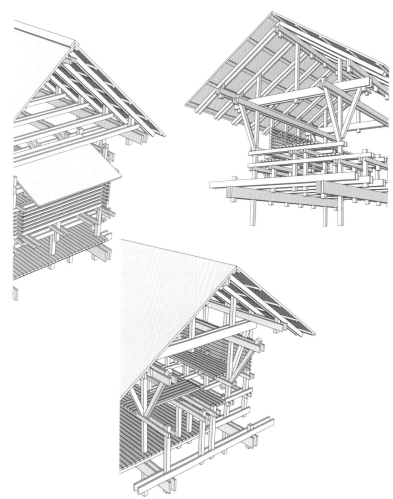

• 실제모형이나 디지털 모형을 사용하여 형태적으로 발견되는 가능성들을 확장시켜볼 수 있다.

개념을 발전시키는 데 있어서 스스로가 다룰 수 있는 표현 매체(손으로 그리는 도면, 디지털 매체, 모형제작 능력 등)에 의해 디자인 아이디어가 지배받을 수 있다는 것을 알아두어야 한다. 또한 이런 다양한 매체들을 활용해 아이디어를 시각화하는 데 능숙할수록 디자인 개념을 발전시키는데 도움이 된다. 마치 같은 것을 다른 시점에서 또 그려봄으로써 생각이 유연해지고 내용의 이해가 발전하듯이 위의 다양한 매체들의 활용 또한 그러하다. 전통적인 매체들과 새로운 매체들을 다양하게 활용하면서 자신의 아이디어를 시각화해보면 기대하지 않았던 새로운 것들을 발견하여 보게 될 것이고, 따라서 보다 풍부한 내용의 개념으로 발전시킬 수 있을 것이다.

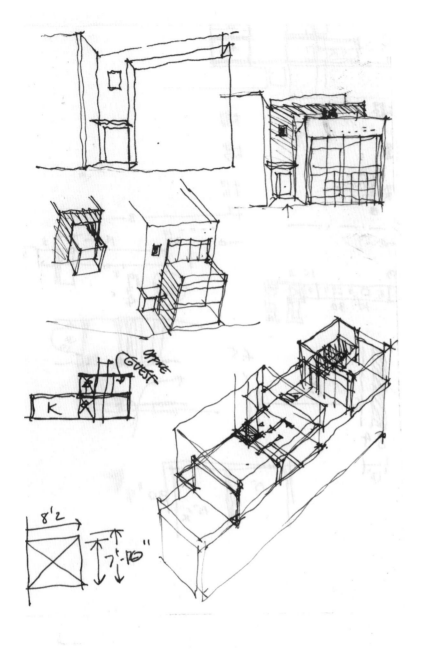

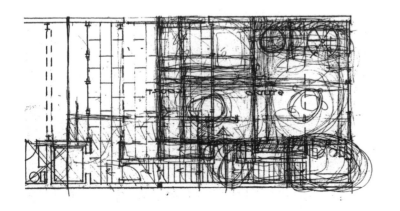

디자인 아이디어가 만들어지고 구성 내용에 대해 자신감이 서게 되면 그것들에 대해서 다이어그램을 통해 개념을 정리하고 디자인 제안을 충실하게 담는 결과물로 발전시켜야 하는데, 이때 과정 도면 작업을 하게 된다. 그런데 디자인 도면은 투영도, 투상도, 투시도의 세 가지 도면 시스템으로 크게 구성되는 표현 언어로서, 이 세 가지 방식 중 적절한 방법을 사용하여 우리가 머릿속에 담은 계획안을 나타낸다는 것을 염두에 둘 필요가 있다. 각 도면 시스템은 각기 다른 관점에서 사물을 나타내는 방식이므로 각 시스템에 따라 사고의 눈과 표현의 방향이 다른 특성을 활용하여 계획안의 성격에 따라 가장 적절한 선택을 할 수 있어야 하는 것이다. 즉 아이디어를 발전시키는 과정에서 도면 시스템을 선택하게 되는데, 우리는 계획안과 아이디어의 성격에 따라서 그 어떤 요소들을 돋보이게 할 것인지 또는 강조되지 않게 할 것인지에 대한 판단을 의식적으로 또는 무의식중에 내려야 한다.

• 투시도법에 의해 주변맥락들과의 연관성이나 실제 경험상의 공간감을 스터디해야 할 때는 언제일까?
• 사물의 전체를 다루며 수직 치수를 잴 수 있는 투상도를 사용하여 아이디어를 발전시켜야 할 때는 언제일까?
• 평면도를 활용하여 수평적인 요소들을 드러내 보여야 할 때는 언제일까?
• 단면도는 투상도나 평면도와 다른 어떤 장점을 갖고 있을까?

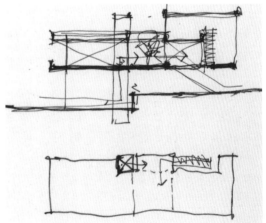

디자인 개념을 발전시키는 이 단계에서는 마치 카메라 렌즈의 종류를 바꿔가며 사진을 찍듯이 세부적인 스케일로 상세한 부위에 대한 아이디어를 만들어가는 동시에 전반적인 스케일로 다시 돌아가 전체적인 구성과 핵심적인 요소들과 서로 간의 관계를 살펴보며 안을 발전시켜 나가야 한다. 디자인 개념이 발전되어 완성되어 가면 이 아이디어를 표현하는 도면 또한 내용을 갖추게 되고 상세하게 발전시켜 정확한 안의 내용을 표현하게 된다.

:: **핵심 도면**

일반적으로 p.322-323에서 다룬 내용들은 성공적으로 설계안을 해결하여 나타내는 데 결정적인 역할을 한다. 그러나 프로젝트의 성격에 따라 특정한 두어 가지의 핵심 사안에 대해서는 다른 아이디어 요소들보다 큰 비중을 차지할 수 있고 이것이 결국 계획안의 핵심이 되는 경우도 있다. 이때 그 핵심 사안의 성격에 따라 그것을 잘 나타내는 적절한 다이어그램이나 특정 도면이 있을 수 있고 그 도면을 통해 핵심 사안의 내용을 잘 드러내어 효율적인 아이디어 전달이 일어나야 한다.

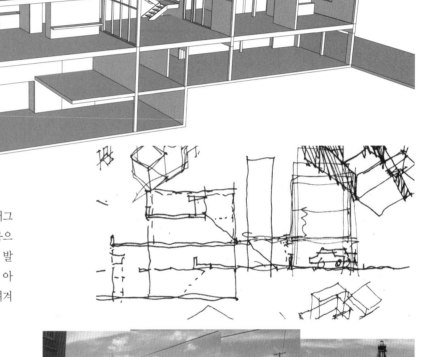

계획안의 성격에 따라 주로 사용되었던 핵심적인 다이어그램들은 자연스럽게 최종 프레젠테이션에서도 주요 내용으로 포함되게 된다. 즉, 프레젠테이션이라고 해서 평소 발전시켜온 매체와 내용들과 단절된 새로운 것이 아니라, 아이디어 계발에 사용된 것들이 더욱 진화된 내용으로 여겨야 한다.

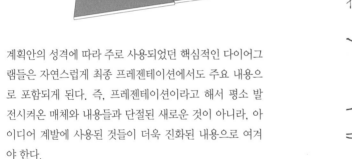

:: **대지와 맥락의 중요성**

어떤 설계 프로젝트는 대지와 주변 맥락의 조건이 큰 비중을 차지하여 설계안을 생각하기 시작할 때 항공사진이나 현장사진 또는 대지 단면도 등이 중요할 수도 있다. 특히 도심 프로젝트의 경우 도시맥락의 형태 배경의 관계(figure-ground patterns), 동선, 대지주변 주요 지점의 위치, 대지의 축과 경계들, 그리고 역사적 맥락이나 대지에서의 시선의 폭과 범위 등에 대해서 분석하고 종합하여 나름의 관점을 발전시켜야 한다. 위 내용들에 대해 어떤 성과물을 만들기 위해서는 항상 기존 정보 위에 자신의 것을 표현한 내용을 만들어야 한다. 그리고 굴곡이나 고저차가 큰 대지를 대상으로 하는 경우 등고선지도나 대지 단면도 등을 기반으로 아이디어를 발전시켜 계획안의 내용에 있어서 건축 구조적으로 또한 접근의 방법이 대지의 특성과 항상 맞물려 있어야 한다.

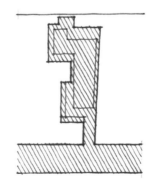 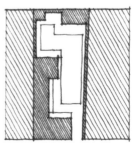

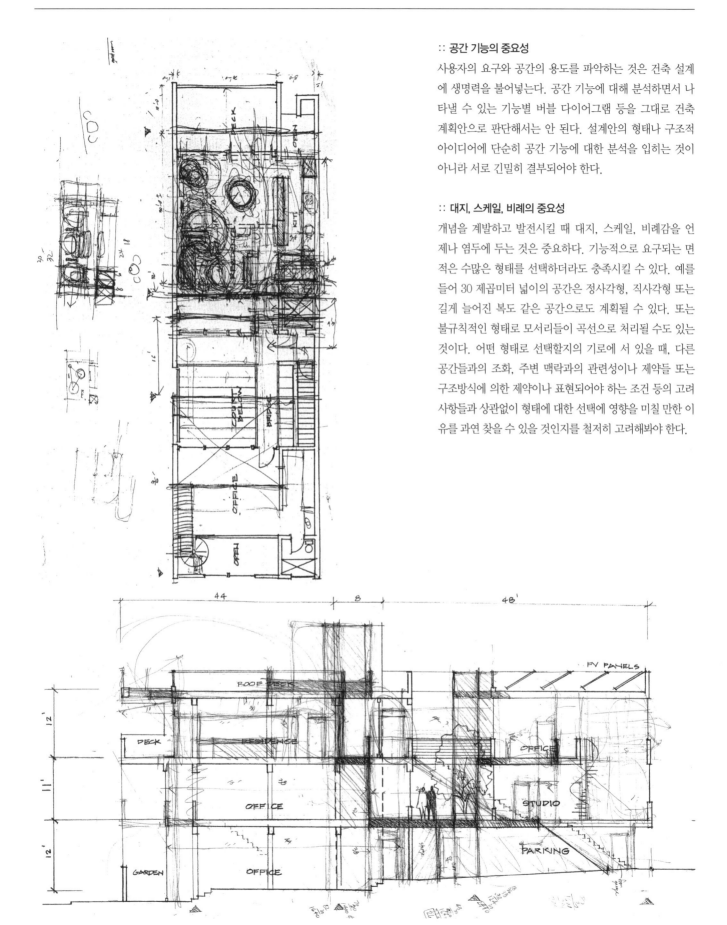

:: 공간 기능의 중요성

사용자의 요구와 공간의 용도를 파악하는 것은 건축 설계에 생명력을 불어넣는다. 공간 기능에 대해 분석하면서 나타낼 수 있는 기능별 버블 다이어그램 등을 그대로 건축 계획안으로 판단해서는 안 된다. 설계안의 형태나 구조적 아이디어에 단순히 공간 기능에 대한 분석을 입히는 것이 아니라 서로 긴밀히 결부되어야 한다.

:: 대지, 스케일, 비례의 중요성

개념을 계발하고 발전시킬 때 대지, 스케일, 비례감을 언제나 염두에 두는 것은 중요하다. 기능적으로 요구되는 면적은 수많은 형태를 선택하더라도 충족시킬 수 있다. 예를 들어 30 제곱미터 넓이의 공간은 정사각형, 직사각형 또는 길게 늘어진 복도 같은 공간으로도 계획될 수 있다. 또는 불규칙적인 형태로 모서리들이 곡선으로 처리될 수도 있는 것이다. 어떤 형태로 선택할지의 기로에 서 있을 때, 다른 공간들과의 조화, 주변 맥락과의 관련성이나 제약들 또는 구조방식에 의한 제약이나 표현되어야 하는 조건 등의 고려 사항들과 상관없이 형태에 대한 선택에 영향을 미칠 만한 이유를 과연 찾을 수 있을 것인지를 철저히 고려해봐야 한다.

:: **건축구조 재료와 시스템의 중요성**

건축물을 이루는 재료가 어떻게 서로 결부되어 건축물이 지어지는지와 구조적인 요소들이 역학적인 상호관계를 통해 어떻게 구조 시스템을 이루는지를 이해하는 것은 건물의 형태와 설계를 완성하게 하는 주요 가이드라인이 된다. 뼈대를 이루어 모습을 갖추는 목조, 철골, 콘크리트 구조나 힘을 받는 면으로 구성되는 조적식 벽체구조나 콘크리트 슬래브, 그리고 부피감을 만들 수 있는 다이어그리드 시스템 등 수많은 구조 방식의 선택과 조화가 설계안의 형태적인 또는 조형적인 아이디어의 표현을 살찌우는 주요 요소이다.

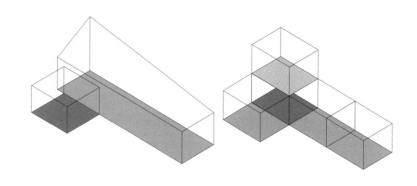

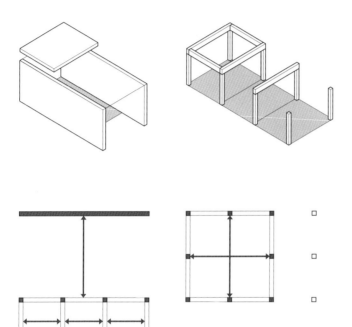

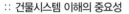

:: **건물시스템 이해의 중요성**

건물시스템을 이루는 기술적인 측면의 구조, 조명, 환경조절 등이 설계안의 공간적인 조건들과 성공적으로 결합하기 위해서는 개념을 발전시킬 때 모든 요소들이 3차원적으로 결부되어 있어야 함을 항상 염두에 두어야 한다. 이를 위해 평면도와 단면도를 동시에 점검해야 하고 또는 투상도를 활용할 수 있다.

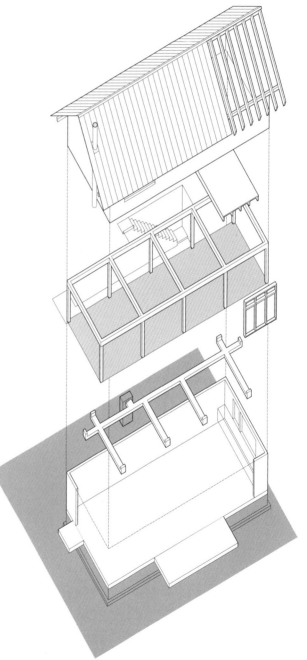

:: **형태적 결정의 중요성**

우리가 설계안과 밀접한 대지 맥락적, 공간 기능적, 구조와 시스템 측면에서의 고려할 요소들을 다이어그램으로 정리하는 과정에서 형태적으로 생성되는 것들은 자연스러운 과정이다. 다이어그램의 모습을 완전히 무시해서는 안 되며 건축물의 모습으로써의 가능성을 갖고 있음을 또한 무시해서도 안 된다.

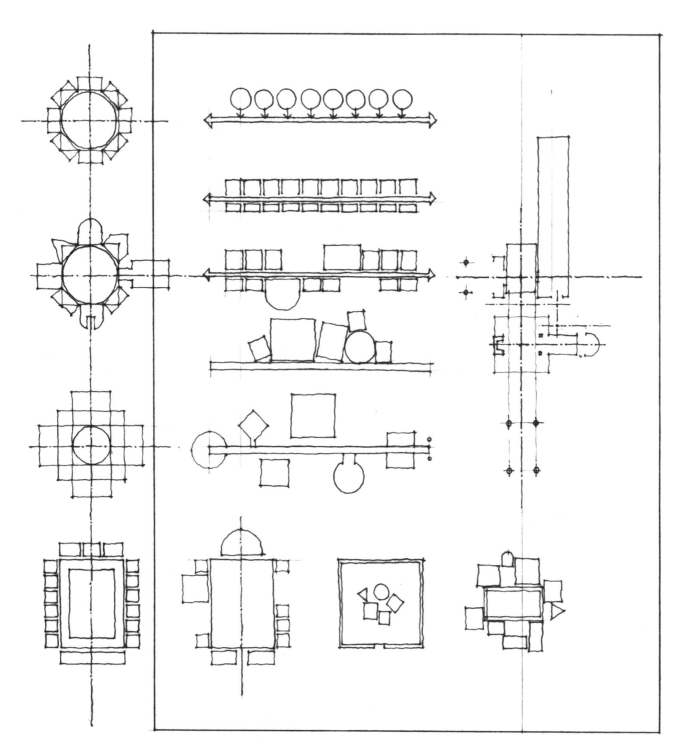

다이어그램의 결과에서 얻어지는 성질이 계획안에 영향을 미치듯이 계획안에 대한 형태적 희망사항은 다시 다이어그램 작업에 영향을 미치게 된다. 그러나 형태적으로 길게 나열되어야 하는 교통 터미널 시설이나 수직으로 뻗어야 하는 고층건물, 또는 교외에 넓게 자리잡아야 하는 산업시설 등 일부 경우에는 형태적 희망사항이 계획의 시작단계에서부터 중요하게 작용할 때도 있다. 그러므로 대지 맥락적 요소, 공간 기능적, 구조와 시스템 등의 고려사항들을 형태 형성의 원리가 되는 사항들(반복, 리듬감, 대칭 등)과 함께 놓고 관찰함으로써 프로젝트의 핵심 부위를 파악해가면서 여러 요소들을 다듬어 나갈 수 있다.

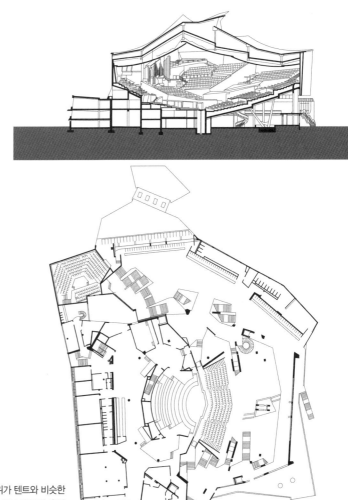

필하모니 홀, 독일 베를린, 1960~63, 한스 샤론
표현주의 건축의 사례로서, 테라스 형식의 객석 중앙 부위가 텐트와 비슷한 콘크리트 지붕과 무대로 되어 있다. 건물 외형의 모습은 내부 용도와 음향적 요구사항과 맞물려 있다.

시드니 오페라하우스, 1973, 존 웃쬰. 상징적인 형태의 조개 모습의 구조체는 조립식 및 현장 타설된 콘크리트 뼈대를 갖고 있다.

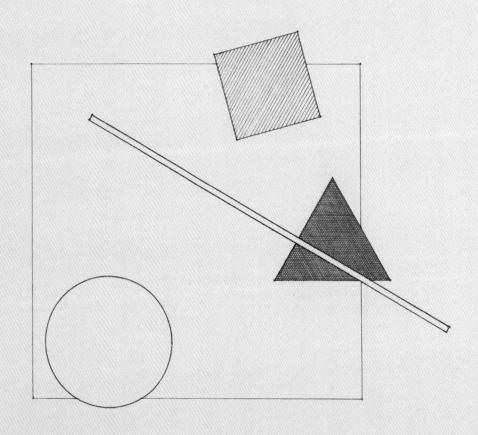

11 도면 구성

도면작업은 디자인을 위한 시스템의 일부이다. 도면의 구성에 대한 고려가 없다면 아무리 훌륭한 시점의 위치, 화려한 표현기법 등이 있다 하여도 전혀 쓸모가 없다. 도면을 구성하는 데 있어서 우리는 선, 형태, 명암 등의 기본적인 표현요소들을 이용하여 일관된 형태–배경의 모습을 구현하여 시각적 정보를 전달하는 것이다. 이러한 여러 요소들의 관계들을 정리하고 구성하여 도면 속의 내용과 배경을 또한 정의하는 것이다. 그러므로 이런 도면의 구성은 도면으로 전달되는 내용을 좌우하는 중요한 작업이다.

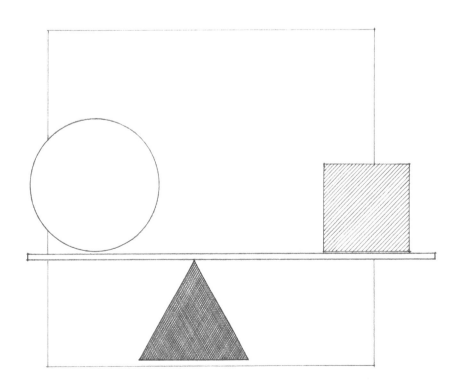

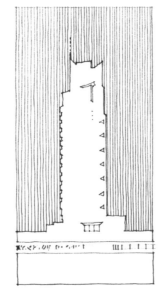

도면을 구성하는 첫 단계는 도면이 그려지는 종이나 보드 크기에 대한 도면 영역의 모양과 크기, 그리고 비례를 결정하는 일이다. 이 영역은 디자인 내용과 그 배경을 포함할 정도로 커야 할 것이고 도면 이름, 축척, 그리고 필요한 심볼들을 자리 잡을 여유가 있어야 한다.

도면의 영역은 정사각형이거나 직사각형, 원, 타원, 또는 불규칙한 형태일 수도 있다. 직사각형이 가장 흔한 방법으로서 수직 또는 수평으로 놓이게 된다. 영역의 생김새와는 관계없이 그 영역 내에 도면을 구성하는 요소들에 대해서 다음과 같은 원리가 적용된다.

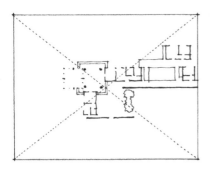

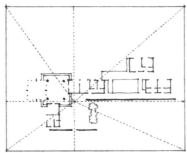

- 시각적 생동감과 흥미를 일으키기 위해서 도면의 중심점을 중앙에서 벗어난 곳에 두되 도면 영역의 가장자리에 너무 가깝게 두지 않는다. 정 중앙에 도면의 중심을 두면 도면의 주요 내용을 전달하기 어려워진다.
- 도면 영역의 여러 곳에 내용의 중심이 위치하고 관심을 끌 경우 그것들의 균형점이나 무게중심이 도면의 중앙부에 위치해야 한다.
- 관심 부위의 중심에 의해 형성된 보이지 않는 선을 따라 눈은 움직인다. 도면의 대각선 구석을 향하는 사선 구도를 삼가도록 한다. 대신 중심을 향한 선의 구도를 써서 눈을 도면 영역 내부에 담아놓도록 한다.
- 두 개의 관심부위를 반대쪽 가장자리에 가깝게 배치하여 도면 중앙부위에 내용이 배제된 느낌을 유발하지 않도록 주의한다.

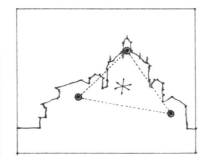

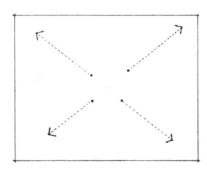

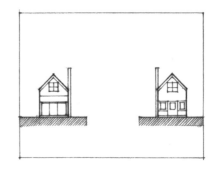

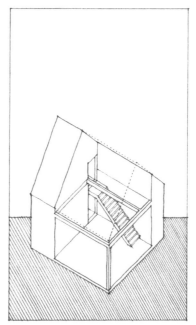

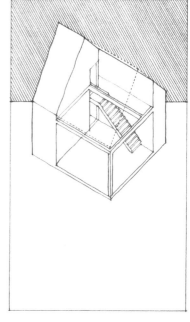

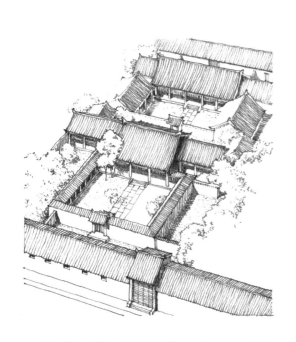

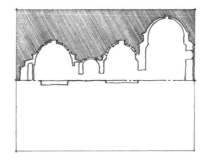

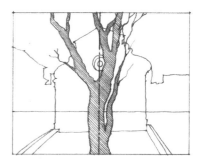

- 도면의 왼쪽 아래를 많이 차지하는 도면 구도는 안정감과 지면에 안착된 느낌을 준다. 이와 반대로 도면의 위쪽을 많이 차지하는 구도는 전체적으로 가벼움을 느끼게 한다.
- 도면 영역을 두 개의 같은 부위로 나누는 것을 삼가도록 한다. 이에 따른 대칭적 구분은 지루하고 흥미 없는 도면 구성을 가져온다.
- 우리는 보통 왼쪽에서 오른쪽으로 어떤 것을 읽으므로 보는 사람들은 도면의 정보를 왼쪽에서 오른쪽의 순서로 읽히는 것을 또한 기대하게 된다. 따라서 도면의 주요 정보나 내용의 중심을 왼쪽 영역에 배치하게 되면 긴장감을 유발하게 되고 보는 눈은 도면 전체 영역으로 다시 유도되어야 한다.
- 그림의 내용 중 일부분이 도면 영역 밖으로 튀어나오면 전체적으로 다이나믹한 느낌을 주고 도면의 시각적 깊이감을 더할 수 있다.

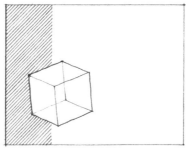

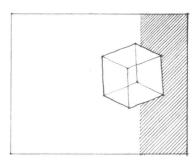

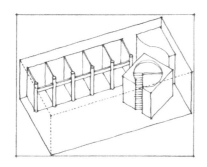

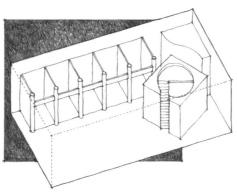

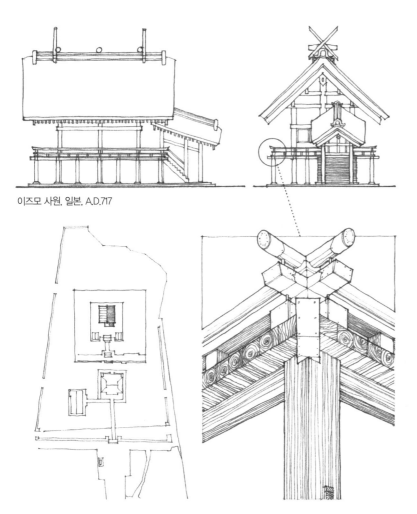

이즈모 사원, 일본. A.D.717

디자인 도면은 실제 사물이나 사물 구성의 축소된 모습이다. 적절한 축척을 선택하기 위해서 다음과 같은 요소들을 고려해야 한다.

첫째, 도면이 그려지는 표면과 도면 축척 사이의 관계를 고려한다. 디자인이 클수록 종이나 보드 위의 표현은 실제보다 작아지게 된다. 디자인이 작을수록 도면의 축척은 커질 수 있다. 또 다는 축척을 결정하는 요소로 도면이 프레젠테이션 구도에 구성되어 있는 방법이다. 예를 들어 평면, 단면, 입면도들이 서로 연계되어 한 도면상에 나타나야 할 경우 이들의 축척은 전체 도면 크기에 따라서 결정된다.

두 번째, 도면의 축척은 보는 사람의 사고의 눈과 디자인 표현 간의 거리를 말해준다. 확대된 상세도면은 가까이 다가가서 자세히 본 모습을 보여주고, 작은 축척의 도면은 느껴지는 거리감은 크지만 전체 디자인 아이디어를 빠르게 전달해준다. 또한 이러한 거리감에 의해 디자인의 자세한 부분들은 최소한으로 전달하게 된다.

큰 축척의 도면들은 복잡하고 많은 내용의 상세 부위와 명암 표현까지 표현될 수 있는 가깝게 접근한 모습이다. 도면의 축척이 커질수록 도면에 더욱 나타나게 되는 상세부위를 위해 내용의 명확함과 신뢰도가 더 높아져야 한다.

마지막으로, 도면의 축척에 따라 도면 표현기법과 도구들이 달라진다. 정밀한 잉크선이나 연필선의 기법은 큰 축척의 세부상세를 보여주는 도면에 적합하고 넓은 선을 그려내는 잉크펜이나 연필 기법은 작은 축척의 도면에 적합하며 이때 작은 부분의 디자인 요소들은 잘 표현되지 않는다.

해상도는 시각화 시스템에서 두 사물들이 서로 구별되어 보여줄 수 있는 능력을 말한다. 눈으로 느끼지 못할 정도로 미세한 정도의 차이가 있더라도 해상도의 차이가 있을 수 있다. 도면상에서 선이나 형태, 명암의 차이로 구별되어 우리 눈에 보이도록 표현되는 것은 중요하다. 잘 표현되기 위해서는 보이는 것의 크기나 어느 정도 멀리서 보느냐에 달려 있기도 하지만 어떻게 이미지가 구성되어 있느냐에 달려 있기 때문이다.

손으로 그리는 그림에서는 손에 든 필기구와 종이 표면의 성질이 만들어내는 결과에 따라 그려진 내용이 부드럽거나 거칠게 된다. 결과는 그리는 즉시 보이므로 의도하고 있는 효과와 음영의 정도, 세부표현 등을 바로 조절할 수 있다. 나타내려는 사물의 성격을 알고 그림의 크기, 보여지게 될 거리 등을 염두에 두면 어느 정도로 거칠게 또는 미세하게 나타내야 할 것인지 가늠할 수 있을 것이다. 예를 들어 예를 들어 어느 정도의 거리 내에서는 우리 눈에 흑연의 미세한 가루로 나타나는 상세한 질감까지도 보이지만 더 멀리에서는 음영의 변화가 어느 정도 존재해야 눈에 띄는 단계로 바뀌게 된다. 반면에 얇은 선의 잉크펜으로 그릴 경우 미세한 표현이 자유로우므로 훨씬 가까운 거리에서 감상할 때 제 기능을 발휘한다.

:: **디지털 해상도**

손으로 그린 도면의 해상도는 눈에 보이는 실물 그대로이지만 디지털 이미지의 해상도는 종이 또는 화면 등의 매체에 따라 달라질 수 있고 이미지의 크기와 해상도에 의해 크게 달라질 수 있다. 디지털 이미지를 이용하여 프레젠테이션을 준비할 때 이미지의 크기, 해상도와 시각적인 재질감 등은 잘 판단해야 할 문제이다. 이미지를 스캔하거나 화면에서 보거나 인쇄할 때 해상도는 픽셀(pixels)의 수와 1인치당 화소수(dots per inch)로 측정할 수 있다.

이 단원에서 주로 다루는 내용은 래스터 이미지(raster image)에 대한 내용으로서 래스터 이미지는 사각형 형태의 화소가 그리드로 채워져 있는 상태로, 화소의 개수에 따라 해상도가 달라진다. 반면에 벡터 원리에 의한 그래픽은 수학적 원리에 의해 정의 내려지는 점, 선, 원추 등의 기하학적 요소들을 바탕으로 이미지를 형성한다. 벡터 원리에 의한 이미지의 질은 해상도와는 관련이 없으므로 모니터나 출력기 등 기자재가 소화해 낼 수 있는 해상도에 따라 해상도의 저하 없이 자유롭게 이미지의 크기를 변화시킬 수 있다.

디지털 해상도(DIGITAL RESOLUTION)

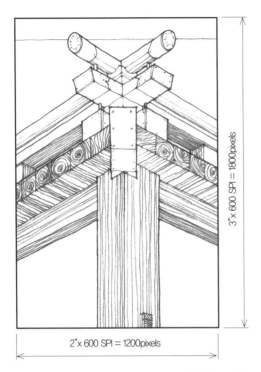

3인치×2인치 이미지를 600SPI 또는 DPI로 스캔하면 1800픽셀×1200픽슬 이미지로 만들어진다.

2메가픽슬에서 7메가픽슬 크기의 이미지를 상대적으로 비교한 모습

:: 스캔 해상도

이미지를 저장하려면 스캐너는 CCD장치(charge-coupled device)나 다른 센서로 이미지를 셈플링 하는데 높은 해상도일수록 1인치당 셈플수(SPI)가 높고 원래 이미지와 가깝게 된다. 많은 스캐너 제작사들이 스캐너의 등급을 표기할 때 SPI 대신 1인치당 화소수(DPI)로 표기하기도 하는데 다시 인쇄될 때까지는 스캔의 원리상 사실상 화소의 개념은 존재하지 않는다.

손으로 그린 섬세한 도면이나 사진을 스캔할 때 궁극적으로 어떤 형식으로 스캔 이미지가 쓰일 것인지를 염두에 두어야 한다. 예를 들어 웹사이트에 올릴 이미지용이라면 문제 없는 해상도가 인쇄물로 뽑아보면 거친 해상도로 나날 수 있다.

스캐너가 스캔하여 저장하는 래스터 이미지는 이미지 에디팅 소프트웨어를 통해 다른 크기나 해상도의 이미지로 변형될 수 있다. 거의 모든 스캔된 이미지는 통상적으로 약간의 에디팅을 필요로 하므로 적당히 높은 해상도로 스캔하는 것이 나중을 위해 좋다. 그 이유는 불필요하게 높은 해상도는 쉽게 낮출 수 있지만 필요에 의해 높은 해상도로 올리는 작업은 어렵기 때문이다.

:: 카메라 해상도

디지털 카메라도 스캐너와 마찬가지로 전자식 센서로 이미지를 담아 저장한다. 카메라의 해상도는 보통 메가픽슬로 표시되는데 이것은 한 사진 이미지가 몇 백만 개의 픽슬로 채워져 있느냐를 의미한다. 예를 들어 1600×1200픽슬 이미지를 찍는다면 1백 92만 픽슬 이미지가 되고 수치를 올림하여 통상적으로 2메가픽슬 해상도로 표기한다.

- 7메가픽슬 이미지는 해상도 3072×2304픽슬이고 50cm×75cm 크기의 사진으로 출력 가능하다.
- 5메가픽슬 이미지는 해상도 2560×1920픽슬이고 28cm×35cm 크기의 사진으로 출력 가능하다.
- 3메가픽슬 이미지는 해상도 2048×1536픽슬이고 20cm×25cm 크기의 사진으로 출력 가능하다.
- 2메가픽슬 이미지는 해상도 1600×1200픽슬이고 13cm×18cm 크기의 사진으로 출력 가능하다.

높은 해상도의 카메라 이미지는 큰 사진 출력이나 이미지의 부분만 잘라내어 작업하는 것도 가능하다.

:: 화면 해상도

화면에서 보기 위한 이미지나 웹페이지용 이미지는 해상도를 생각할 때 1인치 당 픽셀 수(PPI)로 한다. 컴퓨터 화면은 보통 72 또는 96PPI인데 고화질 화면의 경우 더 높을 수도 있다. 이미지를 만들 때 또는 스캔할 때 이미지를 사용할 용도가 고화질로 인쇄될 것이 아니고 컴퓨터 화면의 해상도 범위를 벗어나지 않을 것이라면 그보다 높은 해상도일 필요가 없다. 왜냐하면 파일의 용량이 불필요하게 커지며 웹페이지로서 다운로드될 때 지나치게 오래 걸리기 때문이다. 또한 같은 이미지라도 낮은 해상도의 화면에서 보면 높은 해상도의 화면 때보다 크게 나타난다. 그 이유는 해상도가 낮으므로 같은 수의 픽셀 이미지를 넓은 면적에 표현하기 때문이다.

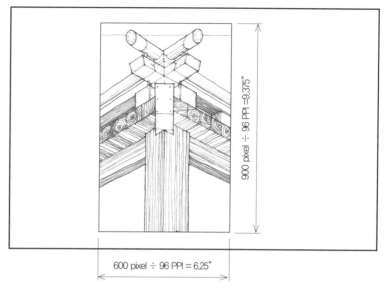

직전 페이지에 있는 이미지를 300SPI로 스캔하면 600픽셀×900픽셀 이미지로 만들어진다. 이 이미지를 96PPI 화면으로 보면 약 6.25인치×9.375인치 정도의 크기를 차지한다. (600/96×900/96)

:: 출력 해상도

출력 해상도는 인치당 해상도(DPI)로 표시되는데 사용하는 출력기기가 1인치 내에 어느 정도의 점으로 그래픽이나 글씨를 출력할 수 있느냐에 대한 것이다. 대부분의 출력기들은 수직이나 수평으로 같은 수의 점들을 출력한다. 예를 들어 600DPI 출력기는 600개의 미세한 점들을 수직으로, 수평으로 1인치 내에 표현할 수 있다.

일반적으로 DPI가 높은 출력기일수록 섬세하고 선명한 이미지를 출력할 수 있다. 반대로, 낮은 DPI의 출력기는 출력의 질이 떨어지게 되고 예를 들어 회색 음영을 덜 상세하게 표현하게 된다. 또한 컴퓨터 화면의 해상도가 일반적으로 출력기의 해상도보다 떨어지기 때문에 화면상에 제대로 보이던 이미지가 출력된 후 선명치 않은 것을 종종 발견하게 된다.

출력된 이미지의 질은 출력기의 해상도에 따라 좌우되지만 어떤 종이를 사용하느냐에 따라 달라지기도 한다. 어떤 종이의 경우 잉크를 너무 잘 흡수하여 이미지를 번지게 하고 그에 따라 DPI의 효과가 반감되기도 한다. 예를 들어 일반 종이에 출력할 경우 고급 코팅지에 출력할 때보다 미세한 점들의 간격이 더 벌어져야 구별되어 보이므로 고급 코팅지를 사용할 때는 간격이 촘촘한 미세한 점들의 출력이 상대적으로 가능해진다.

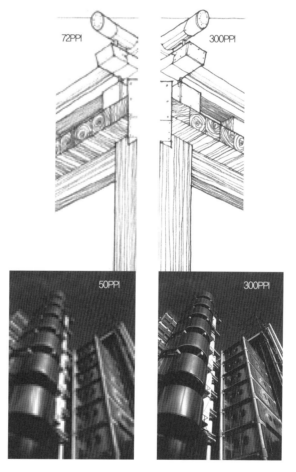

낮은 해상도와 높은 해상도 이미지를 같은 크기로 인쇄했을 때 나타나는 결과이다.

화면상의 이미지

:: SPI, PPI, DPI의 상호관계

실제로는 SPI와 PPI는 같은 의미로 종종 쓰이고, 두 개념을 흔히 DPI로 나타내기도 한다. 그러나 엄밀히 말하면 샘플링, 픽셀, 화소는 서로 다른 성격을 갖으며 스캔을 할 것인지 아니면 화면상으로 표현할 것인지 아니면 인쇄할 것인지에 따라 각각 다른 의미를 갖는다. 그러므로 디지털 이미지로 작업할 때는 그 이미지의 최종 사용 용도에 따라 이미지의 크기와 해상도를 처음부터 염두에 두고 시작하여 작업을 효율적으로 진행할 수 있어야 한다.

위 개념들을 설명하자면,

- 3인치×5인치(실제크기) 사진을 600PSI 또는 DPI급 스캐너로 스캔한다.
- 스캔된 래스터 이미지는 3인치×5인치 크기의 1800픽셀 ×3000픽셀이 되고 5.15 메가바이트(MB)크기가 된다.
- 96PPI급 해상도의 높이 31.25인치(3000픽셀÷96PPI) 화면을 채우는 이미지가 된다.

1. 이미지에디팅 소프트웨어로 600DPI 이미지를 300PPI로 해상도를 낮추되 그 크기를 그대로 3인치×5인치로 유지하면 900×1500 픽셀로 줄어든다. 이 이미지는 따라서 96PPI급 해상도의 높이 15.625인치(1500픽셀÷96PPI) 화면을 채우는 이미지가 된다.

2. 300DPI 이미지를 96PPI로 해상도를 낮추되 그 크기를 그대로 3인치×5인치로 유지하면 288×480 픽셀로 줄어든다. 이 이미지를 화면에 나타낼 경우 300PPI 이미지보다 더 작게 나타날 것이다.

3. 스캔된 600PPI 이미지를 300DPI로 변화시키면 이미지의 실제크기는 6인치×10인치로 커질 것이다. 그 이유는 픽셀크기는 1800×3000 픽셀로 유지되기 때문이다. [(1800×3000픽셀)÷300DPI=6인치×10인치]

300DPI로 인쇄를 하면 처음 두 이미지들은 같은 3인치×5인치 크기 이미지들이지만 300PPI 이미지가 96PPI 이미지보다 더 선명하게 보이게 된다. 그 이유는 300PPI 이미지가 더 많은 인치당 화소를 갖기 때문이다. 세 번째 6인치×10인치 이미지는 첫 번째 이미지와 같은 수의 화소를 더 넓은 면적에 나타낸 것이 된다. 이 방법으로 기본적으로는 같은 느낌의 이미지를 큰 표면에 프린트할 때 유용하다.

이미지를 600DPI로 프린트 하면 위 세 이미지들은 크기가 서로 상당히 다른 이미지로 인쇄된다.

1. 첫 이미지를 600DPI로 인쇄하면 1.5인치×2.5인치 이미지가 된다. 그 이유는 같은 수의 픽슬이 더 조밀하게 인쇄되기 때문이다. [(900×1500픽슬)÷600DPI=1.5인치×2.5인치]

2. 두 번째 이미지를 600DPI로 인쇄하면 0.48인치×0.8인치 이미지가 된다. [(288×480픽슬)÷600DPI=0.48인치×0.8인치]

3. 세 번째 이미지를 600DPI로 인쇄하면 첫 이미지를 300DPI로 인쇄한 3인치×5인치의 이미지가 된다. 그 이유는 둘 다 픽슬의 수가 같기 때문이다. [(1800×3000픽슬)÷600DPI=3인치×5인치]

:: 어느 정도의 해상도가 적당할까?

프레젠테이션 패널이나 도면용으로 150에서 300DPI 정도면 우수하거나 아주 좋은 해상도의 이미지를 얻을 수 있다. 300DPI보다 클 경우 인쇄 결과는 더 좋아지나 그 정도에 있어서 파일 크기의 증가를 감안하면 크게 유용하지 않을 수 있다. 반면에 150DPI보다 작은 해상도일 경우 흐릿하거나 색상과 명암의 표현이 거칠게 나타나게 된다. 따라서 150에서 300DPI 해상도 정도에서 정하는 것이 좋고 인쇄물 크기나 인쇄 방식에 따라 차이가 있을 수 있다.

이미지가 화면상으로만 비춰질 목적이거나 웹페이지에 올리는 용도일 경우 인쇄될 이미지보다 훨씬 낮은 해상도가 적당하다. 그 이유는 대부분의 화면(모니터)들이 72에서 150PPI 사이의 해상도이기 때문이다. 화면상에서는 이보다 더 섬세한 해상도의 이미지는 표현될 수 없다. 그러나 화면기술의 빠른 발전을 감안하더라도 현재로서는 대게 100에서 150PPI 정도의 해상도를 유지하면 충분하다고 볼 수 있다. 이미지가 프로젝터로 슬라이드쇼나 벽면에 비춰져야하는 용도라면 사용할 프로젝터의 해상도를 염두에 두어야 한다.

뿐만 아니라 디지털 이미지는 어떤 거리에서 감상될 것인지도 감안되어야 한다. 비춰진 이미지가 가까운 거리에서는 픽슬이 드러나 보이고 흐릿하더라도 의도된 장소의 청중들이 원거리에서 볼 경우 선명해 보일 수 있기 때문이다.

첫 번째와 두 번째의 경우 작은 크기지만 더 선명한 인쇄로 나타난다.

인쇄된 이미지

이미지 자르기와 매스킹(CROPPING AND MASKING IMAGES)

디지털 이미지의 해상도 조정과 더불어 이미지 에디팅 소프트웨어를 사용하여 이미지의 크기와 비례를 조절하고 일부를 잘라내어 형태—배경과의 관계를 조정할 수도 있다. 자르기 기능은 원하는 이미지의 비례를 유지한 채 필요 없는 부위를 잘라 없애는 기능이고 매스킹은 새로 보는 창을 만들어 보이는 부분을 새로 규정하는 방법이다.

래스터 이미지는 자르기를 통하여
이미지의 비례를 바꿀 수 있다.

래스터 이미지는 주로 자르기 방식을 사용하고 벡터 원리의 이미지는 주로 매스킹 방법을 쓴다. 자르기를 한 후의 래스터 이미지는 버린 부분을 되찾을 수 없다. 매스킹을 한 벡터 원리의 이미지는 보는 창만 조절하는 것이므로 크기, 모양, 보이는 부위를 쉽게 조절할 수 있다.

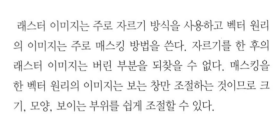

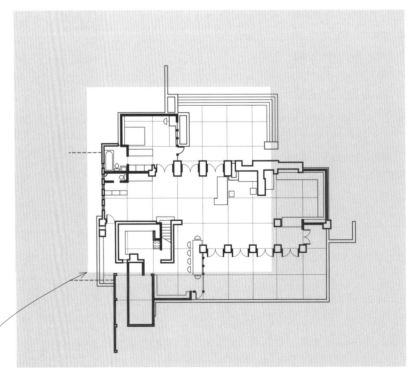

흰 부분으로 표시되어 있듯이 전체 중에서 보이는 부위의 크기, 위치, 모양을 매스킹 방식으로 자유로이
정할 수 있다.

그려지는 그래픽 이미지와 도면 영역의 상대적 크기에 따라 형태가 어떻게 읽히는지 결정된다.

:: 삽화(Vignette)

큰 영역에 도면을 배치하면 도면의 독립적 성격이 강조된다. 종이의 테두리와 그림 간의 공간은 대게 그림의 크기보다 크거나 비슷해야 한다.

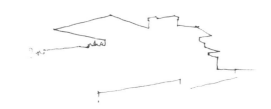

:: 상호작용

그림의 크기를 키우거나 또는 도면 영역을 줄이면 그림을 차지하는 어떤 형태와 주변 배경이 시각적으로 상호작용을 갖기 시작한다. 이때 도면의 영역이 눈에 띄는 모양을 갖거나 그 스스로 어떤 특징적인 형태를 지니게 된다.

:: 모호함

그림의 크기를 키우거나 영역을 줄일 때 형태-배경의 관계가 모호해지게 되는데, 이때 도면의 영역 또는 배경이 형태처럼 나타나게 되는 것이다.

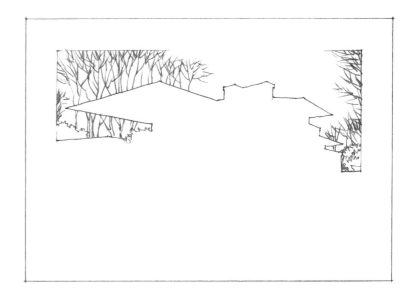

투상도, 투시도 등의 도면 내용이 직사각형의 모양을 갖지 않을 경우 도면 영역 속에서 떠돌아다니는 것과 같이 느껴질 수 있다. 이때 도면 명칭을 타이틀 블록을 써서 나타내거나 눈에 띄는 수평의 색이나 톤으로 안정감을 부여할 수 있다.

도면을 프레임 속에 넣을 경우 두 겹이나 세 겹의 바탕을 두지 않는다. 만약 그럴 경우 배경이 되는 부분 자체에 또 다른 배경을 갖는 혼돈을 줄 수도 있다. 이때 관심의 초점이 되어야 하는 중심 형태로부터 관심을 빼앗기게 된다.

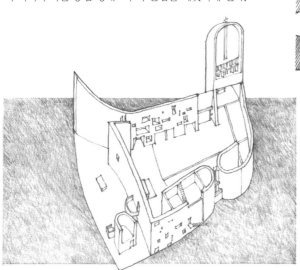

롱샹의 노트르담 성당, 프랑스, 1950-55, 르꼬르뷔제

도면의 구성에서는 항상 어느 한 부분에 중점을 두어 묘사하는 것보다 전체 내용을 이루는 그래픽 이미지들 간의 관계들을 더욱 중요시한다. 그러므로 전체적인 질서와 통일감을 주기위해 디자인 원리를 이용하여 도면의 내용을 정리할 수 있다.

:: 통일감과 다양성

배열의 질서를 추구할 때 통일감을 추구한다고 해서 다양성과 시각적 변화를 배제해서는 안 된다. 오히려 어떤 것의 질서를 찾는다는 것은 서로 다른 개성적 요소들에 의한 어떠한 패턴을 인식할 수 있을 때 의미가 있는 것이다.

어떤 이미지를 훑어 볼 때 눈은 특정한 그래픽 요소들에 의해 끌리게 된다. 눈이 관심을 두는 부분들은 다음과 같다.

• 예외적으로 큰 크기나 비례
• 대조적이거나 흔치 않은 모양
• 강한 명암의 대조
• 세밀하게 이뤄지거나 요란한 상세부위

우리는 또한 어떤 요소를 도면의 구성으로부터 제외시킴으로써 그 중요성을 강조할 수도 있다. 이렇게 눈에 띄도록 의도된 부분들로 도면에서 관심의 초점을 만들어낸다. 어느 경우에서든지 주된 관심부위와 부수적인 부분들 간에 눈에 띄는 대조가 필요하다.

도면에는 한 개가 아닌 여러 개의 관심의 초점이 있을 수 있다. 이 경우 그 중 하나가 주제가 되고 다른 것들은 강조의 의미가 될 수 있다. 이때 내용을 이해하는 데 혼돈을 초래하지 않도록 유의해야 하는 것이다. 도면 내에 모든 것이 강조된다면 결과적으로 강조된 것이 안 보일 것이기 때문이다.

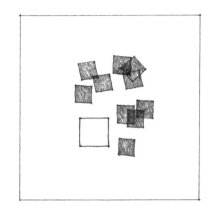
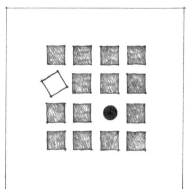

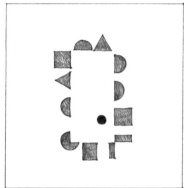

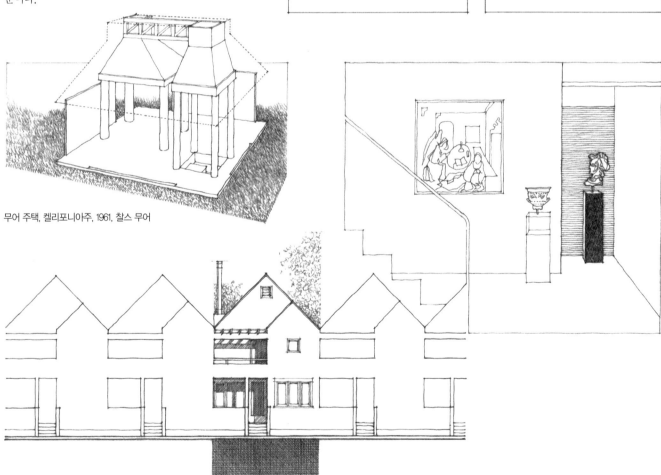

무어 주택, 켈리포니아주, 1961, 찰스 무어

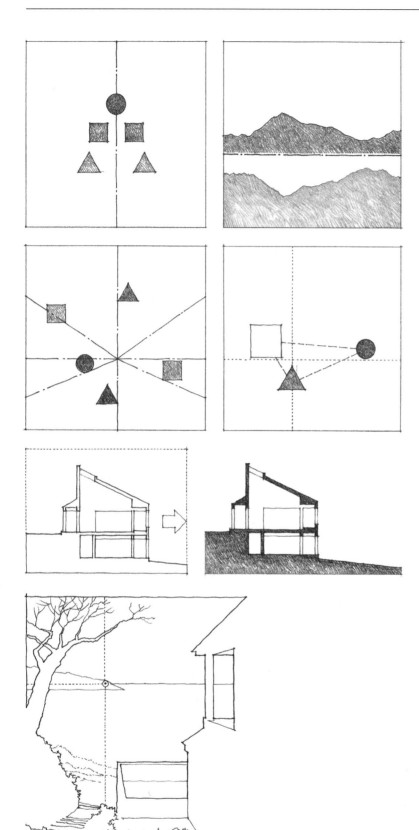

어떤 그림에서나 여러 가지 모양들과 명암의 혼합이 나타나게 된다. 이것을 이루는 요소들을 어떻게 구성하는지에 따라 시각적 균형감을 얻게 된다. 디자인 또는 구성에서 구성물의 비례나 배열이 좋거나 조화롭게 느껴질 때 균형감이 있다고 말한다. 균형감의 원리는 도면 구성에서 시각적으로 누르거나 잡아당기는 느낌 등의 무게감이 조화를 이룬 상태라고 할 수 있다.

균형은 크게 두 가지 대칭과 비대칭으로 나누는데, 대칭은 크기와 모양 그리고 부분들의 배열이 하나의 선이나 축으로의 반대편 상황과 일치할 때이다. 양측 또는 축에 대한 대칭은 중앙의 축을 중심으로 양쪽에 같은 구성물이 있을 때이다. 이러한 대칭적 구성은 보는 눈을 차분하게 구성의 중심축으로 유인하는 효과가 있다.

방사상의 대칭은 중심점이나 중심축에 대하여 비슷한 요소들이 방사상으로 배열되어 있는 상태이다. 이러한 대칭적 구성은 구성의 중앙점이나 중심영역을 강조하게 된다.

비대칭은 크기와 모양 그리고 부분들의 배열이 다른 한 쪽과 일치하지 않는 것을 전제로 한다. 비대칭적 구성에서의 시각적인 균형은 각 부분들의 시각적 무게나 힘이 지레대의 원리에 따라 그 배열의 균형을 이루는 것이다. 시각적으로 강한 힘을 느끼게 하며 주의를 끄는 구성 요소들은 상대적으로 약해 보이는 요소들의 균형을 받게 되는데, 이때 약한 요소는 그 부피가 크거나 위치상으로 멀리 떨어져 있어서 전체적인 시각적 무게중심의 균형을 이루게 된다.

[연습 11.1]

스페인 한 지역의 일부를 나타낸 다음 그림의 도면 영역을
다시 구성해보자. 산 위의 동네 모습을 강조하기 위하여
어떤 구성을 할 수 있을까?

[연습 11.2]

웃쫀의 1956년 작 시드니 오페라 하우스의 모습을 이보다
더 큰 정사각형이나 직사각형 틀 속에 다시 구성해보자.
하늘로 치솟는 지붕의 모습들과 더불어 항구에 맞닿아 배
치된 디자인의 개념을 어떤 구성으로 강조할 수 있을까?

[연습 11.3]

다음 평면 다이어그램은 루이스 칸의 1965년 작 파키스탄
수도 청사건물이다. 직사각형의 도면 영역을 이용하여 균
형감 있게 구도를 잡아보자. 정사각형을 쓴다면, 균형감을
얻기 위해 어떤 구성이 필요한가? 이 평면을 90° 회전시킨
다면 어떤 도면 구성의 가능성이 생기는가?

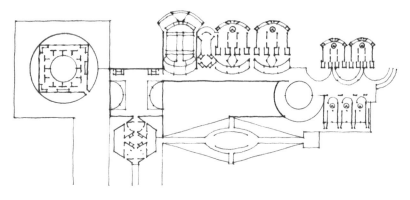

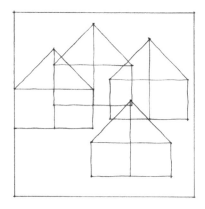
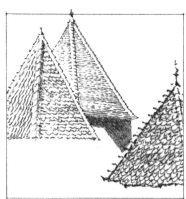

조화는 화음이 맞는 것과 같이 디자인이나 어떤 구성이 보기 좋은 합의를 이룬 상태이다. 균형은 비슷한 요소들과 서로 다른 요소들을 조심스럽게 배열하여 얻어지지만 조화의 원리는 같은 성격이나 공통적인 특징을 갖는 요소들을 신중하게 선택하는 것에서 시작한다.

- 공통적인 크기
- 공통적인 모양
- 공통적인 명암 또는 색상
- 비슷한 배열
- 비슷한 세부적 특징

가장 자연스럽게 도면 구성에서 조화를 이루는 방법은 같은 재료와 같은 표현기법을 쓰는 것에서 시작할 것이다. 그러나 조화의 원리를 너무 강조하면 통일감은 얻을 수 있으나 구성의 흥미를 잃을 것이다. 도면은 항상 단조로움을 치유하기 위한 다양성이 필요한 것이다. 하지만 다양성도 흥미위주로 지나치게 강조되면 정보전달이 분산되고 혼란스럽기 쉽다. 따라서 질서와 무질서 사이의 조심스러운 미적 긴장감이 감돌고, 통일감과 다양성이 혼합될 때 조화의 미가 존재하게 된다. 그리고 안정감과 통일감은 대조적인 상황이 있는 가운데 유사한 것들에 의한 통일성에서 싹트게 된다.

경우에 따라서 손으로 그린 도면과 디지털기법을 혼용하여 결과물을 만들어야 할 때가 있다. 이때 도면 표현의 전반적인 스타일과 선 굵기, 명암의 단계 등을 잘 고려하여 디지털 이미지와 아날로그 이미지가 서로 훌륭한 조화를 이뤄야 한다.

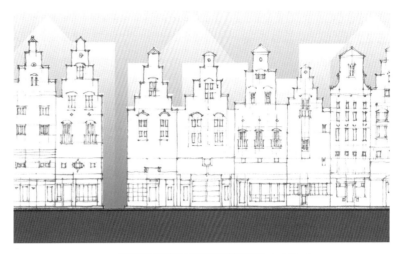

• 아날로그 이미지와 디지털 이미지가 서로 경쟁관계로 나타나면 안 되며, 주인공이 되는 정보가 돋보이도록 서로 섬세하게 대비되어 표현되어야 한다.

• 손으로 작업한 그림을 디지털화하여 이미지에디팅 소프트웨어에서 작업하면 그림의 색상이나 명암을 새로 바꿀 수 있다.

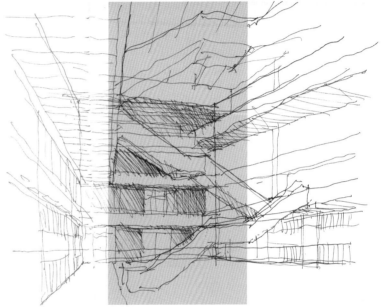

• 손으로 작업한 그림을 스캔한 래스터 이미지의 크기를 줄이거나 키울 때 섬세한 선들의 효과는 쉽게 없어질 수 있고, 강조된 굵은 선들은 지나치게 확대되어 보일 수 있으므로 주의한다.

• 벡터 원리의 이미지의 경우 크기를 키우거나 줄일 때 선 굵기가 함께 변화되지 않는다.

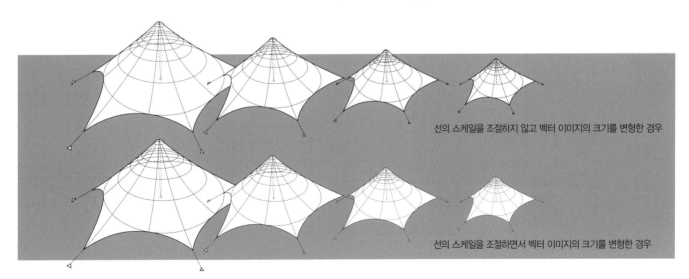

선의 스케일을 조절하지 않고 벡터 이미지의 크기를 변형한 경우

선의 스케일을 조절하면서 벡터 이미지의 크기를 변형한 경우

조명(LIGHTING)

:: 디지털 조명

모델링 소프트웨어에서 사물과 공간을 위해 조명을 지정하여 빛이 비춰진 모습을 연출할 수 있다. 가장 기본적인 방식을 레이캐스팅(ray casting)이라고 한다.

:: 레이캐스팅

레이캐스팅은 3차원 사물과 공간에 대하여 정해진 빛으로부터 빛, 그늘과 그림자를 입히는 작업이다. 레이캐스팅의 장점은 빠르게 그 결과를 볼 수 있다는 점이다. 따라서 계획 중에 그림자의 효과나 자연광의 채광 등을 신속히 테스트할 수 있어서 널리 쓰이고 있다.

빛을 지정하지 않은 상태의 기본 채광된 모형　　　　　　　　　直사광선을 가정한 레이캐스팅된 모형

:: 레이트레이싱(ray tracing)

빛이 광원으로부터 발산되어 표면에 이르기까지 주변의 재료성질, 색상 등으로 인해 흡수, 반사, 분산되어 변형이 일어가기 마련이다. 레이트레이싱은 이러한 조건들을 디지털 상에서 가정하여 결과를 보여주는 기법이다.

로컬 조명은 직접조명에 의한 레이트레이싱의 기본적인 조명 방식이다. 로컬 조명을 지정하면 어떤 표면에서는 세부적인 빛의 산란 등의 효과를 무시할 수도 있으므로 대개 소프트웨어가 스스로 주변조명(ambient light)을 가정하여 효과를 만든다.

로컬 조명 : 레이트레이싱과 직사광선 및 간략한 주변 조명을 한 사례

:: 글로벌 일루미네이션(global illumination)

공간이 가장 현실감 있게 채광된 모습을 보려면 글로벌 일루미네이션을 해야 한다. 글로벌일루미네이션은 섬세한 알고리즘을 통해 싱딩히 정획히 조명효과를 연출해낸다. 이 방법은 광원으로부터 직접 오는 조명광뿐만 아니라 주변 표면들로부터 반사되거나 산란되어 도달하는 빛까지 감안하여 결과를 만들어낸다. 그러나 이 방법은 결과를 얻기까지 시간이 비교적 오래 걸리며 컴퓨터에 많은 부담을 준다. 따라서 디자인 과정에 따라 효율적인 방법을 선택할 수 있어야 한다.

글로벌 일루미네이션 : 레이트레이싱과 직사광선 및 주변 조명을 한 사례

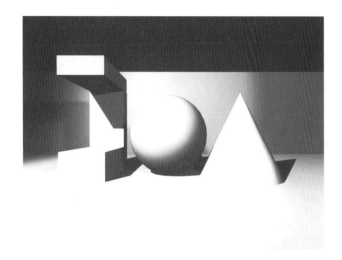

도면에 색상을 사용할 때에는 색의 종류와 그 정도가 어떠한지, 그리고 이미지 전반에 어떻게 쓸 것인지를 조심스럽게 관찰하고 판단해야 한다. 완성된 이미지의 색상과 색의 정도는 전반적인 구성 느낌과 이미지에서 보이는 요소들의 상호관계를 결정짓는 중요한 요소이다. 그리고 대조가 뚜렷한 부위가 그렇지 않은 부위보다 우리의 눈에 잘 띈다. 이미지 내에서 눈에 띄게 환하게 표현된 부분은 섬세하며 가벼운 느낌을 준다. 또한 이목을 끌지 않으면서 대체로 어둡게 표현된 부위는 소탈하고 침울한 느낌을 준다.

:: 디지털 색상

컴퓨터상에서 이미지에 색을 지정할 때에는 출력 또는 화면 등 이미지의 최종 사용목적을 고려해야 한다. 디지털 화면과 프로젝터는 색상의 종류들이 색의 첨가과정을 거쳐 만들어지고 종이에 인쇄하기 위해서는 색의 삭감과정을 거쳐 출력된다.

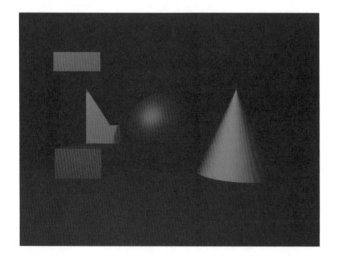

:: RGB 컬러모델(color model)

기본 색상인 빨강, 초록, 파랑의 세 가지 색상을 서로 합쳐 놓음으로써 흰 색을 얻는 색의 첨가과정을 거쳐 색의 컬러모델을 만드는 작업을 RGB라고 한다. 따라서 검정은 세 가지 색이 모두 없을 때를 의미하고 세 가지 색상이 다양한 정도로 조합되어 우리가 보는 수많은 색상들을 구현할 수 있다. RGB 컬러모델은 카메라, 스캐너, 프로젝터, 컴퓨터 화면 등과 같은 디지털 기기들의 색상 출력과 입력을 위해 만들어졌다.

우리가 디지털 이미지를 크게 확대해보면 수많은 픽셀로 구성되어 있는 것을 볼 수 있는데, 빨강, 초록, 파랑의 색상이 조합을 이루어 하나의 픽셀 하나하나의 색상을 만들어내어 이미지를 만들어내는 것이다. 따라서 이 세 가지 색상의 강약 조절로 디지털 환경에서의 모든 이미지들이 구현된다. 기본적으로 색상의 강도는 256가지의 강도로 조절된다. 정확히 말하면 0단계에서 255단계이다. 0단계는 색상이 없는 상태이고 255단계는 그 색상의 최대 강도를 의미한다. 따라서 RGB 0,0,0으로 정의된 색상은 검정을 나타낸다. 그리고 RGB 255,255,255는 흰색을 나타내게 된다. 모든 색상들은 RGB 단계로 표시되고 세 가지 기본 색상의 강도 조절로 색상 표현이 이뤄진다.

RGB는 또한 기기 의존형 색상공간이다. 즉, 색을 구현하는 기기에 따라 같은 RGB 수치의 색상을 서로 다르게 나타낼 수 있다. 기기를 생산하는 업체에 따라, 또 기기의 연한에 따라 결과치로 나타나는 색상은 달라질 수 있는 것이다. 따라서 RGB 수치만으로 기기들에게 적용될 색상들을 정의내리지 않으며 부가적인 색상 운영시스템에 의존하여 이뤄진다.

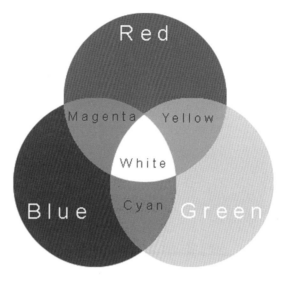

RGB 컬러모델

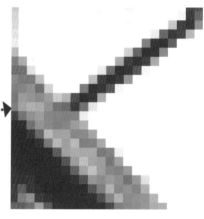

왼편의 사진을 확대했을 때 보이는 픽셀들로 구성된 이미지이다. 각각의 픽셀들은 모두 고유의 RGB 수치를 부여받아 색을 표현한다. 이 경우 사진이 흑백이므로 모든 픽셀들은 회색의 종류들로 RGB 수치를 부여받게 된다.

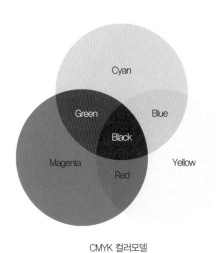

CMYK 컬러모델

:: CYMK 컬러모델

CMYK 컬러모델은 인쇄과정에서 사용되는 네 가지 색상인 남색(cyan), 자홍색(magenta), 노랑(yellow), 검정(black)의 약자이다. CMYK 방식은 네 가지 색상을 삭감하여 표현하는 컬러모델이다. 바탕을 흰색 종이라고 봤을 때 모든 색을 동일하게 갖고 있으면 검정색을 표현하는 것과 같은 원리이다. 색을 빛의 파장이라고 했을 때 특정 파장이 흡수되지 않을 경우 그 파장의 색을 우리가 볼 수 있다. 네 가지 색 모두를 절반씩만 나타내면 인쇄되는 모든 색을 얻을 수 있다.

:: 그레이스케일(gray scale)

디지털환경에서는 명암을 모니터 화면에서와 같이 색상의 첨가과정으로 표현하거나 프린터의 토너를 활용한 삭감 과정을 통해 표현하게 된다. 모니터 화면에서는 픽슬에 내비치는 빛의 강도 조절에 의해 명암을 표현하게 된다. 256가지의 빛 강도를 조절할 수 있으므로 256가지 종류의 회색 음영을 표현할 수 있다.

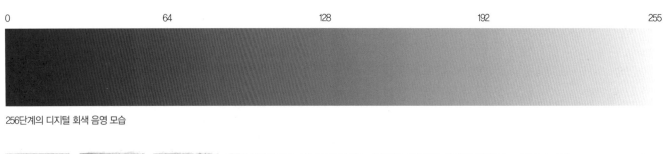

256단계의 디지털 회색 음영 모습

손으로 표현된 열 단계 회색 음영

건축은 항상 주변 환경과 함께 존재하므로 건축을 설계할 때와 평가할 때 모두 주변 환경과 그 문맥을 고려한다. 따라서 건축 설계안을 도면에 나타낼 때에도 그 사항들을 포함시켜야 함은 당연한 일이다. 모든 도면을 작도할 때 바닥선을 연장하여 이웃 건물들을 포함시키고, 대지 주변을 보여줄 수 있는 것이다. 대지에 대한 사항 이외에도 사람의 모습이나 가구 등을 같이 표현하여 계획안의 공간이 실제 사용되는 모습을 보여주는 것도 이 취지에 속한다. 그리고 디자인 의도에 따라 그 장소에 맞는 성격의 조명상태를 보여주거나 재료의 색상이나 질감, 그리고 공간의 상대적 크기와 비례, 작은 상세부위들이 모여 총체적으로 느껴지는 효과 등도 보여줄 수 있다.

이러한 요소들을 표현할 때에 언제나 전체 속의 일부임을 명심하고, 이들이 눈에 띄는 정도나 표현에 들이는 정성은 항상 전체 구성에서 이들이 차지하는 중요성에 항상 비례하게 된다. 그러므로 다음과 같은 사항들을 유념하여 도면 속의 주변 상황들을 표현하도록 한다.

• 주변 맥락과 스케일, 그리고 디자인의 적용 등을 보여주기 위한 주변 요소들만을 선택적으로 포함시킨다.
• 주변 상황들은 가능하면 간단하게 하고 세부사항은 적절한 수준으로 조절한다.
• 계획된 공간을 보여주는 요소들이나 그 관계들을 주변요소들로 인해 가려지지 않도록 주의한다.
• 주변 상황적 요소들의 모양, 크기, 그리고 명암의 표현정도 등이 전체 도면구성에서 중요한 부분을 차지함을 이해한다.

롱샹의 노틀담 성당의 진입광경, 프랑스, 1950-55, 르꼬르뷔제

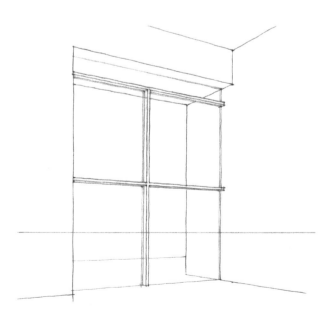

베라겐 주택과 작업실의 내부, 멕시코시티, 1947, 루이스 베라겐

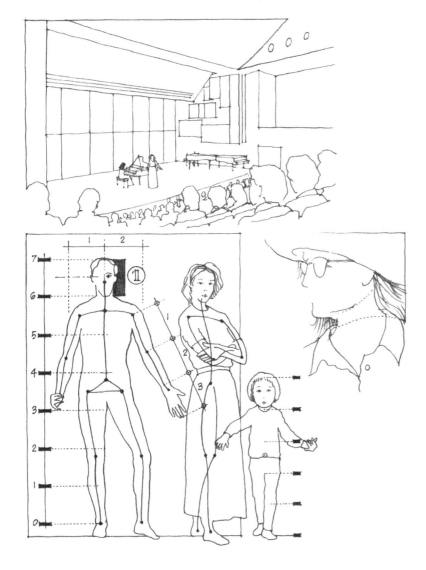

도면 속에 있는 사람들을 보면서 보는 사람들을 스스로를 그 도면 속의 공간에 쉽게 대입시키게 된다. 따라서 건축과 도시공간을 나타내는 도면에는 다음과 같은 이유에서 사람들을 포함시킨다.

- 공간의 스케일을 보여준다.
- 공간의 깊이와 층의 변화를 보여준다.
- 삶과 생동감 있는 공간을 표현한다.

:: 스케일(Scale)

도면 속에 나타나는 사람들은 그 환경 속의 스케일과 일치해야 한다. 따라서 도면 속의 사람들도 정확한 크기와 비례를 갖고 있어야 한다. 서 있는 사람을 7등분이나 8등분 할 수 있는데 머리의 크기가 1/7 또는 1/8에 해당한다.

- 사람의 키와 인체 각 부위별 비례를 설정해야 하며, 가장 중요한 부위는 사람의 머리이다.
- 등뼈와 머리가 만나는 부분이 턱 선이 된다.
- 목 뒷부분은 보통 턱보다 높다.
- 어깨선은 목덜미에서 팔을 연결하는 경사선이다.
- 코와 귀 높이는 보통 같다.
- 눈의 위치를 표현하기위해 안경을 그려 넣는다.
- 눈과 입은 완성하지 않아도 되며 그림자를 넣어 입체감을 준다.
- 건축도면 대부분의 스케일을 고려할 때 사람의 손가락은 보이지 않으며 오히려 그려 넣으면 혼란만 자초한다.
- 손은 거의 무릎을 건드릴 정도로 내려 그린다.

- 투상도와 투시도에서 사람의 모습에 입체감을 준다.
- 사람의 정면 외곽선만 그려 넣어 유령의 모습처럼 절대로 표현하지 않는다.
- 적절한 의상도 표현하되 지나치게 자세히 나타내어 도면의 주된 관심을 빼앗지 않도록 한다.

- 인물들의 개성 있는 자세에도 신경 쓰도록 하고 척추의 윤곽과 몸을 지탱하는 지점들에 유의한다.
- 새로운 자세나 제스처를 그리기 위해서는 신체 각 부위의 상대적 크기의 비례를 염두에 둔다.
- 손과 팔로 의사표현하는 모습을 묘사한다.
- 코와 턱이 관심 부위를 향하도록 한다.

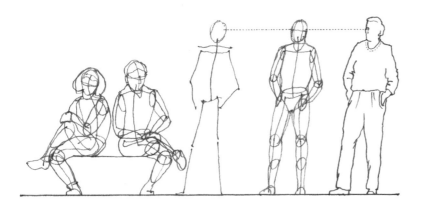

정투영도에서는 사람의 키를 160cm에서 175cm로 나타내면 된다. 그러나 정투영도에서는 그 크기가 거리나 깊이와 상관없이 그대로 도면에 나타나는 것에 유의한다. 사람의 크기를 투상도에서도 정확히 나타낼 수 있다. 이때 아래를 보는 모습이므로 사람들의 모습에 타원의 입체감이 있어야 한다.

투시도에서는 사람들은 공간의 깊이뿐만 아니라 층의 변화도 나타낸다. 먼저 사람들이 서 있는 자리를 정하고 지평선의 높이에 맞추어 인물의 키를 정하면 된다. 이렇게 투시도 상에서 인물의 키가 정해지면 인물들을 투시도 원리에 따라 도면의 상하좌우로 옮길 수 있다. 보는 위치보다 아래나 위에 위치한 사람들은 우선 관찰자와 같은 높이에 있다고 가정하여 그린 후 원하는 위치로 옮기도록 한다. 앉아있는 사람을 그리기 위해서는 우선 서 있는 사람과 의자를 같이 그린 후 그려진 의자에 사람을 그린다.

:: 배치

도면 속에 배치하는 사람들은 도면 전체 구성에 중요한 부분을 차지함을 인식하고 도면의 중요한 부분을 가리거나 도면의 주된 관심을 빼앗지 않도록 한다. 여럿이 모인 모습과 혼자 있는 모습을 적절히 혼합하고 공간의 깊이를 나타내는 겹침의 효과를 활용하도록 한다.

:: 행위

도면 속에서 사람들의 행위는 그들의 수와 배치, 자세, 그리고 옷차림으로 예측할 수 있다. 그리고 도면 속에 계획된 공간의 쓰임새와 분위기에 적절한 사람들의 행위가 그려져야 한다. 또한 사람들을 도면에 나타낼 때 그리는 사람 스스로 '사람들의 어떤 행위가 이 공간에서 일어나야 할까?'의 기본적인 질문에 항상 대답해야 하는 것이다.

:: 디지털 사람

이미지 에디팅 소프트웨어로 사진을 이용하거나 온라인상
의 정보를 사용하여 도면에 사람을 삽입할 수 있다. 사람
의 스케일, 옷차림새, 배치, 손놀림 등 모두가 손으로 그린
도면에서의 적용 원리와 같다.

실제와 비슷한 사람의 모습을 쓰면 보는 사람들의 눈을 유
혹하기 충분하다. 다만 사용된 사람의 이미지 스타일이 도
면에 적용된 그래픽의 스타일과 너무 다르거나 지나치게
요란할 경우 도면의 주된 부분에 대한 주의력이 떨어질 수
있으므로 주의한다. 사용된 사람들은 대체로 비슷한 수준
으로 추상화시켜야 할 것이고 도면에 쓰인 그래픽과 잘 어
울리도록 한다.

[연습 11.4]

사람들이 모이는 공공장소에 스케치북과 필기도구를 들고
나가자. 보이는 사람들을 스케치하는 연습을 하자. 서있거
나 앉아 있는 사람들, 멀리 작게 보이는 사람들과 가깝게
있는 사람들을 그려보자. 처음에는 몸체의 구조, 비례, 그
리고 몸짓을 표현하고 몸집의 부피, 상세부위를 발전시켜
보자. 처음에는 천천히 그리는 연습을 한다. 그리고 점차
사람들을 그리는 속도를 키워보고 사람의 상세부위를 생략
해보자.

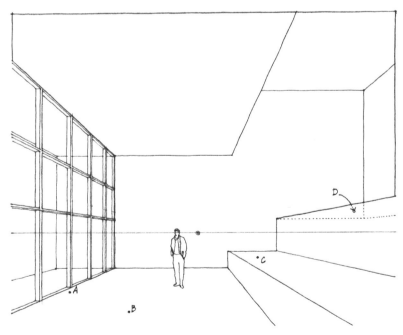

[연습 11.5]

다음 선 투시도에서 정리선과 수렴의 원리를 이용하여 보
이는 사람을 점 A, B, C, D의 위치로 옮겨보자.

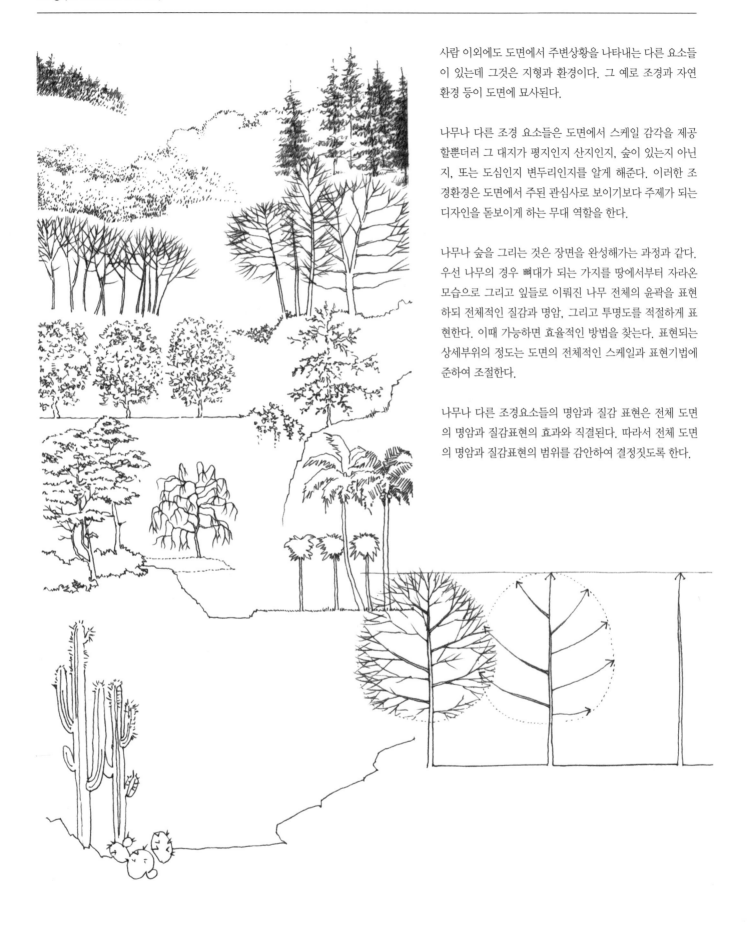

사람 이외에도 도면에서 주변상황을 나타내는 다른 요소들이 있는데 그것은 지형과 환경이다. 그 예로 조경과 자연 환경 등이 도면에 묘사된다.

나무나 다른 조경 요소들은 도면에서 스케일 감각을 제공할뿐더러 그 대지가 평지인지 산지인지, 숲이 있는지 아닌지, 또는 도심인지 변두리인지를 알게 해준다. 이러한 조경환경은 도면에서 주된 관심사로 보이기보다 주제가 되는 디자인을 돋보이게 하는 무대 역할을 한다.

나무나 숲을 그리는 것은 장면을 완성해가는 과정과 같다. 우선 나무의 경우 뼈대가 되는 가지를 땅에서부터 자라온 모습으로 그리고 잎들로 이뤄진 나무 전체의 윤곽을 표현하되 전체적인 질감과 명암, 그리고 투명도를 적절하게 표현한다. 이때 가능하면 효율적인 방법을 찾는다. 표현되는 상세부위의 정도는 도면의 전체적인 스케일과 표현기법에 준하여 조절한다.

나무나 다른 조경요소들의 명암과 질감 표현은 전체 도면의 명암과 질감표현의 효과와 직결된다. 따라서 전체 도면의 명암과 질감표현의 범위를 감안하여 결정짓도록 한다.

나무를 그릴 때에는 그 구조, 모양, 스케일, 그리고 도면에
서의 역할을 고려한다.

구조

모양

:: 디지털 조경

이미지 데이팅 소프트웨어를 이용하면 건축도면에서 주변 맥락의 모습을 보여주는 데 효과적인 조경 요소들을 표현하는데 있어서 사진 속 조경 이미지들을 양껏 복사하고 변형시켜 적용할 수 있다.

디지털 기법을 이용하여 사람을 도면 안에 배치시키는 것과 마찬가지로 도면 속의 잘 구성된 현장감 있는 조경 이미지들은 사람들의 눈을 유혹하기에 충분하다. 그러나 조경 이미지의 그래픽 스타일이나 주변맥락의 표현이 건축도면 속에서 주인공이 되어야 하는 도면의 내용과 잘 어울려야 하고 조경요소들로 인해 주의를 지나치게 분산시켜서는 곤란하다. 또한 사용된 조경이미지들은 주가 되는 표현언어들과 대체로 비슷한 수준으로 추상화시켜야 할 것이고 도면에 쓰인 그래픽과 잘 어울리도록 한다. 그래픽 에디팅 소프트웨어에서 조경이미지들의 투명도를 조절한다든지, 밝기 및 농도 조절과 색상밀도 조절 등을 통해 적절하게 변형시킬 수 있다. 여러 개의 필터를 적용하여 사용된 조경이미지의 상세함을 약화시키거나 다른 주요 도면요소들과 어울리도록 부위별로 조절할 수도 있다.

[연습 11.6]

사람들이 모이는 공원에 스케치북과 필기도구를 들고 나가자. 보이는 나무들과 기타 조경들을 스케치하는 연습을 하자. 멀리 작게 보이는 나무들과 가깝게 있는 나무들을 그려보자. 처음에는 나무의 구조, 비례 등을 표현하고 나무의 모양, 질감, 부피, 그리고 잎들에 나타나는 명암을 나타내보자.

[연습 11.7]

활엽수를 직접 보고 일련의 스케치들을 그리되 각 스케치를 그릴 때 시간을 재도록 한다. 처음에는 5분에 스케치를 하고, 3분, 1분으로 진행시켜보자. 각 스케치에서 나무의 구조와 모양, 명암을 표현한다. 다음에 이 연습을 침엽수를 대상으로 해보자.

[연습 11.8]

활엽수를 직접 보고 일련의 스케치들을 그리자. 처음에는 8m 거리에서 그리고 그 다음 15m 거리에서 같은 나무를 그려보자. 또한 30m 거리에서 같은 나무를 한 번 더 그려보자. 나무에서부터 멀어질 때마다 나뭇잎들의 표현이 질감의 표현에서 점차 모양과 명암의 표현으로 바뀌도록 신경 쓴다. 다음에 이 연습을 침엽수를 대상으로 해보자.

가구(FURNITURE)

공간 내에서의 사람들의 행위를 보여주기 위해서 가구 및 비품들의 배치는 중요한 역할을 한다. 이것들의 배치에 의해 사람들이 앉거나 기대거나 팔이나 발을 얹어놓는 상황을 상상하게 된다.

사람들과 더불어 가구들을 그려 넣는 것은 사람의 비례와 각 부위들의 크기를 정확히 짐작하게 한다. 가구들이 디자인의 대상이 아닌 경우, 실제와 같은 잘 디자인된 가구들을 도면에 사용하도록 하고 그릴 때에 단순 기하학적 형태에 기초하도록 한다. 가구들의 기본 구조가 그려지면 여기에 가구의 재료 및 소재의 두께, 세부사항 등을 그려 넣는다.

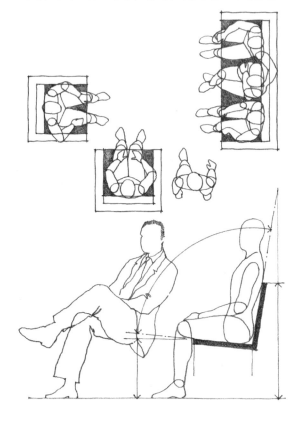

전통적인 윙체어

루이14세 의자

바하버 위커 의자

셰이커 레더백 의자

토넷 벤트우드

마르셀 브루어의 와씰리 체어

또한 승용차, 트럭, 버스, 자전거와 같은 다양한 종류의 차량들이 도면의 주차장이나 길가 등 외부공간 표현에 쓰인다. 이것들의 배치와 스케일에 주의하도록 한다.

사람들과 차량을 같이 나타낼 경우 차량들의 스케일을 쉽게 설정할 수 있다. 가구들과 같이 차량들고 단순 기하학적 형태로부터 시작하도록 한다. 그러나 지나치게 세부적으로 그릴 경우 이것들이 도면의 주된 관심사가 될 수도 있으므로 조심하도록 한다.

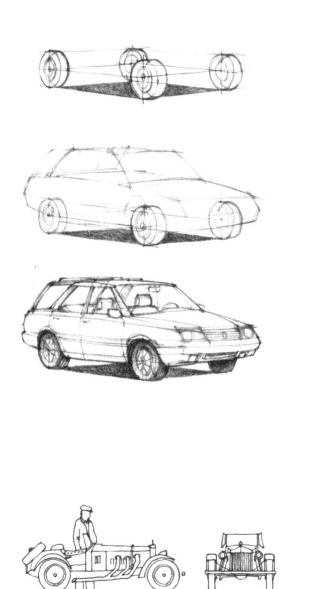

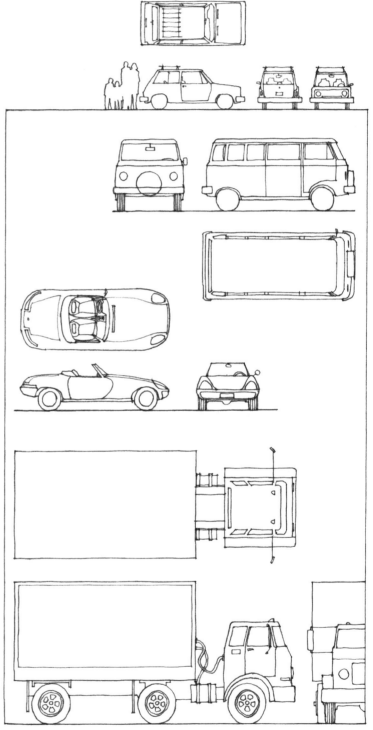

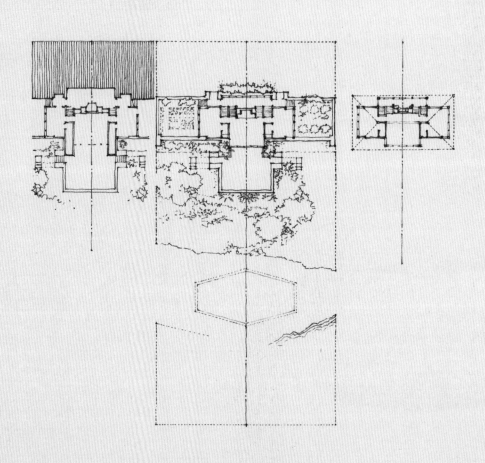

12 프레젠테이션 도면

프레젠테이션 도면은 우리가 디자인 도면이라고 부르는 내용을 담게 된다. 이 도면들은 디자인 계획안을 그래픽을 사용하여 대중들에게 알리고 그 내용을 설득시키는 역할을 한다. 이때 대중은 계획안의 건물주이거나 관련된 위원회, 또는 단순히 아이디어를 찾는 사람들일 수도 있다. 건물주의 상상력을 돕는 것을 목적으로 하거나 건물 설계 건을 수주하기 위해서, 그리고 사적인 경로를 통하거나 또는 공식적인 설계경기를 통해서 건축가는 항상 프레젠테이션 도면을 이용하여 건축의 3차원 계획안을 보여줘야 하는 것이다. 또한 프레젠테이션 도면은 대게 2차원상에 훌륭하게 표현된 건축 아이디어로서, 전시할 정도의 내용을 보통 담고 있는 것이 사실이지만, 언제까지나 그 목적은 단순히 디자인 아이디어를 전달하는 것에 있고, 그 내용 또한 프레젠테이션 도면으로 끝나지 않는 것이 사실이다.

하디 주택, 위스콘신주, 1905, 프랭크 로이드 라이트(Frank Lloyd Wright)

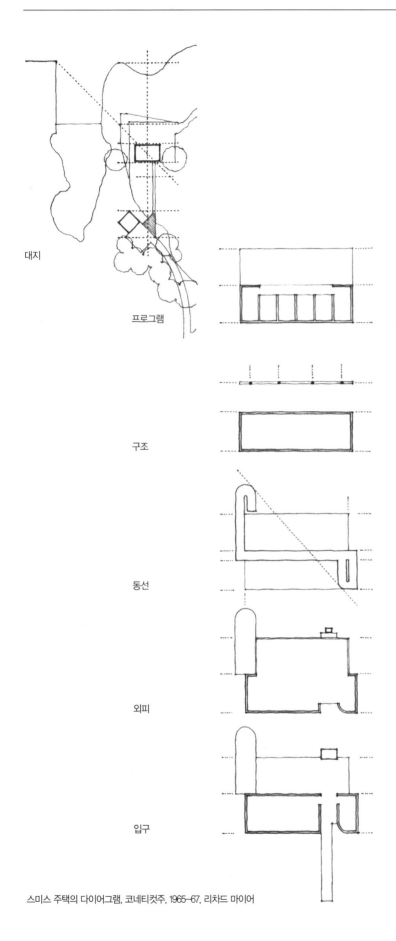

대지

프로그램

구조

동선

외피

입구

스미스 주택의 다이어그램, 코네티컷주, 1965-67, 리차드 마이어

프레젠테이션 도면이 효과적이기 위해서는 우선 이해가 쉽고 설득력이 있으면서 쓰인 기호들이 아는 것들이어야 할 것이다. 또한 효과적인 프레젠테이션 도면은 전체적으로 폭넓은 성격을 담고 있어서 다른 각각의 도면들의 내용을 이해하는 데 도움을 줄 수 있어야 한다.

:: 보는 관점
프레젠테이션 도면의 목적을 정확하게 인식하고 있어야 한다. 프레젠테이션은 항상 중심이 되는 계획안의 디자인 아이디어나 개념을 전달하기 위한 것이다. 그래픽 다이어그램과 약간의 설명들은 디자인 계획안의 중요한 부분을 효과적으로 전달할 수 있는데 이들이 보통의 도면들과 시각적으로 관련지어질 때 더욱 효과적이다.

:: 효율성
프레젠테이션 도면은 효율적이어야 한다. 효과적인 프레젠테이션 도면은 항상 경제적으로 구성되어 의사소통에 꼭 필요한 부분들만으로 이뤄져있다. 쓰이는 그래픽 요소들이 지나치게 과다하거나 스스로의 결론을 낼 정도라면 프레젠테이션 도면의 본래 의미를 상실하게 된다.

:: 명확성
프레젠테이션은 분명해야 한다. 디자인의 내용을 필요한 세부사항까지 선명하게 설명하여 도면을 이해하는 사람들이 계획안을 이해할 수 있어야 한다. 모호한 형태-배경의 관계나 적절치 않은 다량의 도면들을 없애서 프레젠테이션에서는 산만함을 철저하게 배제시켜야 한다. 흔히 우리는 우리 스스로의 도면에 많은 내용을 전달하려는 의도가 있고 그 내용들에 빠져 있기 쉬우므로 객관적인 눈으로 다시 평가해 볼 필요가 있다.

:: 정확성
사실과 다르거나 왜곡된 형태와 내용은 프레젠테이션 도면에서 피해야 될 사항이다. 프레젠테이션 도면에서는 항상 실현 가능성과 그것의 결과물을 제시하여 프레젠테이션에 근거하여 내려진 결정은 항상 합리적인 것이 되어야 한다.

안티빌라, 나파벨리, 캘리포니아, 1977-78, 베이티 앤드 맥

:: 화합

항상 정돈되어 있어야 한다. 효과적인 프레젠테이션은 그 어떤 작은 일부분도 전체로부터 어긋나거나 전체를 이해하는 데 장애물이 되어서는 안 된다. 화합은 단순한 통일감과 다르며 다음 사항들에 달려 있다.

• 논리적이고 포괄적이며 일관된 그래픽의 배치와 어휘에 의한 설명이어야 한다.
• 표현 형식, 스케일, 표현 재료와 기법 등이 디자인 내용과 잘 어우러져야 하고, 프레젠테이션이 이뤄지는 장소와 청중에게 적합해야 한다.

:: 연속성

각 부분들의 프레젠테이션은 서로가 연속적이어야 하고 그 관계들이 선명하여 총체적인 효과를 보여줘야 한다.

화합과 연속성의 원리들은 서로 연관된 관계를 갖으며 각자의 발전이 서로의 관계를 발전시킨다. 프레젠테이션의 중심이 되는 아이디어는 결국 주된 그래픽과 부수적인 그래픽들, 그리고 어휘에 의한 설명들이 적절한 균형을 이루며 전달되는 것이다.

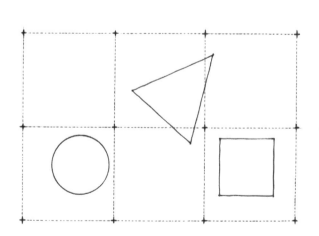

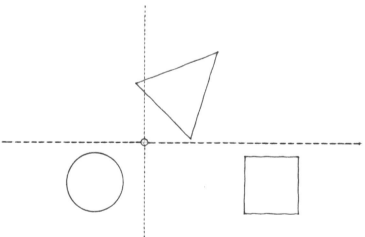

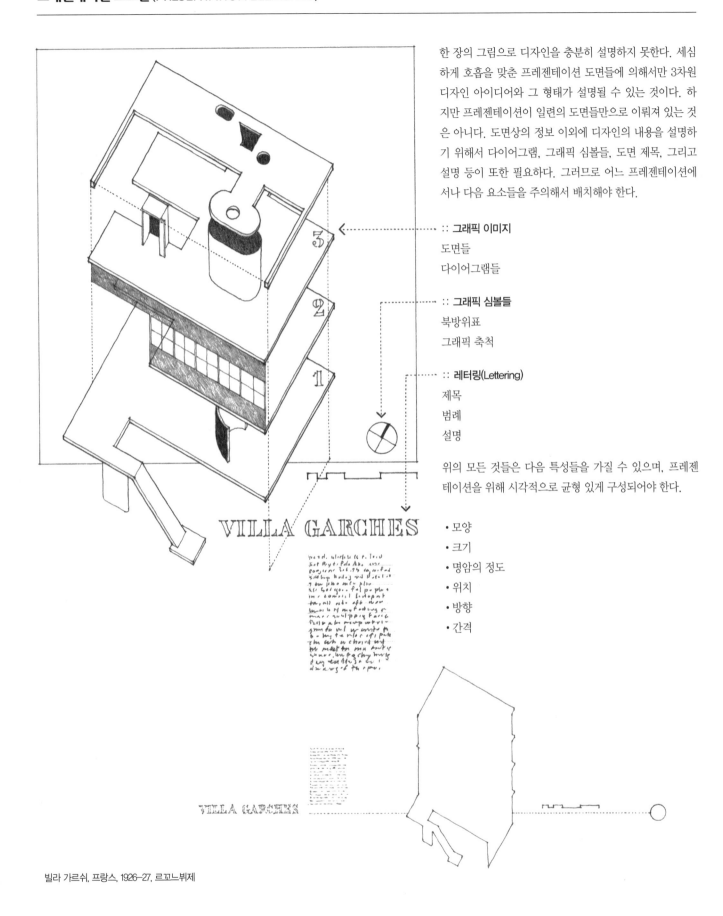

한 장의 그림으로 디자인을 충분히 설명하지 못한다. 세심하게 호흡을 맞춘 프레젠테이션 도면들에 의해서만 3차원 디자인 아이디어와 그 형태가 설명될 수 있는 것이다. 하지만 프레젠테이션이 일련의 도면들만으로 이뤄져 있는 것은 아니다. 도면상의 정보 이외에 디자인의 내용을 설명하기 위해서 다이어그램, 그래픽 심볼들, 도면 제목, 그리고 설명 등이 또한 필요하다. 그러므로 어느 프레젠테이션에서나 다음 요소들을 주의해서 배치해야 한다.

:: **그래픽 이미지**
도면들
다이어그램들

:: **그래픽 심볼들**
북방위표
그래픽 축척

:: **레터링**(Lettering)
제목
범례
설명

위의 모든 것들은 다음 특성들을 가질 수 있으며, 프레젠테이션을 위해 시각적으로 균형 있게 구성되어야 한다.

• 모양
• 크기
• 명암의 정도
• 위치
• 방향
• 간격

VILLA GARCHES

빌라 가르쉬, 프랑스, 1926-27, 르꼬느뷔제

보통 우리는 디자인 프레젠테이션을 왼쪽에서 오른쪽으로, 위에서 아래로 읽는다. 슬라이드나 컴퓨터 프레젠테이션은 시간적 순서를 고려해야 한다. 그러나 모든 경우에 있어서, 발표되는 내용은 큰 축척에서 시작하여 작은 축척으로, 일반적인 사항들에서부터 특별한 내용으로 진행되어야 한다.

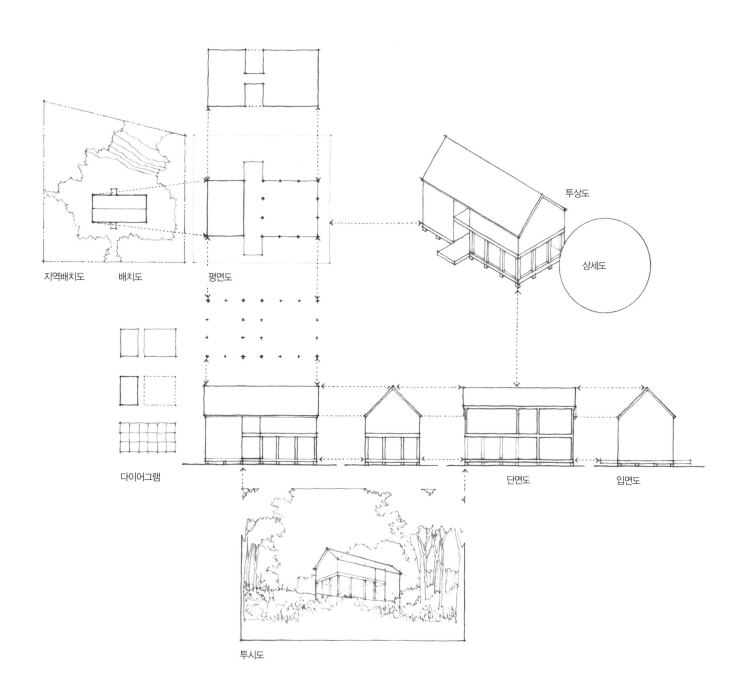

지역배치도   배치도   평면도

투상도

상세도

다이어그램   단면도   입면도

투시도

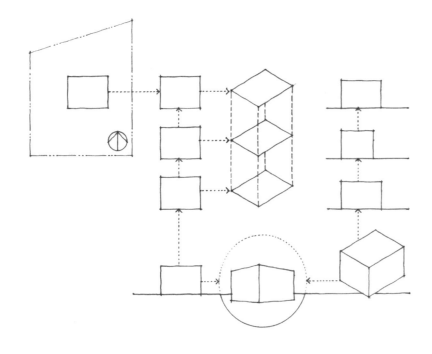

:: 도면 간의 관계들

도면들의 연속성과 정렬은 서로 긴밀한 관계를 갖고 있음을 보여주는 것이다.

• 모든 평면들은 비슷한 방향으로 배치한다. 가능하면, 평면에서 북쪽이 위를 향하게 배치한다.

• 복층구조일 경우 각층의 평면들을 수직이나 수평으로 배치하되 평면의 긴 방향을 염두에 두고 배열한다.

• 건물의 입면도들을 수직이나 수평으로 배치하되 가능하면 평면도들과 연관지어 배치한다.

• 건물의 단면도들 역시 수직이나 수평으로 배치하되 가능하면 평면도들과 입면도들에 연관지어 배치한다.

• 관련된 일련의 투상도들을 수직이나 수평으로 배치한다. 여러 도면들이 순서적으로 표현될 때에는 아래에서 위로, 또는 왼쪽에서 오른쪽의 순서로 배치한다.

• 투상도와 투시도들은 가능하면 비슷한 방향성을 보여주는 평면도와 가깝게 배치하여 연관성을 보여준다.

• 모든 도면들에 사람과 가구 등을 포함시켜 스케일 감각을 부여하고 각 공간들의 쓰임새를 실감나게 보여주도록 한다.

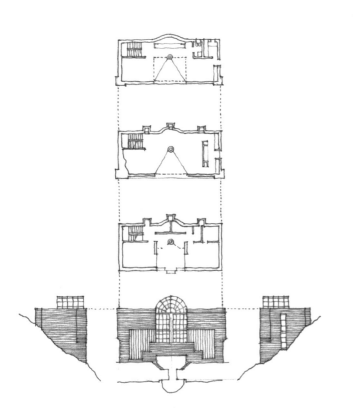

단독주택, 스위스, 1980-81, 마리오 보타

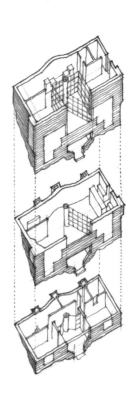

:: 주요 순서들

도면들간의 관계에 의한 서로 간의 배치 이외에도 도면이
보여주고 있는 내용에 의해서도 프레젠테이션 순서가 정해
질 수 있다.

시간 흐름의 순서

시간 흐름을 나타내는 선을 중심으로 아이디어가 생기거나
발전되어 변형되는 과정을 나타낼 수도 있다.

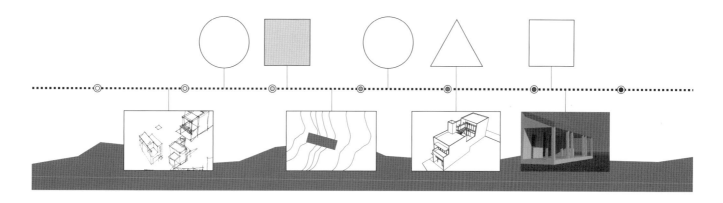

경험의 순서

일련의 경험들을 담은 투시도들은 건축 계획물 내 경험자
의 움직임 순서에 따라 나열될 수 있고, 이들은 관련 건축
도면들의 간판 역할을 할 수도 있다.

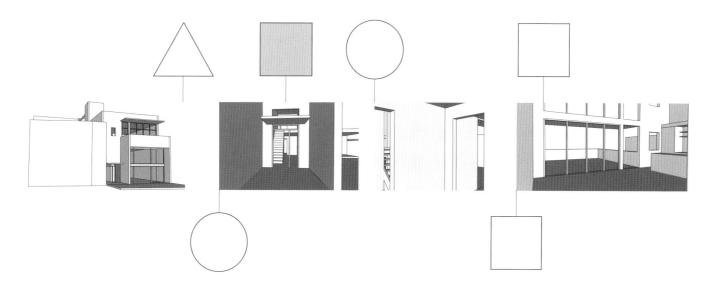

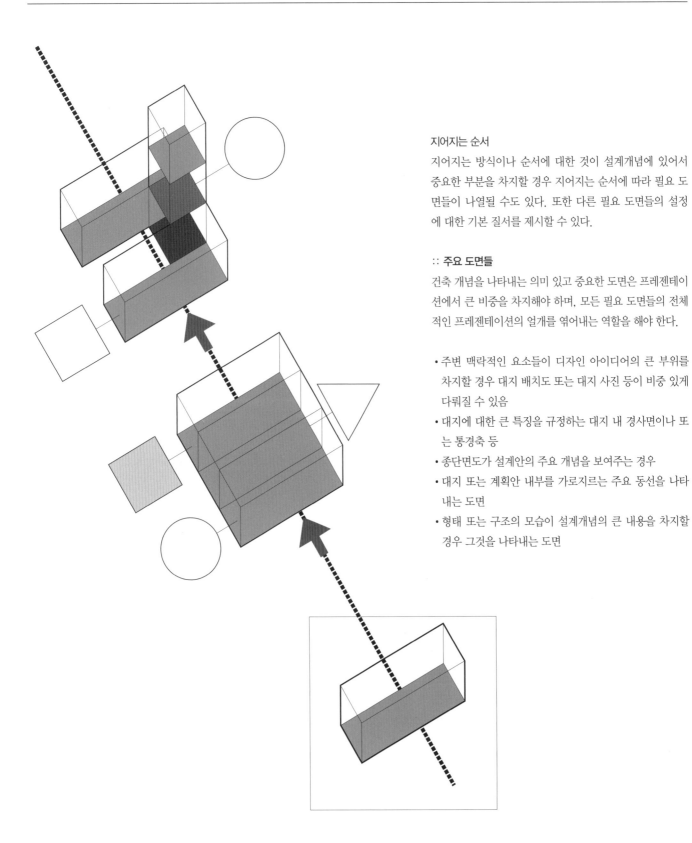

지어지는 순서

지어지는 방식이나 순서에 대한 것이 설계개념에 있어서 중요한 부분을 차지할 경우 지어지는 순서에 따라 필요 도면들이 나열될 수도 있다. 또한 다른 필요 도면들의 설정에 대한 기본 질서를 제시할 수 있다.

:: 주요 도면들

건축 개념을 나타내는 의미 있고 중요한 도면은 프레젠테이션에서 큰 비중을 차지해야 하며, 모든 필요 도면들의 전체적인 프레젠테이션의 얼개를 엮어내는 역할을 해야 한다.

- 주변 맥락적인 요소들이 디자인 아이디어의 큰 부위를 차지할 경우 대지 배치도 또는 대지 사진 등이 비중 있게 다뤄질 수 있음
- 대지에 대한 큰 특징을 규정하는 대지 내 경사면이나 또는 통경축 등
- 종단면도가 설계안의 주요 개념을 보여주는 경우
- 대지 또는 계획안 내부를 가로지르는 주요 동선을 나타내는 도면
- 형태 또는 구조의 모습이 설계개념의 큰 내용을 차지할 경우 그것을 나타내는 도면

[연습 12.1]

다음 배치도를 보고 두 개의 서로 다른 프레젠테이션 도면 구성을 해보자. 각 층 평면도와 투상도를 하나는 수평, 다른 하나는 수직 형식으로 구성해보자.

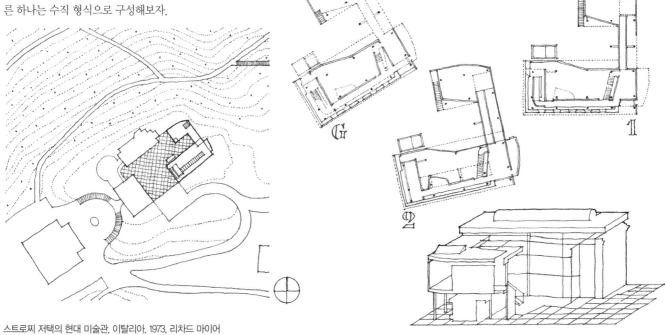

스트로찌 저택의 현대 미술관, 이탈리아, 1973, 리차드 마이어

[연습 12.2]

두 개의 서로 다른 프레젠테이션 도면 구성을 해보자. 평면도와 단면도, 입면도들을 하나는 수평, 다른 하나는 수직 형식으로 구성해보자.

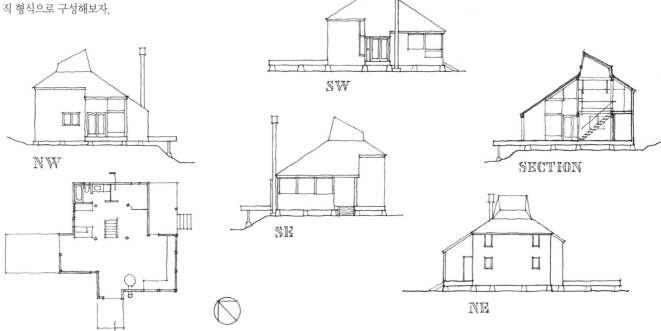

잡슨 주택, 캘리포니아주, 1961, 찰스 무어

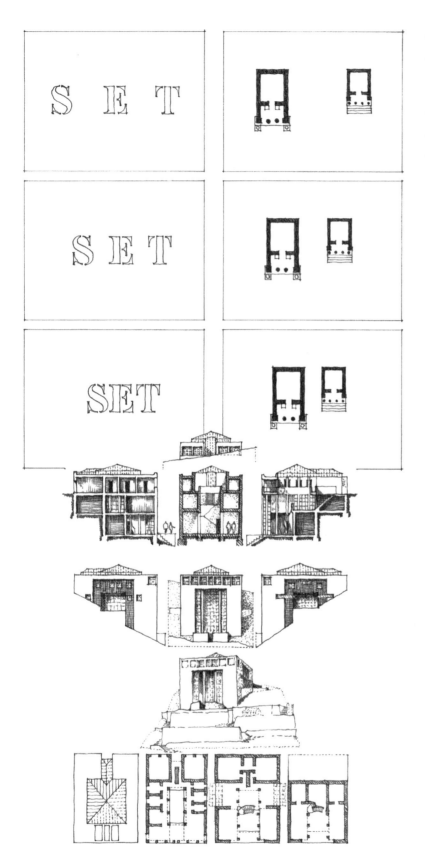

우리는 보통 일련의 디자인 도면들을 발표할 때 도면들의 모습이 시각적, 형태적 연관성을 띠도록 완성한다. 흔한 예로서 일련의 각층 평면도들에서, 또는 입면도에서 그런 것을 느낀다. 이때 도면들 서로 간의 배치 및 간격, 정렬상 태, 도면 모양 및 처리 방법 등의 요소들을 중요한 예로 들 수 있는데, 이러한 요소들에 의해서 여러 도면들이 서로 관련된 일련의 도면들인지, 아니면 단순히 독립된 여러 도 면들인지 구별할 수 있게 된다.

- 도면의 흰 여백과 정렬 방법을 이용하여 그래픽과 서술 내용의 조직을 짜임새 있게 강조한다.
- 두 도면들을 각각 독립된 도면들로 나타내고 싶으면 두 도면사이의 거리와 도면과 종이의 가장자리까지의 거리 가 서로 같아야 할 것이다.
- 두 도면들이 서로 가깝게 배치될수록 서로 가까운 관계 를 맺고 있음을 암시한다.
- 두 도면들 사이의 거리를 더욱 좁힐 경우 두 도면들은 서 로 관련된 두 도면들로 읽히기보다 하나의 도면으로 읽 혀야 됨을 암시하게 된다.

- 적절히 배치되어 서로 관련된 시각적 정보의 세트를 구 성하는 도면들은 그들 스스로 도면 영역의 경계나 범위 를 결정지어 주기도 한다.
- 선의 사용으로 도면들을 나눌 수도 있고 하나로 묶거나 강조하거나 범위를 결정해줄 수도 있다. 그러나 여백이 나 정렬의 방법으로 처리할 수 있는 것들에 선을 쓰지 않 도록 한다.
- 상자들의 사용으로 큰 영역이나 종이, 보드의 테두리 안 에서 또 하나의 영역이 설정되기도 한다. 그러나 유의할 점은 너무 많은 상자들의 사용은 전체 도면 내의 형태 - 배경(figure-ground relationship)의 관계를 산만하게 만들기 쉽다.

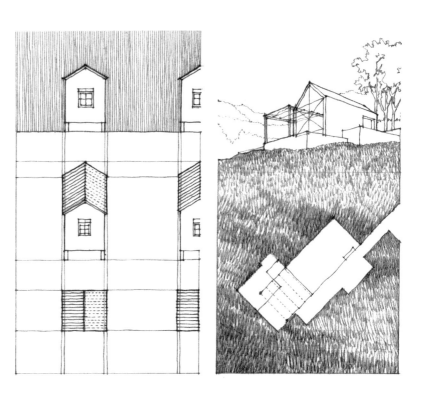

- 명암을 이용하여 큰 영역 안에서 또 하나의 영역을 설정할 수 있다. 예를 들어 입면도에서의 어두운 배경은 단면도를 자연스럽게 설정할 수 있다. 투시도 내의 전경은 건물의 평면이 놓일 수 있는 영역이 되기도 한다.

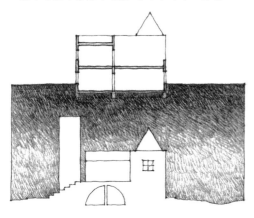

[연습 12.3]
다음 평면, 입면, 단면들을 배열하는 2가지 경우를 구상해 보되, 각각 평면, 입면, 단면들끼리의 연관성이 강조되면서 각 세트들이 구별되어 보이도록 하자. 어떻게 한 세트나 세트들의 도면 영역에 명암을 부여함으로써 시각적으로 강조된 표현을 할 수 있을까?

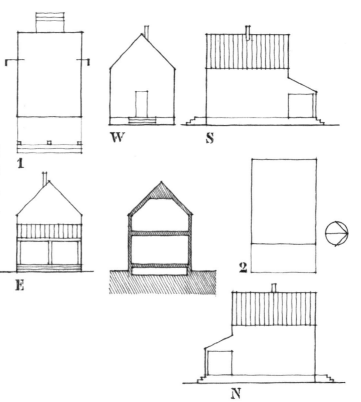

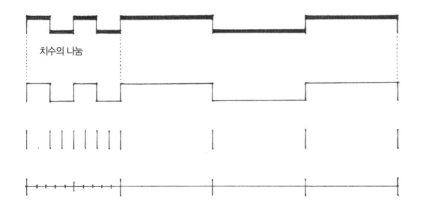

치수의 나눔

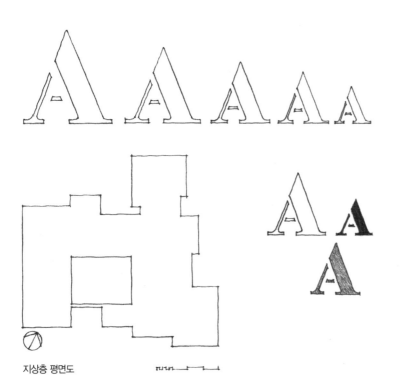

지상층 평면도

:: 그래픽 심볼(Graphic Symbols)

그래픽 심볼들은 도면을 보는 사람들이 다양한 도면의 기능과 발표되는 내용을 이해하게 한다. 기본이 되는 큰 두 가지는 북방위표와 그래픽 스케일이다.

• 북방위표는 건축 평면도상의 나침반의 북쪽을 가리킴으로서 보는 이가 건물이나 대지의 방향을 알게 한다.

• 그래픽 스케일은 축척상의 점증적 크기를 선이나 막대기로 표시한다. 특히 그래픽 스케일은 도면이 축소 또는 확대 복사되어도 그 축척 표현에는 영향을 받지 않는 장점이 있다.

그리팩 심볼들은 약속된 규칙에 의해 정보를 전달한다. 쉽게 읽히고 이해되기 위해서 상세하고 부수적인 설명이나 시각적인 치장이 없이 간단하고 깔끔하게 표현해야 한다. 프레젠테이션 내용이 분명하고 잘 읽히기 위해서 그래픽 심볼들은 전체 도면들의 구성에 많은 영향을 준다.

그래픽 심볼들의 영향력을 결정하는 요소들로 크기, 시각적 무게감, 배치 등이 있다.

:: 크기

그래픽 심볼들이나 레터링(lettering)의 크기는 도면의 축척과 도면을 읽는 거리에 비례하여 결정해야 한다.

:: 시각적 무게감

크기와 명암은 심볼들이나 레터링의 시각적 무게감을 결정한다. 내용이 읽히기 위해서 큰 심볼이나 레터링이 필요하지만 전체 구성상 진하게 표현할 수 없는 경우 심볼이나 레터링을 외곽 표현만으로 처리한다.

:: 배치

그래픽 심볼들과 제목, 그리고 설명 등은 그것들이 가리키는 내용과 가깝게 배치한다. 가능하면 선이나 상자를 그려 넣지 말고 여백과 정렬의 방법을 써서 시각정보의 세트들을 설정한다.

:: 레터링(Lettering)

레터링에서 가장 중요한 것은 잘 읽혀야 하는 점과 일관성이다. 레터링 하는 글씨체는 프레젠테이션 되는 디자인과 잘 어울려야 하고 시각적으로 서로 훼방을 주면 안 된다. 잘 도안된 글씨체들은 눌러서 도면에 표기하는 점착성 레터링 시트들로 많이 사용되어 왔으나 최근에는 컴퓨터 폰트들을 많이 사용한다. 따라서 새로운 글씨체를 고안하기보다 알맞은 글씨체를 선택하는 능력이 더 중요하다.

- 글자들의 간격은 실제 글자들 사이의 절대 치수보다 시각적으로 균형 잡혀 보이는 간격이 더 중요하다.

- 소문자를 쓸 경우 전체 프레젠테이션에 일관되게 사용하도록 한다. 일반적으로 알파벳의 사용에서 대문자들에 의한 문장보다 소문자들에 의한 문장이 잘 눈에 띠고 쉽게 읽힌다.

- 안내선을 사용하여 글자들의 크기와 간격을 맞추는 것은 중요하다. 손으로 쓰는 레터링의 최대 크기는 대략 5mm 정도이다. 이 크기보다 큰 크기의 레터링은 연필이나 흔히 쓰는 펜의 선 두께로는 적당하지 않다.

- 프레젠테이션을 어느 정도의 거리에서 보게 되는지를 고려하여 레터링 전체 크기 범위를 정하도록 한다. 또한 보는 사람이 프로젝트 개요, 다이어그램, 상세도면, 설명 등의 내용에 따라 따로 구분지어 다른 거리에서 읽을 수 있다는 것을 염두에 둔다.

Correct spacing of equal areas   Incorrect spacing of letterforms

Lowercase lettering is particularly appropriate for bodies of text.

Serifs enhance the recognition and readability of letter forms.

HELVETICA IS A VERY LEGIBLE TYPEFACE.

**HELVETICA NARROW
is useful when space is tight.**

**TIMES IS A CLASSIC EXAMPLE OF A
TYPEFACE WITH SERIFS.**

**PALATINO has broader proportions
than Times.**

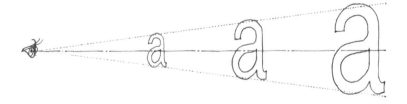

ABCDEFGHIJKLMNOPQRSTUVWXYZ 1234567890 abcdefghijklmnopqrstuvwxyz

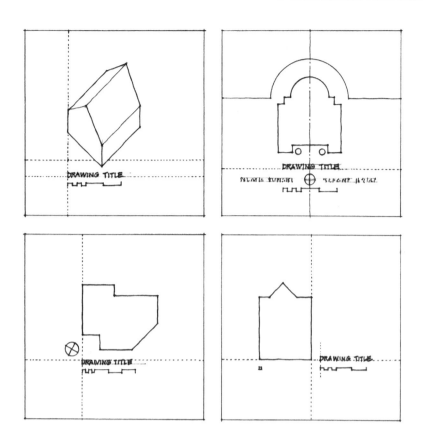

레터링들은 디자인 프레젠테이션에서 도면 전체 구성과 잘 조화되어 도면 속에 결합되어야 한다.

:: 제목 쓰기

도면의 제목과 그래픽 심볼들은 서로 연관되도록 하고, 이들에 의해 도면을 구별하고 내용이 설명되도록 한다. 관례적으로 도면 제목을 도면의 바로 밑에 대부분 둔다. 이 배치는 특히 불규칙한 형태의 도면 영역을 안정시키는 역할을 한다. 대칭적 배치는 도면내용과 디자인이 대칭인 경우 잘 어울린다. 다른 경우에는 수직으로 정렬시키되 도면 내용이나 영역에 따라 배치를 구성하도록 한다.

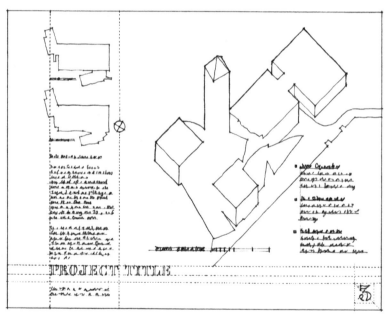

:: 설명의 글

설명의 글들을 하나의 시각정보 세트로 구성하고 가능하면 설명하는 도면과 직접 연관시켜 배치한다. 문단의 줄 간격은 최소한 폰트의 1에서 1.5배를 유지하도록 한다. 문단 사이의 간격은 문단의 두 줄 이상에 해당하는 간격을 주도록 한다.

:: 프로젝트 제목

프로젝트 제목과 관련정보들은 도면 전체나 판넬 전체의 구성과 관련되며, 각각의 작은 도면에 귀속되거나 판넬의 한 부분에 속해서는 안 된다.

서로 관계되는 도면들을 수직이나 수평으로 또는 격자에 맞추어 배열 할 수 있다. 이때 먼저 도면들 간의 어떤 관계성을 부각시킬 것인지를 이해해야 한다. 그리고 전체 배열의 줄거리를 작은 삽화들을 사용하여 계획할 수 있다. 이 과정에서 여러 가지 배치, 정렬, 간격 등의 가능성들을 계획해볼 수 있다.

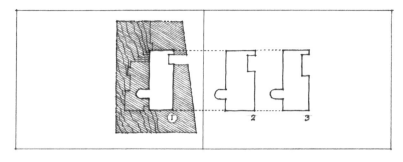

• 각 도면들 사이에 잠재되어 있는 관계성을 염두에 둔다.
• 바닥선이나 도면 제목들과 같은 다른 요소들에 의해 두 면들 간의 수평적인 연속성을 유지하도록 한다.
• 치수선이나 테두리, 도면 테두리나 제목표 등을 그리지 않는다. 이것들은 실시도면이나 시공도면일 경우 필요한 사항들이다.

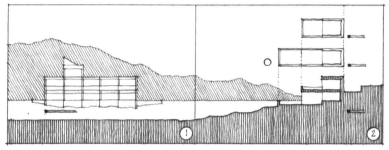

프레젠테이션이 여러 장이나 여러 판넬들로 구성될 경우 번호를 부여하여 구별하도록 한다. 이 정보는 모두 같은 위치에 있어야 한다. 각 장이나 판넬들이 의도된 배치를 따라야 할 경우, 창의력을 발휘하여 그래픽 기호로써 각각의 배치를 표시할 수도 있다.

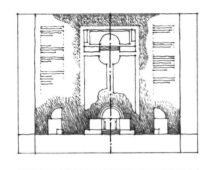
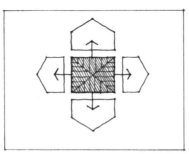

대칭적 배치는 디자인의 내용이 대칭일 경우 잘 어울린다.

구심점이 있는 배치는 평면을 중심으로 입면들이나 투영된 두영도들을 주변에 배치할 때 적당하다. 또는 전체 도면을 중심으로 각 부위의 상세부위들을 주변에 배치할 수도 있다.

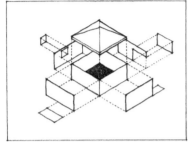
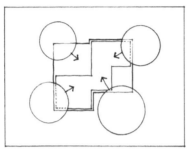

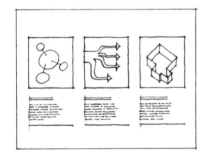
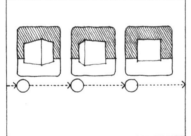

일련의 관계된 도면들이 전체 도면들 구성에서 다르게 처리될 필요가 있는 경우 각각 테두리에 넣거나 상자 속에 배열하여 통일감을 줄 수 있다.

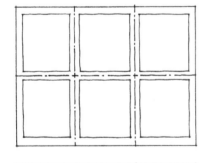
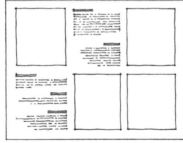

격자 방식은 일련의 도면들이나 설명의 글 등을 다양하게 배치할 수 있는 틀을 마련해준다. 이때 다양한 정보들이 통일감 있게 잘 정리된 느낌을 준다.

- 격자는 정사각형이나 직사각형일 수 있다.
- 도면, 다이어그램, 설명 등을 각각의 격자에 배치할 수 있다.
- 도면들을 수평적으로 배치하고 설명들을 각각의 밑에 배치하여 단을 구성할 수도 있다.
- 중요한 도면들은 한 격자 이상을 차지할 수도 있다.
- 그래픽과 설명들은 서로 유기적 관계를 갖도록 배치될 수도 있다.

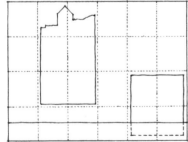
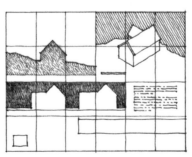

:: 디지털 도면 배치

도면들 간의 구성 내용들과 개념 전개의 방법을 충분히 고려하고 계획한 후 조심스럽게 도면에 표현하기 시작해야 하는 기존의 손으로 작도하는 프레젠테이션 방식은 많은 준비와 구상의 과정을 요구하였다.

그러나 디지털 도구를 활용하면 손으로 직접 작도하는 방식보다 비교할 수 없는 장점들을 가져다준다. 그 중 큰 것은 최종안을 결정하기 전에 여러 안들을 만들어 볼 수 있는 점이다. 특히 그룹 기능이나 레이어 기능을 활용하면 필요한 내용들을 묶음으로 간단히 변형시키거나 배치상에 변화를 줘 볼 수 있다. 또한 예비안들을 저장시킴으로써 계획했던 시도들이 실패할 경우 언제든지 과거 예비안으로 돌아갈 수 있다.

래스터 이미지를 다루는 경우 자르기나 필터링 기능을 통해 색상, 농도 등을 조절할 수 있고 벡터 이미지의 경우 프레젠테이션 판넬 배치 상에서 원하는 내용을 실제 도면이미지가 아닌 도면 파일의 링크를 조작함으로써 간단히 처리할 수 있다. 링크는 또한 이미지를 담을 수 있으므로 손으로 그린 도면이나 사진, 벡터 이미지, 다른 래스터 이미지 등 모든 것들을 간단히 다룰 수 있게 된다. 링크 방식으로 연결된 파일을 다룰 때 또 하나의 장점은 원본 이미지를 수정할 경우 프레젠테이션 판넬 배치에 보이는 최종 결과물에 자동으로 링크되어 반영된다는 점이다.

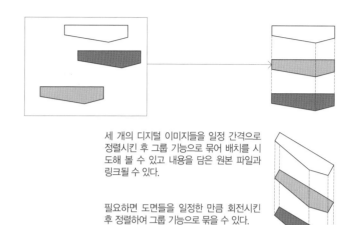

세 개의 디지털 이미지들을 일정 간격으로 정렬시킨 후 그룹 기능으로 묶어 배치를 시도해 볼 수 있고 내용을 담은 원본 파일과 링크될 수 있다.

필요하면 도면들을 일정한 만큼 회전시킨 후 정렬하여 그룹 기능으로 묶을 수 있다.

그룹 기능으로 묶인 이미지는 한 개의 개체처럼 자유롭게 다뤄질 수 있다.

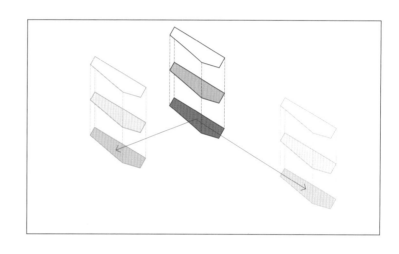

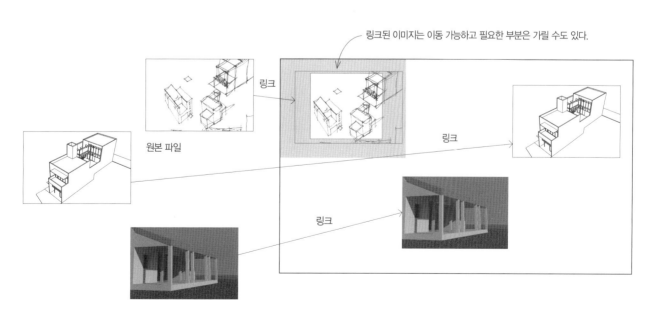

링크된 이미지는 이동 가능하고 필요한 부분은 가릴 수도 있다.

링크

원본 파일

링크

링크

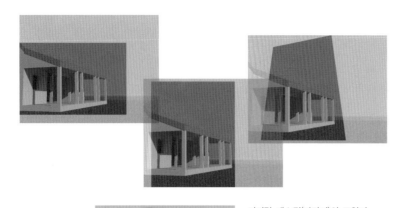

벡터 이미지로 구성된 프레젠테이션 판넬 구성에서는 각 이미지의 프레임은 연결된 원본 이미지를 보는 창의 역할을 한다. 원래 이미지를 필요에 따라 일부 가리는 것이지 실제 잘라내는 것이 아니다. 이미지를 나타내는 모양이나 크기는 원하는 바에 의해 정할 수 있고 원본 이미지가 링크되어 연결되면 그 보이는 창은 자유롭게 다시 이동되거나 크기조절, 회전 등 판넬 전체의 구성을 위해 조정이 가능해진다.

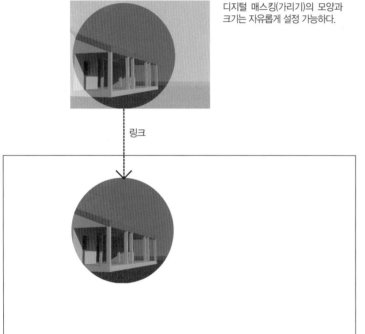

디지털 매스킹(가리기)의 모양과 크기는 자유롭게 설정 가능하다.

링크

마찬가지로 각종 선들이나 형태, 텍스트 등을 첨가할 수 있고 이들을 전달하고자 하는 도면의 내용을 살리기 위해 움직여 보거나 크기를 조절 또는 회전시켜볼 수도 있다. 또한 출력되지 않는 정리선들을 활용하여 각종 정렬의 관계를 설정할 수 있고, 도면이나 판넬들 간에 배치에 관련된 일관된 규칙들을 설정할 수 있다.

또한 디지털 상에서는 원하는 이미지를 어떤 도면 앞 또는 뒤에 보이도록 쉽게 설정할 수 있으며 대상물의 입면도, 단면도 또는 투상도에서 전경, 배경 간의 관계(foreground—background relationship)를 설정할 때 매우 유용할 수 있다.

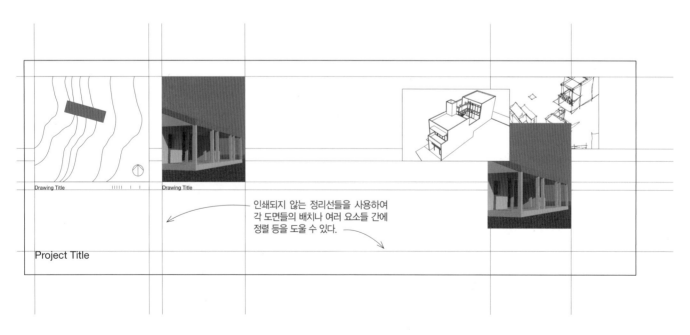

Drawing Title

Drawing Title

인쇄되지 않는 정리선들을 사용하여 각 도면들의 배치나 여러 요소들 간에 정렬 등을 도울 수 있다.

Project Title

디지털 상에서 프레젠테이션 판넬을 구성할 때 각 이미지들의 상대적인 크기, 글씨와 그래픽 심볼들의 배치와 전체 구성 간의 상호관계 등을 잘 판단해야 한다. 흔히 범하는 실수는 어떤 한 부위에만 치중하여 전반적인 구성의 힘을 잃는다거나 어떤 부위에 대해 확대된 화면에서 작업하여 글씨 등의 크기와 관계를 전체 구성에서 읽히지 않게 한다든지 등의 문제가 발생하기도 한다. 따라서 작업 도중 전체 구성 또는 필요한 부위를 자주 출력하여 테스트해 봄으로써 전반적인 구성의 의도를 점검하고 의도된 효과가 나타나는지 확인해야 한다.

또한 중요한 것은 여러사람들이 보도록 의도된 판넬 구성의 경우 다양한 거리에서 볼 때 전달력이 있어야 한다. 전체 구성을 봤을 때 확실한 형태-배경 간의 관계(figure-ground relationship)가 드러나 보임으로써 전체 구성의 의도를 쉽게 읽을 수 있어야 하고, 가까이에서 봤을 때에는 의도되었던 상세한 내용이 또한 적절하게 읽혀야 한다.

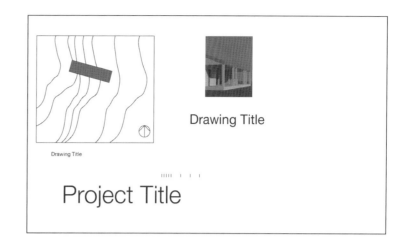

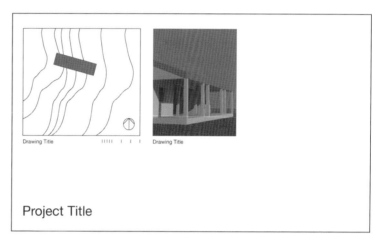

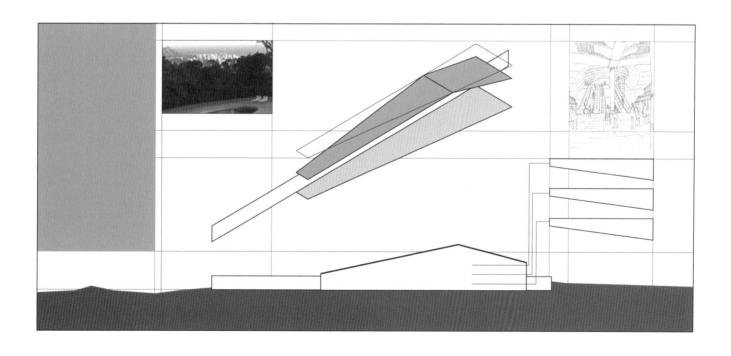

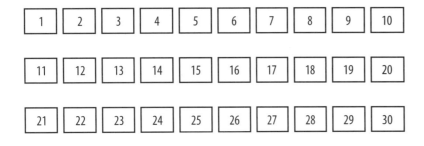

건축 프레젠테이션에서 디지털 기법을 활용하면 시간의 흐름에 따른 움직임 요소를 활용한 설계안의 모습을 보여줄 수 있다. 공간환경의 경험들을 담은 장면들을 현실감 있게 구성하여 컴퓨터 화면이나 스크린에 나타내어 전달할 수 있다. 이때 초당 프레임수(frames per second, fps)의 개념으로 애니메이션의 밀도를 정하게 된다. 30fps는 가장 보편적으로 쓰이는 애니메이션의 밀도이고 그 수치가 높을수록 밀도 있고 유연한 애니메이션이 된다.

1초당 30프레임의 연속된 이미지로 구성

30fps로 1분간 구성된 애니메이션은 1800개의 개별 이미지 프레임들로 구성된다. 만약 각 이미지들이 5분간의 랜더링 시간이 필요하다면 전체 애니메이션을 랜더링하여 완성하려면 9000분 또는 150시간이 필요하다는 뜻이다. 랜더링에 소요되는 시간은 이미지 크기와 디지털 모형의 복합도에 따라 결정된다. 예를 들어 1280×960 픽셀 이미지는 640×480 픽셀 이미지보다 훨씬 많은 시간이 소요된다. 모형 상에서 빛이 반사되는 금속성 재료의 사용 여부나 광원의 개수 등 각 프레임이 되는 이미지를 랜더링하는 데 소요되는 시간은 크게 달라질 수 있다. 따라서 효율적인 소요시간 안배와 주요 부위의 표현 등을 미리 계획하는 애니메이션의 줄거리를 미리 짜는 것은 매우 중요한 일이다.

:: 제작 전 과정

전체 애니메이션 중에서 주요 장면들과 보여질 것들의 순서, 그리고 장면들 간의 전환 등에 대한 전반적인 계획을 담는 줄거리를 우선 만드는 것이 중요하다. 이 줄거리에 의해서 카메라의 위치와 시점, 조명, 그리고 환경을 이루는 재료 등의 선택에도 영향을 미칠 수 있기 때문이다. 또한 이것은 사람들에 의해 경험되어져야 하는 디지털 모형 부위들에 대한 계획을 마무리짓게 하며, 무조건 전체 모형을 마무리짓는 데 소요되는 시간을 아낄 수 있다.

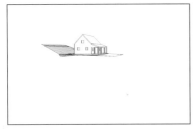

구도잡기: 카메라1

카메라2 움직여 접근함

카메라3 움직여 접근함

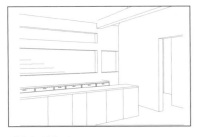

카메라4 실내모습

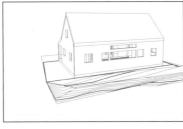

카메라5 외부모습

:: 제작 과정

건축계획물을 경험하기 위한 애니메이션은 흔히 경험하는 사람의 동선을 연속된 선으로 그려 넣어 계획하고 카메라를 그 선에 따라 움직여 보이는 프레임들을 찍어 연결시키는 일이다. 그러나 표시된 동선 하나로는 어떤 애니메이션으로 만들어질 것인지 잘 알 수 없는 것도 사실이다. 따라서 좀 더 효과적인 방법은 영화제작자들이 흔히 쓰는 방법으로서 여러 대의 카메라를 기반으로 부위별로 집중하여 짧게 걸어 들어가는 경험들을 계획하는 것이다. 이렇게 제작된 여러 개의 짧은 애니메이션들을 편집하고 이어 붙여서 전반적으로 연결된 공간의 경험이 되도록 완성한다.

:: 장면 스케일

장면 스케일은 어느 정도 양의 시각 정보량이 프레임에 담길 것인지를 의미한다. 프레임에 담길 대상물의 크기는 다음 두 가지에 의해 결정된다. 우선 대상물과 카메라와의 거리와 카메라 렌즈의 초점 거리이다.

원거리 장면은 대상물 전체와 주변 공간을 모두 보여준다.

중거리 장면은 대상물의 대부분과 주변의 일부를 보여준다.

중간 클로즈업 장면은 상세부위에 초점이 맞춰지거나 또는 일부분의 공간관계가 나타난다.

클로즈업 장면은 정해진 특정 상세부위 또는 공간의 일부를 강조하게 된다.

최대 클로즈업 장면은 아주 작은 부위의 상세모습이나 일부 공간의 특정한 것을 강조하게 된다.

:: 카메라 움직임

카메라 위치와 움직임에 의해 사물이 비춰지게 된다. 애니메이션에서 보통 쓰이는 카메라 움직임은 다음과 같은 것들이다.

- 팬(Pan): 수직 축에 의해서 카메라를 좌우 또는 우측에서 좌측으로 회전하는 움직임이다. 옆에 위치한 공간들을 보게 하거나 이웃 건물들을 보게 할 때 유용한 방법이다.
- 틸트(Tilt): 수평 축에 의해서 카메라를 위 아래로 움직이는 것이다. 정해진 위치에서 고개를 위 아래로 또는 아래 위로 움직이며 보는 효과이다.
- 트랙킹(Tracking): 움직이는 어떤 사물을 따라 움직이며 보는 효과이다. 한 위치에서 다른 위치로 움직이며 볼 때의 느낌을 기록할 때, 또는 예를 들어 캠퍼스 내 여러 건물들을 소개할 때 사용될 수 있다.

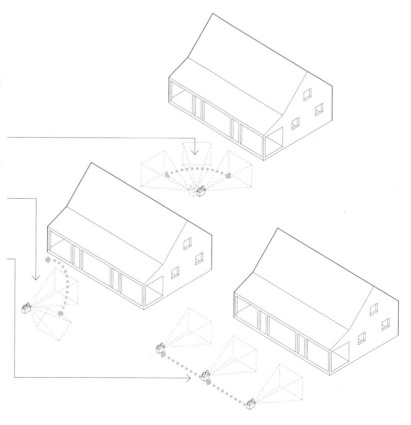

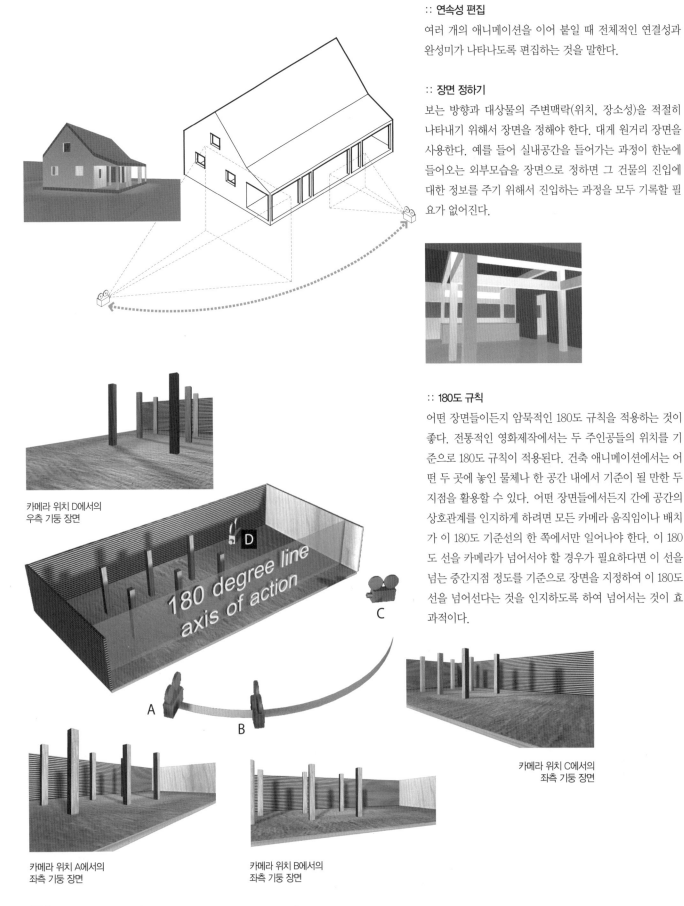

:: **연속성 편집**

여러 개의 애니메이션을 이어 붙일 때 전체적인 연결성과 완성미가 나타나도록 편집하는 것을 말한다.

:: **장면 정하기**

보는 방향과 대상물의 주변맥락(위치, 장소성)을 적절히 나타내기 위해서 장면을 정해야 한다. 대게 원거리 장면을 사용한다. 예를 들어 실내공간을 들어가는 과정이 한눈에 들어오는 외부모습을 장면으로 정하면 그 건물의 진입에 대한 정보를 주기 위해서 진입하는 과정을 모두 기록할 필요가 없어진다.

:: **180도 규칙**

어떤 장면들이든지 암묵적인 180도 규칙을 적용하는 것이 좋다. 전통적인 영화제작에서는 두 주인공들의 위치를 기준으로 180도 규칙이 적용된다. 건축 애니메이션에서는 어떤 두 곳에 놓인 물체나 한 공간 내에서 기준이 될 만한 두 지점을 활용할 수 있다. 어떤 장면들에서든지 간에 공간의 상호관계를 인지하게 하려면 모든 카메라 움직임이나 배치가 이 180도 기준선의 한 쪽에서만 일어나야 한다. 이 180도 선을 카메라가 넘어서야 할 경우가 필요하다면 이 선을 넘는 중간지점 정도를 기준으로 장면을 지정하여 이 180도 선을 넘어선다는 것을 인지하도록 하여 넘어서는 것이 효과적이다.

카메라 위치 D에서의
우측 기둥 장면

180 degree line
axis of action

카메라 위치 C에서의
좌측 기둥 장면

카메라 위치 A에서의
좌측 기둥 장면

카메라 위치 B에서의
좌측 기둥 장면

:: 30도 규칙

한 카메라 장면에서 다른 카메라 장면으로 넘어갈 때는 다음 카메라가 적어도 30도 각도 이상의 차이를 두는 것이 좋다. 그 이유는 두 번 째 장면이 첫 장면과 너무 흡사할 경우 혼돈을 초래할 수 있고, 어느 정도 다른 장면을 부여함으로써 전반적인 공간구성을 다시 한 번 인지시키는 기회가 되기 때문이다. 이 규칙을 지키면 중거리 장면에서 클로즈업 장면으로 변하는 것 같은 장면의 거리 바꾸기에 대한 부담도 부드럽게 줄일 수 있다. 카메라 위치를 조금 바꾸는 것은 보는 각도에 별 영향을 주지 못하며, 오히려 약간의 혼돈을 초래할 수 있다.

180 degree line
axis of action

30도 카메라 변형

:: 반대 장면 기법

대상물에 대하여 한 장면의 반대되는 위치로 카메라를 옮겨가며 보는 기법이다. 180도 규칙과 더불이 이 기법을 사용하면 지나치게 복잡한 카메라 동선이나 많은 시간이 소요되는 랜더링을 피하면서 어떤 공간이나 계획물에 대해 전반적인 모습을 간단히 담아낼 수 있다.

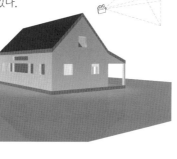

장면

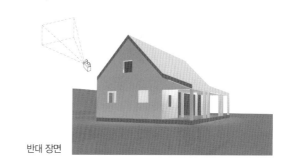

반대 장면

컷 효과(cut): 다음 장면으로 바로 바뀌는 효과

페이드인(fade-in) 효과: 검은색 화면 또는 빈 화면으로부터 점차 장면으로 바뀌는 효과

페이드아웃 효과(fade-out): 장면이 점차 검은색 화면 또는 빈 화면으로 바뀌는 효과

크로스디졸브(cross-dissolve) 효과: 한 장면이 밝기의 변화나 갑작스런 변화 없이 다음 장면으로 점차 바뀌는 효과

:: 제작 후 과정

각 장면들로 구성된 애니메이션 조각들이 완성되면 제작 후 과정에 들어간다. 이 과정에서 각 애니메이션들의 편집은 물론 애니메이션 사이에 연결해주는 전환, 플레이되는 속도 등을 조정하게 된다.

:: 장면전환(Transitions)

한 장면에서 다음 장면으로 어떻게 전환되어 연결되는가는 애니메이션을 보는 이로 하여금 그 공간을 연속적으로 인상 깊게 이해하게 하는데 중요한 역할을 한다. 소프트웨어 자체적으로 다양한 장면전환 옵션들을 제공한다. 예를 들어 회전하는 육면체나 책장을 넘기는 효과, 또는 장면을 회전시키면서 바꾼다든지 아니면 장면을 임의로 잘라내어 바뀌게 하는 등 다양할 수 있는데, 지나치게 화려한 장면전환을 구사하면 애니메이션에서 강조하고 싶은 주요 내용의 전달을 결국 약화시키고 주의를 산만하게 하는 효과를 가져 올 수 있으므로 주의한다. 대게 좌측과 같은 네 가지의 방식이 쓰이는데, 이들 방법들은 애니메이션의 내용에 지장을 주지 않는 범위 내에서 효과적인 장면전환의 기법으로 종종 쓰인다.

:: 진행속도(Pace)

1분에 몇 개의 장면전환이 있는지에 따라 보는 사람들이 느끼는 애니메이션의 진행 속도가 결정된다. 컷 효과가 많을 수록 빠르고 활동적이거나 주 공간에 접근하는 효과를 주고, 컷의 수가 적을수록 진행속도는 느리게 다가오고 계획물이나 공간의 복잡한 상황을 전달하는 데 효과적인 방법이다.

:: 소리

소리는 보는 경험에 아주 강력한 감각적 감흥을 추가하게 된다. 어떤 소리나 음악이던 그것이 지나치게 강조되어 시각적 정보의 전달이 방해되어서는 안 된다. 특히 어떤 음악을 쓸 때 공간의 특성에 맞는 경험을 전달하는데 효과적일 수 있다. 예를 들어 공간을 구성하는 실내표면의 성질을 암시할 수도 있고 사람들이 모인 공공장소의 느낌을 줄 수도 있다. 또 소리를 특정한 전환부에 맞춰 효과를 주면 장면전환의 효과를 높일 수도 있고 다른 장면들과 함께 전반적인 구성에 긴밀함을 줄 수도 있다. 그러나 음악 편집은 수직 레이어와 수평 레이어 처리 등 여러 트랙이 있을 수 있고 영상편집과 다른 특성을 갖는다.

[연습 12.4]

다음 예시된 문장을 4mm 글 높이와 줄 간격은 7mm를 유
지하여 손으로 리터링해보자.

"여섯살 때부터 세상에 보이는 것들을 그리
는데 빠져 있었다. 나이 오십에 이르러 거의
무한한 수의 그림들을 발표했는데, 나이 일흔
이전 것들은 생각하고 싶지도 않다. 나이 일
흔다섯에 세상의 동물들, 식물들, 벌, 새, 물
고기, 그리고 벌레들 같은 자연물의 구조를
조금 이해하기 시작했다. 결국 나이 여든에는
조금 더 이해할 수 있게 되겠지. 나이 아흔에
는 굉장한 수준에 도달할 것이고, 나이 백하
고 열에는 내가 하는 모든 것들, 그리는 점이
나 선이 생명을 얻을 것이다."

– 호쿠사이 (Hokusai, 1760–1849)

[연습 12.5]

위 연습에서의 레터링과 오른쪽 그림을 곁들여 한 페이지
를 구성해보자.

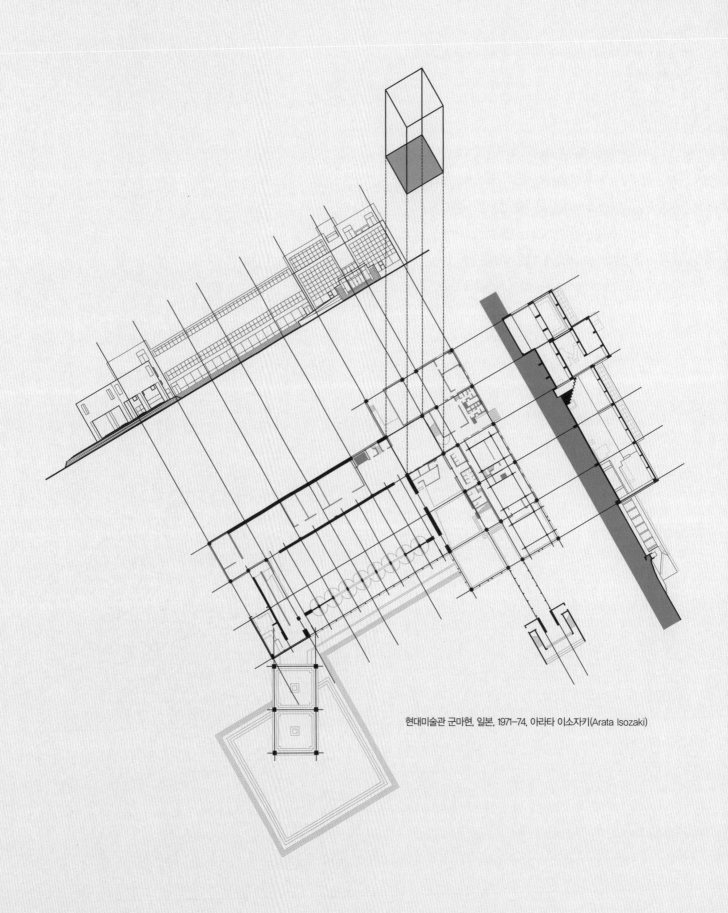

현대미술관 군마현, 일본, 1971-74, 아라타 이소자키(Arata Isozaki)

찾아보기

저자 / 역자 소개

저 자 ㅣ

Francis D.K. Ching

Francis D.K. Ching은 정식 건축가이자 시애틀 워싱턴대학교의 명예교수이며, 건축과 디자인에 관한 수많은 베스트셀러들을 집필했다. 그의 대표적인 저서로는 『건축의 세계사(A Global History of Architecture)』, 『건축 그래픽(Architectural Graphics)』, 『건축 인테리어 시각표현 사전(A Visual Dictionary of Architecture)』, 『일러스트에 의한 인테리어 디자인 (Interior Design Illustrated)』, 『빌딩 건축 일러스트(Building Construction Illustrated)』 등이 있다.

역 자 ㅣ

이 준 석

이준석 교수는 현재 명지대학교 건축대학 부교수로 재직 중이며, 미국 뉴욕주 등록건축사이다. 오하이오 주립대학교(The Ohio State University)의 Bachelor of Science in Architecture Cum Laude, 펜실베니아 디자인대학원(Master of Architecture, University of Pennsylvania)을 졸업하였다. The Hillier Group과 뉴욕 KPF(Kohn Pedersen Fox Associates) 건축사사무소에서 건축설계 실무를 하였고 Sabatini & Associates 건축사사무소에서 책임건축사로 재직하였다. 2000년에서 2002년에는 미국 주립 캔사스대학(The University of Kansas) 건축학과의 설계교수를 역임하였다. 건축설계 관련 수상경력으로는 2005년 경기도 월전시립미술관 현상설계 우수상, 2006년 전곡선사박물관 UIA 국제설계경기 Merit Award, 2012년 뉴욕 Anonymous.d 전시공간 국제설계경기 장려상 등을 수상한 바 있다. 저서로는 『현대건축가 111인』(2006), 『디자인 도면』(2004, 2012 개정증보판), 『21세기 NEW 주택』(2008), 『건축이 말을 걸다』(공저, 2012 출간 예정) 등이 있고 다수의 건축교육 관련 연구 논문(대한건축학회논문집, 2004, 2005, 2010, 2012)들이 있다.